U0022703

前言

Spring Boot 採用「約定優先於設定」的理念，將開發人員從繁瑣且易出錯的大量設定中解放出來，從而可以大大簡化 Java 企業級應用的發開，提高了專案的開發效率。但對於初學者而言，卻很難從分析高度整合的 Spring Boot 的過程中熟練掌握各種技術的應用，總感覺缺點什麼，實際上缺的是 Spring Boot 整合的技術和框架本身的知識。

筆者精通多種程式語言與技術架構，且長期給各大企業提供軟體開發諮詢服務，了解初學者的困惑。本書從基礎知識入手，首先帶領讀者熟悉 Spring Boot 專案的常用開發工具、專案結構、Spring 的設定檔和自動設定原理，然後以 Spring Boot 的 Web 開發作為切入點，一步一步地進入企業開發應用。

很多初學者在學習 Web 層的開發時，往往會有很多疑惑。Spring Boot 的 Web 開發本質上就是 Spring MVC，因此本書「Web 篇」的內容以 Spring MVC 作為切入點，循序漸進，引導讀者快速掌握 Spring Boot 的 Web 開發，讓讀者知其然且知其所以然。這種講解想法貫穿了全書！

本書特色

合理的知識結構：本書分為 5 篇，包括基礎篇、Web 篇、資料存取篇、企業應用程式開發篇、專案實戰篇，涵蓋了企業開發中常用的技術和框架。

快速入門：按照開發者的思維習慣和學習規律，循序漸進、一步步地教讀者快速掌握Spring Boot開發。在內容安排上由淺入深，在知識講解上深入淺出，讓讀者輕鬆掌握 Spring Boot 的企業應用程式開發。

實例豐富：理論若脫離實踐則毫無意義，本書在進行理論講解的同時舉出了大量的範例。全書範例許多，以範例驗證理論，跟著範例邊學邊做，讀者的學習會更簡單、更高效。

知其然且知其所以然：秉承作者一貫的寫作風格，本書對知識的講解讓讀者知其然且知其所以然，絕不會出現含糊不清、一遇到重點和困難就跳過的情形。

兩個實戰專案：讓讀者學以致用！

本書的內容組織

本書並不是對 Spring Boot 如何整合各種技術與框架的簡單羅列，而是在盡可能講清楚底層技術的同時，結合 Spring Boot 實作應用。

本書在內容編排上，按照企業級開發的分層架構，遵循知識的連貫性，對 Spring Boot 企業應用程式開發進行講解，儘量用通俗易懂的語言，循序漸進地引導讀者快速掌握這些內容。本書的內容詳盡而豐富，建議讀者仔細閱讀目錄來了解本書的內容結構。

本書適用的讀者

所有具有 Java 語言基礎，對 Spring Boot 感興趣的讀者，以及正在使用 Spring Boot 進行開發的讀者均適合將本書作為參考用書。

目錄

第一篇 基礎篇

第二篇 Web 篇

第 9 章 定義 RESTful 風格的介面 9-1

第 10 章 Spring WebFlux 框架 10-1

第三篇 資料存取篇

第一篇 基礎篇

第 1 章 Spring Boot 初窺

為滿足企業級應用程式開發的需要，SUN 公司在 2000 年年初推出了 J2EE（現在被稱為 Java EE）系統結構。J2EE 是正統的 Java 企業級開發平臺和系統結構，當時 Java 程式設計師學習 J2EE 開發可是一種時尚。然而 J2EE 的傳統實作存在著諸多的問題，比如過於複雜、笨重等。這時，質疑者出現了，Java 世界的奇才 Rod Johnson 在其 2002 年的著作 Expert One-on-One J2EE Design and Development 中，對 J2EE 存在的臃腫、低效、脫離現實的種種問題提出了質疑，並積極尋求探索革新之道。Rod Johnson 以此書為指導思想，撰寫了 Interface 21 框架，這是一個力圖衝破 J2EE 傳統開發的困境，從實際需求出發，著眼於輕便、靈巧，易於開發、測試和部署的輕量級開發框架。2003年，Rod Johnson 和同伴以 Interface 21 框架為基礎，經過重新設計，並不斷豐富該框架功能，開發了一個全新的框架 Spring，於 2004 年 3 月 24 日正式發佈了 Spring 1.0 版本。

現如今，Spring 已經是 Java 開放原始碼領域的 Java EE 全功能端的應用程式框架。隨著 Spring 的應用越來越多，大量的設定檔導致開發人員不得不進行無趣而重複的工作，各個子專案的整合過程繁瑣且容易出錯，開發和部署效率降低，這時急需一種能快速解決這些問題的新開發框架，於是 Pivotal Software 在 2013 年開始了對 Spring Boot 的研發，並於 2014 年 4 月發佈了 1.0 版本。在寫作本書時，Spring Boot 的最新版本是 2.5.x。

提示

由於一系列的公司併購事件，早先由 Rod Johnson 和同伴建立的 Spring 現在也歸屬於 Pivotal Software 公司，並由該公司的團隊負責開發和維護。

1.1 Spring Boot 簡介

Spring Boot 簡化設定的方式説起來很簡單，就是針對不同應用中的常見設定舉出預設處理，採用「約定優先於設定」的理念，舉出已經整合好的方案，從而使開發人員不再需要定義樣板化的設定。Spring Boot 為了保證靈活性，也支援自訂設定方案。

Spring Boot 的主要特性如下：

- 建立獨立的 Spring 應用程式。可以在專案中直接執行包含 main 方法的主類別來執行專案，也可以將 Spring Boot 專案打包成 JAR 套件來執行。
- 內建 Tomcat、Jetty、Undertow 等 Web 容器，因而不需要部署 WAR 檔案。
- 透過提供各種「starter（啟動器）」相依性來簡化建構設定，基本上可以做到自動化設定，高度封裝，開箱即用。
- 可根據專案相依性自動設定 Spring 和協力廠商函式庫。
- 提供了生產等級的特性，如度量、健康檢查和外部化設定等。
- 絕無程式生成，也不需要 XML 設定，純 Java 的設定方式，簡單而方便。

我們知道 Java 企業級專案會用到很多協力廠商函式庫，協力廠商函式庫可能又會依賴於其他的函式庫，為了便於管理 JAR 套件的相依性關係，Spring Boot 提供了很多可以自動引入相依性套件的 starter，每個 starter 都包含一系列可以整合到應用裡面的相依性套件，它們都以 spring-boot- starter- 作為命名首碼。基於 Spring Boot 開發專案時，選擇正確的 starter，就可以自動引入相依性套件。

Spring Boot 2.6.4 需要 Java 8 並相容 Java 17，還需要 Spring Framework 5.3.16 或以上版本的環境。Spring Boot 可以自動引入相依性套件，這是透過建構工具來支援的，Spring Boot 支援的建構工具是 Maven 和 Gradle，本書主要講解 Maven。

1.2 快速掌握 Maven

在安裝 Maven 前需要先安裝好 Java 8 或以上版本的 JDK，JDK 的安裝和設定這裡我們就不介紹了。不過要提醒讀者的是，在 Windows 平臺下安裝 JDK 之後，需要設定 JAVA_HOME 環境變數，其值為 JDK 安裝後的家目錄全路徑名稱，或者在 PATH 環境變數中增加 JDK 安裝家目錄下的 bin 子目錄，當然也是全路徑名稱。

1.2.1 下載並安裝 Maven

Maven 是一款跨平臺的專案管理工具，也是 Apache 軟體基金會一個成功的開放原始碼專案。Maven 主要服務於基於 Java 平臺的專案建構、相依性管理和專案資訊建構。Spring Boot 2.6.x 與 Apache Maven 3.5 或更新版本相容。

讀者可自行進入 Maven 官網下載頁面，選擇「apache-maven-3.8.5-bin.zip」進行下載，如圖 1-1 所示。

Files

Maven is distributed in several formats for your convenience. Simply pick a ready-made binary distribution archive and follow the installation instructions. Use a source archive if you intend to build Maven yourself.

In order to guard against corrupted downloads/installations, it is highly recommended to verify the signature of the release bundles against the public KEYS used by the Apache Maven developers.

	Link	Checksums	Signature
Binary tar.gz archive	apache-maven-3.8.5-bin.tar.gz	apache-maven-3.8.5-bin.tar.gz.sha512	apache-maven-3.8.5-bin.tar.gz.asc
Binary zip archive	apache-maven-3.8.5-bin.zip	apache-maven-3.8.5-bin.zip.sha512	apache-maven-3.8.5-bin.zip.asc
Source tar.gz archive	apache-maven-3.8.5-src.tar.gz	apache-maven-3.8.5-src.tar.gz.sha512	apache-maven-3.8.5-src.tar.gz.asc
Source zip archive	apache-maven-3.8.5-src.zip	apache-maven-3.8.5-src.zip.sha512	apache-maven-3.8.5-src.zip.asc

▲ 圖 1-1 下載 Maven 安裝檔案

在下載完成後，直接解壓縮即可。為了便於使用 mvn 命令，可以在 PATH 環境變數中增加 Maven 家目錄（筆者機器上 Maven 的目錄為 D:\OpenSource\apache-maven-3.8.5）下的 bin 子目錄，如圖 1-2 所示。

```
D:\Java\jdk-11.0.12\bin
C:\Program Files (x86)\Common Files\Oracle\Java\javapath
D:\Program Files (x86)\VMware\VMware Workstation\bin\
C:\Windows\system32
C:\Windows
C:\Windows\System32\Wbem
C:\Windows\System32\WindowsPowerShell\v1.0\
C:\Windows\System32\OpenSSH\
C:\Program Files (x86)\NVIDIA Corporation\PhysX\Common
C:\Program Files\NVIDIA Corporation\NVIDIA NvDLISR
D:\Program Files\IDM Computer Solutions\UltraEdit
D:\Program Files\nodejs\
D:\Database\mysql-8.0.26-winx64\bin
d:\Program Files\Git\cmd
E:\NodeModules\npm_global
%SystemRoot%\system32
%SystemRoot%
%SystemRoot%\System32\Wbem
%SYSTEMROOT%\System32\WindowsPowerShell\v1.0\
%SYSTEMROOT%\System32\OpenSSH\
D:\Program Files\MongoDB\Server\5.0\bin
D:\OpenSource\apache-maven-3.8.5\bin
```

▲ 圖 1-2 將 Maven 安裝目錄下的 bin 子目錄增加到 PATH 環境變數中

開啟命令提示視窗，執行 mvn-v，如果出現版本資訊，則說明已經安裝成功，如圖 1-3 所示。

```
C:\Users\csunx>mvn -v
Apache Maven 3.8.5 (3599d3414f046de2324203b78ddcf9b5e4388aa0)
Maven home: D:\OpenSource\apache-maven-3.8.5
Java version: 11.0.12, vendor: Oracle Corporation, runtime: D:\Java\jdk-11.0.12
Default locale: zh_CN, platform encoding: GBK
OS name: "windows 10", version: "10.0", arch: "amd64", family: "windows"

C:\Users\csunx>
```

▲ 圖 1-3 執行 mvn-v

1.2.2 認識 pom.xml 檔案

POM（Project Object Model，專案物件模型）是 Maven 專案的基本工作單元，也是 Maven 專案的核心，它是一個 XML 檔案（即 pom.xml），包含專案的基本資訊，用於描述專案如何建構、宣告專案相依性等。

在執行任務或目標時，Maven 會在目前的目錄中查詢 pom.xml，讀取所需的設定資訊，然後執行目標。

在 POM 中可以指定以下設定：

- 專案相依性
- 外掛程式
- 執行目標
- 專案建構 profile
- 專案版本
- 專案開發者列表
- 相關郵寄清單資訊

pom.xml 的文件結構是透過 XML Schema 來定義的，對於熟悉 XML Schema 的讀者來說，可以直接透過模式文件來了解 POM 的結構。我們看一個簡單的 pom.xml 檔案，如例 1-1 所示。

▼ 例 1-1 pom.xml

```
<?xml version="1.0" encoding="UTF-8"?>
<project xmlns="http://maven.apache.org/POM/4.0.0"
    xmlns:xsi="http://www.w3.org/2001/XMLSchema-instance"
    xsi:schemaLocation="http://maven.apache.org/POM/4.0.0
            http://maven.apache.org/xsd/maven-4.0.0.xsd">

    <modelVersion>4.0.0</modelVersion>
    <groupId>com.companyname.project-group</groupId>
    <artifactId>project</artifactId>
    <version>1.0-SNAPSHOT</version>
</project>
```

pom.xml 檔案以 <project> 元素作為根專案，在該元素上聲明了預設的名稱空間和 XML Schema 實例名稱空間，並將 xsi 首碼與 XML Schema 實例名稱空間綁定。使用 xsi:schemaLocation 屬性指定名稱空間和模式位置相關。

<project> 根專案下的第一個子元素 <modelVersion> 用於指定當前 POM 模型的版本，對於 Maven 2 和 Maven 3 來說，它只能是 4.0.0。

pom.xml 檔案中最重要的是 <groupId>、<artifactId> 和 <version> 這三個元素，這三個元素定義了一個專案基本的座標。在 Maven 世界中，任何的 jar、pom 或者 war 都是基於這些基本的座標進行區分的。

<groupId> 元素定義了專案屬於哪個群組，這個群組通常和專案所在的公司或者組織存在連結。groupId 一般分為多個段，第一段為域，第二段為公司名稱，這兩段可以使用公司或組織的域名，只是頂層網域名在前面。如果有專案群組，那麼第三段可以是專案群組標識。例如，一個公司的域名為 mycom.com，有一個專案群組為 myapp，那麼 groupId 就應該是 com.mycom.myapp。

<artifactId> 元素定義了當前 Maven 專案在群組中唯一的 ID，它通常是專案的名稱。一個 groupId 下的多個專案就是透過 artifactId 進行區分的。例如，一個 OA 專案，可以直接指定 artifactId 為 oa。

<version> 元素定義了專案的版本編號。在 artifact 的倉庫中，該元素用來區分不同的版本。例如，1.0-SNAPSHOT 版本，SNAPSHOT 意為快照，說明該專案還處於開發中，是不穩定的版本。隨著專案的發展，version 被不斷更新，如升級為 1.0、1.1-SNAPSHOT、1.1、2.0 版本等。

1. 超級（Super）POM

超級 POM 是 Maven 預設的 POM，任何一個 Maven 專案都隱式地繼承自該 POM，類似於 Java 中任何一個類別都隱式地從 java.lang.Object 類別繼承。超級 POM 包含了一些可以被繼承的預設設定，當 Maven 發現需要下載 POM 中的相依性時，它會到 Super POM 設定的預設倉庫中去下載。

對於 Maven 3，Super POM 位於 Maven 安裝家目錄下的 lib\maven-model-builder-3.x.x.jar 檔案中，在該 JAR 套件中的位置是：org\apache\maven\model\pom-4.0.0.xml。

Maven 使用 Effective POM（Super POM 加上專案自己的設定）來執行相關的目標，幫助開發者在 pom.xml 中做盡可能少的設定，當然這些設定也可以被重寫。

在 pom.xml 檔案所在的目錄下，可以使用以下命令來查看 Super POM 的預設設定。

```
mvn help:effective-pom
```

例如，在例 1-1 的 pom.xml 檔案所在目錄下執行上述命令，Maven 將會開始處理並顯示 effective-pom，如圖 1-4 所示。

```
F:\SpringBootLesson\ch01>mvn help:effective-pom
[INFO] Scanning for projects...
[INFO]
[INFO] ----------------< com.companyname.project-group:project >----------------
[INFO] Building project 1.0-SNAPSHOT
[INFO] --------------------------------[ jar ]---------------------------------
[INFO]
[INFO] --- maven-help-plugin:3.2.0:effective-pom (default-cli) @ project ---
[INFO]
Effective POMs, after inheritance, interpolation, and profiles are applied:
```

▲ 圖 1-4 查看 Super POM 預設設定

提示

在第一次執行的時候會下載一些 JAR 套件，請耐心等待。

在控制台視窗中會輸出一個 XML 文件，該文件就是在應用繼承、插值和設定檔後生成的 Effective POM，程式如下所示：

```
<?xml version="1.0" encoding="GBK"?>
<!-- ==========================================================     -->
<!--                                                                -->
<!-- Generated by Maven Help Plugin on 2022-03-21T17:41:42+08:00    -->
<!-- See: http://maven.apache.org/plugins/maven-help-plugin/        -->
<!--                                                                -->
<!-- ============================================================== -->
<!-- ============================================================== -->
<!--                                                                -->
```

```
<!-- Effective POM for project                                      -->
<!-- 'com.companyname.project-group:project:jar:1.0-SNAPSHOT'       -->
<!--                                                                -->
<!-- ============================================================== -->
<project xmlns="http://maven.apache.org/POM/4.0.0" xmlns:xsi="http:// www.
w3.org/2001/XMLSchema-instance" xsi:schemaLocation="http://maven.apache.org/
POM/4.0.0 https://maven.apache.org/xsd/maven-4.0.0.xsd">
  <modelVersion>4.0.0</modelVersion>
  <groupId>com.companyname.project-group</groupId>
  <artifactId>project</artifactId>
  <version>1.0-SNAPSHOT</version>
  <repositories>
    <repository>
      <snapshots>
        <enabled>false</enabled>
      </snapshots>
      <id>central</id>
      <name>Central Repository</name>
      <url>https://repo.maven.apache.org/maven2</url>
    </repository>
  </repositories>
  <pluginRepositories>
    <pluginRepository>
      <releases>
        <updatePolicy>never</updatePolicy>
      </releases>
      <snapshots>
        <enabled>false</enabled>
      </snapshots>
      <id>central</id>
      <name>Central Repository</name>
      <url>https://repo.maven.apache.org/maven2</url>
    </pluginRepository>
  </pluginRepositories>
  <build>
    <sourceDirectory>F:\SpringBootLesson\ch01\src\main\java</sourceDirectory>
    <scriptSourceDirectory>F:\SpringBootLesson\ch01\src\main\scripts </
scriptSourceDirectory>
    <testSourceDirectory>F:\SpringBootLesson\ch01\src\test\java </testSourceDirectory>
```

```
    <outputDirectory>F:\SpringBootLesson\ch01\target\classes </outputDirectory>
    <testOutputDirectory>F:\SpringBootLesson\ch01\target\test-classes
</testOutputDirectory>
    <resources>
      <resource>
        <directory>F:\SpringBootLesson\ch01\src\main\resources </directory>
      </resource>
    </resources>
    <testResources>
      <testResource>
        <directory>F:\SpringBootLesson\ch01\src\test\resources </directory>
      </testResource>
    </testResources>
    <directory>F:\SpringBootLesson\ch01\target</directory>
    <finalName>project-1.0-SNAPSHOT</finalName>
    <pluginManagement>
      <plugins>
        <plugin>
          <artifactId>maven-antrun-plugin</artifactId>
          <version>1.3</version>
        </plugin>
        <plugin>
          <artifactId>maven-assembly-plugin</artifactId>
          <version>2.2-beta-5</version>
        </plugin>
        <plugin>
          <artifactId>maven-dependency-plugin</artifactId>
          <version>2.8</version>
        </plugin>
        <plugin>
          <artifactId>maven-release-plugin</artifactId>
          <version>2.5.3</version>
        </plugin>
      </plugins>
    </pluginManagement>
    <plugins>
      <plugin>
        <artifactId>maven-clean-plugin</artifactId>
        <version>2.5</version>
```

```
      <executions>
        <execution>
          <id>default-clean</id>
          <phase>clean</phase>
          <goals>
            <goal>clean</goal>
          </goals>
        </execution>
      </executions>
    </plugin>
    <plugin>
      <artifactId>maven-resources-plugin</artifactId>
      <version>2.6</version>
      <executions>
        <execution>
          <id>default-testResources</id>
          <phase>process-test-resources</phase>
          <goals>
            <goal>testResources</goal>
          </goals>
        </execution>
        <execution>
          <id>default-resources</id>
          <phase>process-resources</phase>
          <goals>
            <goal>resources</goal>
          </goals>
        </execution>
      </executions>
    </plugin>
    <plugin>
      <artifactId>maven-jar-plugin</artifactId>
      <version>2.4</version>
      <executions>
        <execution>
          <id>default-jar</id>
          <phase>package</phase>
          <goals>
            <goal>jar</goal>
```

```
        </goals>
      </execution>
    </executions>
  </plugin>
  <plugin>
    <artifactId>maven-compiler-plugin</artifactId>
    <version>3.1</version>
    <executions>
      <execution>
        <id>default-compile</id>
        <phase>compile</phase>
        <goals>
          <goal>compile</goal>
        </goals>
      </execution>
      <execution>
        <id>default-testCompile</id>
        <phase>test-compile</phase>
        <goals>
          <goal>testCompile</goal>
        </goals>
      </execution>
    </executions>
  </plugin>
  <plugin>
    <artifactId>maven-surefire-plugin</artifactId>
    <version>2.12.4</version>
    <executions>
      <execution>
        <id>default-test</id>
        <phase>test</phase>
        <goals>
          <goal>test</goal>
        </goals>
      </execution>
    </executions>
  </plugin>
  <plugin>
    <artifactId>maven-install-plugin</artifactId>
```

```
        <version>2.4</version>
        <executions>
          <execution>
            <id>default-install</id>
            <phase>install</phase>
            <goals>
              <goal>install</goal>
            </goals>
          </execution>
        </executions>
      </plugin>
      <plugin>
        <artifactId>maven-deploy-plugin</artifactId>
        <version>2.7</version>
        <executions>
          <execution>
            <id>default-deploy</id>
            <phase>deploy</phase>
            <goals>
              <goal>deploy</goal>
            </goals>
          </execution>
        </executions>
      </plugin>
      <plugin>
        <artifactId>maven-site-plugin</artifactId>
        <version>3.3</version>
        <executions>
          <execution>
            <id>default-site</id>
            <phase>site</phase>
            <goals>
              <goal>site</goal>
            </goals>
            <configuration>
              <outputDirectory>F:\SpringBootLesson\ch01\target\site </outputDirectory>
              <reportPlugins>
                <reportPlugin>
                  <groupId>org.apache.maven.plugins</groupId>
```

```
                <artifactId>maven-project-info-reports-plugin </artifactId>
              </reportPlugin>
            </reportPlugins>
          </configuration>
        </execution>
        <execution>
          <id>default-deploy</id>
          <phase>site-deploy</phase>
          <goals>
            <goal>deploy</goal>
          </goals>
          <configuration>
            <outputDirectory>F:\SpringBootLesson\ch01\target\site </outputDirectory>
            <reportPlugins>
              <reportPlugin>
                <groupId>org.apache.maven.plugins</groupId>
                <artifactId>maven-project-info-reports-plugin </artifactId>
              </reportPlugin>
            </reportPlugins>
          </configuration>
        </execution>
      </executions>
      <configuration>
        <outputDirectory>F:\SpringBootLesson\ch01\target\site </outputDirectory>
        <reportPlugins>
          <reportPlugin>
            <groupId>org.apache.maven.plugins</groupId>
            <artifactId>maven-project-info-reports-plugin</artifactId>
          </reportPlugin>
        </reportPlugins>
      </configuration>
    </plugin>
  </plugins>
</build>
<reporting>
  <outputDirectory>F:\SpringBootLesson\ch01\target\site </outputDirectory>
</reporting>
</project>
```

2. 相依性的設定

在專案中會用到各種函式庫，因而經常需要設定相依性，相依性是透過 <dependencies> 和它的子元素 <dependency> 來進行設定的，設定的相依性會自動從專案定義的倉庫中下載。程式如下所示：

```
<project>
  ...
  <dependencies>
    <dependency>
      <groupId>...</groupId>
      <artifactId>...</artifactId>
      <version>...</version>
      <type>...</type>
      <scope>...</scope>
      <optional>...</optional>
      <exclusions>
        <exclusion>...</exclusion>
        ...
      </exclusions>
    </dependency>
    ...
  </dependencies>
  ...
</project>
```

<dependencies> 元素可以有一個或多個 <dependency> 子元素，以宣告一個或多個專案相依性。每個專案相依性可以包含的子元素如下。

- <groupId>、<artifactId>、<version>：相依性的基本座標，對於任何一個相依性來說，基本座標都是最重要的，Maven 根據座標才能找到需要的相依性。
- <type>：相依性的類型，類型通常和使用的打包方式對應，預設值為 jar，通常表示相依性的檔案的副檔名，如 jar、war 等。在大部分情況下，該元素不必宣告。

- <scope>：相依性的範圍。該元素用於計算編譯、測試等的各種類路徑，還幫助確定在一個專案的發行版本中包含哪些元件。<scope> 元素的值如表 1-1 所示。
- <optional>：標記相依性是不是可選的。
- <exclusions>：用於排除傳遞性相依性。

▼ 表 1-1 <scope> 元素的值

值	描述
compile	編譯相依性範圍，預設值。表示專案的相依性需要參與當前專案的編譯、測試和執行階段，例如，一個使用 Spring 框架的專案，Spring 的核心套件在編譯、測試和執行階段都需要
test	測試相依性範圍。表示專案的相依性只在測試階段使用，而不需要在執行階段使用。例如，JUnit 測試框架的核心套件只在編譯測試程式及執行測試的時候才需要，在專案發佈後就不需要了
provided	已提供相依性範圍。表示專案的相依性可以在編譯和測試階段使用，但在執行時期無效。例如，servlet-api，在編譯和測試專案的時候需要該相依性，但在執行專案時，由於 Web 容器已經提供了該 JAR 套件，因此就不需要重複引入了
runtime	執行時期相依性範圍。表示專案的相依性不作用於編譯階段，而是作用於測試和執行階段。例如，在存取資料庫時使用的 JDBC 驅動程式，在編譯階段並不需要 JDBC 驅動，有 Java 類別庫中的 JDBC 介面即可，只有在執行測試或者執行專案的時候才需要 JDBC 驅動程式
system	系統相依性範圍，與 provided 相依性範圍完全一致。但是在使用 system 範圍的相依性時，必須透過 <systemPath> 元素顯示指定相依性檔案的路徑，Maven 並不會在倉庫中查詢它

1.2.3 設定 Maven

Maven 會自動根據 <dependencies> 元素中設定的相依性項，從 Maven 倉庫中下載相依性到本地的 .m2 目錄下，預設的路徑為：C:\Users\[使用者名稱]\.m2\repository（使用者名為當前登入 Windows 系統的使用者名稱）。

如果要修改預設的路徑，則可以在 Maven 家目錄下的 conf 子目錄下找到 settings.xml 檔案，開啟該檔案，找到下面的程式：

```
<!-- localRepository
   | The path to the local repository maven will use to store artifacts.
   |
   | Default: ${user.home}/.m2/repository
  <localRepository>/path/to/local/repo</localRepository>
  -->
```

使用 <localRepository> 元素指定本地倉庫的位置，如下所示：

```
<localRepository>F:\MavenRepository</localRepository>
```

由於 Maven 的中心倉庫位於國外的伺服器上，所以使用者存取 Maven 倉庫時會比較慢，為此，我們可以修改 Maven 的設定檔，使用 <mirror> 元素來設定一個就近的鏡像。繼續編輯 settings.xml 檔案，增加下面的程式：

```
<mirrors>
     ...
       <mirror>
         <id>aliyunmaven</id>
         <mirrorOf>*</mirrorOf>
         <name> 就近的鏡像 </name>
         <url>https://maven.aliyun.com/repository/public</url>
       </mirror>
</mirrors>
```

粗體顯示的程式是新增的。

1.2.4 使用 Maven 和 JDK 開發 Spring Boot 應用

這一節我們採用比較原始的方式來開發一個 Spring Boot 應用，即使用 Maven 和 JDK 來開發一個 hello 應用。

1. 撰寫 pom.xml 檔案

首先建立專案目錄 hello，在該目錄下新建一個 pom.xml 檔案，檔案內容如例 1-2 所示。

▼ 例 1-2 hello\pom.xml

```
<?xml version="1.0" encoding="UTF-8"?>
<project xmlns="http://maven.apache.org/POM/4.0.0"
    xmlns:xsi="http://www.w3.org/2001/XMLSchema-instance"
    xsi:schemaLocation="http://maven.apache.org/POM/4.0.0
    http://maven.apache.org/xsd/maven-4.0.0.xsd">

    <modelVersion>4.0.0</modelVersion>
    <groupId>com.sx</groupId>
    <artifactId>hello</artifactId>
    <version>1.0-SNAPSHOT</version>

    <!--
      父專案的座標，如果專案中沒有規定某個元素的值，那麼父專案中的對應值即為專案的預設值。
    -->
    <parent>
      <groupId>org.springframework.boot</groupId>
      <artifactId>spring-boot-starter-parent</artifactId>
      <version>2.6.4</version>
   </parent>

   <dependencies>
      <dependency>
        <groupId>org.springframework.boot</groupId>
        <artifactId>spring-boot-starter-web</artifactId>
      </dependency>
  </dependencies>

  <!-- 建構專案需要的資訊 -->
  <build>
    <!-- 專案使用的外掛程式列表 -->
    <plugins>
      <plugin>
        <groupId>org.springframework.boot</groupId>
```

```
        <artifactId>spring-boot-maven-plugin</artifactId>
      </plugin>
    </plugins>
  </build>
</project>
```

Spring Boot 相依性項使用的 groupId 是 org.springframework.boot。<parent> 元素用於宣告父模組，對於 Spring Boot 專案來說，通常都是讓 POM 檔案繼承自 spring-boot-starter- parent 專案。spring-boot-starter-parent 是 Spring Boot 的核心啟動器，包含自動設定、日誌和 YAML 等大量預設的設定，從該模組繼承，可以獲得預設設定，簡化了我們的開發工作。子元素 <version> 指定了使用的 Spring Boot 版本，之後設定的 Spring Boot 模組會自動選擇最合適的版本進行增加。

在 <dependencies> 元素中增加了需要使用的 starter 模組，本例增加了 spring-boot- starter-web 模組，該模組是開發 Web 應用時常用的模組，包含 Spring Boot 預先定義的 Web 開發常用的一些相依性套件，如 spring-webmvc、spring-web、validation、tomcat 等。

Spring Boot 專案的打包需要用到 spring-boot-maven-plugin 外掛程式，如果是在開發階段執行專案，則不需該外掛程式。

2. 撰寫 Java 程式

接下來我們可以開始撰寫 Java 程式了，由於 Maven 預設的編譯路徑為 src/main/java 下面的原始程式，所以我們需要按照這個目錄結構建立對應的資料夾。之後在 src/main/java 目錄下新建 Hello.java 檔案，檔案內容如例 1-3 所示。

▼ 例 1-3 Hello.java

```
import org.springframework.boot.SpringApplication;
import org.springframework.boot.autoconfigure.EnableAutoConfiguration;
import org.springframework.web.bind.annotation.RestController;
import org.springframework.web.bind.annotation.RequestMapping;
```

```
@RestController
@EnableAutoConfiguration
public class Hello {
    @RequestMapping("/")
    String home() {
        return "Hello World!";
    }
    public static void main(String[] args) throws Exception {
        SpringApplication.run(Hello.class, args);
    }
}
```

@RestController 註釋是一個組合註釋，相當於將 @Controller 和 @ResponseBody 註釋合在一起使用。該註釋在類型上使用，表明該類型是一個 REST 風格的控制器，之後使用的 @RequestMapping 註釋預設採用 @ResponseBody 語義，即將方法的傳回值直接填入 HTTP 響應本體中。

@EnableAutoConfiguration 註釋用於啟用 Spring 應用程式上下文的自動設定，該註釋可以讓 Spring Boot 根據當期專案增加的 JAR 相依性自動設定我們的 Spring 應用。例如，如果在 classpath 下存在 HSQLDB，並且沒有手動設定任何資料庫連接 bean，那麼將自動設定一個記憶體型（in-memory）資料庫。

@RequestMapping 註釋用於將 Web 請求映射到請求處理類別中的方法上。該註釋可以用在類別或方法上，如果用在類別上，則表示類別中所有響應請求的方法都是以該位址作為父路徑的。

SpringApplication 類別用於從 Java 的 main 方法啟動 Spring 應用程式。在大多數情況下，我們只需要在 main 方法中呼叫靜態的 run(Class，String[]) 方法來啟動應用程式即可。

3. 執行專案

開啟命令提示視窗，進入專案目錄 hello，執行命令 mvn spring-boot:run 來啟動專案，spring-boot:run 表示執行 spring-boot 外掛程式的 run 目標。在命令執行完成後，可以看到如圖 1-5 所示的啟動資訊。

```
  .   ____          _            __ _ _
 /\\ / ___'_ __ _ _(_)_ __  __ _ \ \ \ \
( ( )\___ | '_ | '_| | '_ \/ _` | \ \ \ \
 \\/  ___)| |_)| | | | | || (_| |  ) ) ) )
  '  |____| .__|_| |_|_| |_\__, | / / / /
 =========|_|==============|___/=/_/_/_/
 :: Spring Boot ::                (v2.6.4)

2022-03-21 17:58:50.835  INFO 22820 --- [           main] Hello                                    : Sta
rting Hello using Java 11.0.12 on MSI with PID 22820 (F:\SpringBootLesson\ch01\hello\target\classes star
ted by csunx in F:\SpringBootLesson\ch01\hello)
2022-03-21 17:58:50.838  INFO 22820 --- [           main] Hello                                    : No
active profile set, falling back to 1 default profile: "default"
2022-03-21 17:58:51.448  INFO 22820 --- [           main] o.s.b.w.embedded.tomcat.TomcatWebServer  : Tom
cat initialized with port(s): 8080 (http)
2022-03-21 17:58:51.454  INFO 22820 --- [           main] o.apache.catalina.core.StandardService   : Sta
rting service [Tomcat]
2022-03-21 17:58:51.454  INFO 22820 --- [           main] org.apache.catalina.core.StandardEngine  : Sta
rting Servlet engine: [Apache Tomcat/9.0.58]
2022-03-21 17:58:51.502  INFO 22820 --- [           main] o.a.c.c.C.[Tomcat].[localhost].[/]       : Ini
tializing Spring embedded WebApplicationContext
2022-03-21 17:58:51.503  INFO 22820 --- [           main] w.s.c.ServletWebServerApplicationContext : Roo
t WebApplicationContext: initialization completed in 645 ms
2022-03-21 17:58:51.670  INFO 22820 --- [           main] o.s.b.w.embedded.tomcat.TomcatWebServer  : Tom
cat started on port(s): 8080 (http) with context path ''
2022-03-21 17:58:51.676  INFO 22820 --- [           main] Hello                                    : Sta
rted Hello in 1.063 seconds (JVM running for 1.283)
```

▲ 圖 1-5 執行 mvn spring-boot:run 啟動 Spring Boot 應用

要確保命令執行過程中沒有出現任何錯誤。

這是一個簡單的 Web 應用，開啟瀏覽器，存取 http://localhost:8080/，可以看到伺服器傳回的“Hello World!”字串資訊。

要退出應用，按下鍵盤上的複合鍵「Ctrl + C」即可。

4. 打包

可以將 Spring Boot 應用打包成可執行的 JAR 檔案，其中包含所有編譯後生成的 .class 檔案和相依性套件，該檔案可以直接在生產環境中執行。

Spring Boot 的這種打包方式需要用到 spring-boot-maven-plugin 外掛程式，該外掛程式我們在例 1-2 中已經設定了。

在專案的 hello 目錄下，執行命令 mvn package 就可以開始打包了，如圖 1-6 所示。

```
[INFO] Building jar: F:\SpringBootLesson\ch01\hello\target\hello-1.0-SNAPSHOT.jar
[INFO]
[INFO] --- spring-boot-maven-plugin:2.6.4:repackage (repackage) @ hello ---
[INFO] Replacing main artifact with repackaged archive
[INFO] ------------------------------------------------------------------------
[INFO] BUILD SUCCESS
[INFO] ------------------------------------------------------------------------
[INFO] Total time:  10.594 s
[INFO] Finished at: 2022-03-21T18:00:32+08:00
[INFO] ------------------------------------------------------------------------

F:\SpringBootLesson\ch01\hello>
```

▲ 圖 1-6 對 Spring Boot 應用進行打包

在打包完成後，在專案目錄 hello 下，會看到一個 target 目錄，在 target 目錄下有一個 hello-1.0-SNAPSHOT.jar 檔案，可以透過執行命令 jar tvf target/hello-1.0-SNAPSHOT.jar 來查看其中的內容。

在專案目錄 hello 下，執行命令 java -jar target/hello-1.0-SNAPSHOT.jar，來啟動打包後的 Spring Boot 應用，執行結果如圖 1-7 所示。

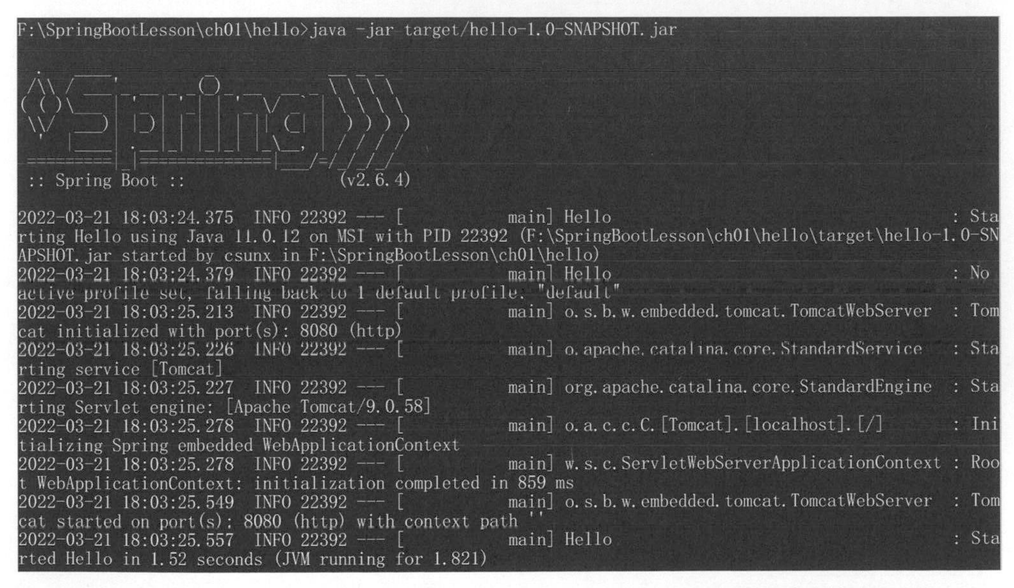

▲ 圖 1-7 以 JAR 套件的方式執行 Spring Boot 應用的結果

開啟瀏覽器，存取 http://localhost:8080/，查看伺服器發回的響應資訊。

要退出應用，按下鍵盤上的複合鍵「Ctrl + C」即可。

1.3 使用 Spring Tool Suite 開發 Spring Boot 應用

Spring Tool Suite 簡稱為 STS，是 Spring 團隊專為開發基於 Spring 的企業級應用程式提供的定製版 Eclipse，當然，也可以在 Eclipse 中安裝 STS 外掛程式來獲得對 Spring Boot 開發的支援。

1.3.1 下載並安裝 STS

Spring Tool Suite 下載頁面如圖 1-8 所示。

在 Windows 平臺下，選擇下載頁面中的「4.14.0 - WINDOWS X86_64」進行下載。下載的是一個 JAR 檔案，如果已經安裝了 JDK，並且檔案的連結開啟方式是 “Java(TM) Platform SE binary” ，那麼可以直接執行該 JAR 檔案來安裝 STS；否則可以在命令提示視窗下，執行 java -jar xxx.jar 命令來安裝 STS。

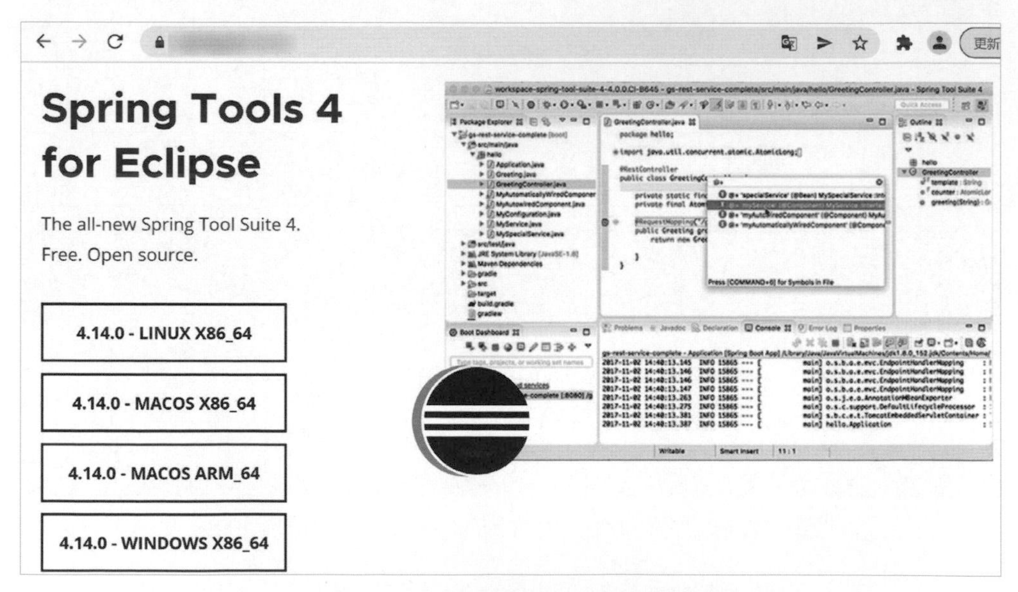

▲ 圖 1-8 Spring Tool Suite 下載頁面

在安裝完成後，預設的目錄名稱是 sts-4.14.0.RELEASE，在該目錄下執行 SpringToolSuite4.exe，即可執行 STS。

STS 本身是基於 Eclipse 平臺的，因此 Eclipse 的一些設定對於 STS 也是有效的。

1.3.2 設定 Maven 環境

STS 本身附帶了 Maven 環境，如果想要使用較新版本的 Maven，或者想要使用鏡像 Maven 倉庫，以提高相依性套件的下載速度，那麼可以在 STS 中設定一下 Maven 環境。具體步驟如下。

首先執行 STS，點擊選單【Window】→【Preferences】，在首選項對話方塊的左側面板找到 "Maven" 節點並展開，選中 "Installations" 子節點，如圖 1-9 所示。

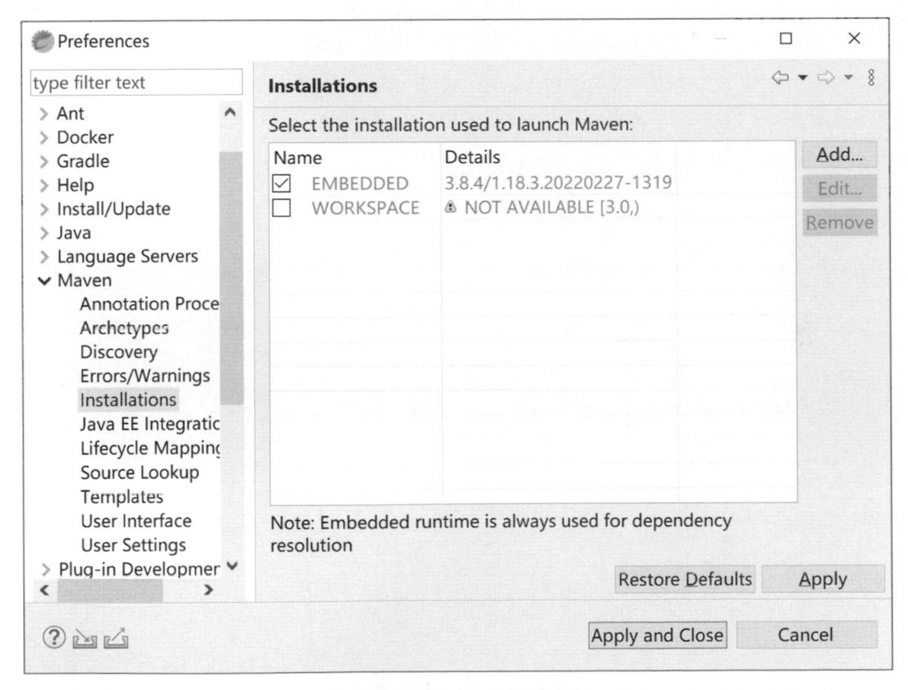

▲ 圖 1-9 Maven 安裝

可以看到，STS 本身附帶了 Maven 的環境，如果要更改 Maven 的版本，則可以點擊「Add」按鈕，設定 Maven 安裝的家目錄，如圖 1-10 所示。

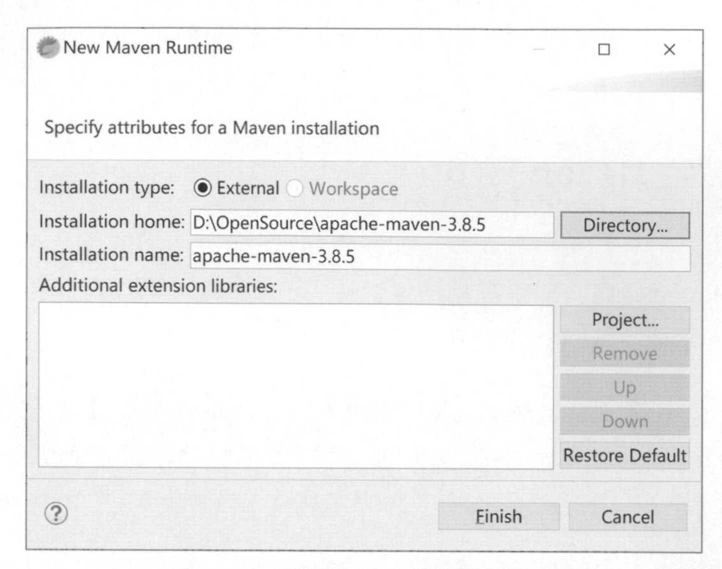

▲ 圖 1-10 設定 Maven 安裝的家目錄

然後點擊“Finish”按鈕，完成設定，回到首選項對話方塊中，選中新設定的 Maven 版本，點擊“Apply and Close”按鈕，如圖 1-11 所示。

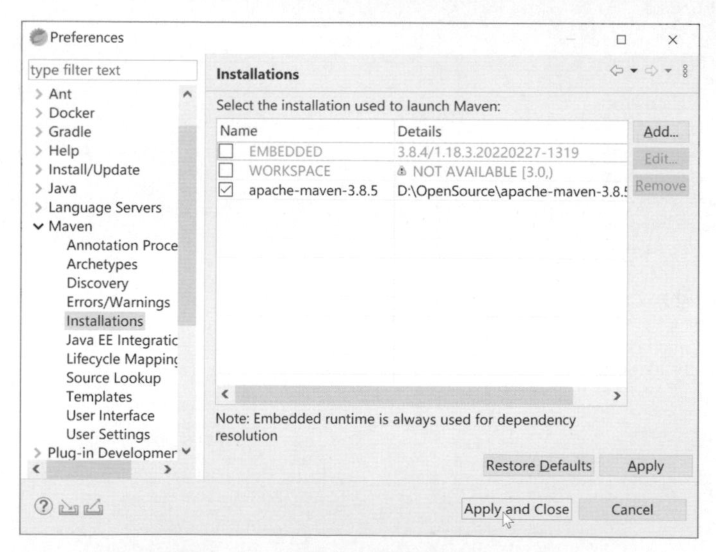

▲ 圖 1-11 應用新設定的 Maven 版本

接下來設定要使用的 Maven 設定檔案，我們在 1.2.3 節中已經在安裝的 Maven 的 settings.xml 檔案中設定了就近倉庫的鏡像，現在需要讓 STS 使用這個設定檔案。

在 “Maven” 節點下選中 “User Settings” ，然後在右側面板的 “User Settings” 下點擊 “Browse” 按鈕，選中我們自己的settings.xml檔案，如圖1-12所示。

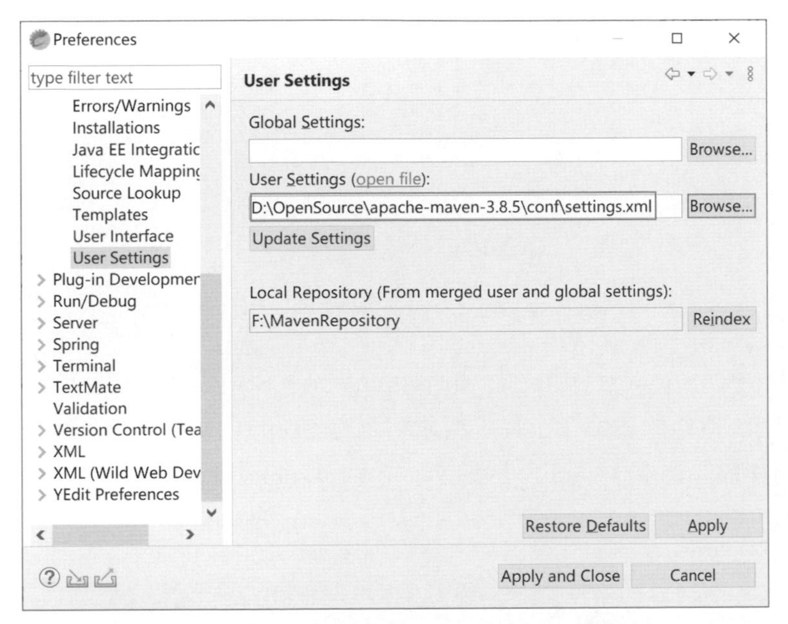

▲ 圖 1-12 使用自訂的 Maven 設定

最後點擊 “Apply and Close” 按鈕，結束 Maven 環境的設定。

1.3.3 開發 Spring Boot 應用

點擊選單【File】→【New】→【Spring Starter Project】，出現如圖 1-13 所示的對話方塊。

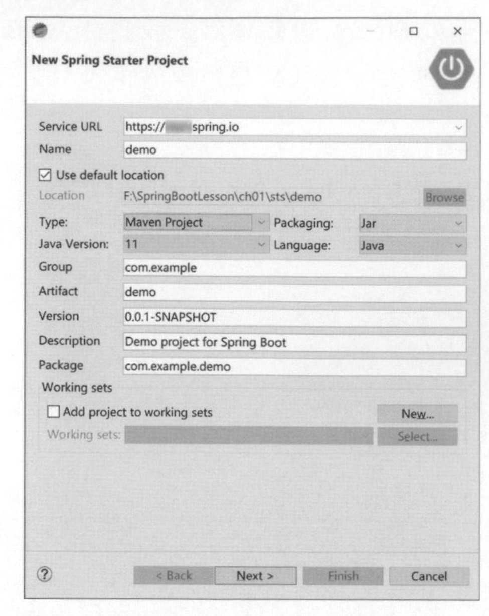

▲ 圖 1-13 新建 Spring Boot 專案對話方塊

不要修改 Service URL，spring initializr 是 Spring 官方提供的線上建立 Spring Boot 應用的圖形化工具，用來初始化 Spring Boot 專案。也可以透過瀏覽器直接存取 Spring Initializr 的網站，然後填寫 Spring Boot 專案的相關資訊，如圖 1-14 所示。

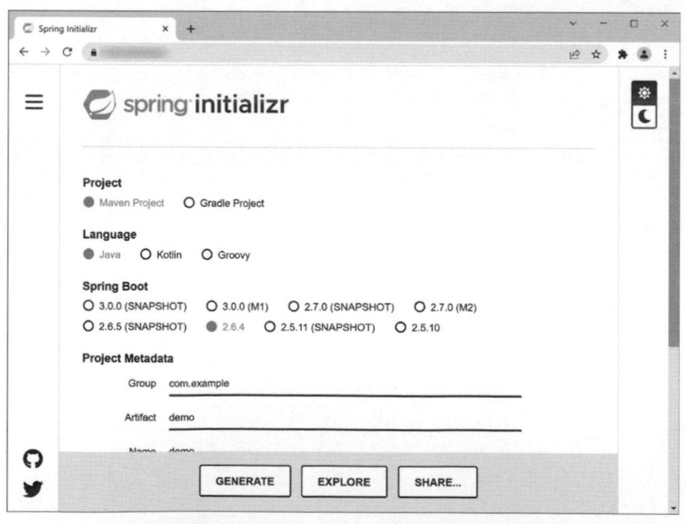

▲ 圖 1-14 Spring Initializr 工具

填寫完相關資訊，增加專案所需相依性後，點擊 “GENERATE” 按鈕，網站會生成一個 zip 壓縮檔，下載並解壓縮後，就獲得了一個 Spring Boot 專案的基本結構。當然，這裡我們沒必要去存取網站，直接在 STS 中建立 Spring Boot 應用即可。

按照下面的內容填寫專案資訊，如圖 1-15 所示。

- Name：hello
- Group：com.sx
- Artifact：hello
- Package：com.sx.hello

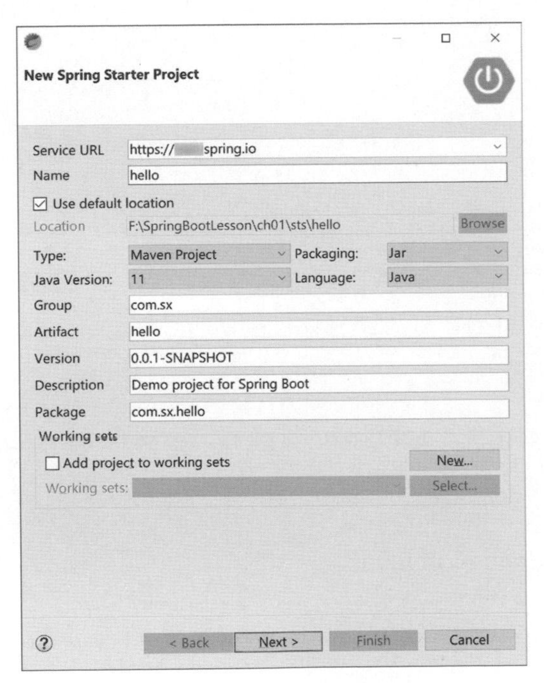

▲ 圖 1-15 填寫專案相關資訊

點擊 “Next” 按鈕，選擇要增加的專案相依性，本例選擇 “Web” 節點下的 “Spring Web” 相依性，如圖 1-16 所示。

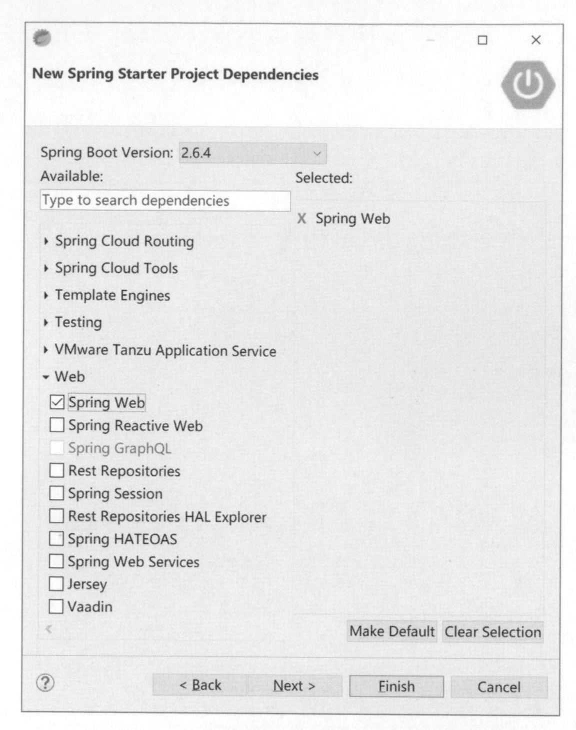

▲ 圖 1-16 增加 Spring Web 相依性

點擊“Finish”按鈕，完成專案的建立。此時，STS 會根據專案的 POM 檔案設定，從 Maven 倉庫下載專案相依性的所有 JAR 套件，這個過程可能會比較慢，請讀者耐心等待。

在 src/main/java 目錄下找到 com.sx.hello.HelloApplication 類別，編輯原始檔案，參照例 1-3 撰寫程式，如例 1-4 所示。

▼ 例 1-4 HelloApplication.java

```
package com.sx.hello;

import org.springframework.boot.SpringApplication;
import org.springframework.boot.autoconfigure.SpringBootApplication;
import org.springframework.web.bind.annotation.RequestMapping;
import org.springframework.web.bind.annotation.RestController;
```

```
@SpringBootApplication
@RestController
public class HelloApplication {

        @RequestMapping("/")
    String home() {
        return "Hello World!";
    }

        public static void main(String[] args) {
                SpringApplication.run(HelloApplication.class, args);
        }
}
```

粗體顯示的程式是新增的程式。

@SpringBootApplication 註釋用於指示一個設定類別，該類別宣告一個或多個 @Bean 方法，並觸發自動設定和元件掃描。這是一個方便的註釋，相當於宣告 @Configuration、@EnableAutoConfiguration 和 @ComponentScan。

接下來就可以執行專案了。在 HelloApplication.java 上點擊滑鼠右鍵，從彈出的選單中選擇【Run As】→【Java Application】或者【Spring Boot App】，在專案啟動成功後，開啟瀏覽器存取 http://localhost:8080/，查看存取結果。

1.4 使用 IntelliJ IDEA 開發 Spring Boot 應用

IDEA 可以説是目前 Java 企業級開發最好用的 IDE 了，功能非常強大，同時支援 Spring 全系列的開發，但是 IDEA 的旗艦版（Ultimatc）是收費的，而功能較少的社區版（Community）則是免費的，為了便於學習，我們使用 IDEA 的旗艦版（有 30 天免費試用期）。

1.4.1 下載並安裝 IDEA

IDEA 下載頁面如圖 1-17 所示。

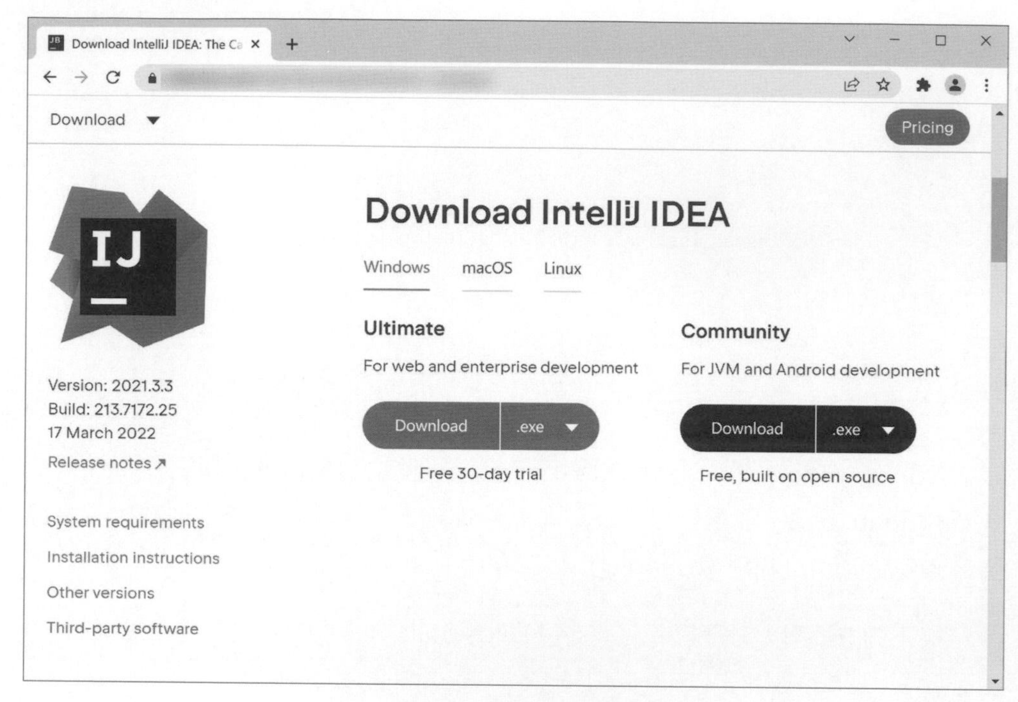

▲ 圖 1-17 IDEA 下載頁面

在該頁面上列出了旗艦版和社區版的區別。

若使用旗艦版，則可以選擇 Windows(.exe) 或者 Windows(.zip) 下載，前者需要安裝，後者解壓縮即可使用。

1.4.2 設定 IDEA

在安裝完成後，執行 bin 目錄下的 idea64.exe 即可啟動 IDEA 整合式開發環境，IDEA 的許可證介面如圖 1-18 所示。

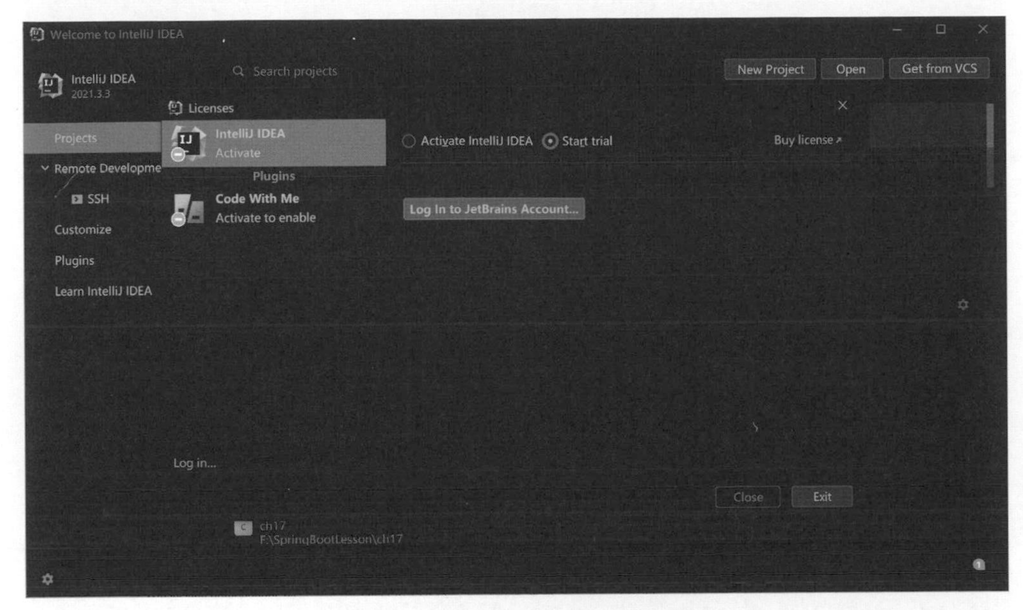

▲ 圖 1-18 IDEA 的許可證介面

選中“Start trial”，點擊“Log In to JetBrains Account…”按鈕，會彈出一個網頁，登入該網頁需要註冊帳號，如果你已經有帳號了，直接在網頁中輸入帳號登入即可。

在註冊完帳號後，回到 IDEA 視窗，點擊“Start trial”按鈕開始試用。

1. 設定 Maven 環境

在 IDEA 歡迎介面的左側面板中選擇“Customize”，在右側面板中點擊“All settings”連結，歡迎介面如圖 1-19 所示，設定介面如圖 1-20 所示。

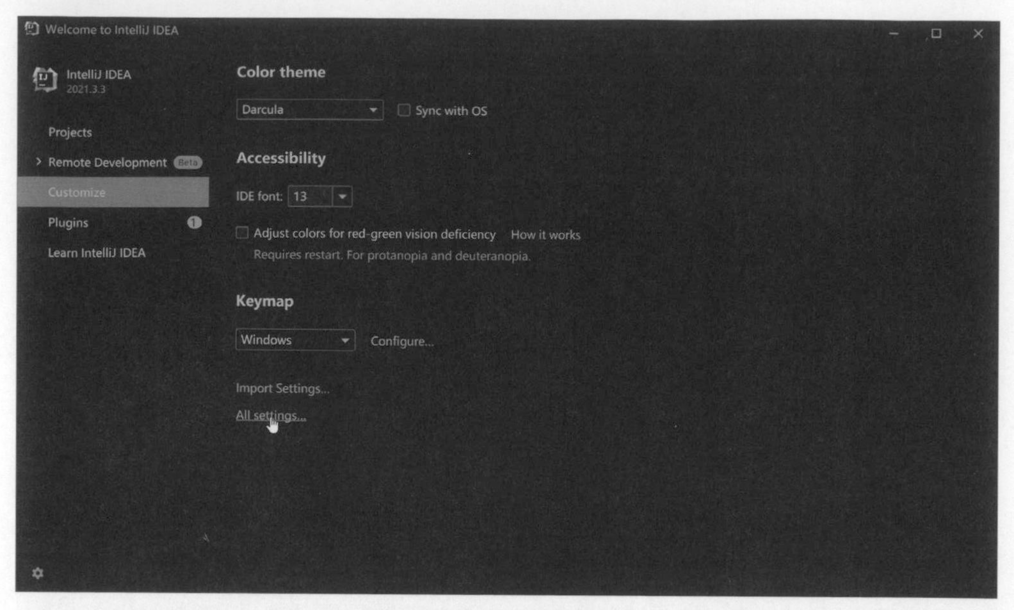

▲ 圖 1-19 歡迎介面

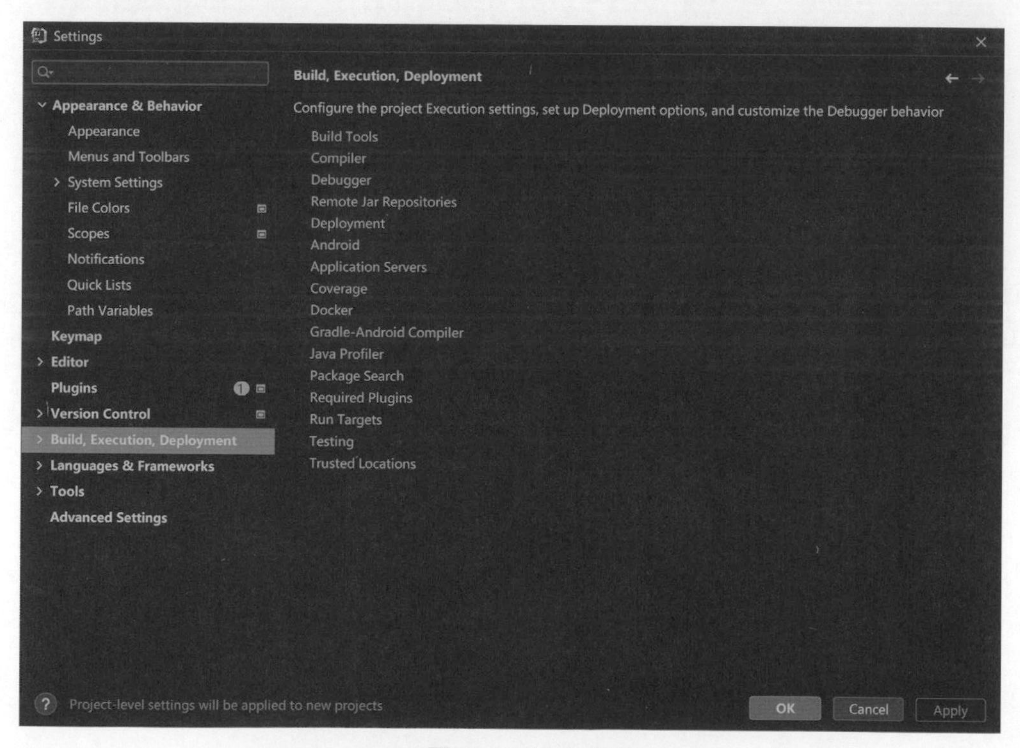

▲ 圖 1-20 設定介面

也可以在新建或開啟專案後，點擊選單【File】→【New Projects Setup】→【Settings for New Projects…】，進入建立新專案的設定介面。

選單【File】下還有一個【Settings】選單項，透過該選單項也可以進入專案的設定介面，不過這個設定是針對當前專案的，在每次新建專案時都需要重新設定，顯然不適合應用於所有專案的全域設定。

在左側面板中展開“Build, Execution, Deployment”節點，選擇“Build Tools”→“Maven”，設定 Maven 環境如圖 1-21 所示。

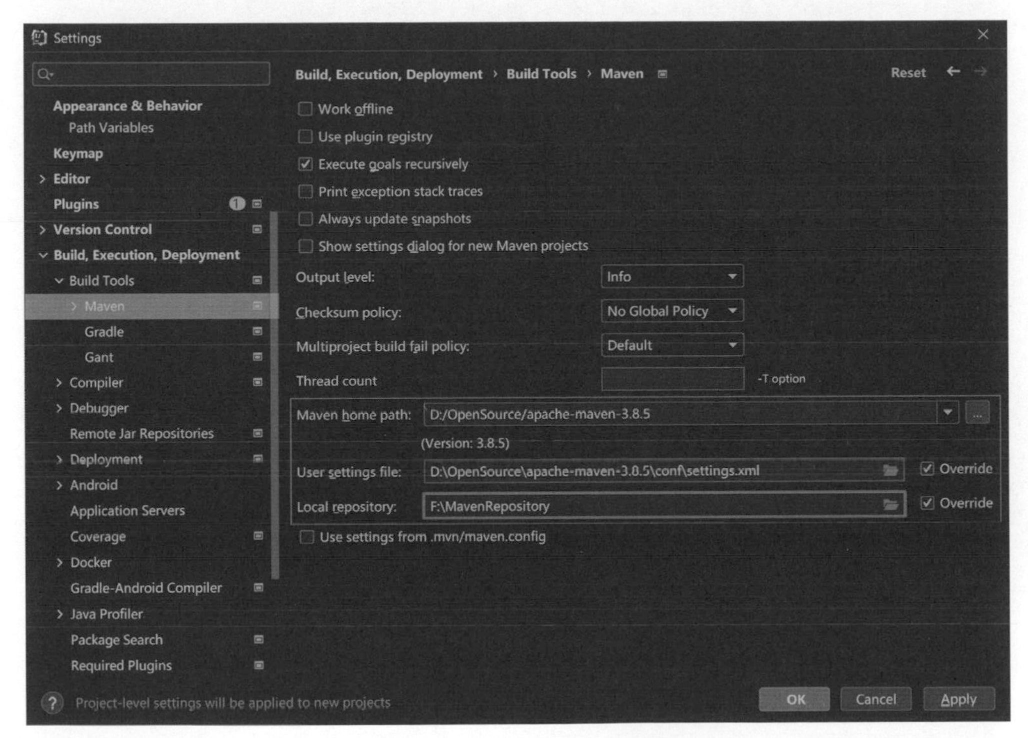

▲ 圖 1-21 設定 Maven 環境

在“Maven home path:”一欄，點擊後面的“…”按鈕，指定 Maven 的安裝目錄。在“User settings file:”一欄，先複選“Override”，然後找到自訂的 Maven 設定檔案。最後點擊“OK”按鈕，完成對 Maven 環境的設定。

2. 設定自動匯入套件

Java 以套件來管理數目為數眾多的類別，在開發專案時，需要正確匯入類別所在的套件，一些 IDE 可以自動檢測未匯入套件的類別，我們可以根據提示來匯入套件，也可以在 IDEA 中設定自動匯入套件。

在設定介面中，在左側面板中，依次展開“Editor”→“General”節點，選中“Auto Import”子節點，設定自動匯入套件如圖 1-22 所示。

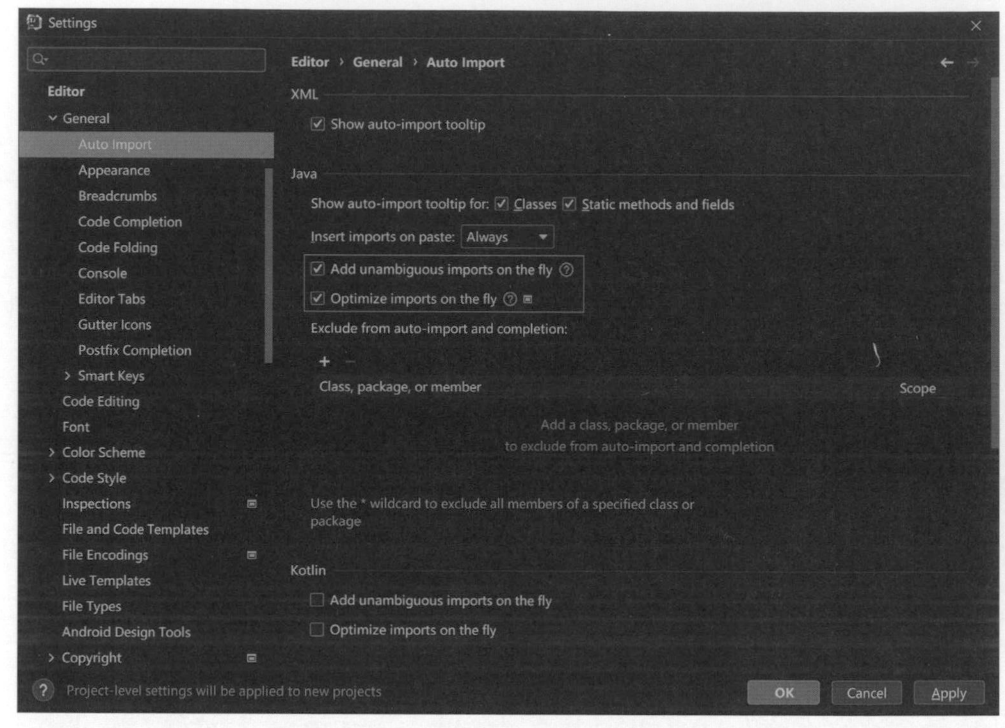

▲ 圖 1-22 設定自動匯入套件

注意矩形框中的兩個核取方塊，將這兩個核取方塊都選中，點擊“OK”按鈕，結束設定。

1.4.3 開發 Spring Boot 應用

在啟動 IDEA 後，在歡迎介面上點擊“New Project”新建一個專案，出現如圖 1-23 所示的新建專案對話方塊。

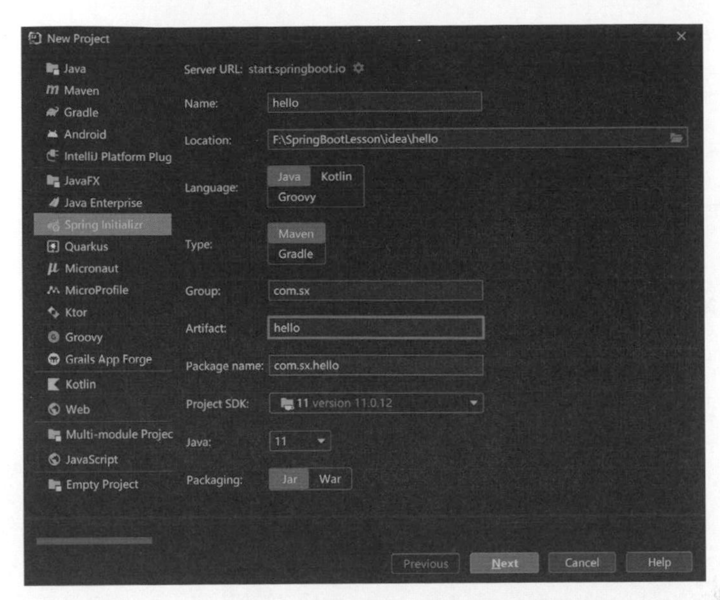

▲ 圖 1-23 新建專案對話方塊

在左側面板中選中“Spring Initializr”，在右側面板中參照 1.3.3 節的專案資訊填寫，除了專案資訊外，其他資訊保持預設選擇，然後點擊“Next”按鈕，出現如圖 1-24 所示的對話方塊。

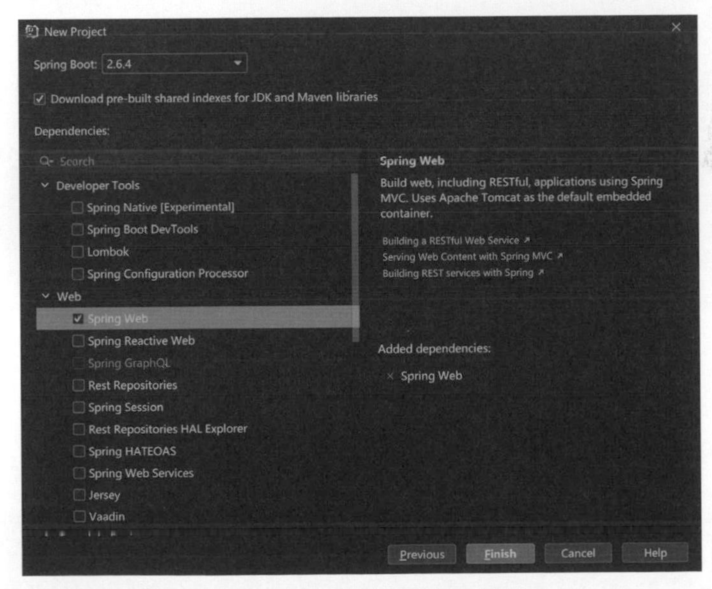

▲ 圖 1-24 增加專案相依性

在“Web”模組中選中“Spring Web”相依性，點擊“Finish”按鈕，完成專案的建立。

接下來可以參照 1.3.3 節的例 1-4 撰寫程式，然後按右鍵 HelloApplication 類別，從彈出的選單中選擇“Run ‘HelloApplication’”，執行專案。

提示

後面的實例專案都將以 IDEA 來開發，將不再另行說明。

1.5 小結

本章簡介了 Spring Boot、Maven，以及使用 Maven 和 JDK 開發 Spring Boot 應用，當然這種方式在實際開發中並不常用，畢竟開發效率較低。

在實際開發中需要選擇一款好用且功能強大的 IDE 來輔助我們的開發，為此我們介紹了兩個目前比較常用的開發 Spring Boot 應用的 IDE：STS 和 IDEA。STS 是免費的軟體。IDEA 分為兩個版本，旗艦版是收費的，但功能很全，社區版是免費的，但功能較少，且需要額外安裝 Spring Assistant 外掛程式（該外掛程式在 IDEA 的最新版中已無法使用），才能進行 Spring Boot 專案的開發。

第 2 章
Spring Boot 基礎

本章將透過剖析 Spring Boot 專案的整體結構來了解 Spring Boot 應用的開發。

2.1 Spring Boot 專案結構剖析

按照 1.4.3 節介紹的步驟新建一個 Spring Boot 專案，專案資訊如下。

- Name：ch02
- Group：com.sx
- Artifact：demo
- Package name：com.sx.demo

增加 Spring Web 相依性，其他資訊保持預設設定。

專案建立完成後的目錄結構如圖 2-1 所示。

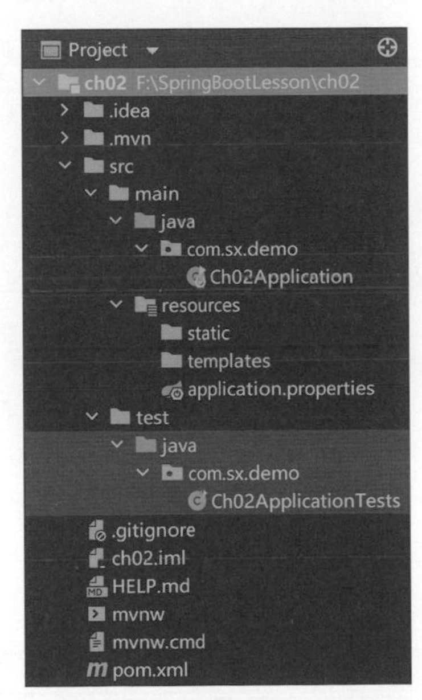

▲ 圖 2-1
Spring Boot 專案的目錄結構

這就是一個標準的 Spring Boot 專案的結構，各個目錄和檔案的作用如下。

- src/main/java：存放專案的原始程式碼。
- src/main/java/.../Ch02Application：主程序的入口類別，透過執行該類別來啟動 Spring Boot 應用。

- src/main/resources：存放專案的資源檔。
- src/main/resources/static：靜態資原始目錄，用於存放 HTML、CSS、JavaScript 和圖片等資源。在該目錄下的資源可以被外部請求直接存取。
- src/main/resources/templates：檢視範本目錄，用於存放 JSP、Thymeleaf 等範本檔案。外部請求無法直接存取在該目錄下的範本檔案。
- src/main/resources/application.properties：Spring Boot 的全域設定檔。
- src/test/java：存放專案的測試程式。

專案根目錄下的 pom.xml（圖 2-1 的最後一行）檔案的內容如下所示：

```
<?xml version="1.0" encoding="UTF-8"?>
<project xmlns="http://maven.apache.org/POM/4.0.0" xmlns:xsi="http:
//www.w3.org/2001/XMLSchema-instance"
        xsi:schemaLocation="http://maven.apache.org/POM/4.0.0 https://maven.apache.
org/xsd/maven-4.0.0.xsd">
    <modelVersion>4.0.0</modelVersion>
    <parent>
        <groupId>org.springframework.boot</groupId>
        <artifactId>spring-boot-starter-parent</artifactId>
        <version>2.6.4</version>
        <relativePath/> <!-- lookup parent from repository -->
    </parent>
    <groupId>com.sx</groupId>
    <artifactId>demo</artifactId>
    <version>0.0.1-SNAPSHOT</version>
    <name>ch02</name>
    <description>ch02</description>
    <properties>
        <java.version>11</java.version>
    </properties>
    <dependencies>
        <dependency>
            <groupId>org.springframework.boot</groupId>
            <artifactId>spring-boot-starter-web</artifactId>
        </dependency>
```

```
        <dependency>
            <groupId>org.springframework.boot</groupId>
            <artifactId>spring-boot-starter-test</artifactId>
            <scope>test</scope>
        </dependency>
    </dependencies>

    <build>
        <plugins>
            <plugin>
                <groupId>org.springframework.boot</groupId>
                <artifactId>spring-boot-maven-plugin</artifactId>
            </plugin>
        </plugins>
    </build>

</project>
```

對比 1.2.4 節我們自己撰寫的 pom.xml 檔案，會看到這兩個檔案內容是非常類似的。spring-boot-starter-web 是我們在建立專案時增加的相依性，除此之外，還自動增加了 spring- boot-starter-test 相依性，相依性的範圍為 test，該相依性主要是為了方便我們對專案進行單元測試。

在建立專案後，隨著開發的推進，可能會需要增加其他相依性，這時候手動修改 pom.xml 檔案即可。

2.2 撰寫控制器

控制器用於對 Web 請求進行處理，在前面的例子中，我們直接將 Spring Boot 的啟動類別設定成了控制器，但在實際開發中肯定不會這樣。

在 com.sx.demo 套件上點擊滑鼠右鍵，在彈出的選單中選擇【New】→【Package】，輸入套件名稱：com.sx.demo.controller，並按確認鍵。

在controller子套件上點擊滑鼠右鍵，在彈出的選單中選擇【New】→【Java Class】，圖 2-2 所示為新建 Java 類別。

之後，在彈出的“New Java Class”視窗中，保持預設選中的“Class”項，輸入類別名稱：HelloController，並按確認鍵，完成對類別的建立，如圖 2-3 所示。

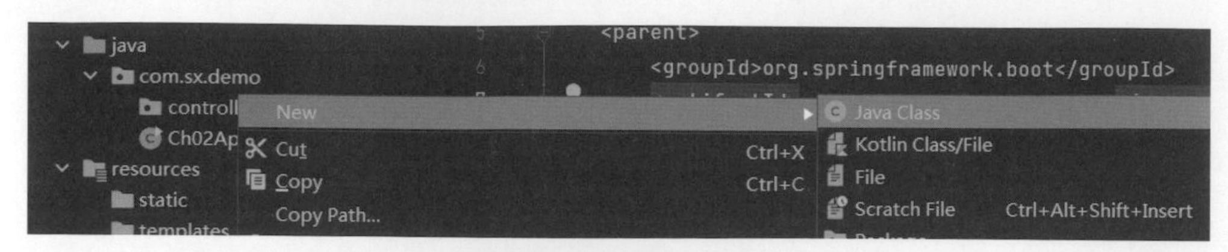

▲ 圖 2-2 新建 Java 類別

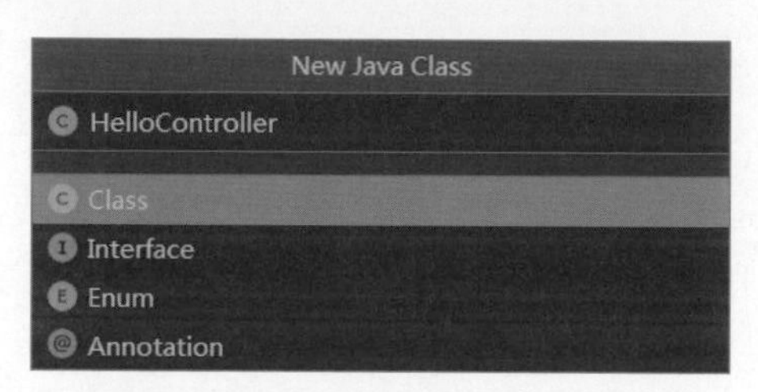

▲ 圖 2-3 新建 HelloController 類別

在 HelloController 類別中撰寫程式，如例 2-1 所示。

▼ 例 2-1 HelloController.java

```
package com.sx.demo.controller;

import org.springframework.web.bind.annotation.RequestMapping;
import org.springframework.web.bind.annotation.RestController;

@RestController
public class HelloController {
    @RequestMapping("/")
    String home() {
        return "Hello World!";
    }
}
```

粗體顯示的程式是新增的程式。

接下來可以執行專案，要注意的是，執行的是 Ch02Application 類別，而非 HelloController 類別。開啟瀏覽器存取 http://localhost:8080/，查看響應結果。

2.3 熱部署

在專案開發階段經常需要執行專案，透過觀察結果來驗證程式撰寫是否正確，但如果在每次修改程式後，都要停止並重新執行專案，那麼損耗的時間也是很多的。如果在專案執行過程中修改了程式，自動重新載入修改後的程式，而不需要重新開機專案，就能節省大量的時間。

Spring Boot 有一個開發者模組 spring-boot-devtools，引入該相依性可以為應用提供額外的開發時特性，包括快速的應用程式重新啟動和即時重新載入，以及合理的開發時設定（如範本快取）。在生產環境下執行完全打包的應用程式時，開發者工具會自動被禁用。

要引入 spring-boot-devtools 相依性，可以在 pom.xml 檔案中增加下面的程式：

```
<dependencies>
        ...
        <dependency>
                <groupId>org.springframework.boot</groupId>
                <artifactId>spring-boot-devtools</artifactId>
                <optional>true</optional>
        </dependency>
</dependencies>
```

當在 pom.xml 檔案中增加相依性後，需要匯入該相依性。之前的 IDEA 版本可以設定在 pom.xml 檔案修改後，自動更新相依性，新版的 IDEA（從 IDEA 2020.x 版開始）為了防止在 POM 更新時，Maven 自動匯入套件會出現卡死的問題，取消了自動匯入機制，但新增了匯入按鈕和快速鍵。

在新增了 Maven 相依性後，當前 POM 檔案的右上角會出現一個 Maven 的小圖示，如圖 2-4 所示，點擊一下該圖示就可以更新相依性了。

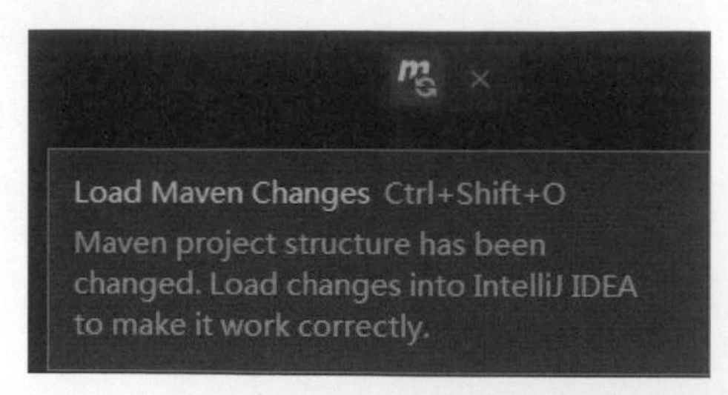

▲ 圖 2-4 修改 pom.xml 檔案後出現的 Maven 圖示

也可以透過快速鍵「Ctrl + Shift + O」來更新相依性。如果是在 Mac 系統下，則更新相依性的快速鍵是「Shift + Command + O」。

在 Eclipse（STS 同理）中開發 Spring Boot 專案時，為了讓開發者模組起作用，還需要引入 spring-boot-maven-plugin 外掛程式，在 pom.xml 檔案中增加下面的程式：

```
<plugins>
        ...
        <plugin>
                <groupId>org.springframework.boot</groupId>
                <artifactId>spring-boot-maven-plugin</artifactId>
                <configuration>
                        <fork>true</fork>
                </configuration>
        </plugin>
</plugins>
```

在 IDEA 中，當建立 Spring Boot 專案時會自動引入 spring-boot-maven-plugin 外掛程式，因而無須再另行設定。但是 IDEA 還需要一些額外的設定。

在 IDEA 中，點擊選單【File】→【New Projects Setup】→【Settings for New Projects…】，在新專案設定介面中，在左側面板中展開“Build, Execution, Deployment”節點，選中“Compiler”子節點，圖 2-5 所示為設定自動建構專案。

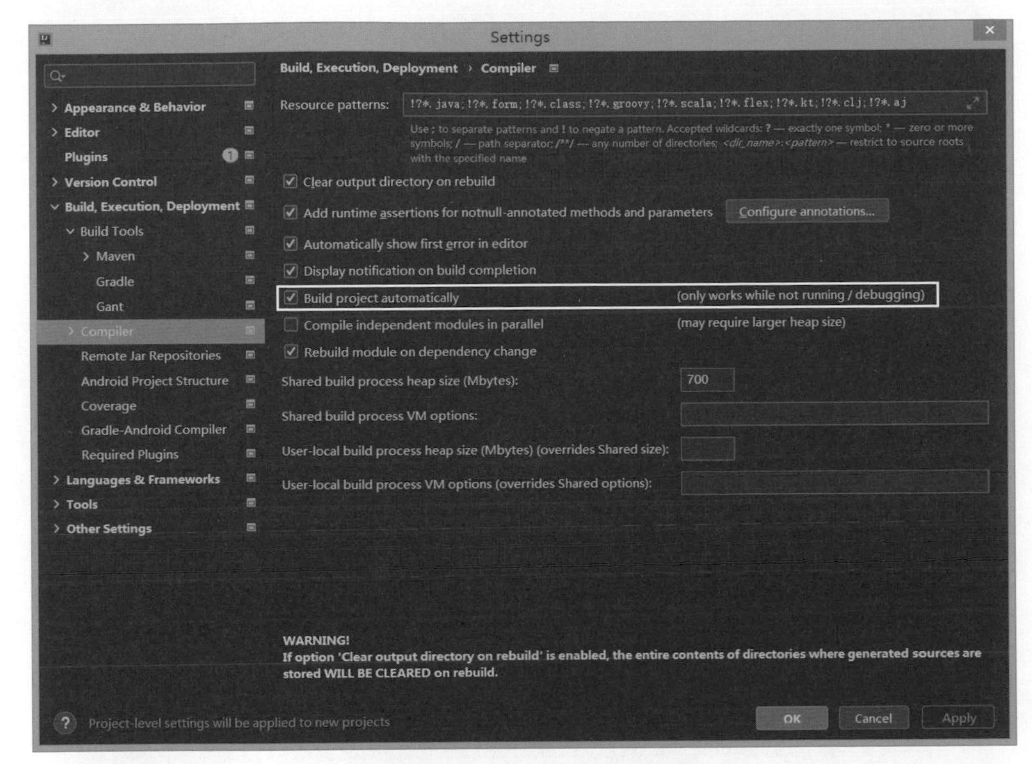

▲ 圖 2-5 設定自動建構專案

選中“Build project automatically”核取方塊，點擊“OK”按鈕。

在當前專案中要應用上述設定，可以點擊選單【File】→【Settings】，設定方式是一樣的。

（1）對於 IEDA 2021 之前的版本，同時按下複合鍵「Shift + Ctrl + Alt + /」，選擇 "Registry…"，找到 "compiler.automake.allow.when.app.running" 並選中，如圖 2-6 所示。

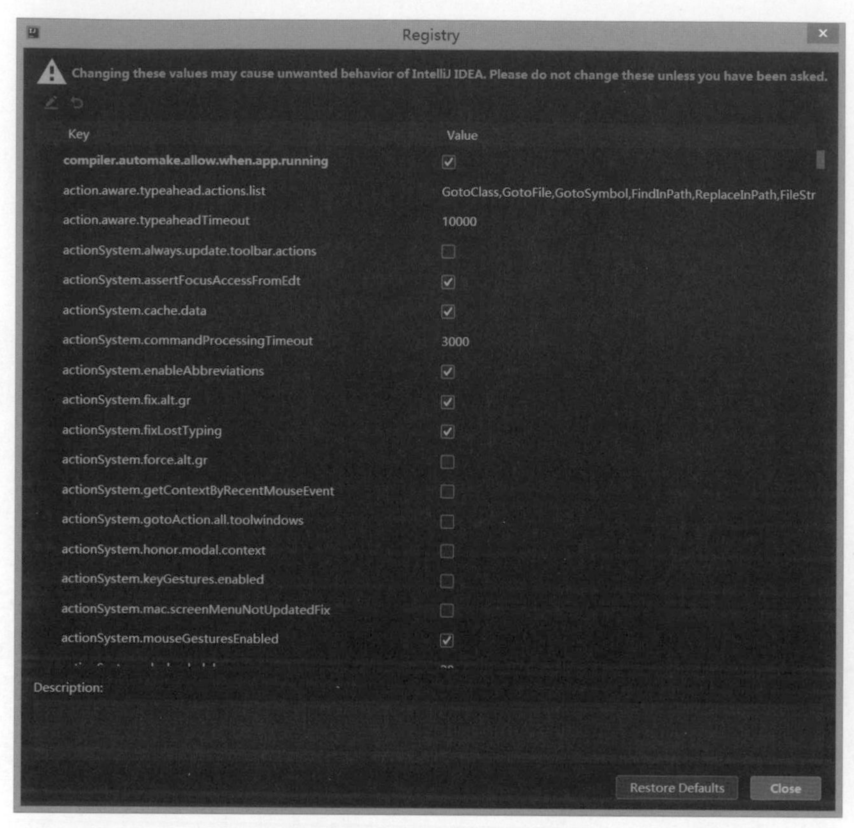

▲ 圖 2-6 設定在程式執行時期的自動建構（之前的版本）

點擊 "Close" 按鈕，結束設定。

（2）IDEA 2021 及之後的版本在 Registry 設定中取消了 compiler.automake.allow.when. app.running 選項，新的允許自動建構專案的設定方式為：點擊選單【File】→【Settings…】，在設定介面中，在左側面板中選中 "Advanced Settings" 節點，在右側面板中找到 "Compiler" 項，如圖 2-7 所示。

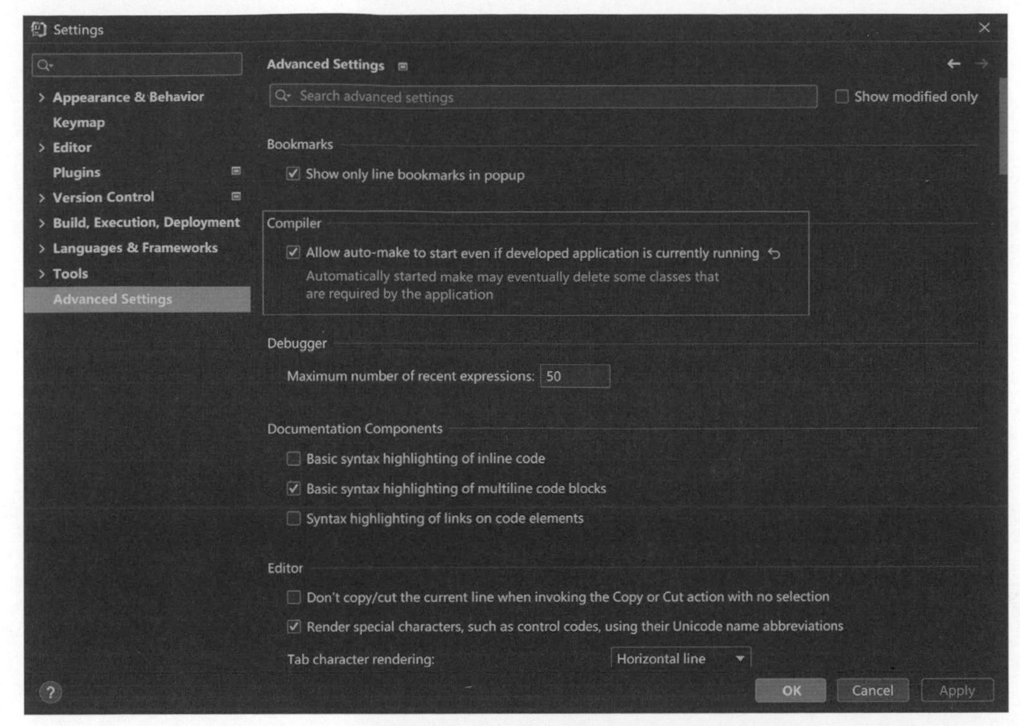

▲ 圖 2-7 設定在程式執行時期的自動建構（之後的版本）

選中 “Allow auto-make to start even if developed application is currently running” 。

接下來可以執行專案，嘗試一下熱部署。先在瀏覽器中存取 http://localhost:8080/，看到 “Hello World!” 的響應結果。修改 HelloController 類別，將 home() 方法的傳回值修改為 “Hello” ，注意觀察 IDEA 的控制台視窗，可以看到專案重新啟動的輸出資訊，之後在瀏覽器中更新頁面，可以看到 “Hello” 的響應結果。

2.4 Spring Boot 的設定檔

Spring Boot 支援兩種格式的全域設定檔：屬性檔案格式和 YAML 格式，設定檔用於對 Spring Boot 專案的預設設定進行微調，設定檔放在 src/main/resources 目錄下或者類別路徑的 /config 目錄下。

由圖 2-1 可以看到，在 src/main/resources 目錄下已經有了一個 application.properties 檔案，如果需要使用 YAML 格式，則可以在該目錄下新建一個 application.yml 檔案（也可以使用副檔名 .yaml）。不建議同時使用兩種格式的設定檔。

Spring Boot 使用 SnakeYAML 函式庫來解析 .yml 格式的檔案，只要在類別路徑上有 SnakeYAML 函式庫，SpringApplication 類別就會自動支援以 YAML 格式替代屬性檔案格式。spring-boot-starter 會自動提供 SnakeYAML，所以無須我們設定該函式庫。

在整個應用程式中，應該始終堅持使用同一種格式的設定檔，如果在相同的位置同時存在 .properties 格式和 .yml 格式的設定檔，那麼優先選擇 .properties 格式的設定檔。

2.4.1 YAML 語法

YAML 是 JSON 的超集合，其全稱是 YAML Ain't Markup Language（YAML 不是標記語言），在開發這種語言時，YAML 的意思其實是：Yet Another Markup Language（仍是一種標記語言），但為了強調這種語言是以資料為中心，而非以標記語言為重點，所以用反向縮寫字重新命名。

YAML 是一種資料序列化語言，其透過最小化結構字元的數量，並允許資料以自然和有意義的方式顯示自己，從而實現了獨特的簡潔性。例如，縮排可以用於結構，冒號可以分隔鍵值對，破折號用於建立「專案符號」清單。

資料結構有無數種風格，但它們都可以用三種基本基本操作來充分表示：映射（雜湊 / 字典）、序列（陣列 / 串列）和純量（字串 / 數字）。YAML 利用了這些基本操作，並增加了一個簡單的類型系統和別名機制，以形成用於序列化任何本機資料結構的完整語言。

1. 基本語法

YAML 採用樹狀結構，其基本語法格式要求如下：

- 對英文大小寫敏感。
- 使用縮排展現層級關係。
- 縮排不允許使用 Tab 鍵，只允許使用空格。
- 縮排的空格數目不重要，只要相同層級的元素左對齊即可。
- 註釋以 # 開頭，必須用空格字元與其他標記分隔。

2. 資料型態

YAML 支援以下幾種資料型態。

- 物件：鍵值對的集合，又稱為映射（mapping）/ 雜湊（hashes）/ 字典（dictionary）。
- 陣列：一組按次序排列的值，又稱為序列（sequence）/ 串列（list）。
- 純量（scalar）：單一的、不可再分的值。

3. YAML 物件

物件鍵值對使用冒號來分隔鍵和值，要注意的是，冒號後面一定要跟一個空格，如 port: 9000。可以使用縮排來展現層級關係，例如：

```
key:
  child-key1: value1
  child-key2: value2
```

也可以使用 key: {key1: value1, key2: value2, ...} 這種形式來展現層級關係。

對於較為複雜的物件格式，可以使用一個問號加一個空格表示一個複雜的 key，一個冒號加一個空格代表一個 value，例如：

```
?
    - complexkey1
    - complexkey2
:
    - complexvalue1
    - complexvalue2
```

意思是物件的屬性是一個陣列 [complexkey1, complexkey2]，對應的值也是一個陣列 [complexvalue1, complexvalue2]。

4. YAML 陣列

以短橫線（-）開頭的行，表示組成一個陣列，例如：

```
- A
- B
- C
```

YAML 支援多維陣列，可以使用行內表示，例如：

```
key: [value1, value2, ...]
```

若資料結構的子成員是一個陣列，則可以在該項下面縮排一個空格，例如：

```
-
 - A
 - B
 - C
```

我們看一個相對複雜的例子，如下所示：

```
companies:
    -
        id: 1
        name: company1
        price: 200W
    -
        id: 2
        name: company2
        price: 500W
```

意思是 companies 屬性是一個陣列，每一個陣列元素又都是由 id、name、price 三個屬性組成的。

陣列也可以使用流式（flow）的方式來表示：

```
companies: [{id: 1,name: company1,price: 200W},{id: 2,name: company2,price: 500W}]
```

5. 複合結構

陣列和物件可以組成複合結構，例如：

```
languages:
  - Ruby
  - Perl
  - Python
websites:
  YAML: yaml.org
  Ruby: ruby-lang.org
  Python: python.org
  Perl: use.perl.org
```

轉換為 JSON 格式為：

```
{
  languages: [ 'Ruby', 'Perl', 'Python'],
  websites: {
```

```
    YAML: 'yaml.org',
    Ruby: 'ruby-lang.org',
    Python: 'python.org',
    Perl: 'use.perl.org'
  }
}
```

6. 純量

純量是最基本的、不可再分的值，包括：

- 字串
- 布林值
- 整數
- 浮點數
- Null
- 時間
- 日期

我們看下面的範例：

```
boolean:
    - TRUE  #true、True 都可以
    - FALSE  #false、False 都可以
float:
    - 3.14
    - 6.8523015e+5      # 可以使用科學計數法
int:
    - 123
    - 0b1010_0111_0100_1010_1110    # 二進位表示
null:
    nodeName: 'node'
    parent: ~           # 使用 ~ 表示 null
```

```
string:
    - 哈哈
    - 'Hello world'      #可以使用雙引號或者單引號包裹特殊字元
    - newline
      newline2           #字串可以拆成多行，每一行都會被轉化成一個空格
date:
    - 2018-02-17         #日期必須使用 ISO 8601 格式，即 yyyy-MM-dd
datetime:
    -  2018-02-17T15:02:31+08:00     #時間使用 ISO 8601 格式，時間和日期之間使用 T 連接，
最後使用 + 代表時區
```

7. 引用

& 錨點和 * 別名可以用來建構引用，例如：

```
defaults: &defaults
  adapter:  postgres
  host:     localhost

development:
  database: myapp_development
  <<: *defaults

test:
  database: myapp_test
  <<: *defaults
```

相當於：

```
defaults:
  adapter:  postgres
  host:     localhost

development:
  database: myapp_development
  adapter:  postgres
  host:     localhost
```

```
test:
  database: myapp_test
  adapter:  postgres
  host:     localhost
```

& 用來建立錨點（defaults），<< 表示合併到當前資料，* 用來引用錨點。

下面是另一個例子：

```
- &showell Steve
- Clark
- Brian
- Oren
- *showell
```

轉換為 JSON 格式為：

```
[ 'Steve', 'Clark', 'Brian', 'Oren', 'Steve' ]
```

2.4.2 設定嵌入式伺服器

Spring Boot 預設使用 Tomcat 作為嵌入式 Web 伺服器，監聽 8080 通訊埠，以 "/" 作為上下文根，在個人開發時，一般不需要修改這個預設設定，但在團隊協作開發時（如前後端分離的專案開發），或者需要同時執行多個 Web 應用程式時，又或者在產品環境下，就需要對預設的嵌入式 Web 伺服器進行設定，修改監聽的通訊埠或者上下文路徑，通訊埠編號是透過 server.port 屬性來設定的，上下文路徑是透過 server.servlet.context-path 屬性來設定的。

在 application.properties 檔案中的設定如下：

```
server.port=80
server.servlet.context-path=/api
```

在 application.yml 檔案中的設定如下：

```
server:
  port: 80
```

```
  servlet:
    context-path: /api
```

執行專案，在控制台視窗中可以看到如下的輸出資訊：

```
Tomcat started on port(s): 80 (http) with context path '/api'
```

此時存取專案，通訊埠編號要使用 80（HTTP 協定預設通訊埠編號就是 80，因此可以不用顯性舉出），而非使用 8080 了，即 http://localhost/api。

讀者在學習的時候，在專案中可以同時建立 application.properties 檔案和 application.yml 檔案，但為了避免衝突，建議在使用其中一個設定檔時，將另一個設定檔的副檔名修改一下（如改為 application.yml2）以避免把自己都搞糊塗了。

1. 設定 HTTPS 服務

我們除希望伺服器提供通訊埠編號外，還希望伺服器提供 HTTPS 服務。HTTPS 加密每個資料封包並以安全的方式進行傳輸，保護敏感性資料免受竊聽或者駭客的攻擊。Web 應用程式需要安裝 SSL 憑證來實作 HTTPS，網際網路上受信任的憑證通常是向 CA 申請的憑證，在學習階段，我們可以使用 JDK 附帶的 keytool 工具生成自簽章憑證，步驟如下。

第一步：開啟命令提示視窗，執行下面的命令。

```
keytool -keystore server.keystore -genkey -alias tomcat -keyalg RSA -storetype PKCS12
```

按下確認鍵後，會讓你輸入金鑰庫的密碼（密碼），此時應記住輸入的密碼，因為後面會用到，筆者輸入的密碼是：12345678。接下來會詢問一些與名字、組織機構、所在地區等相關的資訊。

第二步：將生成的 server.keystore 檔案複製到專案的 src/main/resources 目錄下。

第三步：在 application.properties 檔案中設定嵌入式伺服器的 HTTPS 服務，程式如下所示。

```
server.port=8443
server.ssl.key-store=src/main/resources/server.keystore
server.ssl.key-store-password=12345678
server.ssl.key-store-type=PKCS12
```

如果使用 application.yml，則設定如下所示：

```
server:
 port: 8443
 ssl:
   key-store: src/main/resources/server.keystore
   key-store-password: 12345678
   key-store-type: PKCS12
```

執行專案，在 Chrome 瀏覽器中存取 URL：https://localhost:8443/，出現如圖 2-8 所示的提示。

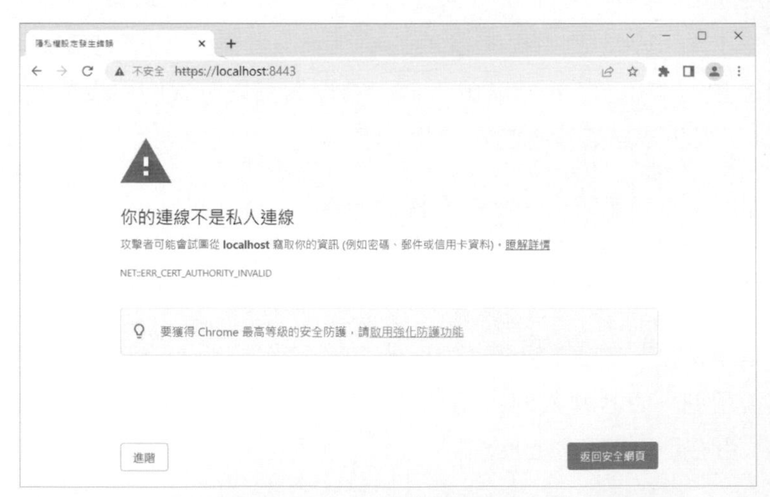

▲ 圖 2-8 提示憑證不安全

我們存取的是 localhost，無須擔心憑證的問題。點擊「進階」按鈕，出現如圖 2-9 所示的進階頁面。

▲ 圖 2-9　進階頁面

點擊「繼續前往 localhost（不安全）」連結，即可看到伺服器發送的響應內容：Hello。

2. 更換預設的 Tomcat 伺服器

更換預設的 Tomcat 伺服器不是在 Spring Boot 的設定檔中進行的，而是在 POM 檔案中引入其他的 Web 伺服器相依性，同時從 spring-boot-starter-web 相依性中排除 spring-boot-starter-tomcat 相依性。

修改 POM 檔案，將預設的 Tomcat 伺服器替換為 Jetty 伺服器，程式如下所示：

```
...
<dependency>
        <groupId>org.springframework.boot</groupId>
        <artifactId>spring-boot-starter-web</artifactId>
        <exclusions>
                <exclusion>
```

```
                <groupId>org.springframework.boot</groupId>
                <artifactId>spring-boot-starter-tomcat</artifactId>
            </exclusion>
        </exclusions>
</dependency>
<dependency>
        <groupId>org.springframework.boot</groupId>
        <artifactId>spring-boot-starter-jetty</artifactId>
</dependency>
...
```

更新相依性後，執行專案，在控制台視窗中可以看到如下的輸出資訊：

```
Jetty started on port(s) 8443 (ssl, http/1.1) with context path '/'
```

2.4.3 關閉啟動時的 Banner

在 Spring Boot 專案啟動時，會有一個由字元組成的 Banner，如圖 2-10 所示。

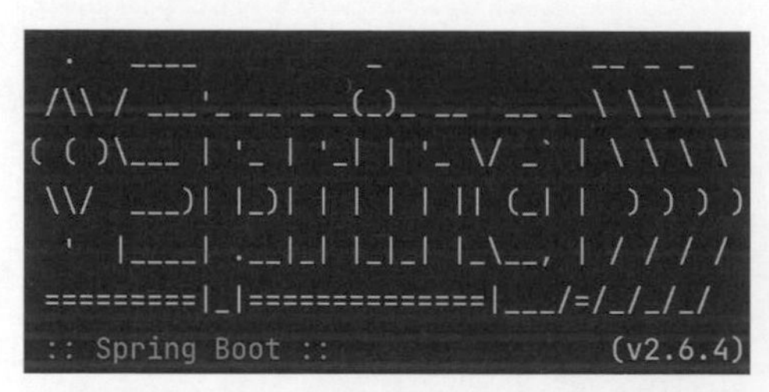

▲ 圖 2-10 Spring Boot 專案啟動時的 Banner

如果要關閉 Banner 的顯示，則可以在 application.properties 檔案中將 spring.main. banner-mode 的值設定為 off，如下所示：

```
spring.main.banner-mode=off
```

在 application.yml 檔案中的設定如下：

```
spring:
  main:
    banner-mode: off
```

再次啟動專案，可以發現 Banner 沒有了。

2.4.4 設定日誌

Spring Boot 預設使用的日誌元件是 logback，該元件是由 log4j 的創始人設計的，其性能比 log4j 更為優異。Spring Boot 預設已經整合了 logback 元件，因此不需要為使用 logback 而額外增加 Maven 相依性。

Spring Boot 預設使用 INFO 等級將日誌輸出到控制台。之前我們在執行程式時，已經看到了 Spring Boot 的 INFO 等級的日誌輸出，如圖 2-11 所示。

```
2022-03-22 13:18:41.569  INFO 16908 --- [  restartedMain] o.s.web.servlet.DispatcherServlet        : Initializing Servlet 'dispatcherServlet'
2022-03-22 13:18:41.570  INFO 16908 --- [  restartedMain] o.s.web.servlet.DispatcherServlet        : Completed initialization in 0 ms
2022-03-22 13:18:41.769  INFO 16908 --- [  restartedMain] o.e.jetty.util.ssl.SslContextFactory     : x509=X509@7b00e8f(tomcat,h=[xin sun],a=[],w=[]) for Server@5ff864a1
2022-03-22 13:18:41.841  INFO 16908 --- [  restartedMain] o.e.jetty.server.AbstractConnector       : Started SslValidatingServerConnector@7858232e{SSL, (ssl, http/1.1)}
2022-03-22 13:18:41.841  INFO 16908 --- [  restartedMain] o.s.b.web.embedded.jetty.JettyWebServer  : Jetty started on port(s) 8443 (ssl, http/1.1) with context path '/'
2022-03-22 13:18:41.849  INFO 16908 --- [  restartedMain] com.sx.demo.Ch02Application              : Started Ch02Application in 1.218 seconds (JVM running for 1.919)
```

▲ 圖 2-11 Spring Boot 應用程式啟動時預設的日誌輸出

可以看到預設輸出的日誌記錄每一筆都包含了以下 7 個部分的內容。

(1) 日期時間

日誌記錄的時間，精確到毫秒。

(2) 日誌等級

日誌等級，由低到高依次為：TRACE、DEBUG、INFO、WARN、ERROR 和 FATAL。

(3) 處理程序 ID

啟動的應用程式的處理程序 ID。

(4) 分隔符號

即每筆日誌記錄中的“---”，用於標識實際日誌的開始。

(5) 執行緒名稱

方括號括起來的部分，產生日誌事件的執行緒的名字。

（6）Logger 名稱

通常使用原始程式碼的完整類別名稱。

（7）日誌內容

冒號後的部分，詳細的日誌訊息。

要修改日誌的輸出格式，只需要在 src/main/resources 目錄下建立名為 logback- spring.xml 或者 logback.xml 的檔案即可，Spring Boot 會自動讀取該檔案中的日誌設定內容。如果要使用自訂檔案名稱，則需要在 Spring Boot 的設定檔中透過 logging.config 屬性給出自定義的檔案名稱。

接下來在 src/main/resources 目錄下新建 logback-spring.xml 檔案，內容如例 2-2 所示。

▼ 例 2-2 logback-spring.xml

```
<?xml version="1.0" encoding="UTF-8"?>
<configuration>
    <!-- 輸出到控制台 -->
    <appender name="STDOUT" class="ch.qos.logback.core.ConsoleAppender">
        <encoder>
            <!--
              日誌輸出格式：%d 表示日期時間；%thread 表示執行緒名稱；
              %-5level：等級從左顯示 5 個字元寬度；
              %logger{50}：表示 logger 名字最長 50 個字元，否則按照句點分割；
              %msg：日誌訊息；%n 是分行符號。
            -->
            <pattern>
                %d{yyyy-MM-dd HH:mm:ss.SSS} [%thread] %-5level %logger{50} - %msg%n
            </pattern>
        </encoder>
    </appender>

    <!-- 必需的節點，用於指定最基礎的日誌輸出等級，root 元素只有一個 level 屬性 -->
    <root level="INFO">
        <!-- 引用的 appender 會增加到這個 logger -->
        <appender-ref ref="STDOUT"/>
```

```
    </root>
</configuration>
```

啟動應用程式，可以在控制台視窗中看到如圖 2-12 所示的日誌輸出內容。

```
2022-03-22 13:21:54.374 [restartedMain] INFO  org.springframework.web.servlet.DispatcherServlet - Completed initialization in 0 ms
2022-03-22 13:21:54.560 [restartedMain] INFO  org.eclipse.jetty.util.ssl.SslContextFactory - x509=X509@69de68f0(tomcat,h=[xin sun],a=[],w=[]) for Server@17975f60[provid
2022-03-22 13:21:54.632 [restartedMain] INFO  org.eclipse.jetty.server.AbstractConnector - Started SslValidatingServerConnector@5233b827{SSL, (ssl, http/1.1)}{0.0.0.0:8
2022-03-22 13:21:54.633 [restartedMain] INFO  o.s.boot.web.embedded.jetty.JettyWebServer - Jetty started on port(s) 8443 (ssl, http/1.1) with context path '/'
2022-03-22 13:21:54.641 [restartedMain] INFO  com.sx.demo.Ch02Application - Started Ch02Application in 1.294 seconds (JVM running for 2.004)
```

▲ 圖 2-12 自訂日誌輸出格式後的日誌輸出

讀者可以將圖 2-12 與圖 2-11 的預設日誌輸出比較一下。

如果需要將日誌資訊輸出到檔案中，則可以按照例 2-3 所示的內容來設定日誌輸出。

▼ 例 2-3 logback-spring.xml

```
<?xml version="1.0" encoding="UTF-8"?>

<configuration>
    <appender name="FILE" class="ch.qos.logback.core.rolling.
RollingFileAppender">
        <!--
            當發生滾動時，決定 RollingFileAppender 的行為，涉及檔案移動和重新命名。
            SizeAndTimeBasedRollingPolicy： 滾動策略，它根據檔案大小和時間來制定滾動策略，
既負責滾動也負責觸發滾動。
        -->
        <rollingPolicy
                class="ch.qos.logback.core.rolling. SizeAndTimeBasedRollingPolicy">
            <!--
                滾動時產生的檔案的存放位置及檔案名稱 %d{yyyy-MM-dd}：按天進行日誌滾動；%i：
當檔案大小超過 maxFileSize 時，按照 i 進行檔案滾動。
            -->
            <fileNamePattern>f:\\logs\\sys-%d{yyyy-MM-dd}-%i.log </fileNamePattern>
            <!--
                可選節點，控制保留的歸檔檔案的最大數量，超出數量就刪除舊檔案。假設設定每天捲
動，且 maxHistory 是 180，則只儲存最近 180 天的檔案，刪除之前的舊檔案。注意，在刪除舊檔案時，那
些為了歸檔而建立的目錄也會被刪除。
            -->
```

```
            <MaxHistory>180</MaxHistory>
            <maxFileSize>100MB</maxFileSize>
            <!--
                當日誌超過 maxFileSize 指定的大小時，根據上面提到的 %i 進行日誌滾動。
            -->
            <timeBasedFileNamingAndTriggeringPolicy
                    class="ch.qos.logback.core.rolling.SizeAndTimeBasedFNATP">
                <maxFileSize>100MB</maxFileSize>
            </timeBasedFileNamingAndTriggeringPolicy>

        </rollingPolicy>
        <encoder>
            <pattern>
                %d{HH:mm:ss.SSS} [%thread] %-5level %logger{50} - %msg%n
            </pattern>
        </encoder>
    </appender>

    <root level="INFO">
        <appender-ref ref="FILE"/>
    </root>
</configuration>
```

啟動應用程式，將會在 F 碟的 logs 目錄下看到一個形如 sys-2022-03-22-0.log 的檔案，檔案內容就是輸出的日誌資訊。

2.4.5 使用 Profile 進行設定

在實際專案研發過程中，在開發階段和產品發佈階段所需要的設定資訊往往是不同的，即當應用程式部署到不同的執行環境時，一些設定細節也會有所不同。例如，資料庫連接的設定，在開發環境和生產環境下通常是不同的。

Spring Boot 支援基於 Profile 的設定，Profile 是一種條件化設定，基於執行時期啟動的 Profile，會使用或者忽略不同的 Bean 或設定類別。

在生產環境中，只關注 WARN 或更高級別的日誌，且把日誌資訊寫到檔案中即可。而在開發環境下，則輸出 DEBUG 或更高級別的日誌，且在控制台中輸出即可。下面我們分別使用屬性檔案格式和 YAML 格式來進行多環境的設定。在此之前，先把 2.4.4 節撰寫的 logback-spring.xml 檔案進行改名，以免影響到下面的設定。

提示

除非有特殊需要，否則不建議讀者設定 DEBUG 等級的日誌，因為這樣會輸出很多日誌資訊，增加專案啟動時間，從而影響開發效率。這裡將日誌設定為 DEBUG 等級，只是為了演示多環境的設定。

1. 使用屬性檔案格式設定多環境

在 src/main/resources 目錄下新建兩個屬性檔案，分別為 application-dev.properties 和 application-prod.properties，前者是用於開發環境的設定檔，後者是用於生成環境的設定檔。

在開發環境下，日誌以 DEBUG 等級或更高等級輸出到控制台中，application- dev.properties 檔案的程式如例 2-4 所示。

▼ 例 2-4 application-dev.properties

```
logging.level.root=DEBUG
```

在生產環境下，將日誌等級設定為 WRAN，並將日誌寫入到檔案中。application- prod.properties 檔案的程式如例 2-5 所示。

▼ 例 2-5 application-prod.properties

```
logging.file.name=f:\\logs\\demo.log
logging.level.root=WARN
```

logging.file.name 屬性用於指定日誌名稱，日誌名稱可以是精確的位置，也可以是相對於目前的目錄的位置。與這個屬性類似的是 logging.file.path 屬性，該屬性用於指定日誌的位置，例如 · /var/log。要注意的是，這兩個屬性不能同時使用，如果同時使用，則預設只有 logging.file.name 屬性生效。如果只設定了 logging.file.path 屬性，則會在該屬性指定的目錄下生成預設的 spring.log 檔案。

另外要注意的是，之所以要將 2.4.4 節撰寫的 logback-spring.xml 檔案進行改名，是因為如果提供了該檔案，那麼對於日誌的設定將以該檔案為準，這樣就會影響到這一節的實例測試。

接下來在主設定檔 application.properties 中設定 spring.profiles.active 屬性的值，在值為 dev 時將載入 application-dev.properties 中的設定項，在值為 prod 時將載入 application-prod.properties 中的設定項。

application.properties 的程式如例 2-6 所示。

▼ 例 2-6 application.properties

```
spring.profiles.active=dev
```

執行程式，將會在控制台視窗中看到很多 DEBUG 等級的日誌資訊。

將 spring.profiles.active 屬性的值設定為 prod，再次執行程式，會在 F 盤下看到生成的 demo.log 日誌，但是該檔案內容是空白的，因為在專案啟動時，並未有 WRAN 等級的日誌資訊產生。如果想讓 demo.log 檔案中有內容，則可以在 application- prod.properties 中將 logging.level.root 屬性的值設定為 INFO，這個就交由讀者自行完成了。

對於並不特定於某個 Profile 的屬性或者需要為屬性設定預設值，可以放在主設定檔 application.properties 中。

2. 使用 YAML 檔案格式設定多環境

使用 YAML 格式來設定多環境，與使用屬性檔案格式設定多環境是一樣的，只需要在 src/main/resources 目錄下建立 application-{profile}.yml 這樣的 YAML 檔案即可。

在 src/main/resources 目錄下新建 application-dev.yml 和 application-prod.yml 兩個檔案，檔案內容分別如例 2-7 和例 2-8 所示。

▼ 例 2-7 application-dev.yml

```
logging:
  level:
    root: DEBUG
```

▼ 例 2-8 application-prod.yml

```
logging:
  file:
    name: f:\logs\demo.log
  level:
    root: WARN
```

主設定檔 application.yml 的程式如例 2-9 所示。

▼ 例 2-9 application.yml

```
spring:
  profiles:
    active: dev
```

3. 多環境下的日誌輸出

對於日誌而言，如果需要詳細設定日誌的輸出格式與輸出方式，那麼需要在 logback 本身的設定檔中進行設定。下面我們結合 Profile，對 logback 的日誌輸出進行多環境設定。

修改 logback-spring.xml，將 2.4.4 節的控制台輸出設定和檔案輸出設定結合在一個檔案中，程式如例 2-10 所示。

▼ 例 2-10 logback-spring.xml

```
<?xml version="1.0" encoding="UTF-8"?>

<configuration>
    <!-- 輸出到控制台 -->
    <appender name="STDOUT" class="ch.qos.logback.core.ConsoleAppender" >
        <encoder>
            <!--
              日誌輸出格式：%d 表示日期時間；%thread 表示執行緒名稱；
              %-5level：等級從左顯示 5 個字元寬度；
              %logger{50}，表示 logger 名字最長 50 個字元，否則按照句點分割；
              %msg：日誌訊息；%n 是分行符號。
            -->
            <pattern>
                %d{yyyy-MM-dd HH:mm:ss.SSS} [%thread] %-5level %logger{50} - %msg%n
            </pattern>
        </encoder>
    </appender>

    <!-- 輸出到檔案 -->
    <appender name="FILE" class="ch.qos.logback.core.rolling.
RollingFileAppender">
        <!--
            當發生滾動時，決定 RollingFileAppender 的行為，涉及檔案移動和重新命名。
            SizeAndTimeBasedRollingPolicy： 滾動策略，它根據檔案大小和時間來制定滾動策略，
既負責滾動也負責觸發滾動。
        -->
        <rollingPolicy
                class="ch.qos.logback.core.rolling.SizeAndTimeBasedRollingPolicy">
            <!--
                滾動時產生的檔案的存放位置及檔案名稱 %d{yyyy-MM-dd}：按天進行日誌滾動；%i：
當檔案大小超過 maxFileSize 時，按照 i 進行檔案滾動。
            -->
            <fileNamePattern>f:\\logs\\sys-%d{yyyy-MM-dd}-%i.log </fileNamePattern>
            <!--
```

```
        可選節點，控制保留的歸檔檔案的最大數量，超出數量就刪除舊檔案。假設設定每天捲
動，且 maxHistory 是 180，則只儲存最近 180 天的檔案，刪除之前的舊檔案。注意，在刪除舊檔案時，那
些為了歸檔而建立的目錄也會被刪除。
            -->
            <MaxHistory>180</MaxHistory>
            <maxFileSize>100MB</maxFileSize>
            <!--
                當日誌超過 maxFileSize 指定的大小時，根據上面提到的 %i 進行日誌滾動。
            -->
            <timeBasedFileNamingAndTriggeringPolicy
                    class="ch.qos.logback.core.rolling. SizeAndTimeBasedFNATP">
                <maxFileSize>100MB</maxFileSize>
            </timeBasedFileNamingAndTriggeringPolicy>

        </rollingPolicy>
        <encoder>
            <pattern>
                %d{HH:mm:ss.SSS} [%thread] %-5level %logger{50} - %msg%n
            </pattern>
        </encoder>
    </appender>

    <springProfile name="dev">
        <root level="INFO">
            <appender-ref ref="STDOUT"/>
        </root>
    </springProfile>

    <springProfile name="prod">
        <root level="INFO">
            <appender-ref ref="FILE"/>
        </root>
    </springProfile>
</configuration>
```

之後就可以在主設定檔 application.yml 中透過 spring.profiles.active 屬性指定使用哪一個 Profile 設定，如例 2-11 所示。

▼ 例 2-11 application.yml

```
spring:
 profiles:
  active: dev
```

若修改 active 屬性的值為 prod，就可切換日誌輸出到檔案中。

提示

為避免影響測試結果，請讀者將 application-dev.yml 和 application- prod.yml 兩個檔案改名或者刪除。

2.5 外部設定

Spring Boot 允許將設定外部化，以便在不同的環境中使用相同的應用程式碼。可以使用各種外部設定來源，包括 Java 屬性檔案、YAML 檔案、環境變數和命令列參數。

屬性值可以透過 @Value 註釋直接注入 Bean 中，透過 Spring 的 Environment 抽象存取，或者透過 @ConfigurationProperties 綁定到結構化物件。

Spring Boot 使用了一個非常特殊的 PropertySource 順序，旨在允許合理地覆蓋值，屬性按以下順序覆蓋值（靠後的項的值將覆蓋靠前的項的值）。

(1) 預設屬性（透過設定 SpringApplication.setDefaultProperties 指定）。

(2) @Configuration 類別上的 @PropertySource 註釋。要注意的是，在更新應用程式上下文之前，不會將此類屬性來源增加到 Environment 中。

(3) 設定資料（如 application.properties 檔案）。

(4) RandomValuePropertySource，它只在 random.* 中具有屬性。

(5) 作業系統環境變數。

(6) Java 系統內容（System.getProperties()）。

(7) 來自 java:comp/env 的 JNDI 屬性。

(8) ServletContext 初始化參數。

(9) ServletConfig 初始化參數。

(10) 來自 SPRING_APPLICATION_JSON 的屬性（嵌入在環境變數或系統內容中的內聯 JSON）。

(11) 命令列參數。

(12) 在測試上的 properties 屬性。該屬性在 @SpringBootTest 註釋上可用，以及測試應用程式特定部分的測試註釋上可用。

(13) 測試上的 @TestPropertySource 註釋。

(14) 在 devtools 處於活動狀態時，$HOME/.config/spring-boot 目錄中的 devtools 全域設定屬性。

下面看一個範例。我們將 JDBC 連接資料庫所需要的資訊放到設定檔中，然後在連接元件中透過 @Value 註釋獲取設定檔中的資訊，之後在外部設定中修改 JDBC 連接資訊。

(1) 先在 application.yml 中增加一些設定資訊，為了簡單起見，只舉出 JDBC 連接所需要的使用者名稱和密碼，程式如例 2-12 所示。

▼ 例 2-12 application.yml

```
jdbc:
  username: root
  password: 1234
```

(2) 撰寫連接元件。在 com.sx.demo 套件下新建 model 子套件，在 model 子套件下新建 ConnectionHelper 類別，程式如例 2-13 所示。

▼ 例 2-13 ConnectionHelper.java

```
package com.sx.demo.model;

import org.springframework.beans.factory.annotation.Value;
import org.springframework.stereotype.Component;

@Component
public class ConnectionHelper {
    @Value("${jdbc.username}")
    private String username;
    @Value("${jdbc.password}")
    private String password;

    public String getUsername(){
        return username;
    }

    public String getPassword(){
        return password;
    }
}
```

也可以使用 @ConfigurationProperties 註釋將外部屬性自動映射到類別中的欄位上，只要類別的屬性名稱與外部屬性的名稱相同即可。使用 @ConfigurationProperties 註釋的 ConnectionHelper 類別的程式如下所示：

```
package com.sx.demo.model;

import org.springframework.boot.context.properties.
ConfigurationProperties;
import org.springframework.stereotype.Component;

@Component
@ConfigurationProperties(prefix="jdbc")
public class ConnectionHelper {
    private String username;
    private String password;
```

```
    public String getUsername(){
        return username;
    }

    public String getPassword(){
        return password;
    }

    public void setUsername(String username){
        this.username = username;
    }

    public void setPassword(String password){
        this.password = password;
    }
}
```

@ConfigurationProperties 註釋的參數 prefix 指定要綁定到物件的外部屬性的首碼。此外要注意的是，若使用 @ConfigurationProperties 註釋，則類別中的欄位要提供 setter 方法。

(3) 撰寫單元測試。在 ConnectionHelper 類別的編輯器視窗中，將游標放到類別名稱上，按下「Alt + Enter」複合鍵，從彈出的智慧輔助列表中選擇 “Create Test”（如圖 2-13 所示），或者在類別名稱上點擊滑鼠右鍵，從彈出選單中選擇【Generate…】→【Test…】。也可以把游標放到類別名稱上，點擊選單【Navigate】→【Test】，在彈出的右鍵選單中，點擊【Create New Test…】，呼叫出 “Create Test” 對話方塊。

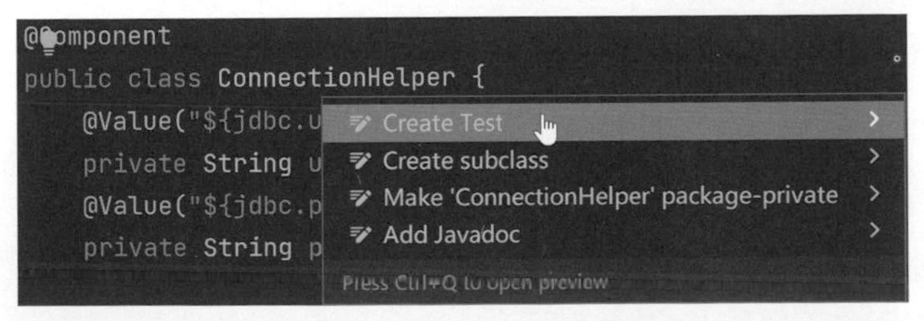

▲ 圖 2-13 智慧輔助列表

接下來在“Create Test”對話方塊中，選擇要使用的測試函式庫，定義要生成的測試類別的名稱和位置。我們保持預設選中的 JUnit5 測試函式庫，測試類別的名稱和目標套件欄位的值都保持

預設，Create Test 對話方塊如圖 2-14 所示。

點擊“OK”按鈕，完成測試類別的建立，建立的測試類別位於 src/test/java 目錄下的 com.sx.demo.model 套件中。

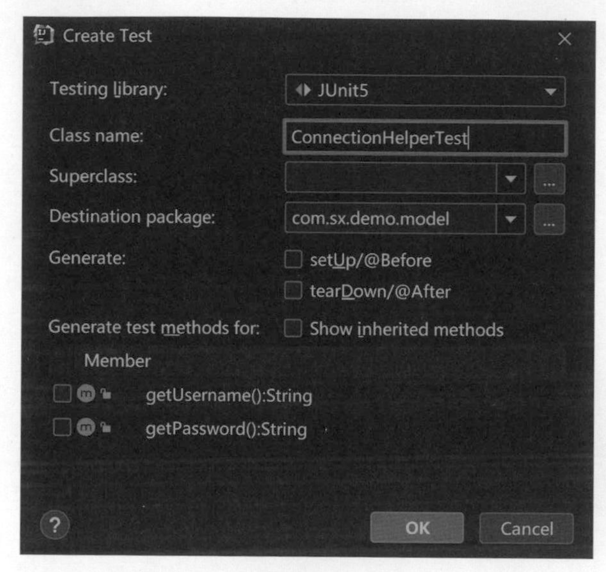

▲ 圖 2-14 Create Test 對話方塊

(4) 撰寫測試方法。開啟 ConnectionHelperTest 類別，將游標放到要生成新測試方法的位置上，按下「Alt + Insert」複合鍵，從彈出的“Generate”快顯功能表中，選擇“Test Method”。

也可以在要生成新測試方法的位置上點擊滑鼠右鍵，從彈出選單中選擇【Generate】，呼叫出“Generate”快顯功能表。

將生成的測試方法改為合適的名字，撰寫測試程式，並在 ConnectionHelperTest 類別上使用 @SpringBootTest 註釋，該註釋可以載入 Spring 的上下文，啟動 Spring 容器，自動檢索程式的設定檔。

ConnectionHelperTest 類別的程式如例 2-14 所示。

▼ 例 2-14 ConnectionHelperTest.java

```
package com.sx.demo.model;

import org.junit.jupiter.api.Test;
import org.springframework.beans.factory.annotation.Autowired;
import org.springframework.boot.test.context.SpringBootTest;


@SpringBootTest
class ConnectionHelperTest {
    @Autowired
    private ConnectionHelper connHelper;
    @Test
    void test() {
        System.out.println(connHelper.getUsername());
        System.out.println(connHelper.getPassword());
    }
}
```

程式中使用了 @Autowired 註釋，自動注入 ConnectionHelper 類別的實例。

(5) 執行測試。將游標放到 test() 方法上，點擊滑鼠右鍵，從彈出的選單中選擇【Run 'test()'】，程式輸出結果為：

```
root
1234
```

(6) 設定環境變數，覆蓋 jdbc.username 和 jdbc.password 屬性的值。將游標放到 test() 方法上，點擊滑鼠右鍵，從彈出的選單中選擇【More Run/Debug】→【Modify Run Configuration…】，然後在"Edit Run Configuration"對話方塊的環境變數一欄中輸入 jdbc.username=lisi;jdbc.password=5678，如圖 2-15 所示。

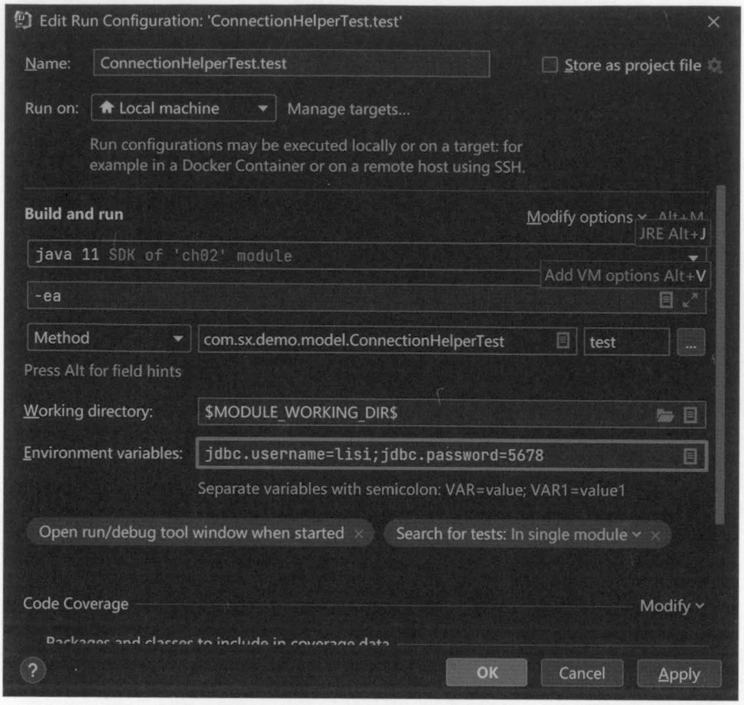

▲ 圖 2-15 設定環境變數

在環境變數設定完畢後，再次執行 test() 方法，結果如下所示：

```
lisi
5678
```

因為環境變數的優先順序要高於設定檔，所以設定檔中名稱相同屬性的值會被覆蓋。

2.6 Spring Boot 常用註釋

註釋（Annotation）是在 Java 5 中加入的一項重要特性，其也是一種中繼資料（Metadata），所謂中繼資料，就是對資料進行描述的資料，例如，在貴重包裹書上寫的「易碎品，小心輕放」，就是一種中繼資料，運送包裹的人根據中繼資料舉出的資訊，會謹慎處理該包裹。

Java 開發人員透過使用註釋，可以在不改變原有邏輯的情況下在程式中嵌入一些補充資訊。程式分析工具、開發工具和部署工具可以透過這些補充資訊進行驗證或者部署。

註釋在 Java 企業級開發中已經得到越來越多的應用，相對於傳統的 XML 設定方式，註釋更為簡單，且設定資訊與 Java 程式在一起，增強了程式的內聚性，提高了開發效率。

在 Spring Boot 應用程式開發中，需要用到很多註釋，有些註釋是由 Spring Boot 本身舉出的，有些註釋是由 Spring 框架舉出的，還有一些註釋是由 Java 規範舉出的，本節將介紹一些常用的註釋。

2.6.1 與設定相關的註釋

與設定相關的註釋如表 2-1 所示。

▼ 表 2-1 與設定相關的註釋

註釋	註釋目標	來源	說明
@Configuration	類別	Spring	宣告該類別是一個設定類別，用於替換 XML 的設定方式
@SpringBootConfiguration	類別	Spring Boot	作為 Spring 的 @Configuration 註釋的替代方案，以便自動找到設定
@ComponentScan	類別	Spring	元件掃描，可以自動發現和裝配 Bean
@EnableAutoConfiguration	類別	Spring Boot	啟動 Spring 應用程式上下文的自動設定，嘗試猜測和設定需要的 Bean。自動設定類別通常基於類別路徑和定義的 Bean 來應用
@SpringBootApplication	類別	Spring Boot	用於宣告一個設定類別，該類別宣告一個或多個 @Bean 方法，並觸發自動設定和元件掃描。這是一個方便的註釋，相當於宣告 @Configuration、@EnableAutoConfiguration 和 @ComponentScan

（續表）

註釋	註釋目標	來源	說明
@Bean	方法	Spring	宣告一個方法傳回的結果是一個由 Spring 容器管理的 Bean
@Import	類別	Spring	用於匯入其他設定類別，通常是 @Configuration 標注的類別
@ImportResource	類別	Spring	用於匯入包含 Bean 定義的資源，支援 Groovy 和 XML 格式的設定檔

注：（1）表格中的註釋目標指的是該註釋可以應用在什麼地方。要注意的是：在定義註釋時，@Target 元註釋的元素值，即 ElementType 列舉值並沒有單獨的類別這一項，使用的是 ElementType.TYPE，該列舉值的含義是指註釋可以應用於類別、介面（包括註釋類型）或列舉宣告。表格中為了簡單起見，我們只寫了類別。

（2）我們利用整合式開發環境的 Spring Boot 支援功能生成的骨架程式，在啟動類別上會預設增加 @SpringBootApplication 註釋，通常我們不需要去修改該註釋，但要注意的是，使用了該註釋，相當於使用了 @Configuration、@EnableAutoConfiguration 和 @ComponentScan 這三個註釋，會自動掃描啟動類別所在的套件下所有元件，具有了自動發現和裝配 Bean 的功能，而我們所需要做的，就是在啟動類別所在的套件下建立子套件，撰寫實作業務邏輯的類別。

2.6.2 Spring MVC 相關的註釋

Spring MVC 相關的註釋如表 2-2 所示。

▼ 表 2-2 Spring MVC 相關的註釋

註釋	註釋目標	來源	說明
@Controller	類別	Spring	宣告一個類別是控制器。在 Spring 專案中由控制器負責將使用者發來的 URL 請求轉發到對應的服務介面。這個註釋通常與 @RequestMapping 註釋結合使用

（續表）

註釋	註釋目標	來源	說明
@RequestMapping	類別和方法	Spring	用於將 Web 請求映射到控制器中的某個具體方法。如果用在類別上，則表示所有響應請求的方法都以該位址作為父路徑；如果用在方法上，則可以使用與 HTTP 方法對應的註釋來代替使用 @RequestMapping，這些註釋包括 @GetMapping、@PostMapping、@PutMapping、@DeleteMapping 和 @PatchMapping
@RequestParam	方法參數	Spring	將 Web 請求參數映射到方法的參數上
@RequestBody	方法參數	Spring	將 Web 請求本體的內容映射到方法的參數上
@ResponseBody	類別和方法	Spring	用於將方法的傳回結果直接寫入 HTTP 響應本體中，一般在非同步獲取資料時使用，用於建構 RESTful 的 API。在使用 @RequestMapping 後，傳回值通常解析為跳躍路徑，加上 @ResponseBody 後傳回結果不會被解析為跳躍路徑，而是直接寫入 HTTP 響應本體中。如果該註釋用在類別上，則類別中的方法會繼承該註釋，而不需要在方法上重複增加

@PathVariable	方法參數	Spring	用於接收路徑參數。例如：
			`@RequestMapping("/book/{id}")`
			`public BookDetail`
			`getBookById(@PathVariable int id){…}`
			方法參數 id 與大括號中的 id 要相同。該註釋通常用於 RESTful 的介面實作方法

@RestController	類別	Spring	@Controller 和 @ResponseBody 的組合註釋

2.6.3 元件宣告相關的註釋

元件宣告相關的註釋如表 2-3 所示。

▼ 表 2-3 元件宣告相關的註釋

註釋	註釋目標	來源	說明
@Repository	類別	Spring	用於在資料存取層標注 DAO 類別。使用該註釋標注的 DAO 類別會被 @ComponetScan 自動發現並設定
@Service	類別	Spring	用於在業務邏輯層（服務層）標注服務類別。使用該註釋標注的 DAO 類別會被 @ComponetScan 自動發現並設定
@Component	類別	Spring	用於標注元件。當元件不好歸類的時候，我們可以使用這個註釋來進行標注。可以認為該註釋是通用的元件標注註釋

注：（1）Java 企業應用程式開發一般採用分層結構，從廣義上來說，可以分為三層：展現層（Web 層）、業務邏輯層和資料存取層，可以認為 @Repository、@Service 與 @Component 只有語義上的區別，與它們類似的是 @Controller 註釋，用於標注展現層的控制器元件。對於無法根據語義劃分的元件，可以採用通用的 @Component 註釋。

（2）採用註釋標注元件，是為了讓 Spring 能夠自動發現和設定元件，並納入 Spring 的容器進行管理。

2.6.4 相依性插入相關的註釋

相依性插入相關的註釋見表 2-4。

▼ 表 2-4 相依性插入相關的註釋

註釋	註釋目標	來源	說明
@Autowired	建構方法、方法、方法參數、欄位	Spring	預設按類型自動注入相依性的 Bean。該註釋可以用於對類別的成員變數、方法及建構方法進行標注，完成自動裝配的工作

（續表）

註釋	註釋目標	來源	說明
@Resource	類別、欄位、方法	Java	預設按名字自動注入相依性的 Bean。與 @Autowired 註釋作用類似，但是該註釋不能用於建構方法

@Qualifier	類別、欄位、方法、方法參數	Spring	當有多個相同類型的 Bean 時，可以用 @Qualifier("name") 來指定。該註釋常與 @Autowired 註釋一起使用，例如：
			`@Autowired`
			`@Qualifier("demoService")`
			`private DemoService demoService`

2.7 理解 starter

Java 企業級應用程式開發的一個比較令人頭疼的地方是，專案相依性的許多 JAR 套件的管理，Spring Boot 為了簡化對相依性套件的設定與管理，提供了很多 starter。starter 是一組方便的相依性關係描述符號，定義了一系列可以整合到應用中的相依性套件。使用 starter，我們可以整合式地獲得所需的所有 Spring 和相關技術，而無須搜尋範例程式和複製貼上大量相依性關係描述符號。例如，我們想使用 JPA 進行資料庫存取，只需要在專案中包含 spring-boot-starter-data-jpa 相依性項即可。

starter 包含很多相依性項，這些相依性項是快速啟動和執行專案所需的，並且具有一組一致的、受支援的託管可傳遞相依性項。starter 可以繼承也可以相依性於別的 starter，例如，spring-boot-starter-web 相依性項包含了以下相依性：

- org.springframework.boot:spring-boot-starter
- org.springframework.boot:spring-boot-starter-json
- org.springframework.boot:spring-boot-starter-tomcat
- org.springframework:spring-web
- org.springframework:spring-webmvc

starter 負責設定好與 Spring 整合相關的設定和相關相依性（JAR 和 JAR 版本），使用者無須關心框架整合帶來的問題。

所有官方舉出的 starter 都遵循類似的命名結構：spring-boot-starter-*，這種命名結構可以幫助我們快速找到 starter。對於協力廠商的 starter，其命名就不能以 spring-boot 開始，而要以專案名稱開始。例如 mybatis 的 starter，其命名就是 mybatis-spring-boot-starter。

2.7.1 安裝 EditStarters 外掛程式

為了便於在 IDEA 中快速設定相依性項，我們可以在 IDEA 中安裝一個 EditStarters 外掛程式。點擊選單【File】→【Settings】，在設定視窗的左邊選中"Plugins"，在搜尋框中輸入"EditStarters"，如圖 2-16 所示。

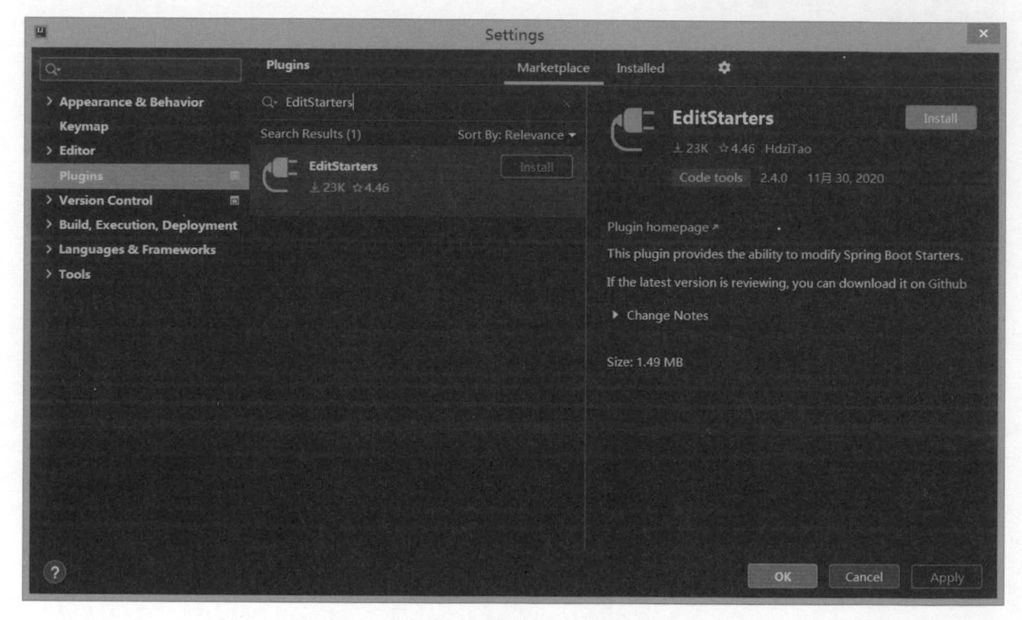

▲ 圖 2-16 安裝 EditStarters 外掛程式

點擊"Install"按鈕進行安裝。之後開啟 POM 檔案，在編輯視窗中點擊滑鼠右鍵，在彈出選單中選擇【Generate】→【Edit Starters】，如圖 2-17 和 2-18 所示。

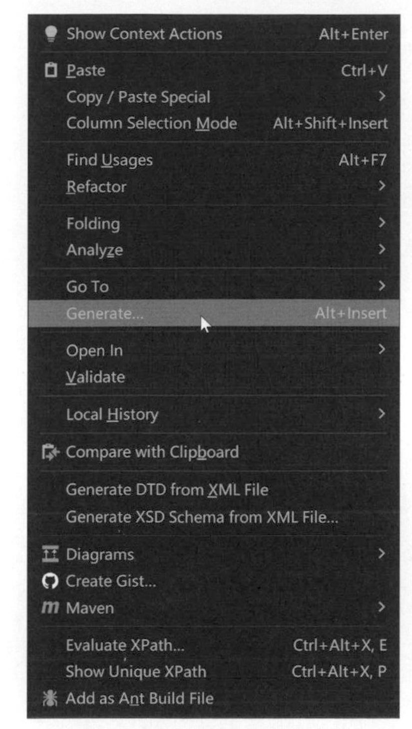

▲ 圖 2-17
在彈出選單中選擇【Generate】

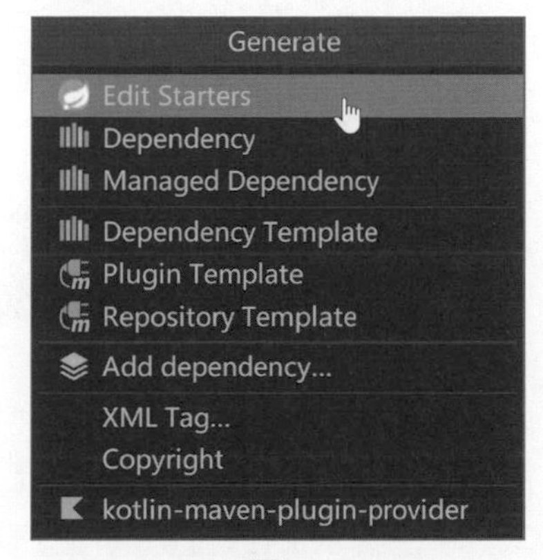

▲ 圖 2-18
選擇【Edit Starters】

在之後出現的“Spring Initializr Url”對話方塊中保持預設的 URL，點擊“OK”按鈕，如圖 2-19 所示。

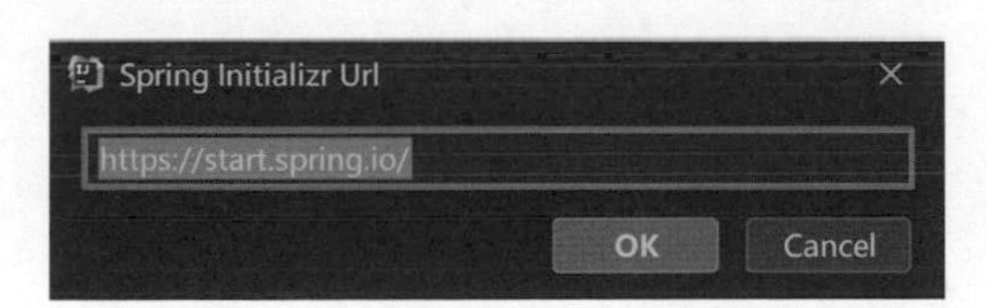

▲ 圖 2-19 指定 Spring Initializr 的 URL

如果因為某些原因，無法存取 Spring Initializr 網站，那麼可以使用 Spring Initializr 鏡像。之後就出現了與建立專案時增加專案相依性類似的選擇 starter 的對話方塊，如圖 2-20 所示。

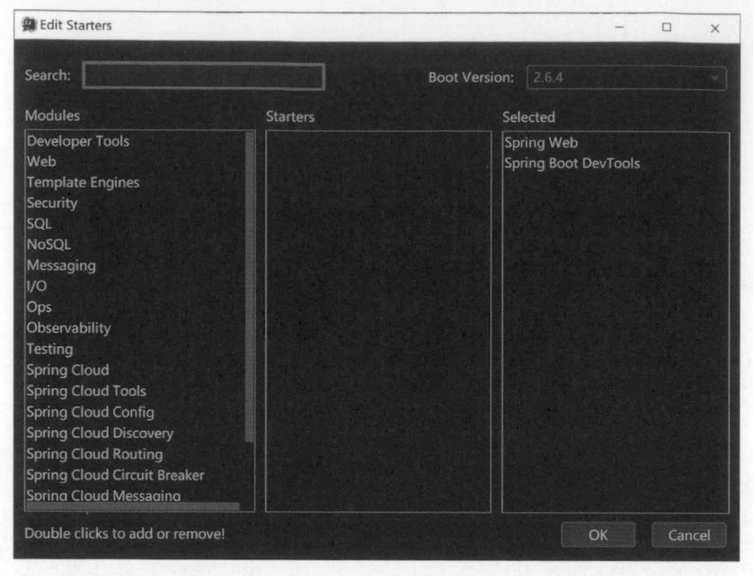

▲ 圖 2-20 選擇要增加的 starter

讀者可以嘗試選擇一個 starter 進行增加，如 SQL 模組下的 “Spring Data JDBC” ，在該 starter 上按兩下滑鼠左鍵，即可增加這個 starter，如圖 2-21 所示。

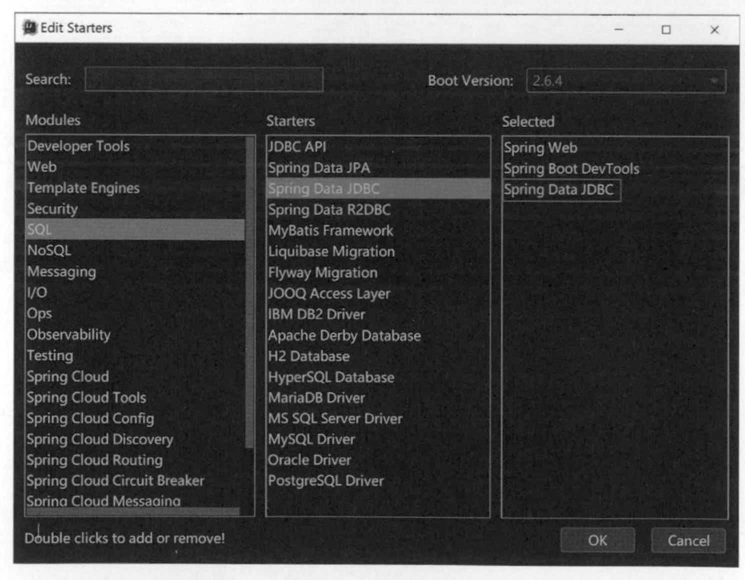

▲ 圖 2-21 增加 “Spring Data JDBC”

點擊 "OK" 按鈕關閉對話方塊，在 POM 檔案中，會自動增加相依性項，如圖 2-22 所示。

```
<dependency>
    <groupId>org.springframework.boot</groupId>
    <artifactId>spring-boot-starter-test</artifactId>
    <scope>test</scope>
</dependency>
<dependency>
    <groupId>org.springframework.boot</groupId>
    <artifactId>spring-boot-starter-data-jdbc</artifactId>
</dependency>
```

▲ 圖 2-22 在 POM 檔案中自動增加相依性項

注意，不要忘了點擊 POM 檔案右上角的 Maven 小圖示，更新相依性。

本章實例並未用到 spring-boot-starter-data-jdbc，這裡增加該相依性項，僅為實驗目的，實驗完畢後可以將其註釋起來。

2.7.2 Spring Boot 提供的 starter

Spring Boot 在 org.springframework.boot 群組下提供數量許多的 starter，下面我們舉出一些常用的 starter，如表 2-5 所示。

▼ 表 2-5 Spring Boot 常用的 starter

starter	說明
spring-boot-starter	核心 starter，包括自動設定支援、日誌記錄和 YAML
spring-boot-starter-activemq	用於使用 Apache ActiveMQ 的 JMS 訊息
spring-boot-starter-amqp	使用 Spring AMQP 和 Rabbit MQ
spring-boot-starter-aop	使用 Spring AOP 和 AspectJ 面向切面程式設計
spring-boot-starter-cache	使用 Spring 框架的快取支援
spring-boot-starter-data-jdbc	使用 Spring Data JDBC
spring-boot-starter-data-mongodb	結合 Hibernate 使用 Spring Data JPA
spring-boot-starter-data-redis	結合 Spring Data Redis 和 Lettuce 用戶端使用 Redis 鍵值資料儲存

（續表）

starter	說明
spring-boot-starter-data-rest	使用 Spring Data REST 在 REST 上公開 Spring 資料儲存庫
spring-boot-starter-jdbc	結合 HikariCP 連接池使用 JDBC
spring-boot-starter-mail	使用 Java Mail 和 Spring 框架的電子郵件發送支援
spring-boot-starter-quartz	使用 Quartz 排程器
spring-boot-starter-security	使用 Spring Security
spring-boot-starter-test	使用 JUnit Jupiter、Hamcrest 和 Mockito 等函式庫測試 Spring Boot 應用程式
spring-boot-starter-thymeleaf	使用 Thymeleaf 檢視建構 MVC Web 應用程式
spring-boot-starter-validation	結合 Hibernate Validator 使用 Java Bean Validation
spring-boot-starter-web	使用 Spring MVC 建構 Web 服務，包括 RESTful 和 Web 應用程式。用 Tomcat 作為預設的嵌入式容器
spring-boot-starter-web-services	使用 Spring Web Services
spring-boot-starter-webflux	使用 Spring 框架的響應式 Web 支援建構 WebFlux 應用程式
spring-boot-starter-websocket	使用 Spring 框架的 WebSocket 支援建構 WebSocket 應用程式

2.8 Spring Boot 自動設定原理

我們透過 Spring Initializr 生成 Spring Boot 鷹架專案，在啟動類別上會自動增加 @SpringBootApplication 註釋，該註釋相當於同時宣告了 @Configuration、@EnableAutoConfiguration 和 @ComponentScan 這三個註釋，其中 @EnableAutoConfiguration 註釋就是用於啟動 Spring 應用程式上下文的自動設定。

@EnableAutoConfiguration 註釋位於 org.springframework.boot.autoconfigure 套件中，註釋實作程式如例 2-15 所示。

▼ 例 2-15 EnableAutoConfiguration.java

```
...

package org.springframework.boot.autoconfigure;

...
import org.springframework.core.io.support.SpringFactoriesLoader;

@Target(ElementType.TYPE)
@Retention(RetentionPolicy.RUNTIME)
@Documented
@Inherited
@AutoConfigurationPackage
@Import(AutoConfigurationImportSelector.class)
public @interface EnableAutoConfiguration {

	/**
	 * Environment property that can be used to override when auto- configuration is
	 * enabled.
	 */
	String ENABLED_OVERRIDE_PROPERTY = "spring.boot.
enableautoconfiguration";

	/**
	 * Exclude specific auto-configuration classes such that they will never be
applied.
	 * @return the classes to exclude
	 */
	Class<?>[] exclude() default {};

	/**
	 * Exclude specific auto-configuration class names such that they will never be
	 * applied.
	 * @return the class names to exclude
	 * @since 1.3.0
```

```
     */
    String[] excludeName() default {};

}
```

在 @EnableAutoConfiguration 註釋上使用了 @Import 註釋，指示要匯入 AutoConfigurationImportSelector 類別。@Import 註釋通常用於匯入設定類別，也可以匯入 ImportSelector 和 ImportBeanDefinitionRegistrar 介面的實作類別，然後由實作類別具體負責匯入設定類別。

ImportSeletor 介面位於 org.springframework.context.annotation 套件中，其程式如例 2-16 所示。

▼ 例 2-16 ImportSeletor.java

```
...

package org.springframework.context.annotation;

import java.util.function.Predicate;

import org.springframework.core.type.AnnotationMetadata;
import org.springframework.lang.Nullable;

public interface ImportSelector {
    String[] selectImports(AnnotationMetadata importingClassMetadata);

    @Nullable
    default Predicate<String> getExclusionFilter() {
        return null;
    }
}
```

其中 selectImports() 方法根據匯入的 @Configuration 類別的 AnnotationMetadata 介面選擇並傳響應該匯入的類別的名稱。AnnotationMetadata 介面以不需要載入該類別的形式定義對特定類別註釋的抽象存取，selectImports() 方法根據該參數動態地選擇一個或多個 @Configuration 類別進行匯入。簡單來說，元件的自動設定邏輯是在 ImportSelector 介面的實作類別的 selectImports() 方法中舉出的。

AutoConfigurationImportSelector 類別實作了 ImportSelector 介面，其 selectImports() 方法的實作程式如下所示：

```
...
public class AutoConfigurationImportSelector implements DeferredImportSelector,
BeanClassLoaderAware, ResourceLoaderAware, BeanFactoryAware, EnvironmentAware, Ordered {
        ...
        @Override
        public String[] selectImports(AnnotationMetadata annotationMetadata) {
                if (!isEnabled(annotationMetadata)) {
                        return NO_IMPORTS;
                }
                AutoConfigurationEntry autoConfigurationEntry =
                        getAutoConfigurationEntry(annotationMetadata);
                return StringUtils.toStringArray(autoConfigurationEntry
getConfigurations());
        }
        ...
}
```

selectImports() 方法的程式很簡單，下面繼續看一下 getAutoConfiguration Entry() 方法，該方法程式如下所示：

```
...
public class AutoConfigurationImportSelector implements DeferredImportSelector,
BeanClassLoaderAware, ResourceLoaderAware, BeanFactoryAware, EnvironmentAware, Ordered {
        ...
        protected AutoConfigurationEntry getAutoConfigurationEntry (AnnotationMetadata
annotationMetadata) {
                if (!isEnabled(annotationMetadata)) {
                        return EMPTY_ENTRY;
                }
                AnnotationAttributes attributes = getAttributes (annotationMetadata);
```

```
                List<String> configurations = getCandidateConfigurations
(annotationMetadata, attributes);
                configurations = removeDuplicates(configurations);
                Set<String> exclusions = getExclusions(annotationMetadata,
attributes);
                checkExcludedClasses(configurations, exclusions);
                configurations.removeAll(exclusions);
                configurations = getConfigurationClassFilter().Filter (configurations);
                fireAutoConfigurationImportEvents(configurations, exclusions);
                return new AutoConfigurationEntry(configurations, exclusions);
        }
        ...
}
```

程式中呼叫 getCandidateConfigurations() 方法得到自動裝配的候選類別名稱集合，然後用 configurations 清單作為參數建構 AutoConfigurationEntry 物件。而在 selectImports() 方法的最後，則從 AutoConfigurationEntry 物件中取出 configurations 列表，並轉換為字串陣列傳回。

接下來看一下 getCandidateConfigurations() 方法，該方法的程式如下所示：

```
...
public class AutoConfigurationImportSelector implements DeferredImportSelector,
BeanClassLoaderAware, ResourceLoaderAware, BeanFactoryAware, EnvironmentAware, Ordered {
        ...
        protected List<String> getCandidateConfigurations (AnnotationMetadata metadata,
AnnotationAttributes attributes) {
                List<String> configurations =
                        SpringFactoriesLoader.loadFactoryNames(
getSpringFactoriesLoaderFactoryClass(),
                        getBeanClassLoader());
                Assert.notEmpty(configurations, "No auto configuration classes found in
META-INF/spring.factories. If you "
                                + "are using a custom packaging, make sure that file
is correct.");
                return configurations;
        }
```

```
	protected Class<?> getSpringFactoriesLoaderFactoryClass() {
		return EnableAutoConfiguration.class;
	}

	protected ClassLoader getBeanClassLoader() {
		return this.beanClassLoader;
	}
	...
}
```

可以看到，getCandidateConfigurations() 方法實際執行的是 SpringFactoriesLoader. loadFactoryNames() 方法。看來，關鍵類別還是 SpringFactoriesLoader 類別，該類別位於 org.springframework.core.io. support 套件中，SpringFactoriesLoader 類別關鍵部分的程式如下所示：

```
...
public final class SpringFactoriesLoader {
	public static final String FACTORIES_RESOURCE_LOCATION =
"META-INF/spring.factories";
	...
	public static List<String> loadFactoryNames(Class<?> factoryType, @Nullable
ClassLoader classLoader) {
		ClassLoader classLoaderToUse = classLoader;
		if (classLoaderToUse == null) {
			classLoaderToUse = SpringFactoriesLoader.class.
getClassLoader();
		}
		String factoryTypeName = factoryType.getName();
		return loadSpringFactories(classLoaderToUse). getOrDefault
(factoryTypeName, Collections.emptyList());
	}

	private static Map<String, List<String>> loadSpringFactories (ClassLoader
classLoader) {
		Map<String, List<String>> result = cache.get(classLoader);
		if (result != null) {
			return result;
		}
```

```
				result = new HashMap<>();
				try {
						Enumeration<URL> urls =
					classLoader.getResources(FACTORIES_RESOURCE_LOCATION);
						while (urls.hasMoreElements()) {
								URL url = urls.nextElement();
								UrlResource resource = new UrlResource(url);
								Properties properties = PropertiesLoaderUtils.
loadProperties(resource);
								for (Map.Entry<?, ?> entry : properties.entrySet()) {
										String factoryTypeName = ((String) entry.
getKey()). trim();

										String[] factoryImplementationNames =
								StringUtils.commaDelimitedListToStringArray((String)
entry.getValue());
								for (String factoryImplementationName :
factoryImplementationNames) {
										result.computeIfAbsent(factoryTypeName, key
-> new ArrayList<>())

												.add(factoryImplementationName.
trim());
										}
								}
						}

						// Replace all lists with unmodifiable lists containing unique
elements
						result.replaceAll(
(factoryType, implementations) -> implementations.stream().distinct()
								.collect(Collectors.collectingAndThen(Collectors.
toList(),
Collections::unmodifiableList)));
						cache.put(classLoader, result);
				}
				catch (IOException ex) {
						throw new IllegalArgumentException("Unable to load factories
from location [" +
										FACTORIES_RESOURCE_LOCATION + "]", ex);
```

```
            }
            return result;
        }
        ...
}
```

SpringFactoriesLoader 類別是 Spring 框架內部使用的通用工廠載入機制，其從 META- INF/spring.factories 檔案中載入並實例化指定類型的工廠，這些檔案可能存在於類別路徑中的多個 JAR 套件中。

spring.factories 檔案採用屬性檔案格式，其中鍵是介面或抽象類別的完整限定名稱，值是以逗點分隔的實作類別名稱的列表。

綜上所述，Spring Boot 的自動設定原理可以概括為：透過在啟動類別上標注的 @SpringBootApplication 註釋，自動引入了 @EnableAutoConfiguration 註釋。在 SpringApplication.run() 方法內部，會解析該註釋，從而執行 AutoConfigurationImportSelector 類別的 selectImports() 方法，該方法內部會呼叫 SpringFactoriesLoader 類別的靜態方法 loadFactoryNames()，讀取類別路徑下的 META-INF/spring.factories 檔案，找到所有的自動設定類別實例化並載入到 Spring 容器中。

即使該部分內容沒有掌握，也不會影響讀者對後續內容的學習和未來的開發。

2.9 自訂 starter

如果 Spring Boot 提供的 starter 不能滿足需求，那麼還可以自訂 starter。在 2.7 節介紹過，所有 Spring Boot 提供的 starter 都是以 spring-boot-starter-* 命名的，對於協力廠商和自訂的 starter，則建議以專案名稱開始，即採用 *-spring-boot-starter 的命名方式。

實際上，自訂 starter 的開發分為兩個模組：自動設定模組和 starter 模組。自動設定模組套件含使用函式庫所需的所有內容，還可以包含設定鍵定義（例如 @ConfigurationProperties）和任何可用於進一步訂製元件初始化方式的回呼介面。starter 模組實際上只是一個空白的 JAR 套件，它的唯一目的是提供使用函式庫所必需的相依性項。如果自動設定相對簡單，並且沒有可選功能，那麼在一個 starter 中合併兩個模組也是一個不錯的選擇。

下面我們以一個自訂 starter 實例來幫助讀者更好地理解 Spring Boot 的自動設定原理。

2.9.1 自動設定模組

本小節我們先完成自動設定模組的開發，步驟如下。

1. 新建空白專案與 Maven 模組

Eclipse 中的工作區可以將多個專案群組織在一起，但 IDEA 並沒有工作區的概念，IDEA 的 Project 可以作為一個獨立專案，也可以作為工作區。如果將 Project 作為工作區，那麼可以以模組的方式來組織專案，每個模組都相當於一個專案。因為我們的實例需要兩個專案，所以為了方便開發，在 IDEA 中建立一個空白專案作為工作區，然後建立兩個模組，分別完成自動設定模組和 starter 模組的開發。

啟動 IDEA，新建一個空白的專案，如圖 2-23 所示。

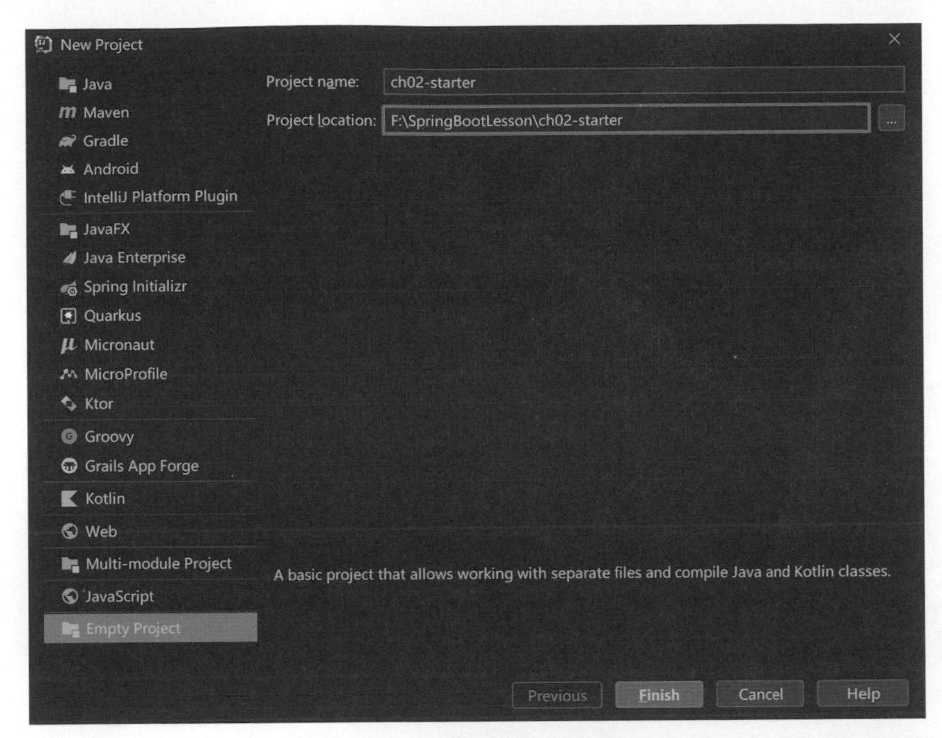

▲ 圖 2-23 新建空白專案

點擊“Finish”按鈕，完成空白專案的建立。然後點擊選單【File】→【Project Structure…】，出現如圖 2-24 所示的“Project Structure”對話方塊。

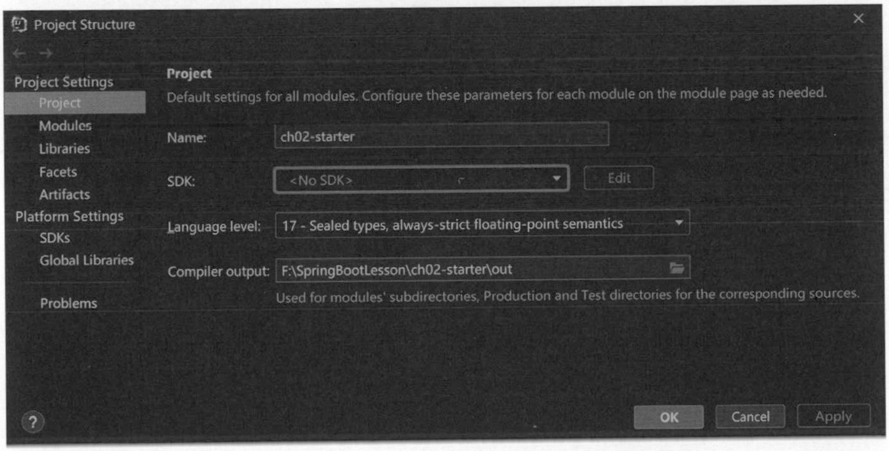

▲ 圖 2-24 “Project Structure”對話方塊

首先選擇正確的 JDK 版本，然後在左側面板中選中“Modules”，如圖 2-25 所示。

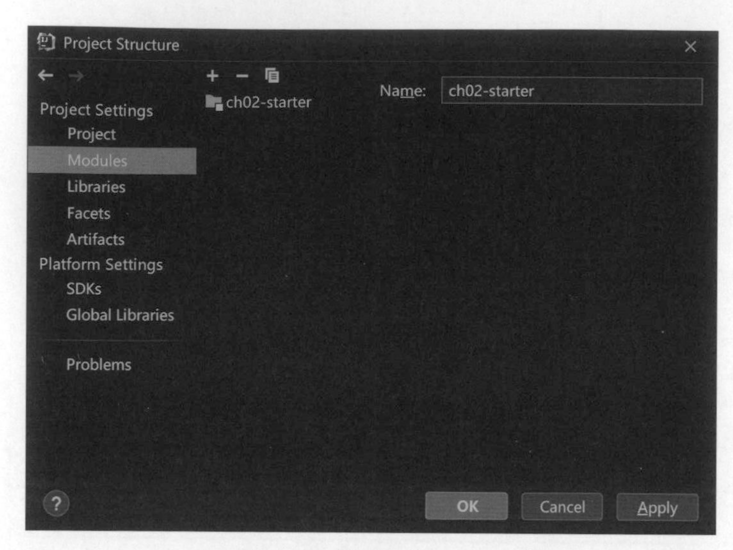

▲ 圖 2-25 選中“Modules”

點擊上方的“+”號按鈕，在下拉式功能表中選擇“New Module”，如圖 2-26 所示。

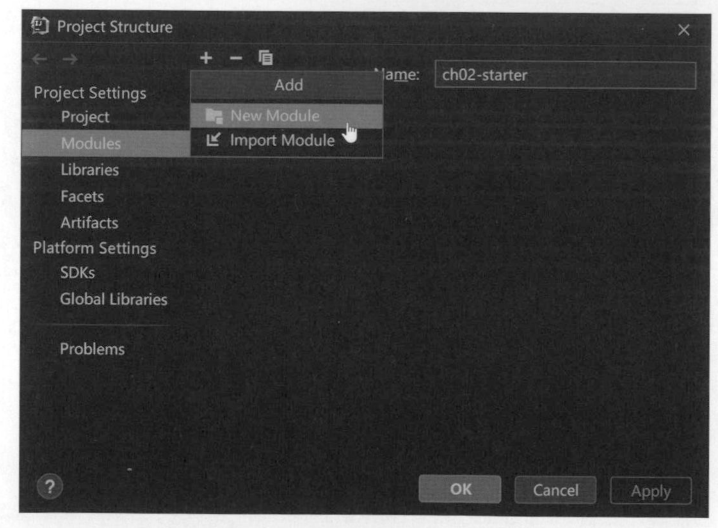

▲ 圖 2-26 選擇“New Module”

接下來選擇 Maven，新建 Maven 模組如圖 2-27 所示。

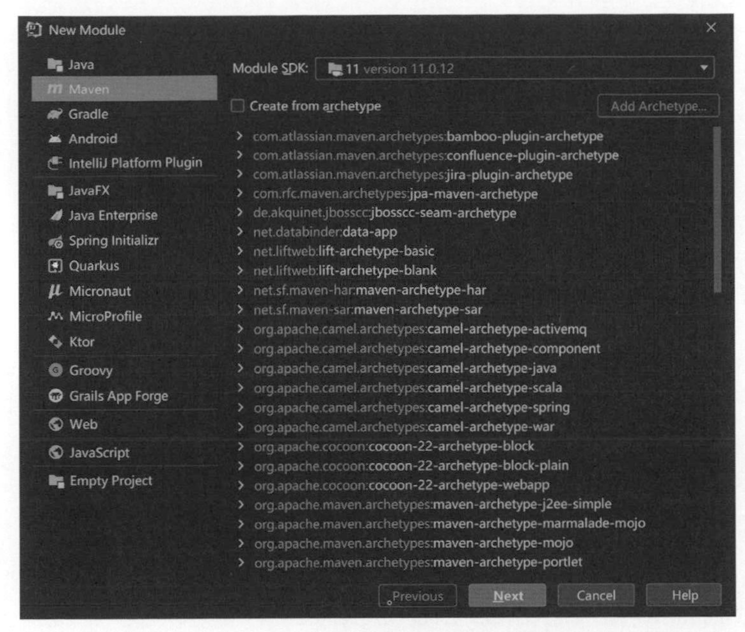

▲ 圖 2-27 新建 Maven 模組

點擊 "Next" 按鈕，輸入模組名稱 demo-spring-boot-starter-autoconfigure，指定模組位置，如圖 2-28 所示。

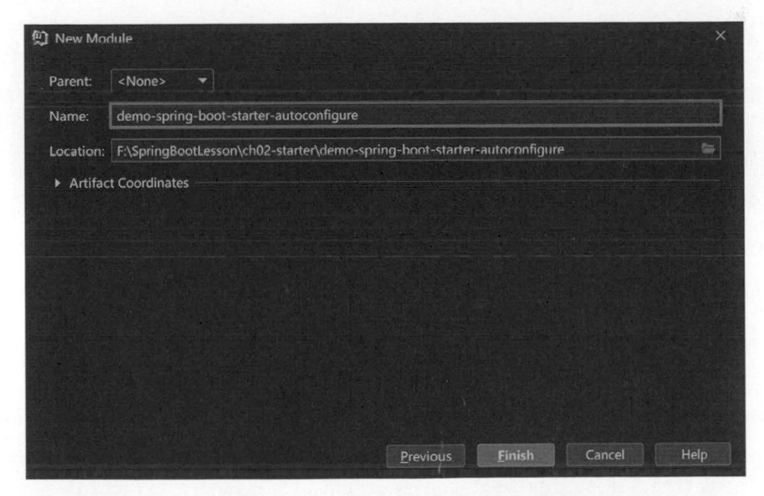

▲ 圖 2-28 指定模組名稱和位置

點擊“Finish”按鈕，回到“Project Structure”對話方塊，點擊“OK”按鈕，結束專案與模組的建立。

2. 撰寫 POM 檔案

編輯 pom.xml 檔案，指定專案的基本資訊，宣告專案相依性，程式如例 2-17 所示。

▼ 例 2-17 pom.xml

```
<?xml version="1.0" encoding="UTF-8"?>
<project xmlns="http://maven.apache.org/POM/4.0.0"
         xmlns:xsi="http://www.w3.org/2001/XMLSchema-instance"
         xsi:schemaLocation="http://maven.apache.org/POM/4.0.0 http://maven.apache.
org/xsd/maven-4.0.0.xsd">
    <modelVersion>4.0.0</modelVersion>

    <parent>
        <groupId>org.springframework.boot</groupId>
        <artifactId>spring-boot-starter-parent</artifactId>
        <version>2.6.4</version>
    </parent>
    <groupId>com.sx</groupId>
    <artifactId>demo-spring-boot-autoconfigure</artifactId>
    <version>1.0-SNAPSHOT</version>
    <name>demo-spring-boot-autoconfigure</name>


    <dependencies>
        <dependency>
            <groupId>org.springframework.boot</groupId>
            <artifactId>spring-boot-autoconfigure</artifactId>
            <optional>true</optional>
        </dependency>

        <dependency>
            <groupId>org.springframework.boot</groupId>
            <artifactId>spring-boot-configuration-processor</artifactId>
```

```
            <optional>true</optional>
        </dependency>
    </dependencies>
</project>
```

粗體顯示的內容是新增的內容。程式中設定的相依性項 spring-boot-configuration-processor 用於從含有 @ConfigurationProperties 註釋的項生成自己的設定中繼資料檔案，該 JAR 套件含有一個 Java 註釋處理器，在專案編譯時呼叫它。引入該相依性，是為了給我們自訂的設定類別生成中繼資料資訊。

記得點擊 POM 檔案右上角的 Maven 小圖示，更新相依性。

3. 定義 Properties 類別

前面介紹過，在 Spring Boot 專案中，可以有外部設定（包括設定檔）的諸多屬性，在自訂 starter 時，可以根據需要提供 Properties 類別，用於儲存設定資訊。

在 Java 目錄下新建 com.sx.spring.boot.autoconfigure 套件，然後在套件下新建 DemoProperties 類別，該類別的程式如例 2-18 所示。

▼ 例 2-18 DemoProperties.xml

```
package com.sx.spring.boot.autoconfigure;

import org.springframework.boot.context.properties.ConfigurationProperties;

//@Component
@ConfigurationProperties(prefix = "demo")
public class DemoProperties {
    // 使用者名稱
    private String name;
    // 歡迎資訊
    private String greeting;

    public String getName() {
        return name;
```

```
    }

    public String getGreeting() {
        return greeting;
    }

    public void setName(String name) {
        this.name = name;
    }

    public void setGreeting(String greeting) {
        this.greeting = greeting;
    }
}
```

寫完這個類別，IDEA 會在 @ConfigurationProperties 註釋上加一個紅色的波浪線，但是可以不用理會，因為在後面使用 @EnableConfigurationProperties 註釋註冊 DemoProperties 類別後該錯誤就消失了，如果讀者看著該錯誤不舒服，也可以在 DemoProperties 類別上增加一個 @Component 註釋。

4. 定義服務類別

服務類別用於提供核心功能。在 com.sx.spring.boot.autoconfigure 套件下新建 DemoService 類別，程式如例 2-19 所示。

▼ 例 2-19 DemoService.java

```
package com.sx.spring.boot.autoconfigure;

public class DemoService {
    // 使用者名稱
    private String name;
    // 歡迎資訊
    private String greeting;

    public DemoService(String name, String greeting) {
        this.name = name;
        this.greeting = greeting;
```

```
    }

    public String sayHello(){
        return name + ", " + greeting;
    }
}
```

5. 定義自動設定類別

在 Spring Boot 中，自動設定是透過標準的 @Configuration 類別實作的。附加的 @Conditional 註釋用於約束何時應用自動設定。通常，自動設定類別使用 @ConditionalOnClass 和 @ConditionalOnMissingBean 註釋，這確保了只有在找到相關類別並且沒有宣告自己的 @Configuration 類別時才應用自動設定。

在 com.sx.spring.boot.autoconfigure 套件下新建 DemoServiceAutoConfiguration 類別，程式如例 2-20 所示。

▼ 例 2-20 DemoServiceAutoConfiguration.java

```
package com.sx.spring.boot.autoconfigure;

import org.springframework.beans.factory.annotation.Autowired;
import org.springframework.boot.autoconfigure.condition.ConditionalOnMissingBean;
import org.springframework.boot.context.properties.
EnableConfigurationProperties;
import org.springframework.context.annotation.Bean;
import org.springframework.context.annotation.Configuration;

@Configuration
@EnableConfigurationProperties(DemoProperties.class)
public class DemoServiceAutoConfiguration {
    @Autowired
    private DemoProperties demoProperties;

    @Bean(name = "demo")
    @ConditionalOnMissingBean
```

```
    public DemoService demoService(){
        return new DemoService(demoProperties.getName(), demoProperties.
getGreeting());
    }
}
```

@EnableConfigurationProperties 註釋用於開啟對 @ConfigurationProperties 註釋的 Bean 的支援（參看第 3 步）。

@ConditionalOnMissingBean 註釋表示當 Spring 容器中不包含滿足指定需求的 Bean 時才匹配，當與 @Bean 註釋一起使用時，Bean 類別預設為工廠方法傳回的類型。針對本例，如果 Spring 容器中沒有 DemoService 類型的 Bean，那麼條件將匹配。

在定義自動設定類別時，幾乎總會在自動設定類別中包含一個或多個 @Conditional 註釋，如本例中的 @ConditionalOnMissingBean 註釋。Spring Boot 包含許多 @Conditional 註釋，可以透過註釋 @Configuration 類別或單獨的 @Bean 方法在自己的程式中重用這些註釋。這些註釋包括如下內容。

（1）類別條件

@ConditionalOnClass 和 @ConditionalOnMissingClass 註釋允許根據特定類別的存在與否來確定是否包含 @Configuration 類別。

（2）Bean 條件

@ConditionalOnBean 和 @ConditionalOnMissingBean 註釋允許根據特定 Bean 的存在與否來確定是否包含 Bean。要注意的是，@ConditionalOnBean 和 @ConditionalOnMissingBean 註釋不會阻止 @Configuration 類別的建立，這兩個註釋在類別等級上的使用和在 @Bean 方法上的使用的唯一區別是：如果條件不匹配，前者會阻止 @Configuration 類別註冊為 Bean。

（3）屬性條件

@ConditionalOnProperty 註釋允許基於 Spring 環境屬性包含設定。使用註釋的 prefix 和 name 參數指定應檢查的屬性。在預設情況下，可匹配任何存在且不等於 false 的屬性。還可以使用 havingValue 和 matchIfMissing 參數建立更高級的檢查。

（4）資源條件

@ConditionalOnResource 註釋只允許在特定資源存在時才包含設定。可以使用通常的 Spring 約定來指定資源，例如：file:/home/user/test.dat。

（5）Web 應用程式條件

@ConditionalOnWebApplication 和 @ConditionalOnNotWebApplication 註釋允許根據應用程式是不是「Web 應用程式」來確定是否包含設定。基於 Servlet 的 Web 應用程式是任何使用 Spring WebApplicationContext、定義了階段範圍或具有 ConfigurableWebEnvironment 的應用程式。響應式 Web 應用程式是任何使用了 ReactiveWebApplicationContext 或具有 ConfigurableReactiveWebEnvironment 的應用程式。@ConditionalOnWarDeployment 註釋允許根據應用程式是不是部署到容器的傳統 WAR 應用程式來確定是否包含設定。此條件不適用於與嵌入式伺服器一起執行的應用程式。

（6）SpEL 運算式條件

@ConditionalOnExpression 註釋允許根據 SpEL 運算式的結果包含設定。

關於這些條件註釋更多的內容，請讀者參看 Spring Boot 的官方文件。

6. 撰寫 META-INF/spring.factories 檔案

在 resource 目錄下新建 META-INF 子目錄，在該子目錄下新建 spring.factories 檔案。檔案內容如例 2-21 所示。

▼ 例 2-21 META-INF/spring.factories

```
org.springframework.boot.autoconfigure.EnableAutoConfiguration=\
   com.sx.spring.boot.autoconfigure.DemoServiceAutoConfiguration
```

7. 打包

在 IDEA 中，按下「Alt + F12」複合鍵（或者點擊選單【View】→【Tool Windows】→【Terminal】），開啟一個終端視窗，進入 demo-spring-boot-starter-autoconfigure 目錄。在終端視窗中執行 mvn clean install，命令執行完後，在 target 子目錄下，可以看到 demo- spring-boot-autoconfigure-1.0-SNAPSHOT.jar 檔案，同時該 JAR 檔案也會被複製到本地 Maven 倉庫。

至此，自動設定模組已經開發完畢，接下來就輪到空殼的 starter 模組了。

2.9.2 starter 模組

starter 模組的開發步驟如下。

1. 新建 Maven 模組

點擊選單【File】→【New】→【Module...】，新建一個 Maven 模組，模組名稱為 demo-spring-boot-starter，如圖 2-29 所示。

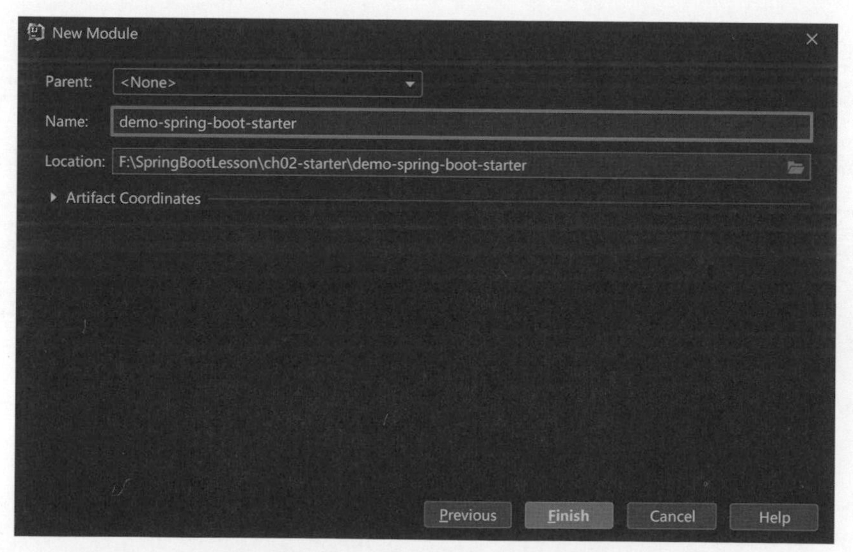

▲ 圖 2-29 指定模組名稱和位置

點擊 "Finish" 按鈕，完成 Maven 模組的建立。

2. 撰寫 POM 檔案

編輯 pom.xml 檔案，指定專案的基本資訊，宣告專案相依性。在 starter 中需要引入自動設定模組，還需要增加 spring-boot-starter 相依性，這是 Spring Boot 核心的 starter，包括自動設定支援、日誌記錄和 YAML。自訂的 starter 必須直接或間接引用 spring-boot-starter（如果我們的 starter 相依性於另外的 starter，則無須增加它），如果我們在自動設定模組中增加了 spring-boot-starter 相依性，那麼這裡就可以不用增加。

完整的 pom.xml 檔案的程式如例 2-22 所示。

▼ 例 2-22 pom.xml

```
<?xml version="1.0" encoding="UTF-8"?>
<project xmlns="http://maven.apache.org/POM/4.0.0"
         xmlns:xsi="http://www.w3.org/2001/XMLSchema-instance"
         xsi:schemaLocation="http://maven.apache.org/POM/4.0.0 http://maven.apache.
org/xsd/maven-4.0.0.xsd">
    <modelVersion>4.0.0</modelVersion>
    <parent>
        <groupId>org.springframework.boot</groupId>
        <artifactId>spring-boot-starter-parent</artifactId>
        <version>2.6.4</version>
    </parent>
    <groupId>com.sx</groupId>
    <artifactId>demo-spring-boot-starter</artifactId>
    <version>1.0-SNAPSHOT</version>
    <name>demo-spring-boot-starter</name>

    <dependencies>
        <dependency>
            <groupId>org.springframework.boot</groupId>
            <artifactId>spring-boot-starter</artifactId>
        </dependency>
        <dependency>
            <groupId>com.sx</groupId>
            <artifactId>demo-spring-boot-autoconfigure</artifactId>
            <version>1.0-SNAPSHOT</version>
```

```
        </dependency>
    </dependencies>
</project>
```

記得點擊 POM 檔案右上角的 Maven 小圖示，更新相依性。

3. 打包

在 IDEA 中，按下「Alt + F12」複合鍵（或者點擊選單【View】→【Tool Windows】→【Terminal】），開啟一個終端視窗。進入 demo-spring-boot-starter 目錄，執行 mvn clean install，在命令執行完成後，在 target 子目錄下可以看到 demo-spring-boot-starter-1.0- SNAPSHOT.jar 檔案，同時該 JAR 檔案也會被複製到本地 Maven 倉庫。

至此，starter 模組也開發完畢，接下來就該測試一下我們自訂的 starter 了。

2.9.3 測試自訂的 starter

測試自訂 starter 的步驟如下。

1. 在專案中增加 starter 相依性

這裡我們不再新建專案，而是直接使用本章前面所建立的 ch02 專案。在開啟專案後，編輯 pom.xml 檔案，增加 demo-spring-boot-starter，程式如下所示：

```
<dependency>
        <groupId>com.sx</groupId>
        <artifactId>demo-spring-boot-starter</artifactId>
        <version>1.0-SNAPSHOT</version>
</dependency>
```

2. 在設定檔中增加屬性

編輯 application.yml 檔案，增加如下屬性：

```
demo:
  name: Jack
  greeting: 'welcome you'
```

3. 在控制類別中注入 DemoService 進行測試

編輯 HelloController 類別，注入 DemoService 實例，並呼叫 DemoService 物件的方法進行測試。程式如例 2-23 所示。

▼ 例 2-23 HelloController.java

```java
package com.sx.demo.controller;

import com.sx.spring.boot.autoconfigure.DemoService;
import org.springframework.beans.factory.annotation.Autowired;
import org.springframework.web.bind.annotation.RequestMapping;
import org.springframework.web.bind.annotation.RestController;

@RestController
public class HelloController {
    @Autowired
    private DemoService demoService;

    @RequestMapping("/")
    String home() {
        return demoService.sayHello();
    }
}
```

啟動專案，存取 http://localhost:8080/，可以看到頁面顯示內容為：Jack, welcome you。

2.10 小結

本章內容比較多，介紹了 Spring Boot 應用程式開發需要掌握的一些基礎知識，包括 Spring Boot 專案結構的剖析，控制器的撰寫，使用熱部署提高開發效率，設定檔的使用，YAML 語法簡介，日誌的設定，外部設定，Spring Boot 常用註釋，理解 starter，以及 Spring Boot 自動設定原理，並透過自訂 starter 的開發來幫助讀者更好地理解自動設定原理。

第二篇

Web 篇

第 3 章

快速掌握 Spring MVC

在 Web 開發早期有很多流行的 Web 框架，如老牌的 Struts，後期之秀 WebWork、Struts2、Tapestry 等，不過最終由 Spring MVC 一統江山，這也是好事，節省了我們的學習成本，只需要學習 Spring MVC 就可以了。本章將介紹基於 Spring MVC 開發所需要掌握的必備知識，讓讀者能夠輕鬆勝任 Web 開發方面的工作。

3.1 MVC 架構模式

在 MVC 架構中，一個應用被分成三個部分，模型（Model）、檢視（View）和控制器（Controller）。

模型代表應用程式的資料及用於存取控制和修改這些資料的業務規則。當模型發生改變時，它會通知檢視，並為檢視提供查詢模型相關狀態的能力，同時，也為控制器提供存取封裝在模型內部的應用程式功能的能力。

檢視用來組織模型的內容，從模型那裡獲得資料並指定這些資料如何表現。當模型變化時，檢視負責維護資料表現的一致性，同時將使用者的請求通知控制器。

控制器定義了應用程式的行為，負責對來自檢視的使用者請求進行解釋，並把這些請求映射成對應的行為，這些行為由模型負責實作。在獨立執行的 GUI 用戶端，使用者請求可能是滑鼠點擊或者選單選擇等操作。在一個 Web 應用程式中，使用者請求可能是來自用戶端的 GET 或 POST 的 HTTP 請求等。模型所實作的行為包括處理業務和修改模型的狀態。根據使用者請求和模型行為的結果，控制器選擇一個檢視作為對使用者請求的響應。圖 3-1 描述了在 MVC 應用程式中模型、檢視、控制器三部分的關係。

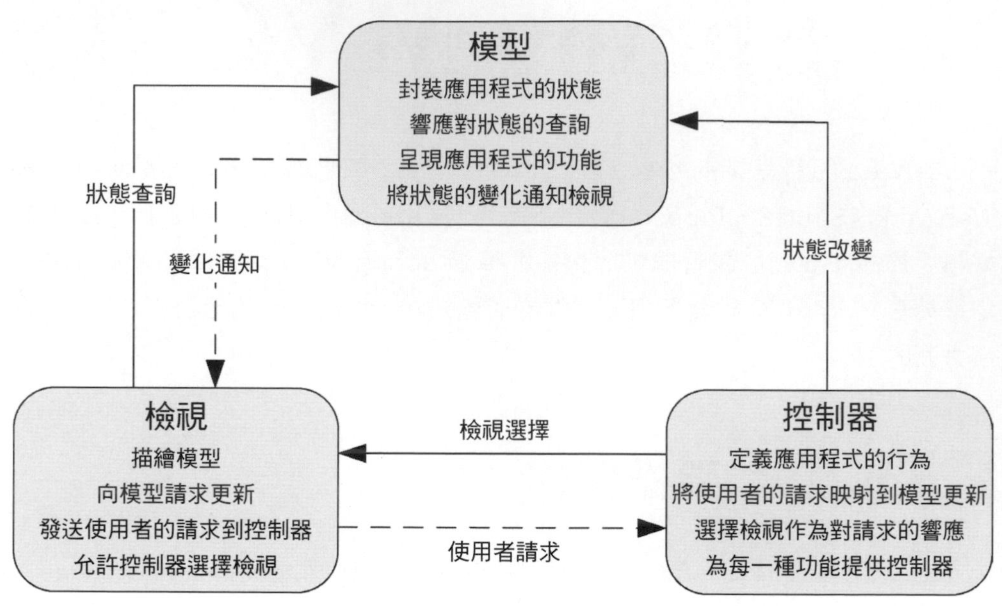

▲ 圖 3-1 模型、檢視、控制器的關係圖

3.2 Spring MVC

Spring MVC 是基於 Servlet API 建構的 Web 框架，從一開始就包含在 Spring 框架中，正式名稱 "Spring Web MVC" 來自其來源模組 spring-webmvc，但其通常被稱為 Spring MVC。

Spring MVC 與其他許多 Web 框架一樣，是圍繞前端控制器模式設計的，有一個名為 DispatchServlet 的中央 Servlet 為請求處理提供分配演算法，而實際工作則由可設定的委託元件執行。DispatcherServlet 與其他 Servlet 一樣，需要使用 Java 設定或在 web.xml 中根據 Servlet 規範進行宣告和映射。反過來，DispatcherServlet 使用 Spring 設定來發現請求映射、檢視解析、例外處理等所需的委託元件。

Spring Boot 使用了不同的初始化順序。Spring Boot 使用 Spring 設定來啟動自身和嵌入的 Servlet 容器，而非掛載到 Servlet 容器的生命週期中。篩檢程式和 Servlet 宣告在 Spring 設定中被檢測到，並在 Servlet 容器中註冊。

Spring MVC 將物件細分成不同的角色，它支援的概念有控制器、可選的命令物件（Commnad Object）或表單物件（Form Object），以及傳遞到檢視的模型，負責向用戶端發送響應的檢視物件。模型不僅包含命令物件或表單物件，而且可以包含任何引用資料（透過 Map 來儲存資料）。

Spring MVC 對請求的處理是讓其在 DispatcherServlet、處理器映射、處理器介面卡、處理器和檢視解析器之間移動，如圖 3-2 所示。

① 用戶端（瀏覽器）發起一個請求。負責接收請求的元件是 Spring 的 DispatcherServlet。和大多數基於 Java 的 MVC 框架一樣，Spring MVC 將所有請求都經過一個前端 Servlet 控制器，這個控制器是一個常用的 Web 應用模式，一個單實例 Servlet 委託應用系統的其他模組負責對請求進行真正的處理工作。在 Spring MVC 中，DispatcherServlet 就是這個前端的控制器。

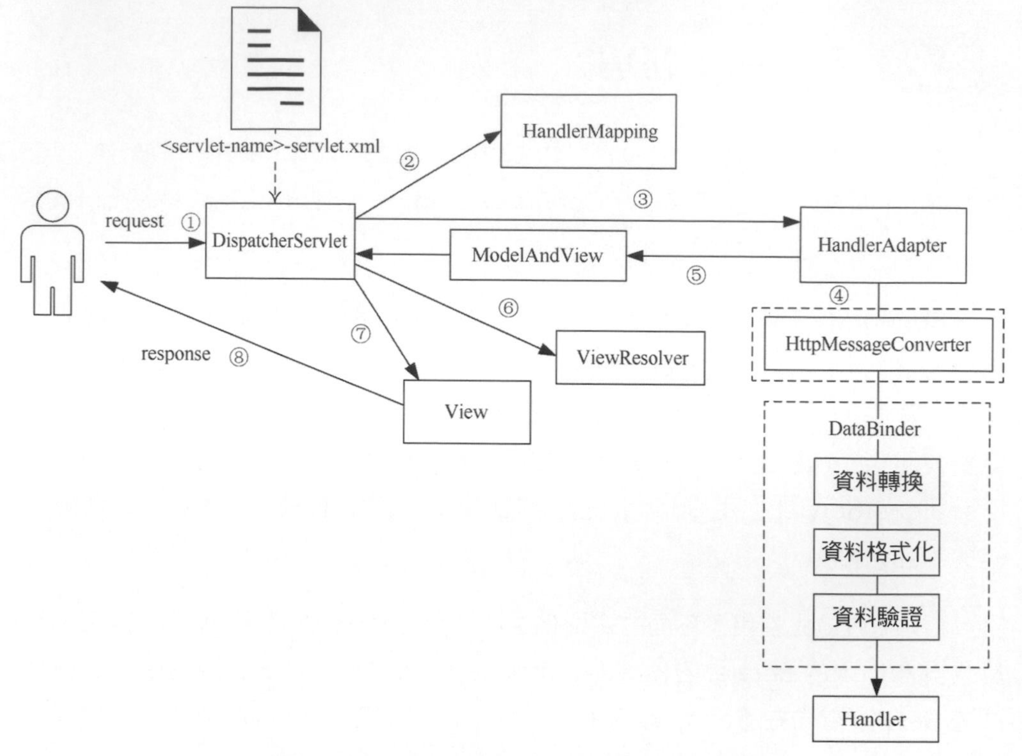

▲ 圖 3-2 Spring MVC 對一個請求的處理流程

② Spring MVC 中負責處理請求的元件是處理器。為了找出哪一個處理器負責處理某個請求，DispatcherServlet 查詢一個或多個 HandlerMapping。一個 HandlerMapping 的工作主要是將 URL 映射到一個處理器物件。

③ 一旦 DispatcherServlet 找到負責處理請求的處理器（通常為我們撰寫的 Controller 類別），就會將處理器交由 HandlerAdapter 去執行。

④ 在將請求交給處理器的對應處理方法之前，Spring MVC 還會完成一些輔助工作，它會將請求資訊以一定的方式轉換並綁定到請求處理方法的入參中，對於入參的物件會進行資料轉換、資料格式化以及資料驗證等操作，在這些都做完之後，才真正地呼叫處理器的處理方法根據設計的業務邏輯處理這個請求。

⑤ 在完成業務邏輯後，處理器傳回一個 ModelAndView 物件給 DispacherServlet，ModelAndView 不是攜帶一個檢視物件，就是攜帶一個檢視物件的邏輯名稱。在一般情況下，一個 ModelAndView 實例包含檢視物件邏輯名稱和模型態資料資訊。

⑥ 如果 ModelAndView 物件攜帶的是一個檢視物件的邏輯名稱，則 DispacherServlet 需要一個 ViewResolver 來查詢用於發送響應的 View 物件。

⑦ 當得到真實的檢視物件 View 後，DipacherServlet 會使用 ModelAndView 物件中的模型態資料對 View 進行檢視繪製。

⑧ 最後，View 物件負責向用戶端發送響應。

圖 3-2 只是簡單地演示了 Spring MVC 對請求的處理流程，實際情況遠比圖中所示要複雜得多。但慶倖的是，在 Spring Boot 中，Web 開發獲得了極大的簡化，即使我們不了解 Spring MVC 對請求的處理流程，也能極佳地完成 Web 應用的開發。對於前後端分離的專案來說，後端開發人員甚至只需要掌握 @Controller 註釋、@RestController 註釋或者 @RequestMapping 註釋，就能極佳地完成對 Web 請求的處理。

3.3 Spring MVC 自動設定

Spring Boot 為 Spring MVC 提供了自動設定，適用於大多數應用程式。

自動設定在 Spring 預設設定的基礎上增加了以下功能：

- 包含 ContentNegotiatingViewResolver 和 BeanNameViewResolver Bean。
- 支援提供靜態資源，包括對 Web Jar 的支援。
- 自動註冊 Converter、GenericConverter 和 Formatter Bean。
- 支援 HttpMessageConverters。

- 自動註冊 MessageCodesResolver。
- 靜態 index.html 支援。
- 自動使用 ConfigurableWebBindingInitializer Bean。

3.4 Spring MVC 接收請求參數

在 Spring MVC 框架中，請求最終是交由控制器進行處理的。控制器可以針對不同的請求舉出不同的方法來進行處理。控制器方法的撰寫非常靈活，可以含有不同的參數，如 HttpServletRequest、HttpServletResponse 或者 HttpSession 類型的參數等，參數之間還可以任意組合，如下所示：

```
public String handler(HttpServletRequest request){...}
public String handler(HttpServletResponse response){...}
public String handler(HttpSession session){...}
public String handler(HttpServletRequest request,
                              HttpServletResponse response,
                              HttpSession session){...}
```

對於熟悉 Java Web 開發的讀者來說，即使不了解 Spring MVC 的請求 / 響應處理流程，也可以按照傳統的開發方式撰寫 Web 程式。

當然，這一節並不是要詳細講解 Java Web 開發，而是要了解 Spring MVC 框架在 Web 開發方面所做的簡化。對於 Web 開發而言，接收請求參數是第一步，下面就讓我們來了解一下在 Spring MVC 中如何接收請求參數。

3.4.1　準備專案

為了便於學習，我們先建立一個新專案。

(1) 啟動 IDEA，新建一個 Spring Boot 專案，為專案指定 Group Id、Artifact Id 和套件名稱等資訊，如圖 3-3 所示。

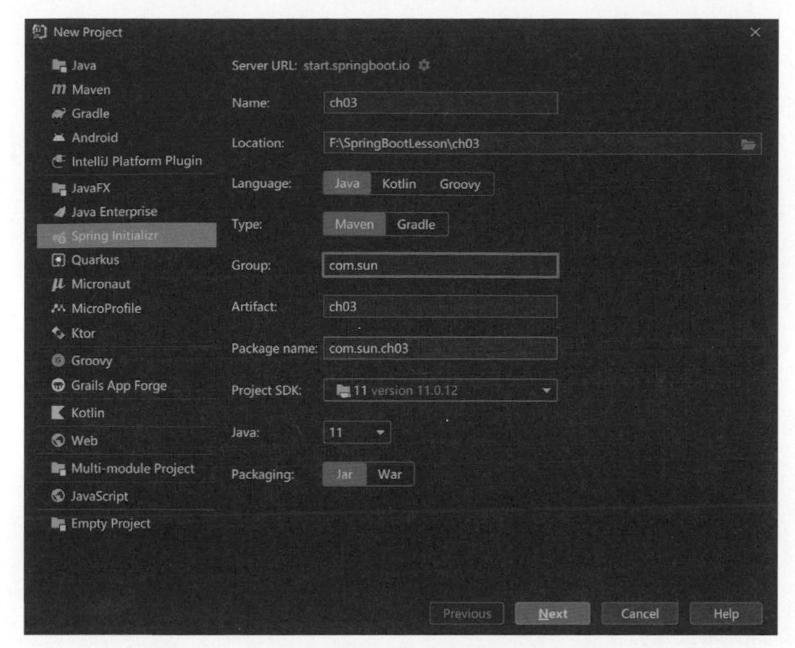

▲ 圖 3-3 設定專案基本資訊

點擊“Next”按鈕，選擇 Web 模組，增加 Spring Web 相依性。專案建立完成後的 pom.xml 檔案如例 3-1 所示。

▼ 例 3-1 pom.xml

```
<?xml version="1.0" encoding="UTF-8"?>
<project xmlns="http://maven.apache.org/POM/4.0.0" xmlns:xsi="http://www.w3.org/2001/
XMLSchema-instance"
        xsi:schemaLocation="http://maven.apache.org/POM/4.0.0 https://maven.apache.org/
xsd/maven-4.0.0.xsd">
        <modelVersion>4.0.0</modelVersion>
        <parent>
                <groupId>org.springframework.boot</groupId>
                <artifactId>spring-boot-starter-parent</artifactId>
                <version>2.6.4</version>
                <relativePath/> <!-- lookup parent from repository -->
        </parent>
        <groupId>com.sun</groupId>
        <artifactId>ch03</artifactId>
```

```
        <version>0.0.1-SNAPSHOT</version>
        <name>ch03</name>
        <description>ch03</description>
        <properties>
                <java.version>11</java.version>
        </properties>
        <dependencies>
                <dependency>
                        <groupId>org.springframework.boot</groupId>
                        <artifactId>spring-boot-starter-web</artifactId>
                </dependency>

                <dependency>
                        <groupId>org.springframework.boot</groupId>
                        <artifactId>spring-boot-starter-test</artifactId>
                        <scope>test</scope>
                </dependency>
        </dependencies>

        <build>
                <plugins>
                        <plugin>
                                <groupId>org.springframework.boot</groupId>
                                <artifactId>spring-boot-maven-plugin</artifactId>
                        </plugin>
                </plugins>
        </build>

</project>
```

(2) 撰寫承載資料的模型類別。在 com.sun.ch03 套件上點擊滑鼠右鍵，在彈出的選單中選擇【New】→【Package】，輸入套件名稱：com.sun.ch03.model，並按確認鍵。

在 model 子套件上點擊滑鼠右鍵，在彈出的選單中選擇【New】→【Java Class】，新建 User 類別，撰寫程式，如例 3-2 所示。

▼ 例 3-2 User.java

```
package com.sun.ch03.model;

import lombok.AllArgsConstructor;
import lombok.Data;

import java.time.LocalDate;
import java.util.List;

@AllArgsConstructor
@Data
public class User {
    private String username;            // 使用者名稱
    private String password;            // 密碼
    private Boolean gender;             // 性別
    private Integer age;                // 年齡
    private LocalDate birthday;         // 出生日期
    private List<String> interests;     // 興趣愛好
}
```

對於模型類別或者 POJO 類別，我們經常需要為欄位撰寫 getter/setter 方法，重寫 toString、equals 和 hashCode 方法，有時候還需要舉出對應部分欄位或全部欄位的建構方法。為了提高開發效率，就誕生了 Lombok 函式庫。使用 Lombok 函式庫，可以透過註釋的方式來自動生成上述必要的程式。

例 3-2 中的 @AllArgsConstructor 註釋用於生成全部參數的建構方法，@Data 註釋自動生成 getter/setter、toString、equals 和 hashCode 方法，以及包含 final 和 @NonNull 註釋的成員變數的建構方法，@Data 註釋是 @ToString、@EqualsAndHashCode、@Getter、@Setter 和 @RequiredArgsConstructor 註釋的集合。

IDEA 最新版本已經內建了 Lombok 外掛程式，Spring Boot 從 2.1.x 版本之後也在 Starter 中內建了 Lombok 相依性，還記得我們在第 2.7.1 節安裝過的 Edit Starters 外掛程式嗎？下面透過該外掛程式來引入 Lombok 相依性。

開啟 POM 檔案，點擊滑鼠右鍵，從彈出的選單中選擇【Generate】→【Edit Starters】，在之後出現的"Spring Initializr Url"對話方塊保持預設的 URL，點擊"OK"按鈕，然後在"Edit Starters"對話方塊的左側選中"Developer Toos"模組，在中間的"Starters"相依性中按兩下"Lombok"，增加該相依性，如圖 3-4 所示。

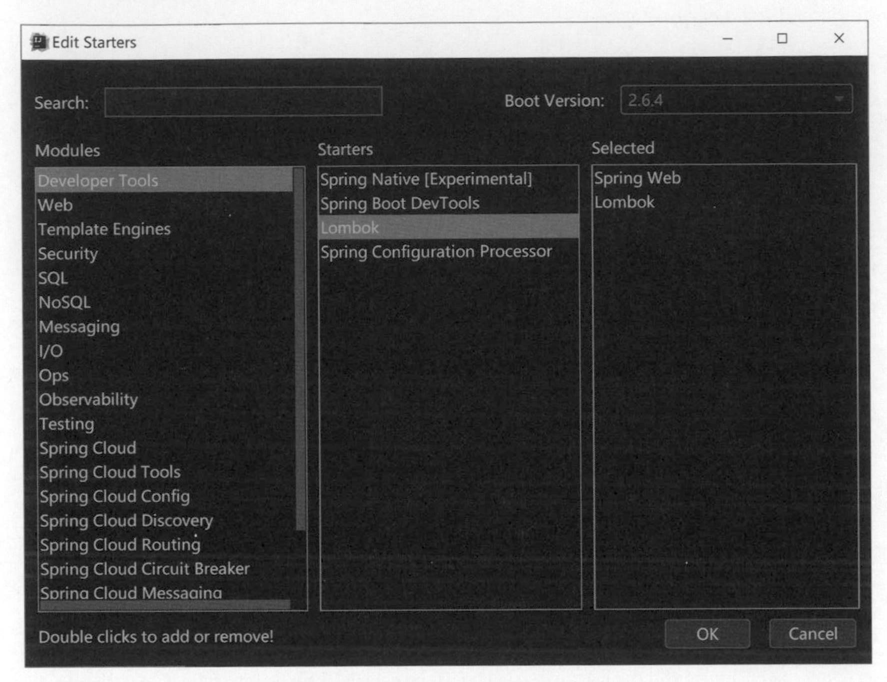

▲ 圖 3-4 增加 Lombok 相依性

點擊"OK"按鈕完成對 Lombok 相依性的增加。不要忘了點擊 POM 檔案右上角的"Maven"小圖示，更新相依性。

(3) 在 src/main/resources/static 目錄下新建 form.html，撰寫一個表單，檔案內容如例 3-3 所示。

▼ 例 3-3 form.html

```
<!DOCTYPE html>
<html lang="en">
<head>
```

```
    <meta charset="UTF-8">
    <title> 使用者資訊 </title>
</head>
<body>
  <form action="handle" method="post">
    <table>
      <tr>
        <td> 使用者名稱：</td>
        <td><input type="text" name="username"></td>
      </tr>
      <tr>
        <td> 密碼：</td>
        <td><input type="password" name="password"></td>
      </tr>
      <tr>
        <td> 性別：</td>
        <td>
          <input type="radio" name="gender"> 男
          <input type="radio" name="gender"> 女
        </td>
      </tr>
      <tr>
        <td> 年齡：</td>
        <td><input type="text" name="age"></td>
      </tr>
      <tr>
        <td> 興趣愛好：</td>
        <td>
          <input type="checkbox" name="interests"> 足球
          <input type="checkbox" name="interests"> 排球
          <input type="checkbox" name="interests"> 籃球
          <input type="checkbox" name="interests"> 游泳
        </td>
      </tr>
      <tr>
        <td colspan="2"><input type="submit" value=" 提交 "></td>
      </tr>
    </table>
  </form>
```

```
</body>
</html>
```

該頁面在 Chrome 瀏覽器中的顯示效果如圖 3-5 所示。

使用者名稱：
密碼：
性別： ○男 ○女
年齡：
興趣愛好：□足球 □排球 □籃球 □游泳
提交

▲ 圖 3-5 例 3-3 的表單顯示效果

(4) 接下來撰寫一個控制器。在 com.sun.ch03 套件上點擊滑鼠右鍵，在彈出的選單中選擇【New】→【Package】，輸入套件名稱：com.sun.ch03.controller，並按確認鍵。

在 controller 子套件上點擊滑鼠右鍵，在彈出的選單中選擇【New】→【Java Class】，新建 DemoController 類別，在 DemoController 類別上增加 @RestController 和 @RequestMapping 註釋，其他程式暫時不用撰寫，如例 3-4 所示。

▼ 例 3-4 DemoController.java

```java
package com.sun.ch03.controller;

import org.springframework.web.bind.annotation.RequestMapping;
import org.springframework.web.bind.annotation.RestController;

@RestController
@RequestMapping("/handle")
public class DemoController {
}
```

在類別上使用 @RequestMapping 註釋時，所有方法等級的映射都將繼承這個主映射，通俗點說，就是所有響應請求的方法都以該位址作為父路徑。

3.4.2 接收表單參數

透過表單提交請求參數是傳統 Web 應用程式中最常見的一種方式，這種方式提交的請求中的 Content-Type 標頭的值是 application/x-www-form-urlencoded。在控制器方法中，要接收請求參數的值，可以使用 @RequestParam 註釋，將請求參數映射到方法的參數上。

1. 接收單一表單參數

對於資料量很少的表單的提交，例如搜尋、查詢等表單的提交，可以使用單一或多個方法參數來接收請求參數。在 DemoController 類別中撰寫處理器方法，程式如下所示：

```
@RequestMapping
public String handle(@RequestParam("username") String name,
                     @RequestParam String password){
    System.out.println(name);
    System.out.println(password);
    return "finish";
}
```

不含元素的 @RequestMapping 註釋將映射到空白路徑，等價於 @RequestMapping("")。

如果請求參數名稱與方法參數名稱不一致，則可以在 @RequestParam 註釋的 value 元素中舉出請求參數名稱（如程式中所示），或者透過 name 元素舉出請求參數名稱，例如：@RequestParam(name = "username")。

如果允許請求參數為空值，那麼可以將 @RequestParam 註釋的 required 元素設定為 false，該元素預設值為 true。例如：@RequestParam(name = "username", required = false) String name。

如果請求參數未提供或者為空值，而你想為方法參數設定一個預設值，那麼可以使用 @RequestParam 註釋的 defaultValue 元素來設定，例如：@RequestParam(name = "username", defaultValue = "anonymous") String name。

啟動專案，存取 http://localhost:8080/form.html，在填寫表單資訊後點擊「提交」按鈕進行測試。

如果方法的參數與 Spring MVC 支援的處理器方法參數類型不匹配，並且是一個簡單類型（由 BeanUtils 的靜態方法 isSimpleProperty 確定），那麼它將解析為 @RequestParam。換句話說，若請求參數名稱和方法參數名稱相同，那麼即使不使用 @RequestParam 註釋，Spring MVC 也會傳入值。

2. 用物件接收所有表單參數

如果表單提交的資料很多，使用多個方法參數來接收，那麼程式將會變的多餘，且維護也會變得困難。在這種情況下，可以用一個物件來接收所有的表單參數。要注意的是，物件的屬性名稱和表單參數名稱要保持一致。

在 DemoController 類別中增加處理器方法，程式如下所示：

```
@RequestMapping("/obj")
public String handleObj(User user){
    System.out.println(user);
    return "finish";
}
```

將 form.html 中表單提交的 action 修改為 handle/obj，然後存取 http://localhost:8080/ form.html，進行測試。

3.4.3 接收 JSON 資料

在頁面局部更新或者前後端分離的專案中，前端頁面都是透過 ajax 向伺服器發送 JSON 資料的，使用這種方式發送的請求中 Content-Type 標頭的值是 application/json。

在控制器方法中接收 JSON 資料很簡單，使用 @RequestBody 註釋就可以了，Spring MVC 會自動對 JSON 資料進行轉換。

在 DemoController 類別中增加處理器方法，程式如下所示：

```
@RequestMapping("/json")
public String handleJson(@RequestBody User user){
    System.out.println(user);
    return "finish";
}
```

3.4.4 URL 參數

現在越來越多的 Web 應用透過 URL 路徑參數區分不同的請求，例如 user/1 和 user/2 代表兩個不同的請求，若要接收路徑參數，則可以使用 @PathVariable 註釋。

在 DemoController 類別中增加處理器方法，程式如下所示：

```
@RequestMapping("/url/{name}/{id}")
public String handleUrl(@PathVariable("name") String v_name, @PathVariable Integer id){
    System.out.println(v_name);
    System.out.println(id);
    return "finish";
}
```

使用 @PathVariable 註釋將方法參數 v_name 綁定到 URI 範本變數 name 上，將方法參數 id 綁定到 URI 範本變數 id 上，後者因名字相同，所以無須透過 @PathVariable 註釋的 value 元素來說明。

啟動專案，存取 http://localhost:8080/handle/url/book/1，在控制台視窗中可以看到輸出 book 和 1。

如果方法參數是 Map，那麼該 Map 將使用所有路徑變數名稱和值進行填充。修改 handleUrl 方法，如下所示：

```
@RequestMapping("/url/{name}/{id}")
public String handleUrl(@PathVariable Map pathMap){
    System.out.println(pathMap);
    return "finish";
}
```

再次存取 http://localhost:8080/handle/url/book/1，在控制台視窗中將看到：{name=book, id=1}。

3.4.5 檔案上傳

檔案上傳請求中的 Content-Type 標頭的值是 multipart/form- data。在 Spring MVC 中，定義了一個介面 MultipartFile（位於 org.springframework.web.multipart 套件中），透過該介面的物件來表示多部分請求中接收的上傳檔案。

若要將上傳的檔案綁定到 MultipartFile 類型的參數上，則需要使用 @RequestPart 註釋。

修改 foml.html，增加一個 file 類型的輸入控制項，將表單提交的 URL 改為 handle/file，同時設定表單的 enctype 屬性，值為 multipart/form-data。程式如下所示：

```
<form action="handle/file" method="post" enctype="multipart/form-data">
  <table>
    ...
    <tr>
      <td><input type="file" name="file"></td>
    <tr>
      <td colspan="2"><input type="submit" value=" 提交 "></td>
    </tr>
  </table>
</form>
```

在 DemoController 類別中增加處理器方法，程式如下所示：

```
@PostMapping("/file")
public String handleFile(@RequestPart(name = "file") MultipartFile multipartFile) {
```

```
        System.out.println(" 上傳檔案的檔案名稱：" + multipartFile. getOriginalFilename());
        System.out.println(" 上傳檔案的大小：" + multipartFile.getSize());
        return "finish";
    }
```

如果要支援多個檔案同時上傳，那麼可以把方法參數改為元素類型為 MultipartFile 的 List 物件。修改 handleFile 方法，如下所示：

```
@PostMapping("/file")
public String handleFile(@RequestPart(name = "file") List<MultipartFile>
multipartFiles) {
    for(MultipartFile multipartFile : multipartFiles) {
        System.out.println(" 上傳檔案的檔案名稱：" + multipartFile
getOriginalFilename());
        System.out.println(" 上傳檔案的大小：" + multipartFile.getSize());
    }
    return "finish";
}
```

讀者可以在 form.html 中為 <input type="file" name="file"> 增加 multiple 屬性後進行測試。

關於檔案上傳的更多實作細節，請讀者參看第 8 章。

3.4.6 請求標頭

有時候也需要獲取請求標頭的值，這是透過 @RequestHeader 註釋得到的。下面在 DemoController 類別中增加兩個處理器方法：一個用於獲取指定標頭的值，另一個用於獲取所有的請求標頭。程式如下所示；

```
@RequestMapping("/header")
public String handleHeader(@RequestHeader("User-Agent") String userAgent){
    System.out.println(userAgent);
    return "finish";
}

@RequestMapping("/allHeaders")
```

```
public String handleAllHeaders(@RequestHeader Map headersMap){
    System.out.println(headersMap);
    return "finish";
}
```

分別存取 http://localhost:8080/handle/header 和 http://localhost:8080/handle/allHeaders 進行測試。

3.4.7 日期類型參數處理

細心的讀者可能已經注意到在 User 類別中還有出生日期欄位 birthday 沒有使用，接下來我們在 form.html 頁面中增加一個日期輸入控制項，程式如下所示：

```
<form action="handle/obj" method="post">
  <table>
    ...
    <tr>
      <td> 出生日期：</td>
      <td><input type="date" name="birthday"></td>
    </tr>
    ...
  </table>
</form>
```

執行專案，存取 http://localhost:8080/form.html，在選擇好出生日期後提交表單，將看到一個錯誤訊息資訊，即不能將 String 的值轉換為 java.time.LocalDate 類型。當表單沒有設定 enctype 屬性時（預設為 application/x-www-form-urlencoded），發送請求攜帶的資料都是字串格式的，Spring MVC 框架在接收到資料後，會幫我們進行資料型態轉換，因此我們才能以各種類型的方法參數去接收資料。但日期時間有些不同，因為日期時間格式有多種，所以我們需要告知 Spring 按照哪種格式去解析日期時間字串，這可以透過 @DateTimeFormat 註釋來完成。

由於本例是透過 User 物件來接收請求參數的，因此我們需要在 User 類別的 birthday 欄位上使用 @DateTimeFormat 註釋指定日期格式。

```
public class User {
    ...
    @DateTimeFormat(pattern = "yyyy-MM-dd")
    private LocalDate birthday;          // 出生日期
}
```

再次執行專案，一切如常。

3.5 控制器方法的傳回值

控制器方法的傳回值也可以是多種類型的，下面我們介紹一些常用的傳回類型。

3.5.1 String

傳回的字串代表了檢視的邏輯名稱，透過 ViewResolver（該介面位於 org.springframework.web.servlet 套件中）的實作來解析。例如：

```
@GetMapping("/login")
public String doLogin(){
    return "login";
}
```

在 Spring Boot 中，設定不同的範本引擎，解析後的分頁檔名也不同。如果設定了 Thymeleaf 範本引擎，那麼會向使用者傳回 src/main/resources/templates 目錄下的 login.html 檔案。

如果要重新導向頁面，則可以在傳回的字串中加上 “redirect:” 首碼，例如：

```
@PostMapping("/login")
public String login(User user){
    // 使用者登入成功，重新導向到首頁
```

```
    return "redirect:home";
}
```

如果需要為頁面準備模型態資料，則可以在處理器方法中增加 Map、Model 或者 ModelMap 類型的參數，這三種類型的參數是被當作模型來使用的，在同一個請求導向的頁面中可以存取模型態資料。

例如：

```
@GetMapping("/login")
public String doLogin(Model model){
    model.addAttribute("msg"," 請登入 ");
    return "login";
}
```

在 login.html 頁面中，可以透過運算式取出 msg 屬性的值。

但需要注意的是，如果在處理器方法上使用了 @ResponseBody 註釋，那麼方法傳回的字串將直接作為 HTTP 響應正文向使用者傳回。正如上一節所有例子中展示的一樣，方法傳回的字串“finish”並不會被作為檢視名稱來解析，而是被直接傳回給了瀏覽器。

提示

上一節我們在控制器類別上使用的是 @RestController 註釋，該註釋是 @Controller 和 @ResponseBody 的組合註釋。在類別等級上使用 @ResponseBody 註釋，將由所有的控制器方法繼承。

3.5.2 ModelAndView

顧名思義，ModelAndView（該類別位於 org.springframework.web.servlet 套件中）物件不僅包含了要使用的檢視和模型，還包含可選的響應狀態。檢視可以採用字串檢視名稱的形式，由 ViewResolver 物件負責解析或者直接指定 View 物件；模型是一個 Map 物件。

可以在建構 ModelAndView 物件時傳入檢視名稱和模型物件，建構方法的簽名如下所示：

- public ModelAndView(String viewName, @Nullable Map<String,?> model)

如果模型態資料只有一項，那麼也可以呼叫如下的建構方法來建構 ModelAndView 物件：

- public ModelAndView(View view, String modelName, Object modelObject)

可以在建構 ModelAndView 物件後，呼叫 setViewName() 方法指定設定檢視的邏輯名稱，該方法的簽名如下所示：

- public void setViewName(@Nullable String viewName)

可以呼叫 addObject() 方法向模型增加屬性，兩個多載的方法的簽名如下所示：

- public ModelAndView addObject(String attributeName, @Nullable Object attributeValue)
- public ModelAndView addObject(Object attributeValue)

第二個方法使用參數名稱作為模型中的屬性名稱，參數值作為模型中的屬性的值。

也可以呼叫 addAllObjects() 方法傳入一個 Map 物件，一次性設定所有模型屬性，該方法的簽名如下所示：

- public ModelAndView addAllObjects(@Nullable Map<String,?> modelMap)

我們看下面的例子：

```
@GetMapping("/login")
public ModelAndView doLogin(){
    return new ModelAndView(
            "login", "msg"," 請登入 ");
}
```

3.5.3 Map 和 Model

直接傳回模型物件，檢視名稱透過 RequestToViewNameTranslator 來確定，最終會向使用者傳回附帶模型態資料的原頁面。

我們看下面的例子：

```
@PostMapping("/login")
public Map<String, String> login(
        @RequestParam String username, @RequestParam String password) {
    Map<String, String> map = new HashMap<>();
    if(!"admin".equals(username) || !"1234".equals(password)){
        map.put("msg", " 使用者名稱和密碼錯誤 ");
    }
    return map;
}
```

3.5.4 @ResponseBody 註釋

在控制器方法上使用了 @ResponseBody 註釋後，方法的傳回值將透過 HttpMessageConverter 實作轉換並寫入響應中。在做簡單的測試時，可以在方法上加上 @ResponseBody 註釋，或者在控制器類別上使用該註釋。

在頁面需要局部更新時，伺服器端程式通常以 JSON 格式傳回資料，此外在前後端分離專案中，因資料傳送都使用 JSON 格式，因此 @ResponseBody 註釋基本成了標準配備，處理器方法傳回一個物件，Spring Boot 預設使用 Jackson JSON 函式庫將物件序列化為 JSON 資料向使用者傳回。

我們看下面的例子：

```
@PostMapping("/user/login")
@ResponseBody
public BaseResult<User> login(@RequestBody User user){
    User newUser = userDao.findByUsernameAndPassword(user);
    if(newUser == null)
        return new BaseResult<User>(400, null);
    else{
        return new BaseResult<User>(200, newUser);
    }
}
```

3.5.5 HttpEntity<B> 和 ResponseEntity<B>

HttpEntity 物件表示 HTTP 請求或響應實體，由標頭和正文組成。ResponseEntity 是 HttpEntity 類別的子類別，增加了 HTTP 響應的狀態碼（透過 HttpStatus 列舉常數來表示）。

控制器方法傳回的 HttpEntity 或者 ResponseEntity 物件將透過 HttpMessageConverter 實作轉換並寫入響應中。

我們看下面的例子：

```
@RequestMapping("/handle")
 public HttpEntity<String> handle() {
   HttpHeaders responseHeaders = new HttpHeaders();
   responseHeaders.set("MyResponseHeader", "MyValue");
   return new HttpEntity<String>("Hello World", responseHeaders);
 }
```

3.5.6 void

控制器方法的傳回類型為 void 也是可以的，使用 void 傳回類型的方法通常含有 HttpServletResponse 參數，然後在方法中手動寫入響應內容。

我們看下面的例子：

```
@RequestMapping("/test")
public void test(HttpServletResponse response) throws IOException {
    response.addHeader("Content-Type","text/html;charset=UTF-8");
    PrintWriter out = response.getWriter();
    out.write("Hello World");
    out.close();
}
```

3.6 @ModelAttribute 註釋

顧名思義，@ModelAttribute 註釋是用來設定模型屬性的，該註釋可以用在方法或者方法的參數上，將方法的傳回值或者方法的參數綁定為模型屬性以公開給 Web 檢視。

@ModelAttribute 註釋可以用在使用了 @RequestMapping 註釋標注的方法（處理器方法）上，也可以用在控制器類別中的普通方法上，由於處理器方法有多種方式設定模型態資料，因此該註釋常用在普通方法上。

我們看一個例子：

```
class User{
    private String name;
    private Integer age;
    public User(String name, Integer age){
        this.name = name;
        this.age = age;
    }
    public String toString(){
        return String.format("name=%s, age=%d", name, age);
    }
}

@ModelAttribute("user")
```

```
public User getUser(){
    return new User("張三", 20);
}
```

@ModelAttribute 註釋的 value 元素指定模型屬性的名稱，所以方法傳回的 User 物件就會以 user 作為屬性名稱增加到模型物件中。含有 @ModelAttribute 註釋的方法允許具有 @RequestMapping 註釋標注的方法支援的任何參數，傳回要公開的模型屬性值。

使用 @ModelAttribute 註釋標注的方法總是在請求處理方法之前執行的。

如果在方法的參數上使用 @ModelAttribute 註釋，則可以存取現有模型中的屬性，如果該屬性不存在，則實例化一個屬性。例如：

```
@RequestMapping("/test")
@ResponseBody
public String test(@ModelAttribute("user") User user) {
    System.out.println(user);
    return "finish";
}
```

當存取 /test 時，會先執行 getUser() 方法，將 User 物件增加到模型中，然後執行 test() 方法，取出屬性名為 user 的 User 物件賦值給 user 參數，在 test() 方法內部，可以直接存取 User 物件。

注意

如果方法的參數與 Spring MVC 支援的處理器方法參數類型不匹配，並且不是一個簡單類型（由 BeanUtils 的靜態方法 isSimpleProperty 確定），那麼它將解析為 @ModelAttribute。針對本例，在 test() 方法中刪除 @ModelAttribute("user")，效果是一樣的。

3.7 URL 模式匹配

@RequestMapping 方法可以使用 URL 模式進行映射，使得對請求的處理更為靈活。主要有以下幾種匹配方式。

- ?：匹配一個字元。
- *：匹配路徑段中的零個或多個字元。
- **：匹配零個或多個路徑段，直到路徑結束。** 只允許在模式的尾端使用。
- {spring}：匹配一個路徑段並將其捕捉為名為 "spring" 的變數。
- { spring:[a-z]+}：匹配正規表示法 [a-z]+ 作為名為 "spring" 的路徑變數。
- {*spring}：匹配零個或多個路徑段，直到路徑結束，並將其捕捉為名為 "spring" 的變數。

表 3-1 舉出了一些 URL 模式匹配的例子。

▼ 表 3-1 URL 模式匹配範例

URL 模式字串	存取 URL
/pages/t?st.html	/pages/test.html（匹配） /pages/tXst.html（匹配） /pages/toast.html（不匹配）
/resources/*.png	匹配資原始目錄中所有 .png 檔案
/resources/**	匹配 /resources/ 路徑下的所有檔案，包括 /resources/image.png 和 /resources/css/spring.css 等
/resources/{*path}	匹配 /resources/ 路徑下的所有檔案，並在名為 “path” 的變數中捕捉它們的相對路徑。/resources/image.png 將匹配 path → /image.png， 而 /resources/css/spring.css 將匹配 path → /css/spring.css。捕捉的 path 變數可以透過 @PathVariable 存取
/resources/{filename:\\w+}.dat	將匹配 /resources/spring.dat，並將值 “spring” 賦值給 filename 變數。捕捉的 filename 變數可以透過 @PathVariable 存取

事實上，我們在 3.4.4 節介紹的 URL 參數也是模式匹配的一種。

3.8 設定上下文路徑

在預設情況下，Spring Boot 應用程式的所有可存取內容都是以根路徑（/）提供的。在某些場景下，如果希望附加一個上下文路徑，那麼可以在 Spring Boot 的設定檔中使用 spring.mvc.servlet.path 屬性設定上下文路徑。例如：

```
spring.mvc.servlet.path=/ch03
```

啟動專案，當再次存取資源時，需要加上 /ch03 上下文路徑，例如：http://localhost:8080/ ch03/form.html。

3.9 小結

本章主要介紹了 Spring MVC 中一些必須了解和掌握的內容，為 Spring Boot 的 Web 開發掃清障礙，也為後續內容的學習打下基礎。

第 4 章 Thymeleaf 範本引擎

Spring MVC 支援各種範本技術，包括 Thymeleaf、FreeMarker 和 JSP。此外，許多其他的範本引擎也包括它們自己的 Spring MVC 整合。

Spring Boot 包括對以下範本引擎的自動設定支援：

- FreeMarker
- Groovy
- Thymeleaf
- Mustache

Spring Boot 不建議使用 JSP 作為頁面範本，這是因為當 JSP 與嵌入式 Servlet 容器一起使用時有一些限制。通常我們會將 Spring Boot 應用打包成可執行的 JAR 檔案來使用嵌入式 Servlet 容器，而在這種應用場景下，是不支援 JSP 的。

在使用 Spring Boot 開發 Web 應用時，通常首選 Thymeleaf 範本引擎，因為 Spring Boot 為 Thymeleaf 提供了預設設定，並為 Thymeleaf 設定了檢視解析器，可以快速實作表單綁定、屬性編輯器、國際化等功能。

Thymeleaf 是一個用於 Web 和獨立環境的現代伺服器端 Java 範本引擎，它透過引入自訂屬性的方式來增強頁面的動態功能，因而不會破壞原有的 HTML 文件的顯示效果，使得頁面設計人員與後端開發人員可以極佳地協作，頁面效果隨時可以在瀏覽器中呈現，而無須啟動整個 Web 應用程式。

Thymeleaf 的主要目標是提供一種優雅且高度可維護的範本建立方法。為了實現這一點，Thymeleaf 基於自然範本的概念，將其邏輯注入範本檔案中，而不會影響範本作為設計原型的使用。這改善了設計的溝通效果，縮小了設計團隊和開發團隊之間的差距。

4.1 引入和設定 Thymeleaf

在 Spring Boot 中要使用 Thymeleaf 範本引擎，需要在 POM 檔案中增加下面的相依性：

```
<dependency>
  <groupId>org.springframework.boot</groupId>
  <artifactId>spring-boot-starter-thymeleaf</artifactId>
</dependency>
```

在引入相依性後，在 HTML 頁面中引入 Thymeleaf 名稱空間，就可以使用 Thymeleaf 的自訂屬性了，如下所示：

```
<!DOCTYPE html>
<html xmlns:th="http://www.thymeleaf.org">
  <head>
    <meta charset="UTF-8">
    <title>Index Page</title>
  </head>
  <body>
    <p th:text="${message}">Welcome to Site!</p>
  </body>
</html>
```

透過 <html xmlns:th="http://www.thymeleaf.org"> 引入 Thymeleaf 名稱空間。th:text 用於處理 p 標籤本體的文字內容。該範本檔案在任何瀏覽器中都可以正確顯示，瀏覽器會自動忽略它們不能理解的屬性 th:text。但這個範本並不是一個真正有效的 HTML5 文件，因為 HTML5 規範是不允許使用 th:* 這些非標準屬性的。我們可以切換到 Thymeleaf 的 data-th-* 語法，以此來替換 th:* 語法，如下所示：

```
<!DOCTYPE html>
<html>
  <head>
    <meta charset="UTF-8">
    <title>Index Page</title>
  </head>
  <body>
    <p data-th-text="${message}">Welcome to Site!</p>
  </body>
</html>
```

HTML5 規範允許使用 data-* 這樣的自訂屬性。th:* 和 data-th-* 這兩種符號完全等價且可以互換，但為了程式範例的簡單直觀和緊湊性，本書採用 th:* 的表示形式。

Spring Boot 為 Thymeleaf 提供了自動設定，查看 ThymeleafProperties 類別可以清楚有哪些相關設定，該類別位於 org.springframework.boot.autoconfigure.thymeleaf 套件中，程式如下所示：

```
@ConfigurationProperties(prefix = "spring.thymeleaf")
public class ThymeleafProperties {

       private static final Charset DEFAULT_ENCODING = StandardCharsets.UTF_8;

       public static final String DEFAULT_PREFIX = "classpath:/templates/";

       public static final String DEFAULT_SUFFIX = ".html";

       /**
        * Whether to check that the template exists before rendering it.
        */
       private boolean checkTemplate = true;

       /**
        * Whether to check that the templates location exists.
        */
       private boolean checkTemplateLocation = true;

```

```
    /**
     * Prefix that gets prepended to view names when building a URL.
     */
    private String prefix = DEFAULT_PREFIX;

    /**
     * Suffix that gets appended to view names when building a URL.
     */
    private String suffix = DEFAULT_SUFFIX;

    /**
     * Template mode to be applied to templates. See also Thymeleaf's
TemplateMode enum.
     */
    private String mode = "HTML";

    /**
     * Template files encoding.
     */
    private Charset encoding = DEFAULT_ENCODING;

    /**
     * Whether to enable template caching.
     */
    private boolean cache = true;
    ...
}
```

從預設設定中可以看到，Thymeleaf 預設範本位置在 templates 資料夾下，所以我們把範本檔案放到該資料夾下。此外，在開發階段，為了隨時看到頁面載入資料的效果，我們應該關閉 Thymeleaf 範本緩衝，即在 application.properties 設定檔中加入設定項：spring.thymeleaf.cache=false。

4.2 準備專案

為了便於學習 Thymeleaf，我們按照下面的步驟建立一個新專案。

（1）啟動 IDEA，首先【File】→【Project】，再選擇 Spring Initializr，然後為專案指定 Group、Artifact 和套件名稱等資訊，如圖 4-1 所示。

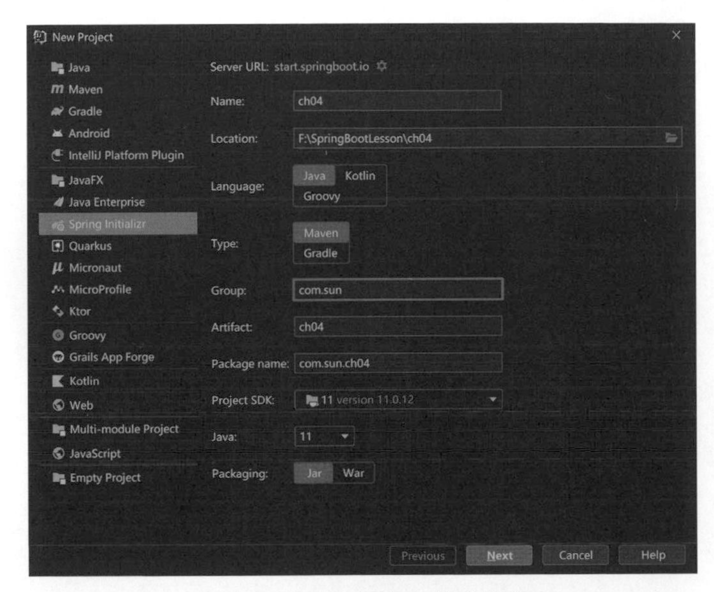

▲ 圖 4-1 設定專案基本資訊

點擊"Next"按鈕，從 Developer Tools 模組下增加 Lombok 相依性；從 Web 模組下增加 Spring Web 相依性；從 Template Engines 模組下增加 Thymeleaf 相依性。專案建立完成後的 pom.xml 檔案如例 4-1 所示。

▼ 例 4-1 pom.xml

```
<?xml version="1.0" encoding="UTF-8"?>
<project xmlns="http://maven.apache.org/POM/4.0.0" xmlns:xsi="http://www.w3.org/2001/
XMLSchema-instance"
         xsi:schemaLocation="http://maven.apache.org/POM/4.0.0 https://maven.apache.
org/xsd/maven-4.0.0.xsd">
```

```
<modelVersion>4.0.0</modelVersion>
<parent>
    <groupId>org.springframework.boot</groupId>
    <artifactId>spring-boot-starter-parent</artifactId>
    <version>2.6.4</version>
    <relativePath/> <!-- lookup parent from repository -->
</parent>
<groupId>com.sun</groupId>
<artifactId>ch04</artifactId>
<version>0.0.1-SNAPSHOT</version>
<name>ch04</name>
<description>ch04</description>
<properties>
    <java.version>11</java.version>
</properties>
<dependencies>
    <dependency>
        <groupId>org.springframework.boot</groupId>
        <artifactId>spring-boot-starter-thymeleaf</artifactId>
    </dependency>
    <dependency>
        <groupId>org.springframework.boot</groupId>
        <artifactId>spring-boot-starter-web</artifactId>
    </dependency>

    <dependency>
        <groupId>org.projectlombok</groupId>
        <artifactId>lombok</artifactId>
        <optional>true</optional>
    </dependency>
    <dependency>
        <groupId>org.springframework.boot</groupId>
        <artifactId>spring-boot-starter-test</artifactId>
        <scope>test</scope>
    </dependency>
</dependencies>

<build>
    <plugins>
```

```
            <plugin>
                <groupId>org.springframework.boot</groupId>
                <artifactId>spring-boot-maven-plugin</artifactId>
                <configuration>
                    <excludes>
                        <exclude>
                            <groupId>org.projectlombok</groupId>
                            <artifactId>lombok</artifactId>
                        </exclude>
                    </excludes>
                </configuration>
            </plugin>
        </plugins>
    </build>

</project>
```

(2) 在 application.properties 設定檔中增加設定項：spring.thymeleaf.cache=false。

(3) 撰寫承載資料的模型類別。在 com.sun.ch04 套件上點擊滑鼠右鍵，在彈出的選單中選擇【New】→【Package】，輸入套件名稱：com.sun.ch04.model，並按確認鍵。

在 model 子套件上點擊滑鼠右鍵，在彈出的選單中選擇【New】→【Java Class】，新建 Employee 類別，撰寫程式，如例 4-2 所示。

▼ 例 4-2 Employee.java

```
package com.sun.ch04.model;

import lombok.AllArgsConstructor;
import lombok.Data;

import java.time.LocalDate;
import java.util.List;

@AllArgsConstructor
```

```
@Data
public class Employee {
    private Integer no;
    private String name;
    private Integer age;
    private Float salary;
    private LocalDate hireDate;
    private List<String> skills;
}
```

(4) 接下來撰寫一個控制器。在 com.sun.ch04 套件下新建子套件 controller，在該子套件下新建 DataController 類別，程式如例 4-3 所示。

▼ 例 4-3 DataController.java

```
package com.sun.ch04.controller;

import com.sun.ch04.model.Employee;
import org.springframework.stereotype.Controller;
import org.springframework.ui.Model;
import org.springframework.web.bind.annotation.GetMapping;

import javax.servlet.http.HttpServletRequest;
import javax.servlet.http.HttpSession;
import java.time.LocalDate;
import java.util.ArrayList;
import java.util.Arrays;
import java.util.List;

@Controller
public class DataController {
    @GetMapping({"/", "/index"})
    public String home(Model model, HttpServletRequest request, HttpSession session) {
        Employee emp1 = new Employee(1, "張三", 26, 5000.00f, LocalDate.of(2021, 4,
20), Arrays.asList("Java", "C++"));
        Employee emp2 = new Employee(2, "李四", 23, 4000.00f, LocalDate.of(2021, 5, 5),
Arrays.asList("JavaScript", "Vue"));
```

```
        Employee emp3 = new Employee(3, "王五", 30, 8000.00f, LocalDate.of(2021, 6, 1),
Arrays.asList("架構設計", "Java"));
        List<Employee> emps = new ArrayList<>();
        emps.add(emp1);
        emps.add(emp2);
        emps.add(emp3);
        model.addAttribute("message", "Spring Boot無難事");
        model.addAttribute("emps", emps);

        request.setAttribute("foo", "requestAttr");
        session.setAttribute("user", emp1);
        request.getServletContext().setAttribute("foo", "applicationAttr");

        return "home";
    }
}
```

使用 @GetMapping 註釋將根路徑（/）和 /index 路徑映射到 home 方法進行處理。傳回的字串 "home" 代表格檢視的邏輯名稱，由於設定了 Thymeleaf，而範本檔案位於 src/main/resources/templates 目錄下，且範本檔案的預設副檔名是 .html，因此最終向使用者呈現的就是 src/main/resources/templates 目錄下的 home.html 頁面的內容。

如果需要為頁面準備模型態資料，則可以在處理器方法中增加 Map、Model 或者 ModelMap 類型的參數，這三種類型的參數是被當作模型來使用的，在同一個請求導向的頁面中可以存取模型態資料。

（5）在 src/main/resources/templates 目錄下新建 home.html 檔案，檔案內容如例 4-4 所示。

▼ 例 4-4 home.html

```
<!DOCTYPE html>
<html lang="zh" xmlns:th="http://www.thymeleaf.org">
    <head>
        <meta charset="UTF-8">
```

```
        <title> 首頁 </title>
    </head>
    <body>
        <p th:text="${message}"> 要被替換的內容 </p>
    </body>
</html>
```

th:text 屬性在標籤本體中繪製運算式 ${message} 計算的結果。當 home.html 作為靜態檔案直接在瀏覽器中開啟時，瀏覽器將忽略 th:text 屬性，而顯示 <p> 標籤的標籤本體內容，即「要被替換的內容」；當 home.html 作為範本檔案執行在伺服器端時，th:text 屬性的值（${message} 的計算結果）將會替換 <p> 標籤本體的文字內容。

(6) 執行專案，測試範本檔案。在 Ch04Application 類別上點擊滑鼠右鍵，從彈出的選單中選擇 "Run 'Ch04Application'" ，執行專案。開啟瀏覽器，存取 http://localhost:8080/，可以看到頁面顯示內容為：Spring Boot 無難事。

4.3 Thymeleaf 的語法

這一節我們介紹 Thymeleaf 的語法。

4.3.1 使用文字

有兩個最基礎的 th:* 屬性：th:text 和 th:utext（Unescaped Text），它們都用於處理文字訊息內容。th:text 屬性我們在例 4-4 中已經使用過了，它的作用就是計算運算式的值，並將結果作為標籤的標籤本體內容。th:utext 屬性與 th:text 屬性的區別在於：th:text 預設會對含有 HTML 標籤的內容進行字元逸出，而 th:utext 則不會對含有 HTML 標籤的內容進行字元逸出。

假如 message 的內容為：<b>Spring Boot 無難事 </b>，則使用 th:text 屬性：

```
<p th:text="${message}"></p>
```

範本執行的結果為：

```
<p>&lt;b&gt; Spring Boot 無難事 &lt;/b&gt;</p>
```

瀏覽器中顯示為：<b> Spring Boot 無難事 </b>。

如果使用 th:utext 屬性：

```
<p th:utext="${message}"></p>
```

範本執行的結果為：

```
<p><b>Spring Boot 無難事 </b></p>
```

瀏覽器中就會以粗體形式顯示「Spring Boot 無難事」。

4.3.2 國際化

Thymeleaf 也支援國際化，可以存取屬性資源檔中的訊息文字。在存取當地語系化訊息時，需要使用 #{…} 語法。依賴於 Spring 本身對國際化的支援，Spring Boot 對國際化訊息進行了自動設定，我們只需要在 src/main/resources 目錄下建立基名為 messages 的屬性資源檔，就可以針對不同的語言環境應用當地語系化字元訊息。

在 src/main/resources 目錄下新建 messages.properties、messages_en.properties 和 messages_zh.properties 屬性資源檔，第一個屬性資源檔 messages.properties 作為預設屬性資源檔，其中存放不針對任何特定語言環境的訊息文字，第二個屬性資源檔 messages_en.properties 中存放英文環境下的訊息文字，第三個屬性資源檔 messages_zh.properties 存放中文環境下的訊息文字。實際上，對於國際化程式來說，預設屬性資源檔不是一定要存在的，也就是說，messages.properties 可以是不需要的，不過由於 Spring Boot 內部的實作問題，如果找不到預設屬性資源檔，則其他的屬性資源檔也不會被載入，所以這裡舉出一個空白的預設屬性資源檔。

messages_en.properties 和 messages_zh.properties 屬性資源檔的內容分別如例 4-5 和例 4-6 所示。

▼ 例 4-5 messages_en.properties

```
greeting=welcome
```

▼ 例 4-6 messages_zh.properties

```
greeting= 歡迎
```

這裡要注意的是，在屬性資源檔中儲存的字串資源，通常是 7 位的 ASCII 碼字元，**對於中文字元，需要將其轉換為對應的 Unicode 編碼，其格式為 \uXXXX**。在 JDK 的開發套件中，提供了一個實用工具 native2ascii，該工具用於將本地非 ASCII 字元轉換為 Unicode 編碼。JDK 9 及之後的版本刪除了 native2ascii 工具，原因是從 JDK 9 開始支援基於 UTF-8 編碼的屬性資源檔。也就是說，屬性資源檔只要採用 UTF-8 編碼，不需要進行轉換就可以直接使用。

在 IDEA 中無須這麼麻煩，我們只需要修改一下 IDEA 的設定就可以了。點擊選單【File】→【Settings】，依次展開 “Editor” → “File Encodings”，在右側面板中找到 “Default encoding for properties files”，設定預設的屬性資源檔編碼為 UTF-8，並複選中 “Transparent native-to-ascii conversion” 即可，如圖 4-2 所示。

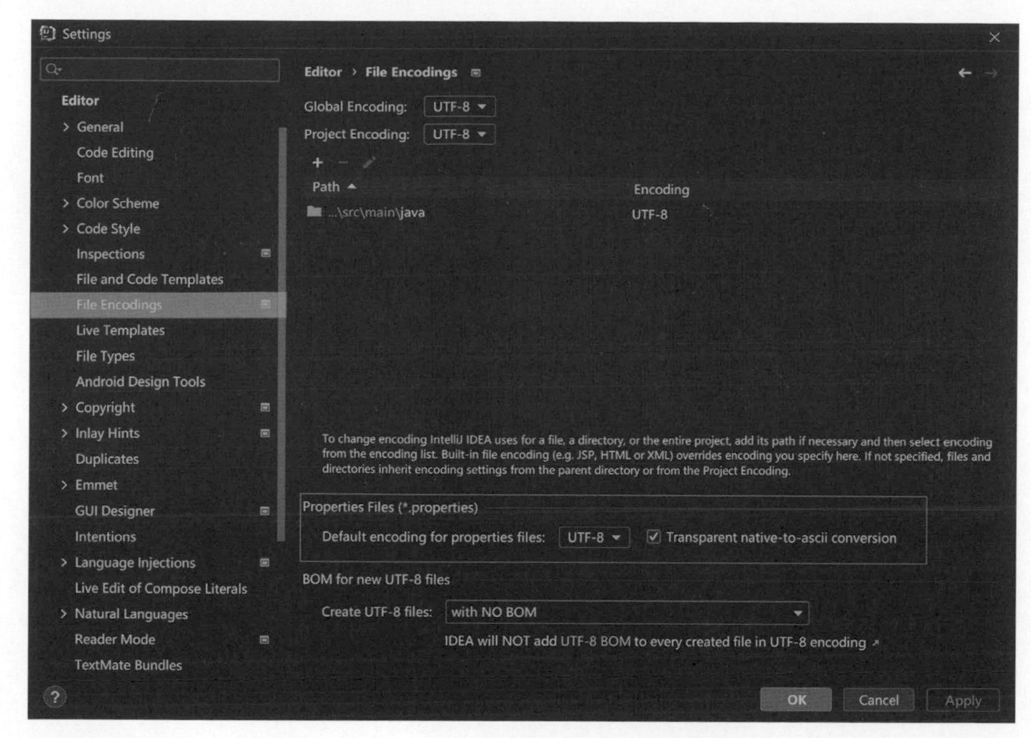

▲ 圖 4-2 設定屬性資源檔的預設編碼

點擊“OK”按鈕，完成設定。接下來修改 home.html，使用 th:text 屬性結合 #{…} 語法來引用特定語言環境下的訊息文字，程式如例 4-7 所示。

▼ 例 4-7 home.html

```
<!DOCTYPE html>
<html xmlns:th="http://www.thymeleaf.org">
    <head>
        <meta charset="UTF-8">
        <title> 首頁 </title>
    </head>
    <body>
        <h1 th:text="#{greeting}"></h1>
        <p th:text="${message}"> 要被替換的內容 </p>
    </body>
</html>
```

新增的程式以粗體顯示。

執行專案，開啟瀏覽器存取 http://localhost:8080/，結果如圖 4-3 所示。

▲ 圖 4-3 國際化程式範例

要查看英文環境下的訊息文字，在 Chrome 瀏覽器中可以點擊右上角的「更多」圖示 ⋮ ，從彈出的選單中選擇【設定】→【語言】，增加「英文」，並設定「將 Google Chrome 的介面文字設為這種語言」，如圖 4-4 所示。

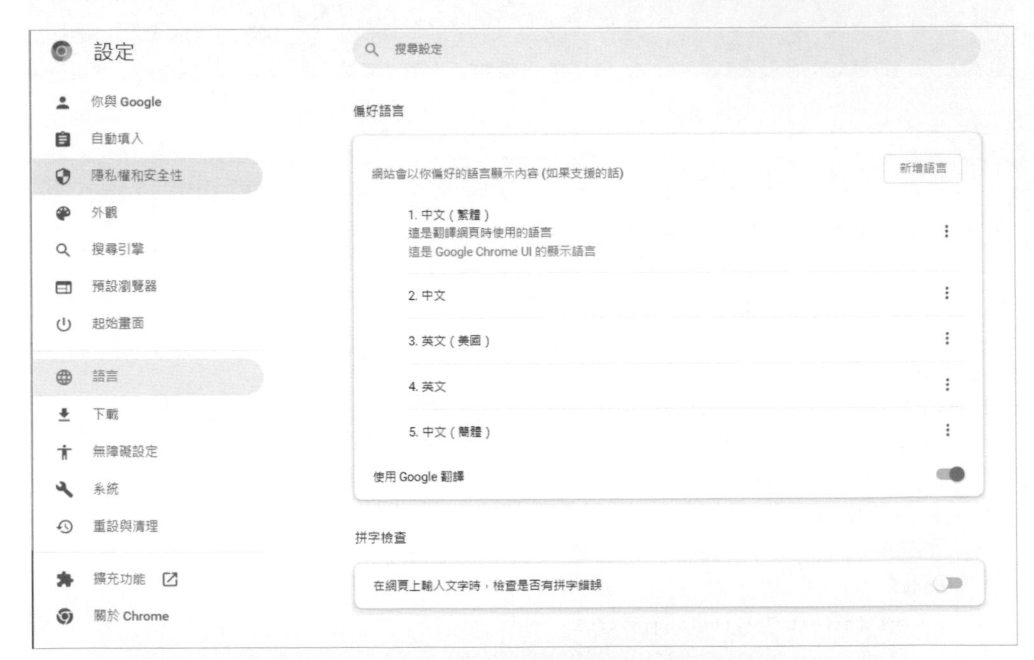

▲ 圖 4-4 設定 Chrome 瀏覽器的語言環境為英文

重新啟動 Chrome 瀏覽器，再次存取 http://localhost:8080/，結果如圖 4-5 所示。

▲ 圖 4-5 在英文環境下顯示訊息文字

如果你不想使用預設的屬性資源檔名，或者國際化訊息文字比較多，需要分目錄、分檔案進行管理，那麼可以透過 spring.messages.basename 屬性來進行設定。在 application.properties 檔案中增加 spring.messages. basename 設定項，如例 4-8 所示。

▼ 例 4-8 application.properties

```
spring.messages.basename=i18n/home
```

接下來，在 src/main/resources 目錄下新建 i18n 目錄，選中 "Resource Bundle 'messages'"，點擊滑鼠右鍵，從彈出的選單中選擇【Refactor】→【Move Files】，如圖 4-6 所示。

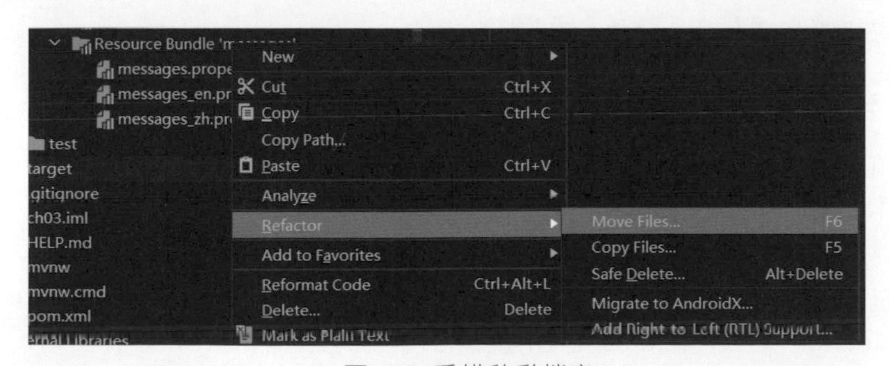

▲ 圖 4-6 重構移動檔案

將檔案都移動到 i18n 子目錄下，如圖 4-7 所示。

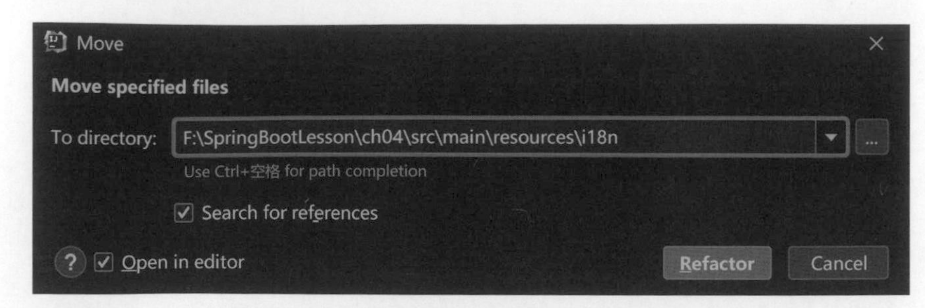

▲ 圖 4-7 將檔案移動到 i18n 目錄下

之後將 messages.properties、messages_en.properties 和 messages-zh.properties 透過重構的方式分別改名為：home.properties、home_en.properties 和 home_zh.properties。

重新啟動專案，再次進行測試，發現結果一切正常。

有時候國際化訊息的部分內容需要動態填充，那麼我們可以在資源檔的訊息文字中加上參數，例如：

```
greeting={0}，歡迎來到某某網站。
```

大括號中的數字是一個預留位置，可以被動態資料所替換。在訊息文字中的預留位置可以使用 0～9 的數字，也就是說，訊息文字中的參數最多可以有 10 個。例如：

```
greeting={0}，歡迎來到某某網站。今天是 {1}。
```

在範本頁面中，可以按照如下的呼叫方式為訊息文字傳參：

```
<h1 th:text="#{greeting('張三', ${#dates.createNow()})}"></h1>
```

以方法的形式呼叫訊息鍵，訊息文字中的數字預留位置將按照小括號中參數的順序被替換，在本例中，預留位置 {0} 被“張三”替換，{1} 被 #dates.createNow() 替換，#dates 是 Thymeleaf 舉出的日期時間實用物件。

提示

greeting() 方法參數的順序是與預留位置的數字序列對應的，而非與預留位置出現在訊息文字中的順序對應的。例如，將訊息文字改為：

```
greeting= 今天是 {1}。{0}，歡迎來到某某網站。
```

greeting() 方法的呼叫不變，如下：

```
<h1 th:text="#{greeting('張三', ${#dates.createNow()})}"></h1>
```

最後輸出的結果如下：

```
今天是 2021/6/29 下午 5:47。張三，歡迎來到某某網站。
```

4.3.3 標準運算式語法

Thymeleaf 提供了非常豐富的標準運算式語法，我們已經見過了兩種類型的運算式：訊息運算式和變數運算式，如下所示：

```
<!-- 訊息運算式 -->
<h1 th:text="#{greeting}"></h1>
<!-- 變數運算式 -->
<p th:text="${message}">要被替換的內容</p>
```

Thymeleaf 的標準運算式語法可以分為以下八類。

- 簡單運算式
  - 變數運算式：${...}。
  - 選擇變數運算式：*{...}。
  - 訊息運算式：#{...}。
  - 連結 URL 運算式：@{...}。
  - 片段運算式：~{...}。

- 字面量
  - 文字字面量：'one text'、'Another one!' 等。
  - 數字字面量：0、34、3.0、12.3 等。
  - 布林字面量：true、false。
  - null 字面量：null。
  - 字面量標記（Literal Tokens）：one、sometext、main 等。
- 文字操作
  - 字串拼接：+。
  - 字面量替換：|The name is ${name}|。
- 算數運算
  - 二元運算子：+、-、*、/、%。
  - 減號（一元運算子）：-。
- 布林運算
  - 二元運算子：and、or。
  - 布林求反（unary operator）：!、not。
- 比較和相等運算
  - 比較運算子：>、<、>=、<=（gt、lt、ge、le）。
  - 相等運算子：==、!=（eq、ne）。
- 條件運算
  - if-then：(if) ? (then)。
  - if-then-else：(if) ? (then) : (else)。
  - 預設運算式：(value) ?: (defaultvalue)。
- 無操作符號
  - _。

所有這些功能都可以組合和嵌套，例如：

```
'User is of type ' + (${user.isAdmin()} ? 'Administrator' : (${user.type} ?: 'Unknown'))
```

1. 變數運算式

實際上，${…} 運算式是在上下文中包含的變數映射上執行的 OGNL（Object Graph Navigation Language，物件圖導覽語言）運算式。

OGNL 運算式的計算都是圍繞 OGNL 上下文來進行的，OGNL 上下文實際上就是一個 Map 物件，由 ognl.OgnlContext 類別（實作了 java.util.Map 介面）來表示。OGNL 上下文可以包含一個或多個 JavaBean 物件，在這些物件中有一個是特殊的，即上下文的**根（root）物件**。如果在寫運算式的時候，沒有指定使用上下文中的哪一個物件，那麼根物件將被假設為運算式所依據的物件。

OgnlContext 就是一個 Map，在 Map 中儲存值，需要指定鍵（key），在寫運算式的時候使用的是鍵名稱，而非物件名稱，這一點需要注意。在 OGNL 上下文中，只能有一個根物件，如果存取根物件，那麼在寫運算式的時候，直接寫物件的屬性（property）就可以了；否則，需要使用 “#key” 首碼，例如，運算式：#manager.name。

在 Spring 中，啟用 MVC 的應用程式 OGNL 將被 SpringEL 取代，但是 SpringEL 的語法與 OGNL 非常相似（實際上，在大多數情況下語法完全相同）。

運算式內部的工作原理不是我們要了解的重點，我們只需要知道，在控制器中準備的模型態資料，在範本頁面中可以透過運算式來存取到就可以了。

例如，在 DataController.java 中有這樣一行程式：

```
model.addAttribute("message", "Spring Boot 無難事 ");
```

在範本頁面 home.html 中，就可以透過 ${…} 運算式來存取 message 屬性，如下所示：

```
<p th:text="${message}"> 要被替換的內容 </p>
```

又如，在 session 中儲存了 User 物件，該物件有一個 name 屬性，可以撰寫如下的運算式來存取 name 屬性。

```
<span th:text="${session.user.name}"></span>
```

對於陣列或者串列物件，可以透過索引的方式來存取陣列或串列中的元素。例如，在 DataController.java 中有如下的程式：

```
List<Employee> emps = new ArrayList<>();
emps.add(emp1);
emps.add(emp2);
emps.add(emp3);
model.addAttribute("emps", emps);
```

要存取 emps 中的第一個元素的 name 屬性，可以撰寫如下的運算式：

```
<span th:text="${emps[0].name}"></span>
```

2. 運算式基本物件

為了方便存取變數，Thymeleaf 提供了一些基本的物件，以增強運算式的能力，遵照 OGNL 標準，這些物件以 # 號來引用，具體如下。

- #ctx：上下文物件。
- #vars：上下文變數。
- #locale：上下文語言環境。
- #request：HttpServletRequest 物件（僅在 Web 上下文中）。
- #response：HttpServletResponse 物件（僅在 Web 上下文中）。
- #session：HttpSession 物件（僅在 Web 上下文中）。
- #servletContext：ServletContext 物件（僅在 Web 上下文中）。

下面我們分別看一下上述運算式基本物件的用法。

（1）#ctx 範例

```
<!-- zh_TW -->
<p th:text="${#ctx.getLocale()}"></p>
<!-- Spring Boot 無難事 -->
<p th:text="${#ctx.getVariable('message')}"></p>
<!-- true -->
<p th:text="${#ctx.containsVariable('message')}"></p>
```

#vars、#root 和 #ctx 都指代同一個物件，但 Thymeleaf 建議使用 #ctx。

（2）#locale 範例

```
<!-- zh_TW -->
<p th:text="${#locale}"></p>
<!-- TW -->
<p th:text="${#locale.country}"></p>
<!-- 台灣 -->
<p th:text="${#locale.displayCountry}"></p>
<!-- zh -->
<p th:text="${#locale.language}"></p>
<!-- 中文 -->
<p th:text="${#locale.displayLanguage}"></p>
<!-- 中文（台灣）-->
<p th:text="${#locale.displayName}"></p>
```

（3）#request 範例

```
<!-- HTTP/1.1 -->
<p th:text="${#request.protocol}"></p>
<!-- http -->
<p th:text="${#request.scheme}"></p>
<!-- localhost -->
<p th:text="${#request.serverName}"></p>
<!-- 8080 -->
<p th:text="${#request.serverPort}"></p>
```

```
<!-- GET -->
<p th:text="${#request.method}"></p>
<!-- / -->
<p th:text="${#request.requestURI}"></p>
<!-- http://localhost:8080/ -->
<p th:text="${#request.requestURL}"></p>
<!-- / -->
<p th:text="${#request.servletPath}"></p>
<!-- username=lisi -->
<p th:text="${#request.queryString}"></p>
<!-- lisi -->
<p th:text="${#request.getParameter('username')}"></p>
<!-- requestAttr -->
<p th:text="${#request.getAttribute('foo')}"></p>
```

上述註釋中的輸出結果假設存取的 URL 是：http://localhost:8080/?username=lisi。

想獲取請求參數 username 的值透過 #request.username 是得不到的，需要使用運算式：#request.getParameter('username')，這稍顯繁瑣。

為了便於在 Web 環境中存取請求參數、階段屬性和應用程式屬性，Thymeleaf 在上下文中舉出了三個變數：param、session 和 application，但要注意的是，它們並不是上下文物件，所以不要增加 # 首碼。

針對上面的例子，要更簡便地獲取請求參數 username 的值，可以使用下面的運算式：

```
<!-- lisi -->
<p th:text="${param.username}"></p>
```

（4）# response 範例

```
<!-- 200 -->
<p th:text="${#response.status}"></p>
<!-- 8192 -->
<p th:text="${#response.bufferSize}"></p>
<!-- UTF-8 -->
```

```
<p th:text="${#response.characterEncoding}"></p>
<!-- text/html;charset=UTF-8 -->
<p th:text="${#response.contentType}"></p>
```

（5）#session 範例

```
<!-- 張三 -->
<p th:text="${#session.getAttribute('user').name}"></p>
<!-- 60AF7AD5E7DBEBE16FF6054EDBF9DFC5 -->
<p th:text="${#session.id}"></p>
<!-- 1622287187052 -->
<p th:text="${#session.lastAccessedTime}"></p>
```

對於儲存在 Session 物件中的屬性，除使用 #session.getAttribute() 取出外，還可以使用 session.x 語法，如下所示：

```
<!-- 張三 -->
<p th:text="${session.user.name}"></p>
```

（6）#servletContext 範例

```
<!-- applicationAttr -->
<p th:text="${#servletContext.getAttribute('foo')}"></p>
```

對於儲存在 ServletContext 物件中的屬性，除使用 # servletContext.getAttribute() 取出外，還可以使用 application.x 語法，如下所示：

```
<!-- applicationAttr -->
<p th:text="${application.foo}"></p>
```

3. 運算式實用物件

除這些基本物件以外，Thymeleaf 還提供了一組實用物件，以幫助我們在運算式中執行常見任務。

- #execInfo：運算式物件，提供在 Thymeleaf 標準運算式中處理的範本的有用資訊。

- #messages：在變數運算式中獲取外部化訊息的實用物件，與使用 #{…} 語法獲取外部化訊息的方式相同。
- #uris：用於在 Thymeleaf 標準運算式中執行 URI/URL 操作（特別是逸出和取消逸出）的實用物件。
- #conversions：允許在範本的任意點執行轉換服務的實用物件。
- #dates：提供操作 java.util.Date 物件的方法，比如格式化、日期組成部分提取等。
- #calendars：類似於 #dates，但用於 java.util.Calendar 物件。
- #numbers：提供格式化數值物件的方法。
- #strings：提供操作字串物件的方法，比如 contains、startsWith、prepending/appending 等。
- #objects：提供操作一般物件的方法。
- #bools：提供布林求值的方法。
- #arrays：提供陣列操作的實用方法。
- #lists：提供串列操作的實用方法。
- #sets：提供 Set 操作的實用方法。
- #maps：提供 Map 操作的實用方法。
- #aggregates：提供在陣列或集合上建立聚合的實用方法。
- #ids：提供用於處理可能重複的 id 屬性的實用方法。

關於這些物件的詳細用法，我們就不一一展開敘述了，感興趣的讀者可以去 Thymeleaf 的官網上查看。

4. 選擇變數運算式（星號語法）

變數運算式不僅可以寫成 ${…}，還可以寫成 *{…}。這兩種變數運算式的一個重要區別是：星號語法計算選定物件上的運算式，而非整個上下文上的運算式。也就是說，只要沒有選定的物件（使用 th:object 屬性的運算式計算的結果），${…} 和 *{…} 語法就完全相同。

我們看下面的程式：

```
<div th:object="${session.user}">
    <p> 姓名：<span th:text="*{name}"></span></p>
    <p> 年齡：<span th:text="*{age}"></span></p>
    <p> 薪水： <span th:text="*{salary}"></span></p>
</div>
```

上述程式相當於：

```
<div>
    <p> 姓名：<span th:text="${session.user.name}"></span></p>
    <p> 年齡：<span th:text="${session.user.age}"></span></p>
    <p> 薪水： <span th:text="${session.user.salary}"></span></p>
</div>
```

${…} 和 *{…} 語法也可以混合使用，例如：

```
<div th:object="${session.user}">
    <p> 姓名：<span th:text="*{name}"></span></p>
    <p> 年齡：<span th:text="${session.user.age}"></span></p>
    <p> 薪水： <span th:text="*{salary}"></span></p>
</div>
```

當物件選擇就位時，選中的物件也可以作為 #object 運算式變數用於 ${…} 運算式。例如：

```
<div th:object="${session.user}">
    <p> 姓名：<span th:text="${#object.name}"></span></p>
    <p> 年齡：<span th:text="${session.user.age}"></span></p>
    <p> 薪水： <span th:text="*{salary}"></span></p>
</div>
```

如果沒有執行物件選擇，那麼 ${…} 和 *{…} 語法是等價的。例如：

```
<div>
    <p> 姓名：<span th:text="${session.user.name}"></span></p>
    <p> 年齡：<span th:text="*{session.user.age}"></span></p>
    <p> 薪水： <span th:text="*{session.user.salary}"></span></p>
</div>
```

5. 連結 URL

在 Thymeleaf 中，URL 使用特殊的 @ 語法：@{...}。如果要動態生成連結，則可以結合 th:href 屬性一起使用。有兩種不同類型的 URL：絕對 URL 和相對 URL，相對 URL 又可以細分為頁面相對、上下文相對、伺服器相對和協定相對 URL。下面我們分別舉出範例。

（1）絕對 URL

```
<!-- https://www.thymeleaf.org -->
<p th:text="@{http://www.thymeleaf.org}"></p>
<a href="index.html"
    th:href="@{http://www.thymeleaf.org}">thymeleaf</a>
```

要說明的是：

① th:href 屬性可以和靜態的 href 屬性一起使用，主要是為了方便使用範本進行原型設計，這樣在範本引擎沒有工作的時候，在瀏覽器中也可以看到導覽連結。

② th:href 屬性會計算要使用的連結 URL，並將計算結果設定為 <a> 標籤的 href 屬性值。

（2）相對 URL

① 頁面相對 URL。

```
<!-- books/index.html -->
<p th:text="@{books/index.html}"></p>
```

```
<a href="index.html"
   th:href="@{books/index.html}">books</a>
```

② 上下文相對 URL。

```
<!-- /books/index.html -->
<p th:text="@{/books/index.html}"></p>
<a href="index.html"
   th:href="@{/books/index.html}">books</a>
```

上下文相對 URL 相比頁面相對 URL 的區別是，路徑以 / 開始，相當於當前的上下文路徑，如果讀者對於 Java Web 程式的 URL 路徑有所了解的話，應該很容易理解。

③ 伺服器相對 URL（允許在同一個伺服器的另一個上下文應用程式中呼叫 URL）。

```
<!-- /books/index.html -->
<p th:text="@{~/books/index.html}"></p>
<a href="index.html"
   th:href="@{~/books/index.html}">books</a>
```

④ 協定相對 URL。

```
<!-- //thymeleaf.org -->
<p th:text="@{//thymeleaf.org}"></p>
<a th:href="@{//thymeleaf.org}">thymeleaf</a>
```

當點擊連結時，瀏覽器會自動加上 http:，然後向 URL http:// thymeleaf.org 發起請求。

也可以對 URL 中的參數使用運算式，如果參數需要編碼，則會自動執行；如果有多個參數，則參數之間以逗點分隔。我們看下面的範例：

```
<!-- /users/user?id=1 -->
<p th:text="@{/users/user(id=${session.user.no})}"></p>
<a href="users.html"
   th:href="@{/users/user(id=${session.user.no})}"> 使用者中心 </a>
```

6. 字面量

在不需要存取變數的情況下，可以直接指定值，這些值就被稱為字面量，類似於 Java 中的字面常數。

（1）文字字面量

文字字面量是透過單引號括起來的字元序列，其中可以包含任何字元，但如果字元序列中有單引號，則需要透過反斜線（\）來進行逸出。我們看下面的範例：

```
<!-- Spring Boot 無難事 -->
<p th:text="'Spring Boot 無難事 '"></p>
<!-- It's a good book -->
<p th:text="'It\'s a good book'"></p>
```

（2）數字字面量

直接書寫的數字就是數字字面量。我們看下面的範例：

```
<p>The year is <span th:text="2021">2021</span>.</p>
<p>In two years, it will be <span th:text="2021 + 2">2021</span>.</p>
```

（3）布林字面量

布林字面量是直接書寫的 true 和 false。我們看下面的範例：

```
<div th:if="${user.isAdmin()} == false"> ... </div>
```

在上面的例子中，“== false”寫在大括號外，因此由 Thymeleaf 負責處理；如果寫在大括號內，則由 OGNL/SpringEL 引擎負責處理。例如：

```
<div th:if="${user.isAdmin() == false}"> ... </div>
```

（4）null 字面量

null 字面量就是直接書寫的 null。我們看下面的範例：

```
<!-- false -->
<p th:text="${session.user == null}"></p>
```

(5) 字面量標記

字面量標記的內容只允許出現字母（A ～ Z 和 a ～ z）、數字（0 ～ 9）、中括弧、點、連字號和底線，不允許出現空白、逗點，以及特殊符號等。

實際上，數字、布林和 null 字面量是字面量標記的一種特殊情況。字面量標記可以對標準運算式進行一些簡化，即不需要包裹內容的單引號了，它的工作原理與文字字面量完全相同。

例如：

```
<p th:text="SpringBoot"></p>
```

相當於：

```
<p th:text="'SpringBoot'"></p>
```

7. 文字操作

有兩種常用的文字操作：字串拼接和字面量替換。

(1) 字串拼接

無論文字是字面量，還是對變數或訊息運算式求值的結果，都可以使用 “+” 符號將它們連接起來，例如：

```
<span th:text="'The name of the user is ' + ${session.user.name}"></span>
```

(2) 字面量替換

字面量替換可以很容易地對包含變數值的字串進行格式化，而無須使用 “+” 符號來拼接字串。若使用字面量替換，則需要使用分隔號（|）對內容進行包裹，例如：

```
<span th:text="|歡迎存取我們的網站，${session.user.name} ！|"></span>
```

相當於：

```
<span th:text="'歡迎存取我們的網站，' + ${session.user.name} + '！'"></span>
```

字面量替換可以與其他類型的運算式結合使用，例如：

```
<span th:text="${onevar} + ' ' + |${twovar}, ${threevar}|">
```

要注意的是：只有變數和訊息運算式（${…}、*{…}、#{…}）被允許在字面量替換（|…|）中使用，不支援其他文字字面量、布林字面量、數字字面量和條件運算式等。

8. 算術運算子

Thymeleaf 支援加（+）、減（-）、乘（*）、除（/）和取餘（%）運算。例如：

```
<div th:with="isEven=(${prodStat.count} % 2 == 0)"></div>
```

注意，算術運算子也可以應用於 OGNL 變數運算式本身，在這種情況下，將由 OGNL 而非 Thymeleaf 標準運算式引擎來執行，例如：

```
<div th:with="isEven=${prodStat.count % 2 == 0}"></div>
```

此外，對於除（/）和取餘（%）運算子，還可以使用它們的文字別名：div 和 mod。

9. 比較和相等運算子

比較運算子：>、<、>=、<=（gt、lt、ge、le）；相等運算子：==、!=（eq、ne）。比較運算子和相等運算子分別用於對運算式中的值進行比較和相等性判斷。例如：

```
<!-- true -->
<p th:text="${session.user.age > 18}"></p>
<!-- true -->
<p th:text="${session.user.age != 18}"></p>
```

10. 條件運算子

條件運算子類似於 Java 中的條件運算子（?:），但其有以下三種形式。

第一種形式：(condition) ? (then) : (else)，當 condition 運算式計算為 true 時，執行冒號（:）左邊的 then 運算式，否則執行冒號右邊的 else 運算式。例如：

```
<span th:text="${#bools.isTrue(session.user)} ? ${session.user.name} : '請登入'"></span>
```

條件運算式的三個部分（condition、then 和 else）本身也都是運算式，這意味著它們可以是變數（${…}、*{…}）、訊息（#{…}）、URL（@{…}）或者文字字面量（'…'）。

條件運算式也可以使用小括號嵌套，例如：

```
<tr th:class="${row.even}? (${row.first}? 'first' : 'even') : 'odd'">
  ...
</tr>
```

第二種形式：(condition) ? (then)，即省略 else 運算式，在這種情況下，如果條件為 false，則傳回 null。例如：

```
<tr th:class="${row.even}? 'alt'">
  ...
</tr>
```

第三種形式：(value) ?: (defaultvalue)，沒有 then 部分，稱之為預設運算式。如果第一個運算式的計算結果不為 null，則使用第一個運算式；如果為 null，則使用第二個運算式。例如：

```
<div th:object="${session.user}">
  ...
  <p>Age: <span th:text="*{age}?: '(no age specified)'">27</span>.</p>
</div>
```

與條件值一樣，可以使用小括號來嵌套表格達式。例如：

```
<p>
  Name:
  <span th:text="*{firstName}?: (*{admin}? 'Admin' : #{default.username})">
     Sebastian
  </span>
</p>
```

11. 無操作符號

當範本執行在伺服器端時，Thymeleaf 會解析 th:* 屬性的值，並用計算結果替換標籤本體的內容。無操作符號（_）則允許使用標籤本體的原型文字作為預設值。例如：

```
<!-- 你還沒有登入，請先登入 -->
<p th:text="${token} ?: _"> 你還沒有登入，請先登入 </p>
```

12. 資料轉換 / 格式化

Thymeleaf 為變數運算式（${…}）和選擇變數運算式（*{…}）定義了雙大括號語法，允許我們透過設定的轉換服務應用資料轉換。

我們看下面的範例：

```
<td th:text="${{session.user.hireDate}}">...</td>
```

雙大括號 ${{…}} 指示 Thymeleaf 將 session.user.hireDate 運算式的結果傳遞給轉換服務，並要求轉換服務在寫入結果之前執行格式化操作（轉換為字串）。

在 Spring Boot 專案中增加 Thymeleaf 相依性後，會自動將 Thymeleaf 的轉換服務機制和 Spring 自己的轉換服務基礎設施整合在一起，因而在 Spring 設定中宣告的轉換服務和格式化器將自動應用於 ${{…}} 和 *{{…}} 運算式。預設的轉換服務已經能夠滿足大多數場景的需求，因此對於註冊自訂轉換服務的實作，我們就不說明了。

4.3.4 設定屬性值

在 Thymeleaf 範本檔案中，可以使用 th:*（或者使用 th:attr 屬性）來設定任意 HTML5 標籤的屬性的值。

1. th:attr

th:attr 屬性接受一個運算式，該運算式為屬性賦值。例如：

```
<a href="index.html"
   th:attr="href=@{http://www.thymeleaf.org}">thymeleaf</a>
```

也可以使用 th:attr 屬性一次性設定多個屬性值，多個屬性值之間以逗點分隔即可，例如：

```
<img src="../../images/gtvglogo.png"
   th:attr="src=@{/images/gtvglogo.png},title=#{logo},alt=#{logo}" />
```

th:attr 是為標籤設定屬性值的通用方式，但並不推薦使用，我們了解它的用法就可以了。

2. th:*

使用 th:attr 屬性需要在其屬性值中為標籤的屬性進行賦值，但程式不夠優雅，因此，Thymeleaf 給我們提供了 th:* 屬性，* 可以是 HTML5 支援的任意屬性名稱，而且屬性名稱可以是自訂的。我們看下面的範例：

```
<form action="register.html" th:action="@{/register}">...</form>
<a href="index.html"
    th:href="@{http://www.thymeleaf.org}">thymeleaf</a>

<!-- 結果：<span whatever=" 張三 ">...</span>-->
<span th:whatever="${session.user.name}">...</span>
```

3. 一次設定多個值

Thymeleaf 中有兩個非常特殊的屬性：th:alt-title 和 th:lang-xmllang，可同時將兩個屬性設定為相同的值。th:alt-title 設定 alt 和 title 屬性的值，th:lang-xmllang 設定 lang 和 xml:lang 屬性的值。

例如：

```
<img src="../../images/gtvglogo.png"
     th:src="@{/images/gtvglogo.png}" th:alt-title="#{logo}" />
```

相當於：

```
<img src="../../images/gtvglogo.png"
     th:src="@{/images/gtvglogo.png}" th:title="#{logo}" th:alt="#{logo}" />
```

4. th:attrappend 和 th:attrprepend

th:attrappend 和 th:attrprepend 可以將運算式的結果附加到現有的屬性值之後或之前。例如，要為現有的 CSS 類別增加一個樣式類別，程式如下：

```
<div class="static" th:attrappend="class=${isActive} ? ' active'"></div>
<div class="static" th:attrprepend="class=${isActive} ? 'active '"></div>
```

這裡要提醒讀者一下，在附加屬性值的時候，要考慮是否需要增加前置的空格（尾碼增加）或者後置的空格（前置增加），以分隔兩個屬性值，對於本例增加樣式類別來説，增加空格是必要的。

假設 isActive 變數為 true，則範本引擎解析後的結果為：

```
<div class="static active"></div>
<div class="active static"></div>
```

Thymeleaf 中還有兩個特定的附加屬性：th:classappend 和 th:styleappend，這兩個屬性可向元素增加 CSS 類別或樣式片段，同時不會覆蓋現有的 CSS 類別或樣式片段。我們看下面的範例：

```
<div class="static" th:classappend="${isActive} ? 'active'"></div>
<p style="color: red;" th:styleappend="'font-size: 30px'">Spring Boot 無難事 </p>
```

使用這兩個特定的附加屬性無須考慮空格的因素。

5. 固定值布林屬性

在 HTML 中有布林屬性的概念，若沒有值的屬性或者只有一個值的屬性，則意味著值為 true。在 XHTML 中，這些屬性只取 1 個值，即它本身。例如：

```
<input type="checkbox" name="option2" checked /> <!-- HTML -->
<input type="checkbox" name="option1" checked="checked" /> <!-- XHTML -->
```

Thymeleaf 允許我們使用 th:*（這裡的 * 表示任意的布林屬性）屬性透過運算式計算的真與假來決定是否設定這些布林屬性。例如：

```
<input type="checkbox" name="active" th:checked="${user.active}" />
```

4.3.5 迭代

th:each 屬性常用於對陣列或集合物件進行迴圈迭代，語法為：iter : ${items }，items 可以是陣列，也可以是滿足以下條件的物件。

- 實作了 java.util.Iterable 介面的物件。
- 實作了 java.util.Enumcration 介面的物件。
- 任何實作了 java.util.Iterator 介面的物件，其值將在迭代器傳回時使用，而不需要在記憶體中快取所有值。
- 任何實作了 java.util.Map 介面的物件。在迭代 Map 物件時，iter 變數的類型是 java.util.Map.Entry 類別。
- 任何其他物件都將被視為包含物件本身的單值串列。

下面我們以表格的形式顯示所有員工資訊，程式如下所示：

```
<table>
    <caption> 員工資訊 </caption>
    <thead>
        <tr>
            <th> 編號 </th>
            <th> 姓名 </th>
            <th> 年齡 </th>
            <th> 就職 日期 </th>
        </tr>
    </thead>
    <tbody>
        <tr th:each="emp : ${emps}">
            <td th:text="${emp.no}"></td>
            <td th:text="${emp.name}"></td>
            <td th:text="${emp.age}"></td>
            <td th:text="${emp.hireDate}"></td>
        </tr>
    </tbody>
</table>
```

在使用 th:each 屬性時，Thymeleaf 還提供了一個狀態變數，用於追蹤迭代狀態，該狀態變數包含了如表 4-1 所示的屬性。

▼ 表 4-1 狀態變數的屬性

屬性	類型	描述
index	int	當前迭代的索引，從 0 開始
count	int	當前迭代的計數，從 1 開始
size	int	迭代變數中元素的總數
current	Object	當前迭代的元素物件
even	boolean	當前迭代的計數是不是偶數
odd	boolean	當前迭代的計數是不是奇數
first	boolean	當前迭代的元素是不是迭代變數中的第一個元素
last	boolean	當前迭代的元素是不是迭代變數中的最後一個元素

使用了狀態變數的 th:each 屬性的語法為：iter, status : ${items }。

當用表格來顯示資料時，如果表格的行數比較多，使用者不方便區分不同的行，那麼為了讓使用者能夠區分不同的行，通常會針對奇偶行應用不同的樣式。下面我們就借助狀態變數，對表格的偶數行改變一下背景顏色。程式如下所示。

```
<!DOCTYPE html>
<html xmlns:th="http://www.thymeleaf.org">
    <head>
        <meta charset="UTF-8">
        <title>首頁</title>
        <style>
                        body {
                                width: 600px;
                        }
                        table {
                            border: 1px solid black;
                        }
                        table {
                            width: 100%;
                        }
                        th {
                            height: 50px;
                        }
                        th, td {
                            border-bottom: 1px solid #ddd;
                            text-align: center;
                        }

                        [v-cloak] {
                                display: none;
                        }
                        .even {
                                background-color: #cdcdcd;
                        }
                </style>
    </head>
```

```
    <body>
        <table>
            <caption> 員工資訊 </caption>
            <thead>
                <tr>
                    <th> 編號 </th>
                    <th> 姓名 </th>
                    <th> 年齡 </th>
                    <th> 就職 日期 </th>
                </tr>
            </thead>
            <tbody>
                <tr th:each="emp, status : ${emps}" th:class= "${status.even} ? 'even'">
                    <td th:text="${emp.no}"></td>
                    <td th:text="${emp.name}"></td>
                    <td th:text="${emp.age}"></td>
                    <td th:text="${emp.hireDate}"></td>
                </tr>
            </tbody>
        </table>
    </body>
</html>
```

如果沒有顯性設定狀態變數，則 Thymeleaf 也會為每個 th:each 都建立一個狀態變數，預設的狀態變數名稱是迭代的元素變數名字後面增加 Stat 尾碼。上述程式中粗體顯示部分的程式可以修改為：

```
<tr th:each="emp : ${emps}" th:class="${empStat.even} ? 'even'">
```

4.3.6 條件判斷

有兩種條件判斷敘述：簡單條件陳述式（th:if/th:unless）和 switch 敘述（th:switch/th:case）。

1. 簡單條件陳述式

在使用 th:if 屬性時，若運算式計算為 true，則顯示內容，否則不顯示內容。

例如：

```
<a href="skills.html"
   th:href="@{/employee/skills(empNo=${session.user.no})}"
   th:if="${not #lists.isEmpty(session.user.skills)}"> 技能 </a>
```

當員工有技能時（即 session.user.skills 不為空白），則建立一個到技能頁面的連結。

要注意的是，th:if 屬性不僅計算布林條件，還將按照以下規則對指定的運算式進行真假計算。

- 如果運算式的值不為空白。
  - 如果值是布林值且為 true，那麼 th:if 的值為 true，否則為 false。
  - 如果值是一個數字且不為 0，那麼 th:if 的值為 true，否則為 false。
  - 如果值是字元且不為 0，那麼 th:if 的值為 true，否則為 false。
  - 如果值是字串且不是"false"、"off"或"no"，那麼 th:if 的值為 true，否則為 false。
  - 如果值不是布林值、數字、字元或字串，那麼 th:if 的值為 true，否則為 false。
- 如果運算式的值為 null，則 th:if 的值為 false。

上面的程式可以簡寫為：

```
<a href="skills.html"
   th:href="@{/employee/skills(empNo=${session.user.no})}"
   th:if="${session.user.skills}"> 技能 </a>
```

與 th:if 相反的屬性是 th:unless，可以在前面的範例中使用該屬性，這樣就不需要在 OGNL 運算式中使用 not 了。如下所示：

```
<a href="skills.html"
   th:href="@{/employee/skills(empNo=${session.user.no})}"
   th:unless="${#lists.isEmpty(session.user.skills)}"> 技能 </a>
```

2. switch 敘述

th:switch/th:case 類似於 Java 中的 switch 敘述，我們看下面的範例：

```
<div th:switch="${user.role}">
  <p th:case="'admin'">User is an administrator</p>
  <p th:case="#{roles.manager}">User is a manager</p>
</div>
```

要注意，一旦一個 th:case 屬性計算為 true，同一個 th:switch 上下文中的其他 th:case 屬性就被賦值為 false。

與 Java 中 switch 敘述的 default 子句類似，th:switch 也有一個預設的選項：th:case=” *” ，在條件都不滿足的時候執行預設的操作。我們看下面的範例：

```
<div th:switch="${user.role}">
  <p th:case="'admin'">User is an administrator</p>
  <p th:case="#{roles.manager}">User is a manager</p>
  <p th:case="*">User is some other thing</p>
</div>
```

4.3.7 範本版面配置

在一個 Web 專案中，很多頁面的頭部、尾部和導覽列都是相同的，在不同的範本引擎中，有不同的方式來實作頁面程式的重用。在 Thymeleaf 中，可以在一個頁面中使用 th:fragment 屬性定義要重用的程式片段，然後在其他頁面中引入。

1. 定義和引入片段

在 src/main/resources/templates 目錄下新建 header.html 和 footer.html 頁面，頁面內容分別如例 4-9 和例 4-10 所示。

▼ 例 4-9 header.html

```
<!DOCTYPE html>
<html lang="zh" xmlns:th="http://www.thymeleaf.org">
```

```
<head>
    <meta charset="UTF-8">
</head>
<body>
    <div th:fragment="nav">
        <a href="#">首頁</a>
        <a href="#">新書</a>
    </div>
</body>
</html>
```

上述程式定義了一個名為 nav 的片段。

▼ 例 4-10 footer.html

```
<!DOCTYPE html>
<html lang="zh" xmlns:th="http://www.thymeleaf.org">
<head>
    <meta charset="UTF-8">
</head>
<body>
    <footer th:fragment="footer">&copy; 2023 sunxin</footer>
</body>
</html>
```

上述程式定義了一個名為 footer 的片段。

接下來在首頁（home.html）中，使用 th:insert 或者 th:replace 屬性來引入之前定義的片段。th:include 屬性也可以引入片段，不過該屬性從 Thymeleaf 3.0 開始不再被推薦使用，所以這裡我們也就不再介紹它了。

修改 home.html，程式如例 4-11 所示。

▼ 例 4-11 home.html

```
<!DOCTYPE html>
<html xmlns:th="http://www.thymeleaf.org">
<head>
    <meta charset="UTF-8">
```

```
    <title> 首頁 </title>
</head>
<body>
    <div th:insert="~{header :: nav}"></div>
    <p th:text="${message}"> 要被替換的內容 </p>
    <div th:insert="~{footer :: footer}"></div>
</body>
</html>
```

th:insert 屬性需要一個片段運算式，即 ~{…}，:: 前的名字是定義片段的範本頁面的名字，:: 後的名字則是片段的名字。如果 header.html 和 footer.html 與 home.html 不在同一個目錄下（如在 commons 子目錄下），那麼片段運算式就需要寫為：~{commons/header :: nav} 和 ~{commons/footer :: nav}。

最終範本頁面解析後的程式如下所示：

```
<div><div>
    <a href="#"> 首頁 </a>
    <a href="#"> 新書 </a>
</div></div>
<p>Spring Boot 無難事 </p>
<div><footer>&copy; 2023 sunxin</footer></div>
```

這種處理片段方式的最大好處是：可以在完整的甚至有效的標記結構的頁面中撰寫可以被瀏覽器正常顯示的片段，同時仍然保留將片段包含到其他範本中的能力。

如果將例 4-11 中的 th:insert 屬性換成 th:replace 屬性，則範本解析後的程式為：

```
<div>
    <a href="#"> 首頁 </a>
    <a href="#"> 新書 </a>
</div>
<p>Spring Boot 無難事 </p>
<footer>&copy; 2023 sunxin</footer>
```

由此，可以看出 th:insert 屬性和 th:replace 屬性的區別，前者插入指定的片段作為宿主標籤的標籤本體，而後者則用指定的片段替換它的宿主標籤。

要注意的是，在 th:insert 和 th:replace 中，~{} 是可選的，所以上面使用 th:insert 屬性的程式也可以寫為：

```
<div th:insert="header :: nav"></div>
<div th:insert="footer :: footer"></div>
```

此外，th:insert 和 th:replace 屬性除了可以引用 th:fragment 標記的片段外，還可以直接引用 id 屬性標記的片段。將 footer.html 中使用 th:fragment 屬性的程式修改如下：

```
<footer id="footer">&copy; 2021 sunxin</footer>
```

然後修改 home.html，使用類似 CSS 的 ID 選擇器語法來引用該片段，程式如下：

```
<div th:insert="~{footer :: #footer}"></div>
```

不過在實踐中不建議採用這種方式，因為這種方式容易造成混亂。

2. 片段運算式的語法

片段運算式的語法有以下三種不同的格式。

(1) ~{templatename::selector}：引用名為 templatename 的範本檔案中的程式片段，selector 可以是 th:fragment 指定的名稱或者 id 屬性指定的名稱。實際上，selector 有完整的標記選擇器語法，類似於 XPath 和 CSS 的選擇器語法，為了簡單起見，我們只舉出了 ID 選擇器範例。讀者如果想要了解完整的選擇器語法，可以參看 Thymeleaf 的官方文件。

(2) ~{templatename}：引用整個範本檔案的程式片段。

(3) ~{::selector} 或者 ~{this::selector}：引用當前範本中定義的程式片段。

片段運算式語法中的 templatename 和 selector 也可以是運算式，甚至是條件陳述式。例如：

```
<div th:insert="footer :: (${user.isAdmin}? #{footer.admin} : #{footer.normaluser})">
</div>
```

3. 含參數的片段

在使用 th:fragment 屬性定義片段時，還可以指定一組參數。例如：

```
<div th:fragment="frag (onevar,twovar)">
    <p th:text="${onevar} + ' - ' + ${twovar}">...</p>
</div>
```

在引入片段時，可以按照下面兩種語法之一來呼叫：

```
<div th:replace="::frag (${value1},${value2})">...</div>
<div th:replace="::frag (onevar=${value1},twovar=${value2})">...</div>
```

對於上面兩種語法中的第二種語法，參數的順序並不重要，也可以將 twovar 放前面，如下所示：

```
<div th:replace="::frag (twovar=${value2},onevar=${value1})">...</div>
```

片段會在不同的頁面中被引用，而不同的頁面可能需要給片段中的某個元素加額外的樣式。比如選單這個片段，若顯示首頁，就是希望給「首頁」選單加個樣式；若顯示新書頁面，就是給「新書」選單加樣式。為此，我們在定義導覽片段時，可以加上參數。

修改 header.html，使用含有參數的片段，程式如例 4-12 所示。

▼ 例 4-12 header.html

```
<!DOCTYPE html>
<html xmlns:th="http://www.thymeleaf.org">
<head>
    <meta charset="UTF-8">
```

```
</head>
<body>
    <div th:fragment="nav(index)">
        <a href="#" th:classappend="${index == 0} ? 'active'"> 首頁 </a>
        <a href="#" th:classappend="${index == 1} ? 'active'"> 新書 </a>
    </div>
</body>
</html>
```

接下來修改 home.html，在引入 nav 片段時，傳入參數，程式如例 4-13 所示。

▼ 例 4-13 home.html

```
<!DOCTYPE html>
<html xmlns:th="http://www.thymeleaf.org">
<head>
    <meta charset="UTF-8">
    <title> 首頁 </title>
    <style>
    .active {
        background: gray;
    }
    </style>

</head>
<body>
    <div th:insert="header :: nav(0)"></div>
    <p th:text="${message}"> 要被替換的內容 </p>
    <div th:insert="~{footer :: #footer}"></div>
</body>
</html>
```

要注意的是，即使在定義片段時沒有舉出參數，也可以使用上面介紹的第二種語法格式來呼叫（即顯性舉出參數名稱的呼叫形式）。

修改 header.html，在定義 nav 片段時，去掉 index 參數，如例 4-14 所示。

▼ 例 4-14 header.html

```
...
<div th:fragment="nav">
    <a href="#" th:classappend="${index == 0} ? 'active'">首頁</a>
    <a href="#" th:classappend="${index == 1} ? 'active'">新書</a>
</div>
...
```

修改 home.html，在引入 nav 片段時，明確舉出參數名稱，如例 4-15 所示。

▼ 例 4-15 home.html

```
...
<div th:insert="header :: nav(index=0)"></div>
<p th:text="${message}">要被替換的內容</p>
<div th:insert="~{footer :: #footer}"></div>
...
```

明確參數定義有助於我們更好地理解和組織程式。

在定義片段時，還可以使用 th:assert 屬性來驗證參數，該屬性可以指定一個逗點分隔的運算式列表，這些運算式將被求值，並為每次求值生成 true，否則將引發例外。例如：

```
<header th:fragment="contentheader(title)" th:assert="${!#strings.isEmpty(title)}">
...
</header>
```

4. 更靈活的版面配置

通常片段參數接受的值是文字、數字或者 Bean 物件等，但如果接受的值是另一個標記片段，就可以產生非常靈活的版面配置方案。

假設我們有一個包含片段定義的 base.html 頁面，內容如例 4-16 所示。

▼ 例 4-16 base.html

```
<head th:fragment="common_header(title,links)">

  <title th:replace="${title}">The awesome application</title>

  <!-- Common styles and scripts -->
  <link rel="stylesheet" type="text/css" media="all" th:href= "@{/css/ awesomeapp.
css}">
  <link rel="shortcut icon" th:href="@{/images/favicon.ico}">
  <script type="text/javascript" th:src="@{/sh/scripts/codebase.js}"> </script>

  <!--/* Per-page placeholder for additional links */-->
  <th:block th:replace="${links}" />

</head>
```

我們可以這樣呼叫這個片段：

```
...
<head th:replace="base :: common_header(~{::title},~{::link})">

  <title>Awesome - Main</title>

  <link rel="stylesheet" th:href="@{/css/bootstrap.min.css}">
  <link rel="stylesheet" th:href="@{/themes/smoothness/jquery-ui.css}">

</head>
...
```

結果將使用呼叫範本中實際的 <title> 和 <link> 標籤作為 title 和 links 變數的值，從而在插入過程中自訂片段，最終結果如下：

```
...
<head>

  <title>Awesome - Main</title>

  <!-- Common styles and scripts -->
```

```
  <link rel="stylesheet" type="text/css" media="all" href="/awe/css/ awesomeapp.css">
  <link rel="shortcut icon" href="/awe/images/favicon.ico">
  <script type="text/javascript" src="/awe/sh/scripts/codebase.js"> </script>

  <link rel="stylesheet" href="/awe/css/bootstrap.min.css">
  <link rel="stylesheet" href="/awe/themes/smoothness/jquery-ui.css">

</head>
...
```

如果沒有標記需要指定，那麼在呼叫時可以使用一個特殊的片段運算式：空白片段 ~{}，針對上面的例子，可以按以下方式呼叫：

```
<head th:replace="base :: common_header(~{::title},~{})">

  <title>Awesome - Main</title>

</head>
```

片段的第二個參數（links）被設定為空白片段，因此沒有為 <th:block th:replace= "${links}" /> 區塊寫入任何內容，最終結果如下所示：

```
...
<head>

  <title>Awesome - Main</title>

  <!-- Common styles and scripts -->
  <link rel="stylesheet" type="text/css" media="all" href="/awe/css/ awesomeapp.css">
  <link rel="shortcut icon" href="/awe/images/favicon.ico">
  <script type="text/javascript" src="/awe/sh/scripts/codebase.js"> </script>

</head>
...
```

如果想讓片段使用它當前的標記作為預設值，那麼可以使用無操作符號作為片段的參數，我們看下面的例子：

```
...
<head th:replace="base :: common_header(_,~{::link})">

  <title>Awesome - Main</title>

  <link rel="stylesheet" th:href="@{/css/bootstrap.min.css}">
  <link rel="stylesheet" th:href="@{/themes/smoothness/jquery-ui.css}">

</head>
...
```

片段的第一個參數（title）被設定為無操作符號，這將導致片段的這部分完全不被執行，最終的結果如下所示：

```
...
<head>

  <title>The awesome application</title>

  <!-- Common styles and scripts -->
  <link rel="stylesheet" type="text/css" media="all" href="/awe/css/ awesomeapp.css">
  <link rel="shortcut icon" href="/awe/images/favicon.ico">
  <script type="text/javascript" src="/awe/sh/scripts/codebase.js"> </script>

  <link rel="stylesheet" href="/awe/css/bootstrap.min.css">
  <link rel="stylesheet" href="/awe/themes/smoothness/jquery-ui.css">

</head>
...
```

<title> 標籤的內容仍然保留為片段中原有 <titile> 標籤的內容。

空白片段和無操作符號的可用性允許我們以一種非常簡單和優雅的方式執行片段的條件插入。例如，下面的程式只在使用者是管理員時插入 common :: adminhead 片段，如果使用者不是管理員，則不插入任何內容。

```
...
<div th:insert="${user.isAdmin()} ? ~{common :: adminhead} : ~{}">...</div>
...
```

此外，也可以使用無操作符號，以便僅在滿足指定條件時插入片段，但如果指定條件不滿足，則不修改標記。我們看下面的例子：

```
...
<div th:insert="${user.isAdmin()} ? ~{common :: adminhead} : _">
    Welcome [[${user.name}]], click <a th:href="@{/support}">here</a> for help-desk
support.
</div>
...
```

5. 單獨的版面配置檔案

前面我們説明的版面配置方式是在一個頁面中引入公共的片段，而實際上，也可以舉出一個單獨的版面配置頁面，然後其他頁面去替換版面配置頁面的特定內容就可以了。我們看下面的版面配置頁面：

```
<!DOCTYPE html>
<html th:fragment="layout (title, content)" xmlns:th="http:// www.thymeleaf.org">
<head>
    <title th:replace="${title}">Layout Title</title>
</head>
<body>
    <h1>Layout H1</h1>
    <div th:replace="${content}">
        <p>Layout content</p>
    </div>
    <footer>
        Layout footer
    </footer>
</body>
</html>
```

版面配置頁面宣告了一個名為 layout 的片段，並以 title 和 content 作為參數。在下面的例子中，這兩個參數都將被頁面中舉出的片段運算式所替換。

```
<!DOCTYPE html>
<html th:replace="~{layoutFile :: layout(~{::title}, ~{::section})}">
<head>
```

```
    <title>Page Title</title>
</head>
<body>
<section>
    <p>Page content</p>
    <div>Included on page</div>
</section>
</body>
</html>
```

在這個頁面中，<html> 標籤將被版面配置頁面的 <html> 標籤所替換，但在版面配置頁面中，標題和內容將被該頁面中的 <title> 和 <session> 標籤所替換。

6. 刪除範本片段

4.3.5 節有這樣一段程式，如下所示：

```
<table>
    <caption> 員工資訊 </caption>
    <thead>
    <tr>
        <th> 編號 </th>
        <th> 姓名 </th>
        <th> 年齡 </th>
        <th> 就職 日期 </th>
    </tr>
    </thead>
    <tbody>
    <tr th:each="emp : ${emps}" th:class="${empStat.even} ? 'even'">
        <td th:text="${emp.no}"></td>
        <td th:text="${emp.name}"></td>
        <td th:text="${emp.age}"></td>
        <td th:text="${emp.hireDate}"></td>
    </tr>
    </tbody>
</table>
```

程式使用 Thymeleaf 的一個重要原因是，撰寫的範本頁面可以作為原型，也就是說，頁面的設計者可以直接在瀏覽器中查看靜態頁面的效果，而無須啟動整個專案。對於上述程式，如果直接在瀏覽器中顯示，就只會看到表格的標頭資訊，頁面實際展示的效果並未看到。為了能夠看到實際的展示效果，我們可以增加兩行模擬資料，如下所示：

```
<table>
    <caption> 員工資訊 </caption>
    <thead>
    <tr>
        <th> 編號 </th>
        <th> 姓名 </th>
        <th> 年齡 </th>
        <th> 就職 日期 </th>
    </tr>
    </thead>
    <tbody>
    <tr th:each="emp : ${emps}" th:class="${empStat.even} ? 'even'">
        <td th:text="${emp.no}"></td>
        <td th:text="${emp.name}"></td>
        <td th:text="${emp.age}"></td>
        <td th:text="${emp.hireDate}"></td>
    </tr>
    <tr>
        <td>4</td>
        <td> 王五 </td>
        <td>30</td>
        <td>2021-3-4</td>
    </tr>
    <tr>
        <td>5</td>
        <td> 趙六 </td>
        <td>28</td>
        <td>2021-4-5</td>
    </tr>
    </tbody>
</table>
```

現在將上述程式作為靜態頁面在瀏覽器中開啟，可以看到真實的頁面效果。但隨之而來的一個新問題是：當啟動專案，用 Thymeleaf 處理該頁面的時候，會多出來兩行模擬資料。

為了解決這個問題，Thymeleaf 舉出了一個 th:remove 屬性，該屬性可以讓 Thymeleaf 在範本處理期間刪除屬性所在的標籤。修改上述程式，為模擬行增加 th:remove 屬性，如下所示：

```
<table>
    ...
    <tr th:remove="all">
        <td>4</td>
        <td> 王五 </td>
        <td>30</td>
        <td>2021-3-4</td>
    </tr>
    <tr th:remove="all">
        <td>5</td>
        <td> 趙六 </td>
        <td>28</td>
        <td>2021-4-5</td>
    </tr>
    </tbody>
</table>
```

一旦範本處理完畢後，這兩個 <tr> 標籤連帶內容都會被刪除，這樣頁面展現的資料就都是真實資料了，這就解決了靜態頁面模擬資料和動態頁面展現真實資料之間的矛盾。

th:remove 屬性有 5 種不同的行為方式，表 4-2 舉出了 th:remove 屬性的 5 個值及它們各自的含義。

▼ 表 4-2 th:remove 屬性的值及其含義

值	含義
all	刪除包含的標籤及其所有子標籤
body	不刪除包含的標籤，而是刪除標籤的所有子標籤
tag	刪除包含的標籤，但不刪除其子標籤
all-but-first	刪除包含標籤的所有子標籤，但第一個子標籤除外
none	什麼也不做。這個值對於動態計算很有用

在原型頁面中，增加的模擬資料都要加上 th:remove="all"，而使用 all-but-first，則可以不寫 th:remove="all"。我們看下面的範例：

```
<table>
    <caption> 員工資訊 </caption>
    <thead>
    <tr>
        <th> 編號 </th>
        <th> 姓名 </th>
        <th> 年齡 </th>
        <th> 就職 日期 </th>
    </tr>
    </thead>
    <tbody th:remove="all-but-first">
    <tr th:each="emp : ${emps}" th:class="${empStat.even} ? 'even'">
        <td th:text="${emp.no}"></td>
        <td th:text="${emp.name}"></td>
        <td th:text="${emp.age}"></td>
        <td th:text="${emp.hireDate}"></td>
    </tr>
    <tr>
        <td>4</td>
        <td> 王五 </td>
        <td>30</td>
        <td>2021-3-4</td>
    </tr>
    <tr>
        <td>5</td>
```

```
        <td> 趙六 </td>
        <td>28</td>
        <td>2021-4-5</td>
    </tr>
    </tbody>
</table>
```

注意，th:remove="all-but-first" 的位置在 <tbody> 標籤上，在進行範本處理時，將保留第一個 <tr> 子標籤（迭代資料的 <tr> 標籤），而刪除其餘的 <tr> 子標籤（包含模擬資料的 <tr> 標籤）。

th:remove 屬性可以接受任何 Thymeleaf 標準運算式，只要該運算式傳回一個 th:remove 屬性可以接受的字串值（all、tag、body、all-but-first 和 none）即可。因此，我們可以依據某個條件來決定是否刪除片段，如下所示：

```
<a href="/something" th:remove="${condition}? tag : none">
  Link text not to be removed
</a>

th:remove 將 null 視為 none 的同義字，因此下面的程式與上面的範例相同。

<a href="/something" th:remove="${condition}? tag">
  Link text not to be removed
</a>
```

在這種情況下，如果 ${condition} 為 false，則傳回 null，因此不會執行刪除操作。

4.3.8 定義區域變數

使用 th:with 屬性可以定義區域變數，例如：

```
<div th:with="firstEmp=${emps[0]}">
    <p> 姓名：<span th:text="${firstEmp.name}"></span></p>
    <p> 年齡：<span th:text="${firstEmp.age}"></span></p>
</div>
```

當 th:with 被處理時，firstEmp 被建立為一個區域變數，並增加到來自上下文的變數映射中，這樣它就可以和上下文中宣告的其他任何變數一起進行計算，但只能在 <div> 標籤包含的範圍內。

可以使用多重賦值語法同時定義多個變數，變數之間以逗點分隔。例如：

```
<div th:with="firstEmp=${emps[0]}, secondEmp=${emps[1]}">
    <p> 第一個員工的姓名：<span th:text="${firstEmp.name}"></span></p>
    <p> 第一個員工的姓名：<span th:text="${secondEmp.name}"></span></p>
</div>
```

th:with 屬性允許重用在同一個屬性中定義的變數，例如：

```
<div th:with="company=${user.company + ' Co.'},account=${accounts [company]}">...</div>
```

4.3.9 屬性優先順序

Thymeleaf 中所有的屬性都定義了一個數字優先順序，該優先順序確立了它們在標籤中被執行的順序。表 4-3 舉出了屬性的優先順序順序。

▼ 表 4-3 屬性優先順序

順序	功能	屬性
1	片段包含	th:insert th:replace
2	片段迭代	th:each
3	條件判斷	th:if th:unless th:switch th:case
4	本地變數定義	th:object th:with
5	通用屬性修改	th:attr th:attrprepend th:attrappend

（續表）

順序	功能	屬性
6	特定屬性修改	th:value th:href th:src ...
7	文字（標籤本體修改）	th:text th:utext
8	片段定義	th:fragment
9	片段刪除	th:remove

有了屬性優先順序的機制，下面兩段程式的結果將是完全相同的。

```
<ul>
  <li th:each="item : ${items}" th:text="${item.description}">
    Item description here...
  </li>
</ul>

<ul>
  <li th:text="${item.description}" th:each="item : ${items}">
Item description here...
  </li>
</ul>
```

在上面這兩段程式中，因為 th:each 屬性的優先順序比 th:text 高，因此這兩個屬性的位置誰先誰後並不影響迭代的結果。不過，第 2 段程式的可讀性較差，不建議這麼寫。

4.3.10 註釋

標準的 HTML/XHTML 註釋可以在 Thymeleaf 範本的任何地方使用，不會被 Thymeleaf 處理，並且會原封不動地出現在結果中。

除標準註釋外，Thymeleaf 在標準註釋的基礎上，也舉出了自己的註釋，有兩種類型的註釋，如下所示：

- <!--/* ... */-->
- <!--/*/ …/*/-->

1. <!--/* ... */-->

這種註釋在 Thymeleaf 解析時，會刪除註釋的內容。我們知道，HTML 標準註釋所註釋的內容會保留在頁面中，使用者可以透過查看頁面原始程式碼的方式看到註釋的內容。如果不希望在頁面發佈後使用者看到註釋的內容，則可以採用 Thymeleaf 這種註釋。例如：

```
<!--/* This code will be removed at Thymeleaf parsing time! */-->
```

當範本以靜態方式開啟的時候，查看頁面原始程式碼是可以看到註釋的。而當執行專案後，透過瀏覽器存取頁面時，上述註釋會被刪除，查看頁面原始程式碼看不到任何註釋內容。

Thymeleaf 的這種註釋如果用於註釋多行內容，則可以實作在範本靜態開啟時顯示程式，而在執行時期刪除程式的功能。例如：

```
<!--/*-->
  <div>
    you can see me only before Thymeleaf processes me!
  </div>
<!--*/-->
```

當範本以靜態方式開啟的時候，<div> 標籤會被瀏覽器解析，顯示標籤的標籤本體內容。而在專案執行時期，整個 <div> 元素連帶註釋的標記都會被刪除。

2. <!--/*/ …/*/-->

使用這種註釋標記的內容在範本靜態開啟時也作為註釋，但在執行範本時，被 Thymeleaf 視為正常的標記。我們看下面的範例：

```
<span>hello!</span>
<!--/*/
  <div th:text="${'Hello, spring Boot'}">
    ...
  </div>
/*/-->
<span>goodbye!</span>
```

當範本以靜態方式開啟時，註釋的內容仍然是註釋的內容，只能透過查看頁面原始程式碼才能看到。但在範本解析時，Thymeleaf 的解析系統只刪除 <!--/*/ 和 /*/--> 標記，保留註釋中的內容且解析註釋中的內容。也就是說，在執行範本時，Thymeleaf 實際上會看到如下所示的內容：

```
<span>hello!</span>

  <div th:text="${'Hello, spring Boot'}">
    ...
  </div>

<span>goodbye!</span>
```

4.3.11 區塊級標籤 th:block

Thymeleaf 為了不影響頁面的正常顯示，會透過自訂屬性的方式來增強頁面的動態功能，但 th:block 是被作為標籤來使用的。

在 Thymeleaf 中，th:block 標籤只是被作為屬性的容器，允許範本開發人員指定他們想要的任何屬性。Thymeleaf 將執行這些屬性，然後簡單地刪除掉 th:block 標籤自身，但標籤內容會被保留。

比如要根據某個條件是否為真來顯示多個相同的標籤，就可以用 th:block 來包裹這些標籤，並在 th:block 標籤上進行條件判斷，如下所示：

```
<th:block th:if="${#bools.isFalse(session.user)}">
    使用者名稱：<input type="text">
    密碼：<input type="password">
</th:block>
```

在使用者沒有登入的時候，顯示使用者名稱和密碼輸入框。

在迭代的時候，th:block 還有一種用法，比如，以表格顯示資料，但在每次迭代時都需要多行資料，那麼可以使用 th:block 標籤來包裹 <tr> 元素，如下所示。

```
<table>
  <th:block th:each="user : ${users}">
    <tr>
        <td th:text="${user.login}">...</td>
        <td th:text="${user.name}">...</td>
    </tr>
    <tr>
        <td colspan="2" th:text="${user.address}">...</td>
    </tr>
  </th:block>
</table>
```

4.3.12 內聯

1. 運算式內聯

內聯運算式允許我們在 HTML 文字中直接書寫運算式，而無須使用 th:* 屬性。在 [[…]] 和 [(…)] 之間的運算式就是 Thymeleaf 中的內聯運算式，前者對應 th:text 屬性，即結果會進行 HTML 逸出，後者對應 th:utext 屬性，即結果不執行 HTML 逸出。

例如：

```
<th:block th:with="msg=${'<b>Spring Boot 無難事 </b>'}">
    <p>The message is: [[${msg}]]</p>
    <p>The message is: [(${msg})]</p>
</th:block>
```

運算式計算的結果為：

```
<p>The message is: &lt;b&gt;Spring Boot 無難事 &lt;/b&gt;</p>
<p>The message is: <b>Spring Boot 無難事 </b></p>
```

與使用 Thymeleaf 的屬性相比，使用內聯運算式顯得更為靈活，程式量更少，但後果是無法進行原型設計了，因為當以靜態方式開啟 HTML 檔案時，這些內聯運算式也會在頁面中被原封不動地呈現出來。

在預設情況下，只要標籤本體內容中出現 [[…]] 或者 [(…)]，就會被 Thymeleaf 引擎當作內聯運算式進行計算。如果內容本身就是要輸出 [[…]] 或者 [(…)] 這樣的字元序列，而非將內容作為運算式處理，那麼可以使用 th:inline 屬性，將該屬性的值設定為 none 來禁用內聯運算式。例如：

```
<p th:inline="none">A double array looks like this: [[1, 2, 3], [4, 5]]!</p>
```

結果為：

```
<p>A double array looks like this: [[1, 2, 3], [4, 5]]!</p>
```

2. 文字內聯

文字內聯透過 th:iinline="text" 開啟，其與運算式內聯的功能非常相似，但包含更多的功能。

為了在文字範本中包含比內聯運算式更複雜的邏輯，比如迭代，Thymeleaf 定義了一種新的類似於自訂元素的語法：[#element …] … [/element]，預設只支援解析 [#th:block …] … [/th:block]。

我們看下面的範例：

```
<div th:inline="text">
    [#th:block th:each="emp : ${emps}"]
        - [#th:block th:text="${emp.name}" /]
    [/th:block]
</div>
```

結合內聯運算式，上述程式可以簡化為：

```
<div th:inline="text">
    [#th:block th:each="emp : ${emps}"]
```

```
        - [[${emp.name}]]
    [/th:block]
</div>
```

由於 th:block 元素（[#th:block …] … [/th:block]）允許縮寫為空字串（[# …] … [/]），所以上述程式可以進一步簡化為：

```
<div th:inline="text">
    [# th:each="emp : ${emps}"]
        - [[${emp.name}]]
    [/]
</div>
```

3. JavaScript 內聯

JavaScript 內聯允許在 HTML 範本模式下處理的範本中更好地整合 JavaScript 的 <script> 區塊。JavaScript 內聯使用 th:inline="javascript" 開啟。

例如：

```
<script th:inline="javascript">
    var username = [[${session.user.name}]];
</script>
```

解析結果為：

```
<script>
    var username = "\u5F20\u4E09";
</script>
```

這裡需要注意的是：JavaScript 內聯不僅會輸出所需的文字，還會用引號將其括起來，並對其內容進行 JavaScript 逸出，這樣運算式結果就會作為一個格式良好的 JavaScript 文字輸出。

如果使用不逸出的內聯運算式 [(…)]，例如：

```
<script th:inline="javascript">
    var username = [(${session.user.name})];
</script>
```

那麼結果將變成：

```
<script>
    let username = 張三;
</script>
```

這是格式錯誤的 JavaScript 程式。所以在 JavaScript 內聯中，除非確定需要輸出未逸出的內容，否則都應該使用逸出的內聯運算式：[[…]]。

在 JavaScript 內聯中，除應用 JavaScript 特定的逸出並將運算式的結果輸出為有效的文字外，還可以將逸出的內聯運算式包裝在 JavaScript 註釋中，例如：

```
<<script th:inline="javascript">
    let username = /*[[${session.user.name}]]*/ "nonymous";
</script>
```

在 /* 之後、*/ 之前都不要加空格。

Thymeleaf 會忽略我們在註釋之後和分號之前所寫的所有內容（在本例中為"nonymous"），因此執行這個操作的結果與不使用包裝註釋時的結果完全相同。這樣寫的好處是，程式是有效的 JavaScript 程式，當以靜態方式開啟範本檔案時，JavaScript 程式可以正常執行。

對於 JavaScript 內聯，我們還需要知道的是，運算式的計算是智慧的，而不侷限於字串。Thymeleaf 會使用 JavaScript 語法正確地撰寫以下類型的物件：

- String
- Number
- Boolean
- Array
- Collection
- Map
- Bean（具有 getter 和 setter 方法的物件）

例如，對於下面的程式：

```
<script th:inline="javascript">
    let user = /*[[${session.user}]]*/ null;
</script>
```

運算式 ${session.user} 將計算為 Employee 物件，並且 Thymeleaf 正確地將其轉換為 JavaScript 語法，最終結果如下所示：

```
<script>
    let user = {"no":1,"name":"\u5F20\u4E09","age":26,"salary":5000.0,
"hireDate":"2021-04-20","skills":["Java","C++"]};
</script>
```

4. CSS 內聯

CSS 內聯在 <style> 標籤上使用屬性 th:inline="css" 來開啟。

假設我們將兩個變數設定為兩個不同的字串值，如下所示：

```
classname = 'main elems'
align = 'center'
```

在 CSS 內聯中可以透過內聯運算式來使用這兩個變數，如下所示：

```
<style th:inline="css">
    .[[${classname}]] {
      text-align: [[${align}]];
    }
</style>
```

最後解析的結果為：

```
<style>
     .main\ elems {
        text-align: center;
     }
</style>
```

與 JavaScript 內聯一樣，CSS 內聯也具有一些智慧功能。比如，透過 [[${classname}]] 這樣的逸出運算式輸出的結果將被逸出為 CSS 識別字，這就是為什麼 classname = 'main elems' 在上面的程式片段中變成了 main\ elems。

CSS 內聯透過使用註釋，可以讓 <style> 標籤在靜態開啟範本頁面和動態存取範本頁面時都能極佳地工作。我們看下面的範例：

```
<style th:inline="css">
    .main\ elems {
      text-align: /*[[${align}]]*/ left;
    }
</style>
```

在 /* 之後、*/ 之前都不要加空格。

4.4 使用者註冊程式

這一節我們撰寫一個使用者註冊程式，使用 Thymeleaf 作為頁面範本。

4.4.1 撰寫註冊和註冊成功頁面

在 templates 目錄下新建 register.html，程式如例 4-17 所示。

▼ 例 4-17 register.html

```
<!DOCTYPE html>
<html lang="zh" xmlns:th="http://www.thymeleaf.org">
<head>
    <meta charset="UTF-8">
    <title> 使用者註冊 </title>
</head>
<body>
<form th:action="@{/user/register}" method="post">
    <table border="0">
        <tr>
            <td> 使用者名稱 :</td>
            <td><input type="text" name="username"/></td>
        </tr>
        <tr>
            <td> 密碼 :</td>
            <td><input type="password" name="password" /></td>
        </tr>
        <tr>
            <td> 性別：</td>
            <td>
                <input type="radio" name="sex" value="true" checked/> 男
                <input type="radio" name="sex" value="false" /> 女
            </td>
        </tr>
        <tr>
            <td> 郵寄位址：</td>
```

```
            <td><input type="text" name="email"/></td>
        </tr>
        <tr>
            <td> 密碼問題：</td>
            <td><input type="text" name="pwdQuestion"/></td>
        </tr>
        <tr>
            <td> 密碼答案：</td>
            <td><input type="text" name="pwdAnswer"/></td>
        </tr>
        <tr>
            <td><input type="submit" value=" 註冊 "/></td>
            <td><input type="reset" value=" 重填 "/></td>
        </tr>
    </table>
</form>
</body>
</html>
```

在 templates 目錄下新建 success.html，程式如例 4-18 所示。

▼ 例 4-18 success.html

```
<!DOCTYPE html>
<html lang="zh" xmlns:th="http://www.thymeleaf.org">
<head>
    <meta charset="UTF-8">
    <title> 註冊成功 </title>
</head>
<body th:object="${user}">
    <h3>[[*{username}]]，恭喜你註冊成功！ </h3>
    <table border="0">
        <caption> 你的註冊資訊為 </caption>
        <tr>
            <td> 使用者名稱 :</td>
            <td th:text="*{username}"></td>
        </tr>
        <tr>
```

```
            <td> 密碼 :</td>
            <td th:text="*{password}"></td>
        </tr>
        <tr>
            <td> 性別：</td>
            <td th:text="*{sex} ? '男' : '女'"></td>
        </tr>
        <tr>
            <td> 郵寄位址：</td>
            <td th:text="*{email}"></td>
        </tr>
        <tr>
            <td> 密碼問題：</td>
            <td th:text="*{pwdQuestion}"></td>
        </tr>
        <tr>
            <td> 密碼答案：</td>
            <td th:text="*{pwdAnswer}"></td>
        </tr>
        <tr>
            <td> 註冊日期：</td>
            <td th:text="*{#dates.format(regDate, 'yyyy-MM-dd HH:mm:ss')}"></td>
        </tr>
    </table>
</body>
</html>
```

4.4.2 撰寫 User 類別

User 類別的物件用來接收使用者註冊時填寫的各項註冊資訊。在 model 子套件上點擊滑鼠右鍵，新建 User 類別，程式如例 4-19 所示。

▼ 例 4-19 User.java

```
package com.sun.ch04.model;

import lombok.AllArgsConstructor;
import lombok.Data;
```

```
import java.util.Date;
@AllArgsConstructor
@Data
public class User {
    private Integer id;
    private String username;
    private String password;
    private Boolean sex;
    private String email;
    private String pwdQuestion;
    private String pwdAnswer;
    private Date regDate;
    private Date lastLoginDate;
    private String lastLoginIp;
}
```

4.4.3 撰寫 UserController 類別

在 controller 子套件點擊滑鼠右鍵，新建 UserController 類別，程式如例 4-20 所示。

▼ 例 4-20 UserController.java

```
package com.sun.ch04.controller;

import com.sun.ch04.model.User;
import org.springframework.stereotype.Controller;
import org.springframework.web.bind.annotation.*;

import java.util.Date;

@Controller
@RequestMapping("/user")
public class UserController {
    @GetMapping("/register")
    public String doDefault(){
        return "register";
```

```
    }

    @PostMapping("/register")
    public String register(User user){
        Date now = new Date();
        user.setRegDate(now);
        return "success";
    }
}
```

當存取 http://localhost:8080/user/register 時，將顯示註冊頁面。當以 POST 方式提交登錄檔單時，將由 register() 方法對註冊請求進行處理，在註冊成功後，將轉到成功頁面。

4.4.4 測試使用者註冊程式

啟動專案，存取 http://localhost:8080/user/register，出現註冊頁面，如圖 4-8 所示。

使用者註冊
localhost:8080/user/register
使用者名稱：
密碼：
性別： ◉男 ○女
郵寄地址：
密碼問題：
密碼答案：
註冊 重填

▲ 圖 4-8 使用者註冊頁面

填寫註冊資訊，點擊「註冊」按鈕，可以看到如圖 4-9 所示的註冊成功頁面。

▲ 圖 4-9 註冊成功頁面

4.5 小結

本章詳細介紹了 Thymeleaf 範本引擎及其語法，最後使用 Thymeleaf 作為頁面範本，撰寫了使用者註冊程式。

第 5 章 篩檢程式、監聽器與攔截器

篩檢程式和監聽器並不是 Spring MVC 中的元件，而是 Servlet 中的元件，由 Servlet 容器來管理。攔截器是 Spring MVC 中的元件，由 Spring 容器來管理。

Servlet 篩檢程式與 Spring MVC 攔截器在 Web 應用中所處的層次如圖 5-1 所示。

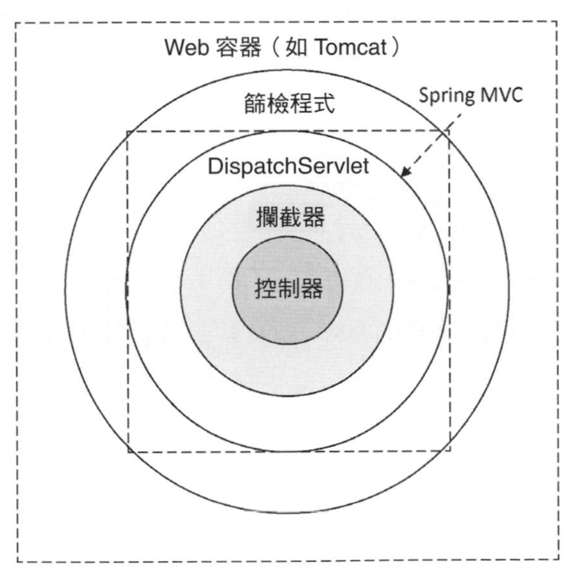

▲ 圖 5-1 Servlet 篩檢程式與 Spring MVC 攔截器在 Web 應用中所處的層次

5.1 Servlet 篩檢程式

篩檢程式，顧名思義，就是在來源資料和目的資料之間起過濾作用的中間元件。例如，污水淨化裝置可以看作現實中的一個篩檢程式，它負責將污水中的雜質過濾，從而使進入的污水變成淨水。而對於 Web 應用程式來說，篩檢程式是一個駐留在伺服器端的 Web 元件，可以截取用戶端和資源之間的請求與響應資訊，並對這些資訊進行過濾，如圖 5-2 所示。

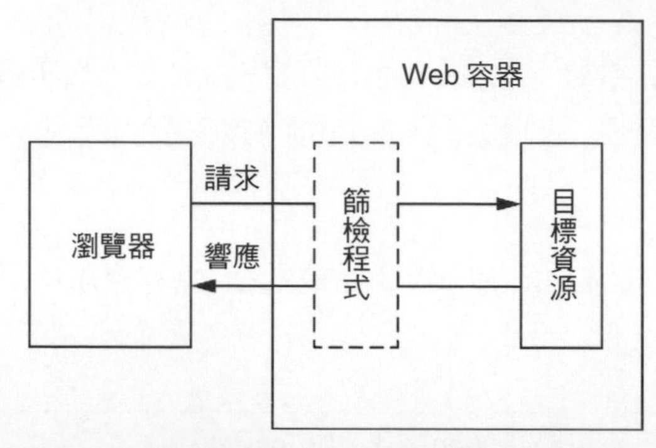

▲ 圖 5-2 篩檢程式在 Web 應用程式中的位置

當 Web 容器接收到一個對資源的請求時，它將判斷是否有篩檢程式與這個資源相連結。如果有，則 Web 容器將把請求交給篩檢程式進行處理。在篩檢程式中，可以改變請求的內容或者重新設定請求的報標頭資訊，然後將請求發送給目標資源。當目標資源對請求做出響應時，Web 容器同樣會將響應先轉發給篩檢程式，在篩檢程式中對響應的內容進行轉換，再將響應發送到用戶端。從上述過程可以看出，用戶端和目標資源並不需要知道篩檢程式的存在，也就是說，在 Web 應用程式中部署的篩檢程式對用戶端和目標資源來說是透明的。

在一個 Web 應用程式中，可以部署多個篩檢程式，這些篩檢程式組成了一個篩檢程式鏈。篩檢程式鏈中的每個篩檢程式都負責特定的操作和任務，用戶端的請求在這些篩檢程式之間傳遞，直到到達目標資源，如圖 5-3 所示。

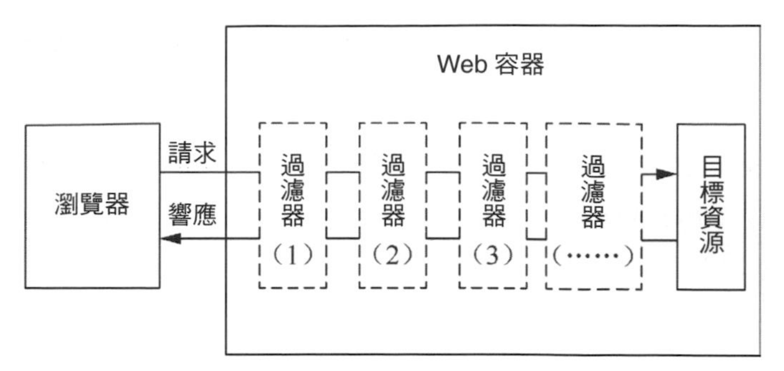

▲ 圖 5-3 多個篩檢程式組成篩檢程式鏈

在請求資源時，篩檢程式鏈中的篩檢程式將依次對請求進行處理，並將請求傳遞給下一個篩檢程式，直到到達目標資源；在發送響應時，則按照相反的順序對響應進行處理，直到到達用戶端。

篩檢程式並不是必須要將請求傳送到下一個篩檢程式（或目標資源），它也可以自行對請求進行處理，然後發送響應給用戶端，或者將請求轉發給另一個目標資源。

篩檢程式在 Web 開發中的一些主要應用如下所示：

- 對使用者請求進行統一認證。
- 對使用者的存取請求進行記錄和審核。
- 對使用者發送的資料進行過濾或替換。
- 轉換影像格式。
- 對響應內容進行壓縮，減少傳輸量。
- 對請求和響應進行加密和解密處理。
- 觸發資源存取事件。

5.1.1 Filter 介面

要開發篩檢程式，需要實作 javax.servlet.Filter 介面，並提供一個公開的不含參數的建構方法。在 Filter 介面中，定義了下面的 3 個方法。

- void init(FilterConfig filterConfig) throws ServletException

Web 容器呼叫該方法來初始化篩檢程式。Web 容器在呼叫該方法時，向篩檢程式傳遞 FilterConfig 物件，FilterConfig 的用法和 ServletConfig 類似。利用 FilterConfig 物件可以得到 ServletContext 物件，以及在部署描述符號中設定的篩檢程式的初始化參數。在這個方法中，可以拋出 ServletException 例外，以通知容器該篩檢程式不能正常執行。

- void doFilter(ServletRequest request, ServletResponse response, FilterChain chain) throws java.io.IOException, ServletException

doFilter() 方法類似於 Servlet 介面的 service() 方法。當用戶端請求目標資源的時候，容器就會呼叫與這個目標資源相連結的篩檢程式的 doFilter() 方法。在這個方法中，可以對請求和響應進行處理，實作篩檢程式的特定功能。在特定的操作完成後，可以呼叫 chain.doFilter(request, response) 將請求傳給下一個篩檢程式（或目標資源），也可以直接向用戶端傳回響應資訊，或者利用 RequestDispatcher 的 forward() 和 include() 方法，以及 HttpServletResponse 的 sendRedirect() 方法將請求轉向其他資源。需要注意的是，這個方法的請求和響應參數的類型是 ServletRequest 和 ServletResponse，也就是説，篩檢程式的使用並不依賴於具體的協定。

- public void destroy()

Web 容器呼叫該方法指示篩檢程式的生命週期結束。在這個方法中，可以釋放篩檢程式使用的資源。

5.1.2 對響應內容進行壓縮的篩檢程式

一個網站的被存取速度由多種因素共同決定，這些因素包括伺服器性能、網路頻寬、Web 應用程式的響應速度、伺服器端與用戶端之間的網路傳送速率等。從軟體的角度來説，要提升網站的被存取速度，首先要盡可能地提高 Web 應用程式的執行速度，這可以透過提高程式的執行效率和使用快取來實現。如果在此基礎上，還想進一步提高網頁的被瀏覽速度，那麼可以對響應內容進行壓縮，以節省網路的頻寬。

目前主流的瀏覽器和 Web 伺服器都支援網頁的壓縮功能，瀏覽器和 Web 伺服器對於壓縮網頁的通訊過程如下所示。

(1) 如果瀏覽器能夠接受壓縮後的網頁內容，那麼它會在請求中發送 Accept-Encoding 請求標頭，值為“gzip, deflate”，表明瀏覽器支援 gzip 和 deflate 這兩種壓縮方式。

(2) Web 伺服器透過讀取 Accept-Encoding 請求標頭的值來判斷瀏覽器是否接受壓縮內容，如果接受，Web 伺服器就將目標頁面的響應內容採用 gzip 壓縮方式壓縮後再發送到用戶端，同時設定 Content-Encoding 實體標頭的值為 gzip，以告知瀏覽器實體正文採用了 gzip 壓縮編碼。

(3) 在瀏覽器接收到響應內容後，根據 Content-Encoding 實體標頭的值對響應內容進行解壓縮，然後顯示響應頁面的內容。

我們可以透過篩檢程式來對目標頁面的響應內容進行壓縮，實作原理就是使用包裝類別物件替換原始的響應物件，並使用 java.util.zip.GZIPOutputStream 作為響應內容的輸出串流物件。GZIPOutputStream 是過濾串流類別，使用 GZIP 壓縮格式寫入壓縮資料。

下面我們在 Spring Boot 專案中使用 Servlet 篩檢程式來對響應內容進行壓縮處理。實例開發步驟如下。

1. 準備專案

首先新建一個名為 ch05 的 Spring Boot 專案，增加 Spring Web 相依性和 Thymeleaf 相依性。

2. 撰寫 GZIPServletOutputStream 類別

GZIPServletOutputStream 類別繼承自 ServletOutputStream 類別，該類別的物件用於替換 HttpServletResponse.getOutputStream() 方法傳回的 ServletOuputStream 物件，其內部使用 GZIPOutputStream 的 write(int b) 方法實作 ServletOuputStream 類別的 write(int b) 方法，以達到壓縮資料的目的。

在 com.sun.ch05 套件下新建 filter 子套件，在 filter 子套件下新建 GZIPServletOutputStream 類別，該類別從 ServletOutputStream 類別繼承，程式如例 5-1 所示。

▼ 例 5-1 GZIPServletOutputStream.java

```
package com.sun.ch05.filter;

import javax.servlet.ServletOutputStream;
import javax.servlet.WriteListener;
import java.io.IOException;
import java.util.zip.GZIPOutputStream;

public class GZIPServletOutputStream  extends ServletOutputStream {

    private GZIPOutputStream gzipos;
    public GZIPServletOutputStream(ServletOutputStream sos) throws IOException
    {
        // 使用響應輸出串流物件建構 GZIPOutputStream 過濾串流物件
        this.gzipos = new GZIPOutputStream(sos);
    }


    /**
     * Servlet 3.1 規範新增的方法，用於檢查非阻塞寫入是否成功，這裡傳回 true 即可
     * @return
     */
    @Override
    public boolean isReady() {
        return true;
    }

    /**
     * Servlet 3.1 規範新增的方法，為這個 ServletOutputStream 設定 WriteListener
     * 從而切換到非阻塞 I/O。只有從非同步處理或 HTTP 升級處理切換到非阻塞 I/O 才有效
     * 這裡無須舉出實作
     * @param writeListener
     */
```

```
    @Override
    public void setWriteListener(WriteListener writeListener) { }

    @Override
    public void write(int data) throws IOException {
        // 將寫入操作委託給 GZIPOutputStream 物件的 write() 方法，從而實作響應輸出串流的壓縮
        gzipos.write(data);
    }

    public GZIPOutputStream getGZIPOutputStream() {
        return gzipos;
    }
}
```

3. 撰寫 CompressionResponseWrapper 類別

CompressionResponseWrapper 類別從 HttpServletResponseWrapper 類別繼承，並重寫了 getWriter() 和 getOutputStream() 方法，用我們撰寫的 GZIPServletOutputStream 替換 ServletOuputStream 物件。

在 filter 子套件下新建 CompressionResponseWrapper 類別，該類別從 HttpServletResponseWrapper 類別繼承，程式如例 5-2 所示。

▼ 例 5-2 CompressionResponseWrapper.java

```
package com.sun.ch05.filter;

import javax.servlet.ServletOutputStream;
import javax.servlet.http.HttpServletResponse;
import javax.servlet.http.HttpServletResponseWrapper;
import java.io.IOException;
import java.io.PrintWriter;
import java.util.zip.GZIPOutputStream;

public class CompressionResponseWrapper extends HttpServletResponseWrapper {

    private final GZIPServletOutputStream gzipsos;
    private final PrintWriter pw;
```

```
    public CompressionResponseWrapper(HttpServletResponse response)
            throws IOException {
        super(response);
        // 用響應輸出串流建立 GZIPServletOutputStream 物件
        gzipsos = new GZIPServletOutputStream (response.getOutputStream());
        //// 用 GZIPServletOutputStream 物件作為參數，建構 PrintWriter 物件
        pw = new PrintWriter(gzipsos);
    }

    /**
     * 重寫 setContentLength() 方法，以避免 Content-Length 實體標頭所指出的長度
     * 和壓縮後的實體正文長度不匹配
     */
    @Override
    public void setContentLength(int len) {}

    @Override
    public ServletOutputStream getOutputStream() throws IOException {
        return gzipsos;
    }

    @Override
    public PrintWriter getWriter() throws IOException {
        return pw;
    }

    /**
     * 篩檢程式呼叫這個方法來得到 GZIPOutputStream 物件，以便完成將壓縮資料寫入輸出串流的操作
     */
    public GZIPOutputStream getGZIPOutputStream() {
        return gzipsos.getGZIPOutputStream();
    }
}
```

4. 撰寫 CompressionFilter 類別

CompressionFilter 是篩檢程式類別，它使用 CompressionResponseWrapper 物件來實作對響應內容的壓縮。

在 filter 子套件下新建 CompressionFilter 類別，實作 Filter 介面，完整的程式如例 5-3 所示。

▼ 例 5-3 CompressionFilter.java

```
package com.sun.ch05.filter;

import javax.servlet.*;
import javax.servlet.annotation.WebFilter;
import javax.servlet.http.HttpServletRequest;
import javax.servlet.http.HttpServletResponse;
import java.io.IOException;
import java.util.zip.GZIPOutputStream;

@WebFilter(urlPatterns = "/*", filterName = "compressionFilter")
public class CompressionFilter implements Filter {
    @Override
    public void init(FilterConfig filterConfig) throws ServletException {
        Filter.super.init(filterConfig);
    }

    @Override
    public void doFilter(ServletRequest servletRequest,
                         ServletResponse servletResponse,
                         FilterChain filterChain)
            throws IOException, ServletException {
        HttpServletRequest httpReq = (HttpServletRequest) servletRequest;
        HttpServletResponse httpResp = (HttpServletResponse) servletResponse;

        String acceptEncodings = httpReq.getHeader("Accept-Encoding");
        if (acceptEncodings != null && acceptEncodings.indexOf("gzip") > -1) {
            // 得到響應物件的封裝類別物件
            CompressionResponseWrapper respWrapper = new CompressionResponseWrapper(
                    httpResp);

            // 設定 Content-Encoding 實體標頭，告訴瀏覽器實體正文採用了 gzip 壓縮編碼
            respWrapper.setHeader("Content-Encoding", "gzip");
            filterChain.doFilter(httpReq, respWrapper);
```

```
            // 得到 GZIPOutputStream 輸出串流物件
            GZIPOutputStream gzipos = respWrapper.getGZIPOutputStream();
            // 呼叫 GZIPOutputStream 輸出串流物件的 finish() 方法完成將壓縮資料寫入響應輸出串
流的操作
            // 無須關閉輸出串流
            gzipos.finish();
        } else {
            filterChain.doFilter(httpReq, httpResp);
        }
    }

    @Override
    public void destroy() {
        Filter.super.destroy();
    }
}
```

@WebFilter 是 Servlet 3.0 API 中新增的註釋，用於宣告一個 Servlet 篩檢程式，該註釋的 urlPatterns 元素用於指定篩檢程式連結的 URL 樣式。filterName 元素用於指定篩檢程式的名字，如果沒有使用 filterName 元素，則使用類別的完整限定名稱作為篩檢程式的名字。

5. 撰寫測試頁面

讀者可以直接使用 4.4.1 節的註冊頁面，將 register.html 複製到 resources\templates 目錄下。

6. 撰寫控制器

在 com.sun.ch05 套件下新建 controller 子套件，在 controller 子套件下新建 RegisterController 類別，程式如例 5-4 所示。

▼ 例 5-4 RegisterController

```
package com.sun.ch05.controller;

import org.springframework.stereotype.Controller;
```

```
import org.springframework.web.bind.annotation.GetMapping;

@Controller
public class RegisterController {
    @GetMapping("/register")
    public String doDefault(){
        return "register";
    }
}
```

7. 在啟動類別上增加 @ServletComponentScan 註釋

@ServletComponentScan 註釋用於對 Servlet 元件（Servlet、篩檢程式和監聽器）的掃描，掃描僅在使用嵌入式 Web 伺服器時執行。

在 Ch05Application 啟動類別上增加 @ServletComponentScan 元件，程式如例 5-5 所示。

▼ 例 5-5 Ch05Application.java

```
...
@SpringBootApplication
@ServletComponentScan
public class Ch05Application {
        public static void main(String[] args) {
                SpringApplication.run(Ch05Application.class, args);
        }
}
```

粗體顯示的部分為新增的程式。

8. 執行專案，測試 CompressionFilter

執行專案，開啟 Chrome 瀏覽器，存取 http://localhost:8080/register，可以正常看到頁面的顯示，開啟瀏覽器的開發者工具，在響應標頭中可以看到：Content-Encoding: gzip。

5.2 Servlet 監聽器

在 Web 應用中，有時候你可能想要在 Web 應用程式啟動和關閉時來執行一些任務（如資料庫連接的建立和釋放），或者想要監控 Session 的建立和銷毀，甚至希望在 ServletContext、HttpSession 及 ServletRequest 物件中的屬性發生改變時得到通知，那麼可以透過 Servlet 監聽器來實作你的目的。

Servlet API 定義了 8 個監聽器介面，可以用於監聽 ServletContext、HttpSession 和 ServletRequest 物件的生命週期事件，以及這些物件的屬性改變事件。這 8 個監聽器介面如表 5-1 所示。

▼ 表 5-1 Servlet API 中的 8 個監聽器介面

監聽器介面	方法	說明
javax.servlet. ServletContextListener	contextDestroyed contextInitialized	如果想要在 Servlet 上下文物件初始化時或者即將被銷毀時得到通知，則可以實作這個介面
javax.servlet. ServletContextAttributeListener	attributeAdded attributeRemoved attributeReplaced	如果想要在 Servlet 上下文中的屬性清單發生改變時得到通知，則可以實作這個介面
javax.servlet.http. HttpSessionListener	sessionCreated sessionDestroyed	如果想要在 Session 建立後或者在 Session 無效前得到通知，則可以實作這個介面
javax.servlet.http. HttpSessionActivationListener	sessionDidActivate sessionWillPassivate	實作這個介面的物件，如果綁定到 Session 中，當 Session 被鈍化或啟動時，則 Servlet 容器將通知該物件
javax.servlet.http. HttpSessionAttributeListener	attributeAdded attributeRemoved attributeReplaced	如果想要在 Session 中的屬性清單發生改變時得到通知，則可以實作這個介面

（續表）

監聽器介面	方法	說明
javax.servlet.http. HttpSessionBindingListener	valueBound valueUnbound	如果想讓一個物件在綁定到 Session 中或者從 Session 中被刪除時得到通知，那麼可以讓這個物件實作該介面
javax.servlet. ServletRequestListener	requestDestroyed requestInitialized	如果想要在請求物件初始化時或者即將被銷毀時得到通知，則可以實作這個介面
javax.servlet.ServletRequest AttributeListener	attributeAdded attributeRemoved attributeReplaced	如果想要在 Servlet 請求物件中的屬性發生改變時得到通知，則可以實作這個介面

HttpSessionAttributeListener 和 HttpSessionBindingListener 介面的主要區別是：前者用於監聽 Session 中何時增加、刪除或者替換了某種類型的屬性，而後者是由屬性自身來實作的，以便屬性知道它何時增加到一個 Session 中，或者何時從 Session 中被刪除。

在 Spring Boot 專案中，Servlet 監聽器用得不多，這裡我們舉出一個簡單的範例，撰寫一個監聽器類別，實作 ServletRequestListener 介面，監聽請求物件的建立與銷毀。

在 com.sun.ch05 套件下新建 listener 子套件，在 listener 子套件下新建 MyServletContextListener 類別，程式如例 5-6 所示。

▼ 例 5-6 MyServletContextListener.java

```
package com.sun.ch05.listener;

import javax.servlet.ServletRequestEvent;
import javax.servlet.ServletRequestListener;
import javax.servlet.annotation.WebListener;

@WebListener
public class MyServletContextListener implements ServletRequestListener {
```

```
    @Override
    public void requestDestroyed(ServletRequestEvent sre) {
        System.out.println(« 請求即將超出 Web 應用程式的範圍 »);
    }

    @Override
    public void requestInitialized(ServletRequestEvent sre) {
        System.out.println(« 請求即將進入 Web 應用程式的範圍 »);
    }
}
```

@WebListener 註釋用於宣告監聽器。

啟動應用程式，開啟瀏覽器，存取 http://localhost:8080/register，在控制台視窗中可以看到「請求即將進入 Web 應用程式的範圍」和「請求即將超出 Web 應用程式的範圍」的輸出。

5.3 攔截器

在 Spring MVC 中，提供了類似於 Servlet 篩檢程式的攔截器機制，用於請求的前置處理和後處理。攔截器與 Servlet 篩檢程式一樣，多個攔截器可以組成攔截器鏈，在請求到來時按攔截器鏈中的順序呼叫一次，請求到達目標資源發回響應時按反序再呼叫一次。

在 Spring MVC 中定義一個攔截器有兩種方法：第一種是實作 HandlerInterceptor 介面（位於 org.springframework.web.servlet 套件中），第二種是實作 WebRequestInterceptor 介面（位於 org.springframework.web.context.request 套件中）。

HandlerInterceptor 介面定義了如下三個方法：

- default boolean preHandle(HttpServletRequest request,
  HttpServletResponse response,
  Object handler)
  throws Exception

介面中的 default() 方法是 Java 8 新增的特性。對攔截處理器的執行，在 HandlerMapping 確定適當的處理器物件之後但在 HandlerAdapter 呼叫處理器之前呼叫該方法。在 default() 方法中，可以透過發送 HTTP 錯誤或者自訂響應來終止執行鏈。該方法的預設實作傳回 true。

- default void postHandle(HttpServletRequest request,
  HttpServletResponse response,
  Object handler,
  @Nullable ModelAndView modelAndView)
  throws Exception

對攔截處理器的執行，在 HandleAdapter 實際呼叫處理器之後但在 DispatcherServlet 呈現檢視之前呼叫 default() 方法。可以透過傳入該方法的 ModelAndView 向檢視公開其他的模型物件。該方法的預設實作是空白實作。

- default void afterCompletion(HttpServletRequest request,
  HttpServletResponse response,
  Object handler,
  @Nullable Exception ex)
  throws Exception

default() 方法在請求處理完成後（即呈現檢視後）被呼叫，如果有某些資源需要清理，則可以放到該方法中。不過要注意的是，這個方法只有當攔截器的 preHandle() 方法成功完成並傳回 true 時才會被呼叫。該方法的預設實作是空白實作。

接下來我們依然舉出一個簡單的範例。

在 com.sun.ch05 套件下新建 interceptor 子套件，在該子套件下新建 MyInterceptor 類別，實作 HandlerInterceptor 介面，並重寫該介面中的三個方法，程式如例 5-7 所示。

▼ 例 5-7 MyInterceptor.java

```
package com.sun.ch05.interceptor;

import org.springframework.web.servlet.HandlerInterceptor;
import org.springframework.web.servlet.ModelAndView;

import javax.servlet.http.HttpServletRequest;
import javax.servlet.http.HttpServletResponse;

public class MyInterceptor implements HandlerInterceptor {
    @Override
    public boolean preHandle(HttpServletRequest request,
                             HttpServletResponse response,
                             Object handler) throws Exception {
        System.out.println(« 在控制器呼叫之前被呼叫 »);
        return HandlerInterceptor.super.preHandle(request, response, handler);
    }

    @Override
    public void postHandle(HttpServletRequest request,
                           HttpServletResponse response,
                           Object handler,
                           ModelAndView modelAndView) throws Exception {
        System.out.println(« 在控制器呼叫之後，但在 DispatcherServlet 呈現檢視之前呼叫 »);
        HandlerInterceptor.super.postHandle(request, response, handler, modelAndView);
    }

    @Override
    public void afterCompletion(HttpServletRequest request,
                                HttpServletResponse response,
                                Object handler,
                                Exception ex) throws Exception {
        System.out.println(« 在請求處理完成後，即呈現檢視後被呼叫，通常用於資源清理 »);
        HandlerInterceptor.super.afterCompletion(request, response, handler, ex);
    }
}
```

我們還需要撰寫一個實作了 WebMvcConfigurer 介面的設定類別，將攔截器增加到 Spring 容器中，並設定攔截規則。

在 com.sun.ch05 套件下新建 config 子套件，在該子套件下新建 MyWebMvcConfigure 類別，實作 WebMvcConfigurer 介面，並重寫 addInterceptors() 方法，程式如例 5-8 所示。

▼ 例 5-8 MyWebMvcConfigure.java

```
package com.sun.ch05.config;

import com.sun.ch05.interceptor.MyInterceptor;
import org.springframework.context.annotation.Configuration;
import org.springframework.web.servlet.config.annotation.InterceptorRegistration;
import org.springframework.web.servlet.config.annotation.InterceptorRegistry;
import org.springframework.web.servlet.config.annotation.WebMvcConfigurer;

@Configuration
public class MyWebMvcConfigure implements WebMvcConfigurer {
    @Override
    public void addInterceptors(InterceptorRegistry registry) {
        InterceptorRegistration registration =
                registry.addInterceptor(new MyInterceptor());
        // 所有路徑都被攔截
        registration.addPathPatterns("/**");
        WebMvcConfigurer.super.addInterceptors(registry);
    }
}
```

記得使用 @Configuration 註釋，宣告該類別是一個設定類別。

接下來就可以啟動應用程式，存取 http://localhost:8080/register，觀察控制台視窗中輸出的內容。

5.4 小結

本章介紹了 Servlet API 中的篩檢程式和監聽器，以及 Spring MVC 中的攔截器。Servlet 篩檢程式是由 Web 容器來管理的，而攔截器則是由 Spring 容器來管理的。

第 6 章

輸入驗證與攔截器

在 Web 應用程式中，為了防止用戶端傳來的資料引發程式的例外，我們需要對使用者輸入的資料進行驗證。試想一下，如果你的 Web 應用沒有對使用者輸入的資料進行驗證，當使用者由於誤操作而輸入了一些無效的資料時，你的程式就會向使用者顯示一大堆的例外堆疊資訊，這是一件多麼糟糕的事情。一些惡意的使用者甚至可以透過輸入精心偽造的資料來攻擊你的系統，破壞系統的執行，竊取系統的機密資料。而這一切，都是因為你的系統沒有對使用者輸入的資料進行驗證。

在 Web 應用程式中建構一個強有力的驗證機制是保障系統穩定執行的前提條件。

對使用者輸入資料進行驗證分為兩個部分：一是驗證輸入資料的有效性，二是在使用者輸入了不正確的資料後向使用者提示錯誤資訊。

驗證分為用戶端驗證和伺服器端驗證，用戶端驗證主要透過 JavaScript 腳本程式來實作驗證，伺服器端驗證主要透過撰寫 Java 程式來對輸入的資料進行驗證。用戶端驗證可以承擔資料格式是否正確的驗證，一方面可以為伺服器端過濾資料，另一方面可以減少網路流量，降低伺服器端程式的執行負載。伺服器端驗證除了要重複用戶端的驗證外，還可以包括對資料邏輯的驗證，例如，驗證註冊使用者名稱是否重複、驗證碼是否匹配等。

有些讀者可能不明白為什麼用戶端已經做了驗證，伺服器端還要做同樣的驗證。通常使用者都是透過伺服器端發送的表單來提交資料的，這樣在頁面中嵌入的 JavaScript 腳本程式就可以起作用，對使用者輸入的資料進行驗證。但有經驗的使用者可以跳過 JavaScript 腳本程式，重新建構一個沒有 JavaScript 腳本程式的頁面來提交請求；更有甚者，可以直接透過 Socket 通訊來向伺服器端發送非法的資料，從而攻擊系統，竊取資訊。因此，為了保障系統的穩健和安全，我們應該確保在伺服器端也對使用者輸入的資料進行充分而完全的驗證。

下面我們以第 4 章的使用者註冊程式為例，說明如何在 Spring MVC 中對使用者輸入的資料進行驗證。讀者可以直接在第 4 章專案的基礎上完善程式，或者新建一個專案，將使用者註冊程式碼和頁面都複製到新專案中。

6.1 JSR-303

JSR 是 Java Specification Requests 的縮寫，意思是 Java 規範提案，是指向 JCP（Java Community Process）提出新增一個標準化技術規範的正式請求。任何人都可以提交 JSR，以向 Java 平臺增添新的 API 和服務。JSR 已成為 Java 界的一個重要標準。

JSR-303 是 Java EE 6 中的一項子規範，叫作 Bean Validation，用於對 Java Bean 中的欄位值進行驗證。Hibernate Validator 是 Bean Validation 的參考實作。Hibernate Validator 提供了 JSR- 303 規範中所有內建驗證註釋的實現，除此之外還有一些附加的驗證註釋。

Bean Validation 中定義的驗證註釋如表 6-1 所示。

▼ 表 6-1 Bean Validation 中定義的驗證註釋

註釋	說明
@Null	標注的元素必須為 null
@NotNull	標注的元素必須不為 null
@AssertTrue	標注的元素必須為 true
@AssertFalse	標注的元素必須為 false
@Min(value)	標注的元素必須是一個數字，其值必須大於或等於指定的最小值

（續表）

註釋	說明
@Max(value)	標注的元素必須是一個數字，其值必須小於或等於指定的最大值
@DecimalMin(value)	標注的元素必須是一個數字，其值必須大於或等於指定的最小值
@DecimalMax(value)	標注的元素必須是一個數字，其值必須小於或等於指定的最大值
@Size(max=, min=)	標注的元素的大小必須在指定的範圍內
@Digits (integer, fraction)	標注的元素必須是一個數字，其值必須在可接受的範圍內
@Past	標注的元素必須是一個過去的日期
@Future	標注的元素必須是一個將來的日期
@Pattern(regex=,flag=)	標注的元素必須符合指定的正規表示法

Hibernate Validator 提供的驗證註釋如表 6-2 所示。

▼ 表 6-2 Hibernate Validator 提供的驗證註釋

註釋	說明
@NotBlank(message =)	驗證字串非 null，且 trim 後的長度必須大於 0
@Email	標注的元素必須是電子電子郵件地址
@Length(min=,max=)	標注的字串的大小必須在指定的範圍內
@NotEmpty	標注的字串必須非空
@Range(min=,max=,message=)	標注的元素必須在合適的範圍內

6.2 增加驗證相依性

早先版本的 Spring Boot 在 spring-boot-starter-web 相依性中整合了 hibernate-validator，因而專案中只需要增加 web 相依性就可以使用資料驗證功能。但從 2.3.0 版本開始（本書使用的是 2.6.x 版本），Spring Boot 從 web

相依性中刪除了 hibernate-validator，換句話說，如果要使用資料驗證功能，則需要單獨增加相依性，這個相依性是：spring-boot-starter-validation。

編輯 POM 檔案，增加 spring-boot-starter-validation 相依性，如下所示：

```
<dependency>
        <groupId>org.springframework.boot</groupId>
        <artifactId>spring-boot-starter-validation</artifactId>
</dependency>
```

6.3 對 User 的欄位增加驗證

下面我們使用 6.1 節介紹的註釋，給 User 類別的欄位增加驗證，程式如例 6-1 所示。

▼ 例 6-1 User.java

```
package com.sun.ch06.model;

import lombok.AllArgsConstructor;
import lombok.Data;
import org.hibernate.validator.constraints.Length;

import javax.validation.constraints.Email;
import javax.validation.constraints.NotBlank;
import java.util.Date;
@AllArgsConstructor
@Data
public class User {
    private Integer id;
    @NotBlank(message=" 使用者名稱不能為空 ")
    @Length(min=4, max=12, message=" 使用者名稱長度必須在 4 到 12 字元之間 ")
    private String username;
    @NotBlank(message=" 密碼不能為空 ")
    @Length(min=4, max=8, message=" 密碼長度必須在 4 到 8 字元之間 ")
    private String password;
```

```
    private Boolean sex;
    @NotBlank(message=" 郵寄位址不能為空 ")
    @Email(message=" 郵寄位址必須是有效的郵寄位址 ")
    private String email;
    private String pwdQuestion;
    private String pwdAnswer;
    private Date regDate;
    private Date lastLoginDate;
    private String lastLoginIp;
}
```

這裡我們只對使用者名稱、密碼和郵寄位址增加了驗證。id 欄位是與資料庫資料表的主鍵進行映射的，並非由外部傳入，所以無須驗證。sex 有預設值，所以就不對其做驗證了。pwdQuestion 和 pwdAnswer 可以為空，也無須驗證。regDate 並非由使用者輸入，而是由幕後程式自動增加的註冊日期。lastLoginDate 和 lastLoginIp 用於記錄使用者最後登入的時間和 IP，在註冊的時候並沒有這兩個資訊，因此也是可以為空白的。

接下來還需要修改控制器 UserController，在 register() 方法的 User 參數上使用 @Valid 註釋開啟對參數的驗證。修改後的 UserController 類別的程式如例 6-2 所示。

▼ 例 6-2 UserController.java

```
package com.sun.ch06.controller;

...

import javax.validation.Valid;
import java.util.Date;

@Controller
@RequestMapping("/user")
public class UserController {
    @GetMapping("/register")
    public String doDefault(User user){
        return "register";
```

```
    }

    @PostMapping("/register")
    public String register(@Valid User user, BindingResult result){
        if(result.hasErrors()){
            return "register";
        }
        Date now = new Date();
        user.setRegDate(now);
        return "success";
    }
}
```

在 doDefault() 方法中增加了一個 User 類型的 user 參數，這是因為在下一個步驟的註冊頁面中，我們要存取 User 物件。當在瀏覽器中存取 http://localhost:8080/user/register 時，顯示登錄檔單，如果此時沒有產生 User 物件，那麼在解析註冊頁面時，就會因為 "user" 為 "null" ，導致出現例外。在增加了 user 參數後，Spring MVC 會自動為我們建立 User 物件，並增加到模型物件中。

在 @Valid 註釋後，需要宣告 BindingResult 類型的參數，用於存取驗證失敗後的錯誤訊息。

6.4 在註冊頁面中增加驗證錯誤訊息的顯示

修改 register.html，增加驗證失敗後的錯誤訊息顯示，程式如例 6-3 所示。

▼ 例 6-3 register.html

```
<!DOCTYPE html>
<html lang="zh" xmlns:th="http://www.thymeleaf.org">
<head>
    <meta charset="UTF-8">
    <title> 使用者註冊 </title>
    <style>
```

```
        .error {color: red;}
    </style>
</head>
<body th:object="${user}">
<!-- ① -->
<ul class="error">
    <li th:each="error : ${#fields.errors}" th:text="${error}"></li>
</ul>

<!-- ② -->
<div class="error" th:if="${#fields.hasErrors('*')}" th:errors="*{*}"> </div>

<form th:action="@{/user/register}" method="post">
    <table border="0">
        <tr>
            <td>使用者名稱 :</td>
            <td>
                <input type="text" name="username" th:value="*{username}"/>
                        <!-- ③ -->
                <span class="error" th:if="${#fields.hasErrors ('username')}"
th:errors="*{username}">使用者名稱錯誤 </span>
            </td>
        </tr>
        <tr>
            <td>密碼 :</td>
            <td>
                <input type="password" name="password"/>
                <span class="error" th:if="${#fields.hasErrors ('password')}"
th:errors="*{password}">密碼錯誤 </span>
            </td>
        </tr>
        <tr>
            <td>性別：</td>
            <td>
                <input type="radio" name="sex" value="true" checked/>男
                <input type="radio" name="sex" value="false" />女
            </td>
        </tr>
        <tr>
```

```
                <td> 郵寄位址：</td>
                <td>
                    <input type="text" name="email" th:value="*{email}"/>
                    <span class="error" th:if="${#fields.hasErrors('email')}"
th:errors="*{email}"> 郵寄位址錯誤 </span>
                </td>
            </tr>
            <tr>
                <td> 密碼問題：</td>
                <td><input type="text" name="pwdQuestion"/></td>
            </tr>
            <tr>
                <td> 密碼答案：</td>
                <td><input type="text" name="pwdAnswer"/></td>
            </tr>
            <tr>
                <td><input type="submit" value=" 註冊 "/></td>
                <td><input type="reset" value=" 重填 "/></td>
            </tr>
        </table>
</form>
</body>
</html>
```

程式中採用了三種方式來顯示驗證失敗後的錯誤訊息，即①、②、③處所示，①和②會在表單頂部將所有欄位驗證失敗的訊息都顯示出來，③則是在輸入表單控制項後面顯示對應的欄位驗證失敗的訊息。

6.5 測試輸入資料的驗證

啟動專案，存取 http://localhost:8080/user/register，不填寫任何資訊，點擊「註冊」按鈕，結果如圖 6-1 所示。

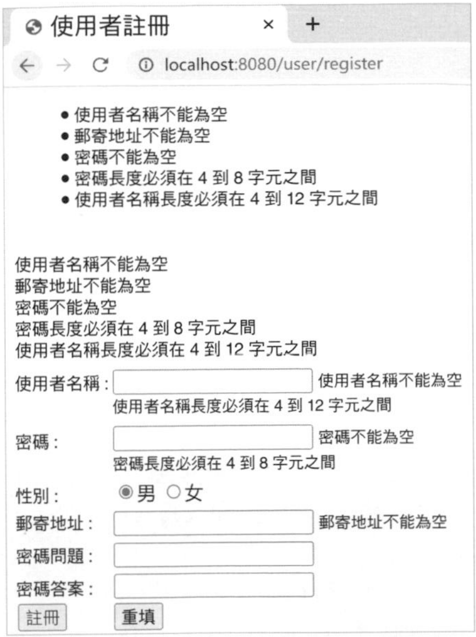

使用者註冊
localhost:8080/user/register

- 使用者名稱不能為空
- 郵寄地址不能為空
- 密碼不能為空
- 密碼長度必須在 4 到 8 字元之間
- 使用者名稱長度必須在 4 到 12 字元之間

使用者名稱不能為空
郵寄地址不能為空
密碼不能為空
密碼長度必須在 4 到 8 字元之間
使用者名稱長度必須在 4 到 12 字元之間

使用者名稱： 使用者名稱不能為空
使用者名稱長度必須在 4 到 12 字元之間
密碼： 密碼不能為空
密碼長度必須在 4 到 8 字元之間
性別： ◉男 ○女
郵寄地址： 郵寄地址不能為空
密碼問題：
密碼答案：
註冊 重填

▲ 圖 6-1 註冊頁面未填寫任何資訊，顯示驗證失敗資訊

讀者可以自行按照驗證規則逐步填寫註冊資訊，並進行一一測試。

6.6 自訂驗證器

hibernate-validator 提供的驗證功能可以滿足大多數的驗證需求，但仍然會有一些特定的驗證需求，比如密碼和確認密碼兩個欄位的值是否相等的驗證，或者使用者輸入的驗證碼與伺服器端 Session 中儲存的驗證碼是否相等的驗證等。要解決特殊的驗證需求，我們可以自訂驗證器，實作自己的驗證規則。

要實作自訂的驗證器，需要兩個步驟：（1）自訂一個註釋；（2）舉出一個實作 ConstraintValidator 介面的類別。

6.6.1 自訂註釋

首先在 com.sun.ch06 套件下新建一個子套件 validators，然後在 validators 子套件下新建 @FieldMatch 註釋，程式如例 6-4 所示。

▼ 例 6-4 FieldMatch.java

```
package com.sun.ch06.validators;

import javax.validation.Constraint;
import javax.validation.Payload;
import java.lang.annotation.*;

// 該註釋用在類別上
@Target({ ElementType.TYPE })
@Retention(RetentionPolicy.RUNTIME)
@Documented
// @Constraint 註釋的 validatedBy 元素指定實作驗證邏輯的驗證器類別
@Constraint(validatedBy = FieldMatchValidator.class)
public @interface FieldMatch {
    String message() default "first 和 second 必須相等 ";
    Class<?>[] groups() default {};

    Class<? extends Payload>[] payload() default {};
    String first();
    String second();
}
```

6.6.2 撰寫實作 ConstraintValidator 介面的類別

在 validators 子套件下新建 FieldMatchValidator 類別，實作 ConstraintValidator 介面，並重寫該介面的 initialize() 和 isValid 方法 ()，程式如例 6-5 所示。

▼ 例 6-5 FieldMatchValidator.java

```
package com.sun.ch06.validators;

import org.apache.commons.beanutils.BeanUtils;
import javax.validation.ConstraintValidator;
import javax.validation.ConstraintValidatorContext;

public class FieldMatchValidator implements ConstraintValidator <FieldMatch, Object> {
```

```
    private String firstFieldName;
    private String secondFieldName;

    @Override
    public void initialize(FieldMatch constraintAnnotation) {
        firstFieldName = constraintAnnotation.first();
        secondFieldName = constraintAnnotation.second();
    }

    @Override
    public boolean isValid(Object value, ConstraintValidatorContext context) {
        try {
            final Object firstObj = BeanUtils.getProperty(value, firstFieldName);
            final Object secondObj = BeanUtils.getProperty(value, secondFieldName);

            boolean isValid = (firstObj == null && secondObj == null)
                    || (firstObj != null && firstObj.equals(secondObj));

            if (!isValid) {
                context.disableDefaultConstraintViolation();
                context.buildConstraintViolationWithTemplate(
                        context.getDefaultConstraintMessageTemplate())
                            .addPropertyNode(secondFieldName).
addConstraintViolation();
            }

            return isValid;
        }
        catch (Exception ignore) {
            // ignore
        }
        return true;
    }
}
```

initialize() 方法在 ConstraintValidator 介面中是預設方法，所以並不是必須要重寫該方法，如果需要完成一些初始化的工作，則可以重寫該方法。

如果程式中兩個欄位的值不相等，則將驗證錯誤分配給第二個欄位。也就是說，對於本例而言，如果要在範本頁面中顯示錯誤訊息，則應該使用確認密碼欄位取出訊息。

此外，要提醒讀者的是，雖然這裡我們撰寫的自訂驗證器是為了驗證密碼和確認密碼的相等性，但實際上這個驗證器是通用的，可以用於任意兩個欄位值的相等性驗證。

程式中用到了 Apache Commons BeanUtils 函式庫。BeanUtils 函式庫主要用於對 Java 物件的屬性進行動態存取。我們需要在 POM 檔案中增加對 BeanUtils 函式庫的相依性。相依性項的內容如下所示：

```
<dependency>
        <groupId>commons-beanutils</groupId>
        <artifactId>commons-beanutils</artifactId>
        <version>1.9.4</version>
</dependency>
```

記得更新相依性。

也可以在開啟 pom.xml 檔案後，於空白處點擊滑鼠右鍵，從彈出的選單中選擇【Generate】→【Dependency】，圖 6-2 所示為增加相依性的介面。

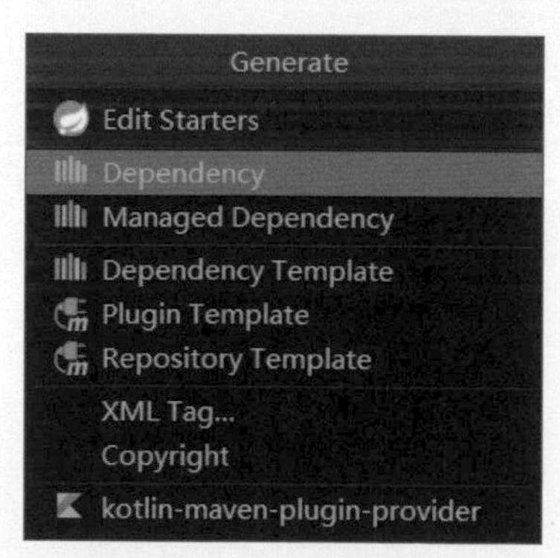

▲ 圖 6-2 增加相依性

然後在出現的“Maven Artifact Search”對話方塊中搜尋“beanutils”，找到“commons-beanutils…”，增加該相依性即可，如圖 6-3 所示。

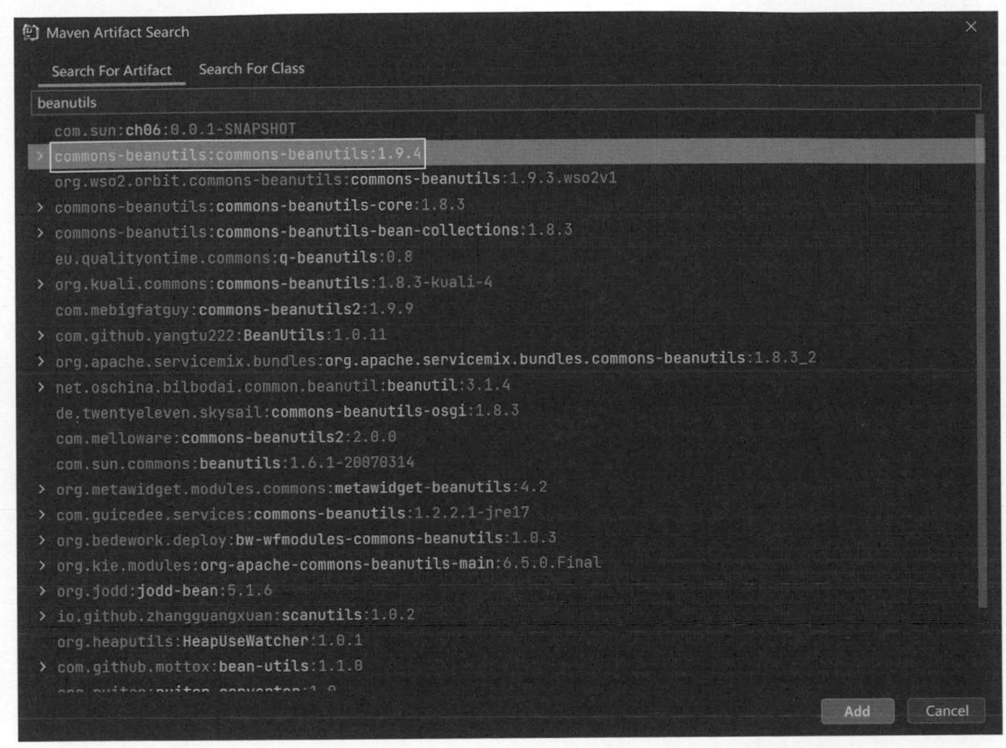

▲ 圖 6-3 搜尋相依性並增加

6.6.3 在 User 類別上使用自訂驗證註釋

編輯 User.java，增加代表確認密碼的欄位 confirmPassword，並在 User 類別上使用 @FieldMatch 註釋，對密碼和確認密碼欄位進行相等性驗證。程式如例 6-6 所示。

▼ 例 6-6 User.java

```
package com.sun.ch06.model;

import com.sun.ch06.validators.FieldMatch;
...
```

```
@AllArgsConstructor
@Data
@FieldMatch(first = "password", second = "confirmPassword", message = " 密碼和確認密碼必須
相等 ")
public class User {
    ...
    private String password;
    private String confirmPassword;
    ...
}
```

6.6.4 在註冊頁面中增加確認密碼輸入項

編輯 register.html 頁面，在密碼一行下面再增加一行，以增加確認密碼輸入框和驗證失敗訊息的顯示，程式如下所示：

```
...
<tr>
    <td> 確認密碼 :</td>
    <td>
        <input type="password" name="confirmPassword"/>
        <span class="error"
              th:if="${#fields.hasErrors('confirmPassword')}"
              th:errors="*{confirmPassword}">
            確認密碼錯誤
        </span>
    </td>
</tr>
...
```

6.6.5 測試自訂驗證功能

啟動專案，存取 http://localhost:8080/user/register，輸入註冊資訊，但讓密碼和確認密碼不同，然後點擊「註冊」按鈕，結果如圖 6-4 所示。

使用者註冊
localhost:8080/user/register

- 密碼和確認密碼必須相等

密碼和確認密碼必須相等

使用者名稱：lisi
密碼：
確認密碼： 密碼和確認密碼必須相等
性別：◉男 ○女
郵寄地址：lisi@sina.com
密碼問題：
密碼答案：
註冊 重填

▲ 圖 6-4 驗證密碼與確認密碼的相等性

輸入相同的密碼和確認密碼，點擊「註冊」按鈕，可以看到註冊成功。

6.7 登入驗證攔截器

在 Web 系統中，很多資源都要求使用者登入之後才能存取，如果在每個受保護資源中都增加使用者是否登入的判斷，那麼將不勝其煩；如果後期更改了受保護資源的存取規則，比如增加了許可權判定，那麼修改操作將是一個繁重而又容易導致新問題出現的工作。在傳統的 Java Web 程式中，我們可以使用 Servlet 篩檢程式（Filter）來解決這個問題，因為篩檢程式既可以截獲使用者的請求，也可以改變響應的內容，因此可以用篩檢程式來統一判定使用者許可權，如果修改了許可權判定規則，就只需要修改篩檢程式的實作程式即可。

5.3 節我們介紹了 Spring 的攔截器機制，下面我們使用攔截器對使用者請求進行驗證。如果使用者已經登入，則允許使用者存取資源，否則直接向使用者傳回登入頁面。

一般，對使用者進行驗證的處理方式為：當使用者驗證成功後，向使用者發送成功登入資訊，並舉出一個首頁連結，讓使用者可以進入首頁；當使用者驗證失敗後，向使用者發送錯誤資訊，並舉出一個傳回到登入頁面的連結，讓使用者可以重新登入（或者直接向使用者傳回登入頁面）。在實際應用中，有這種情況，當使用者存取一個受保護的頁面時，伺服器端發送登入頁面，使用者在輸入了正確的使用者名稱和密碼後，希望能夠自動進入先前存取的頁面，而非進入首頁。在討論區頁面中經常會遇到這種情況：現在大多數的討論區都允許未登入的使用者瀏覽發文，而發佈和回復發文則需要登入，我們在未登入討論區的情況下瀏覽發文，當看到一個發文想回復時，而討論區程式要求我們登入，在成功登入後，討論區程式卻舉出了進入首頁的連結，這種情況對使用者來說是不方便的。

為了讓使用者在登入後直接進入先前的頁面（使用者直接存取登入頁面除外），我們需要在將登入頁面發送給用戶端之前儲存使用者先前存取頁面的 URL。下面的程式獲取使用者的請求 URI 和查詢字串，並儲存到請求物件中，然後將請求轉發給登入頁面。

```
String requestUri = request.getRequestURI();
String strQuery = request.getQueryString();
if (null != strQuery) {
    requestUri = requestUri + "?" + strQuery;
}
request.setAttribute("originUri", requestUri);

request.getRequestDispatcher("/user/login").forward(request, response);
```

在登入頁面中，只需要包含一個隱藏輸入域即可，它的值為使用者先前的請求 URI，程式如下：

```
<input type="hidden" name="originUri"
        th:value="${#request.getAttribute('originUri')}">
```

當使用者提交登入表單時，我們就獲得了使用者先前的請求 URI，在驗證透過後，可以將用戶端重新導向到先前存取的頁面。

對使用者進行統一驗證的攔截器實例的開發有下列步驟。

（1）撰寫登入頁面

在 templates 目錄下新建 login.html，程式如例 6-7 所示。

▼ 例 6-7 login.html

```
<!DOCTYPE html>
<html lang="zh" xmlns:th="http://www.thymeleaf.org">
<head>
    <meta charset="UTF-8">
    <title> 使用者登入 </title>
</head>
<body>
<p style="color: red;margin-top: 15px;font-size: 16px;"
   th:text="${error}" th:if="${not #strings.isEmpty(error)}"></p>
<form th:action="@{/user/login}" method="post">
    <table>
        <tr>
            <td> 使用者名稱：</td>
            <td><input type="text" name="username"></td>
        </tr>
        <tr>
            <td> 密碼：</td>
            <td><input type="password" name="password"</td>
        </tr>
        <tr>
            <td colspan="2">
                <input type="hidden" name="originUri"
                       th:value="${#request.getAttribute('originUri')}">
            </td>
        </tr>
        <tr>
            <td><input type="reset" value=" 重填 "></td>
            <td><input type="submit" value=" 登入 "></td>
        </tr>
    </table>
</form>
</body>
</html>
```

(2) 在 UserControlller 中增加對使用者登入請求進行處理的方法

編輯 UserController 類別，增加顯示登入頁面和處理登入請求的方法，程式如例 6-8 所示。

▼ 例 6-8 UserController.java

```
...
@Controller
@RequestMapping("/user")
//@Validated
public class UserController {
    ...

    @GetMapping("/login")
    public String doLogin(){
        return "login";
    }

    @PostMapping("/login")
    public String login(HttpServletRequest request, HttpSession session, Model model){
        String username = request.getParameter("username");
        String password = request.getParameter("password");
        if("admin".equals(username) && "1234".equals(password)){
            // 驗證透過後，在 Session 物件中儲存使用者名稱
            session.setAttribute("user", username);
            // 從請求物件中取出使用者先前存取的頁面的 URI
            String originUri = request.getParameter("originUri");
            // 如果 origin_uri 不為空，則將用戶端重新導向到使用者先前存取的頁面
            // 否則將用戶端重新導向到首頁
            if(null != originUri && !originUri.isEmpty()){
                return "redirect:" + originUri;
            } else {
                return "redirect:/index";
            }
        }else{
            // 如果驗證失敗，則從請求物件中獲取使用者先前存取頁面的 URI
            // 如果該 URI 存在，則再次將它作為 originUri 屬性的值儲存到請求物件中
            String originUri = request.getParameter("originUri");
            if(null != originUri && !originUri.isEmpty()){
```

```
                request.setAttribute("originUri", originUri);
            }
            model.addAttribute("error","使用者名稱或密碼錯誤！");
            return "login";
        }
    }
}
```

（3）撰寫攔截器 LoginInterceptor

在 com.sun.ch06 套件下新建 interceptor 子套件，在該子套件下新建 LoginInterceptor 類別，實作 HandlerInterceptor 介面，並重寫 preHandle() 方法，程式如例 6-9 所示。

▼ 例 6-9 LoginInterceptor.java

```
package com.sun.ch06.interceptor;

import org.springframework.web.servlet.HandlerInterceptor;

import javax.servlet.http.HttpServletRequest;
import javax.servlet.http.HttpServletResponse;

public class LoginInterceptor implements HandlerInterceptor {
    @Override
    public boolean preHandle(HttpServletRequest request, HttpServletResponse response,
Object handler) throws Exception {
        // 如果存取的不是登入頁面，則判斷使用者是否已經登入
        Object user = request.getSession().getAttribute("user");
        if (user == null) {
            // 如果使用者沒有登入，則將使用者的請求 URI 作為 originUri 屬性的值儲存到請求物件中
            String requestUri = request.getRequestURI();

            String strQuery = request.getQueryString();
            if (null != strQuery) {
                requestUri = requestUri + "?" + strQuery;
            }
            request.setAttribute("originUri", requestUri);
```

```
            request.setAttribute("error", "您沒有存取權限，請先登入！");
            request.getRequestDispatcher("/user/login").forward(request, response);
            return false;
        } else {
            // 已登入，傳回 true，將請求交由執行鏈繼續處理
            return true;
        }
    }
}
```

（4）設定攔截器

在 com.sun.ch06 套件下新建 config 子套件，在該子套件下新建 LoginConfig 類別，實作 WebMvcConfigurer 介面，並重寫 addInterceptors() 方法，程式如例 6-10 所示。

▼ 例 6-10 LoginConfig.java

```
package com.sun.ch06.config;

import com.sun.ch06.interceptor.LoginInterceptor;
import org.springframework.context.annotation.Configuration;
import org.springframework.web.servlet.config.annotation.InterceptorRegistration;
import org.springframework.web.servlet.config.annotation.InterceptorRegistry;
import org.springframework.web.servlet.config.annotation.WebMvcConfigurer;

@Configuration
public class LoginConfig implements WebMvcConfigurer {
    @Override
    public void addInterceptors(InterceptorRegistry registry) {
        InterceptorRegistration registration =
                registry.addInterceptor(new LoginInterceptor());
        // 所有路徑都被攔截
        registration.addPathPatterns("/**");
        // 增加不攔截路徑
        registration.excludePathPatterns(
                "/user/login",
                "/**/*.js",
```

```
                "/**/*.css",
                "/static/**");
    }
}
```

實際上，使用者註冊頁面也應該被排除在攔截之外，不過我們這個專案沒有更多的資源頁面要使用註冊頁面來測試攔截器，所以就沒有將註冊頁面排除在外，讀者可以自行將註冊的路徑 /user/register 增加到 excludePathPatterns() 方法中。

（5）測試攔截器

啟動專案，存取 http://localhost:8080/user/register，出現如圖 6-5 所示的頁面。

▲ 圖 6-5 使用者未登入，轉到登入頁面

輸入正確的使用者名稱和密碼，頁面將跳躍到先前存取的註冊頁面，而非首頁，如圖 6-6 所示。

▲ 圖 6-6 使用者登入後，頁面跳躍到先前存取的註冊頁面

接下來在網址列中輸入 http://localhost:8080/user/login，直接存取登入頁面，輸入正確的使用者名稱和密碼後，頁面將跳躍到首頁。

6.8 小結

本章的內容主要分為兩部分：對輸入資料進行驗證，以及撰寫登入驗證攔截器。對於特殊的驗證需求，可以透過撰寫自訂驗證器的方式來實作。

第 7 章 例外處理和錯誤處理

本章將介紹在 Spring Boot 應用程式中對例外的處理方式，以及如何自訂錯誤頁面。

7.1 例外處理

一個軟體程式不可避免地會發生錯誤，比如程式設計師的手誤、程式邏輯不嚴謹、外部資源出現問題等，都會導致程式出現問題，有些錯誤可以在編譯期間由編譯器發現並報告從而得到修正，有些錯誤只有在執行期間才會被發現，Java 採用例外機制來處理錯誤。在 Web 系統中，一旦服務程式發生例外，而又沒有對該例外進行捕捉處理，那麼在使用者的瀏覽器一端就會看到大段的例外堆疊追蹤資訊，使得使用者感覺很差，而且還具有一定的安全隱憂。

通常的例外處理透過 try/catch 敘述來進行監視與捕捉，而在 Spring Boot 程式中，可以透過 @ExceptionHandler 註釋來處理例外。

7.1.1 @ExceptionHandler 註釋

首先新建一個名為 ch07 的 Spring Boot 專案，增加 Spring Web 相依性和 Thymeleaf 相依性。在專案建立後，在 com.sun.ch07 套件下新建 controller 子套件，在 controller 子套件下新建 ExceptionTestController 類別，程式如例 7-1 所示。

▼ 例 7-1 ExceptionTestController.java

```
package com.sun.ch07.controller;

import org.springframework.stereotype.Controller;
import org.springframework.ui.Model;
import org.springframework.web.bind.annotation.ExceptionHandler;
import org.springframework.web.bind.annotation.GetMapping;
import org.springframework.web.bind.annotation.RequestMapping;

@Controller
@RequestMapping("/excep")
public class ExceptionTestController {
    @GetMapping("/ex1")
    public String excep1(){
        int result = 5 / 0;
        return "success";
    }

    @GetMapping("/ex2")
    public String excep2() throws Exception {
        throw new Exception(" 拋出一個例外 ");
    }


    @ExceptionHandler(value=Exception.class)
    public String excepHandler(Exception e, Model model){
        model.addAttribute("msg", e.getMessage());
        return "excep";
    }
}
```

當發生例外時，將呼叫 @ExceptionHandler 註釋標注的方法，註釋元素 value 可以指定要處理的例外類型，如果沒有指定例外類型，那麼預設處理的是標注的方法參數列表舉出的例外參數類型。

由 @ExceptionHandler 標注的處理器方法可以按任意順序加上以下的參數。

- 例外參數，宣告為一般例外或更具體的例外。
- 請求和響應物件（通常來自 Servlet API），選擇任何特定的請求 / 響應類型，例如 ServletRequest / HttpServletRequest 和 ServletResponse/HttpServletResponse。
- Session 物件，通常是 HttpSession。
- WebRequest 或者 NativeWebRequest，允許通用的請求參數存取及請求 / 階段屬性存取，而不需要綁定到本機 Servlet API。
- Locale，當前請求的語言環境。
- InputStream / Reader，用於存取請求內容的 InputStream / Reader。
- OutputStream / Writer，用於生成響應內容的 OutputStream / Writer。
- Model，作為從處理器方法傳回模型映射的替代方法。

處理器方法支援以下的傳回類型。

- ModelAndView 物件。
- Model 物件，檢視名稱透過 RequestToViewNameTranslator 隱式確定。
- Map 物件，用於公開模型的 Map 物件，透過 RequestToViewName Translator 隱式地確定檢視名稱。
- View 物件。
- String，解釋為檢視名稱。
- 如果方法上使用了 @ResponseBody 註釋（僅限於 Servlet），那麼方法的傳回值將使用訊息轉換器轉換為響應串流。
- HttpEntity<?> 或者 ResponseEntity<?> 物件（僅限於 Servlet），該物件用於設定響應標頭和內容。ResponseEntity 攜帶的 body 內容將使用訊息轉換器轉換並寫入響應串流。

- void，如果方法處理響應本身（透過宣告 ServletResponse/HttpServlet Response 類型的參數，直接寫入響應內容），或者如果檢視名稱透過 RequestToViewNameTranslator 隱式確定（而非在處理器方法簽名中宣告響應參數），就可以將方法的傳回類型指定為 void。

接下來在 templates 目錄下新建 excep.html 頁面，內容如例 7-2 所示。

▼ 例 7-2 excep.html

```
<!DOCTYPE html>
<html lang="zh" xmlns:th="http://www.thymeleaf.org">
<head>
    <meta charset="UTF-8">
    <title> 例外 </title>
    </style>
</head>
<body>
<h3> 伺服器暫時不能為您服務，出現了錯誤：<span th:text="${msg}"></span></h3>
</body>
</html>
```

啟動專案，存取 http://localhost:8080/excep/ex1 和 http://localhost:8080/excep/ex2，查看例外處理的結果。

7.1.2 全域例外處理

顯而易見，如果在每個 Controller 類別中都單獨定義例外處理器方法，操作過程就會很繁瑣，後期也不好維護，為此，我們可以考慮定義一個全域例外處理類別，這可以透過 @ControllerAdvice 或者 @RestControllerAdvice 註釋來實作。這兩個註釋標注的類別中的方法將全域應用於所有控制器，結合 @ExceptionHandler 註釋，就可以實作全域例外處理。

首先將例 7-1 中的 excepHandler() 方法連帶註釋一起註釋起來，然後在 com.sun.ch07 套件下新建一個子套件 exception，在該子套件下新建 GlobalExceptionHandler 類別，程式如例 7-3 所示。

▼ 例 7-3 GlobalExceptionHandler.java

```
package com.sun.ch07.exception;

import org.springframework.web.bind.annotation.ControllerAdvice;
import org.springframework.web.bind.annotation.ExceptionHandler;
import org.springframework.web.servlet.ModelAndView;

@ControllerAdvice
public class GlobalExceptionHandler {
    @ExceptionHandler(Exception.class)
    public ModelAndView handleAllExceptions(Exception e){
        ModelAndView modelAndView = new ModelAndView();

        modelAndView.addObject("msg", e.getMessage());
        modelAndView.setViewName("excep");

        return modelAndView;
    }

   /* @ExceptionHandler(Exception.class)
    public String handleAllExceptions(Exception e, Model model){
        model.addAttribute("msg", e.getMessage());
        return "excep";
    }*/
}
```

在 GlobalExceptionHandler 類別中，換了一種方式來撰寫例外處理器方法，其效果和註釋的方法是一樣的，這裡只是為了讓讀者更好地了解處理器方法的撰寫。

@RestControllerAdvice 註釋是 @ControllerAdvice 和 @ResponseBody 註釋的結合，在使用該註釋後，透過 @ExceptionHandler 註釋標注的方法將預設採用 @ResponseBody 語義。

7.2 自訂錯誤頁面

若你的程式出錯了，或者存取了一個不存在的 URL，就會看到如圖 7-1 所示的“Whitelabel”錯誤頁面。

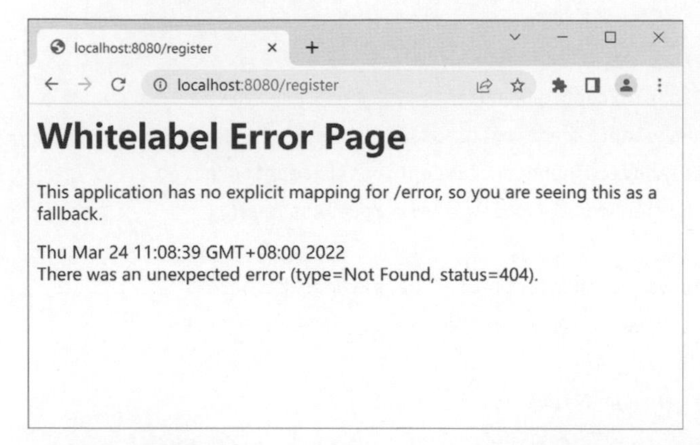

▲ 圖 7-1 “Whitelabel”錯誤頁面

這是 Spring Boot 預設提供的錯誤頁面，也是自動設定的一部分。在預設情況下，Spring Boot 提供了一個 /error 映射，以一種合理的方式處理所有錯誤，並在 Servlet 容器中註冊為「全域」錯誤頁面。對於電腦用戶端，Spring Boot 預設處理方式會生成一個 JSON 響應，其中包含錯誤、HTTP 狀態和例外訊息的詳細資訊；對於瀏覽器用戶端，則以 HTML 格式呈現如圖 7-1 所示的“Whitelabel”錯誤頁面。

要自訂錯誤頁面，我們只需要提供一個名為 error.* 的檔案即可，如果使用 Thymeleaf 範本引擎，則檔案名稱為 error.html；如果使用 FreeMarker 範本引擎，則檔案名稱是 error.ftl；如果使用 JSP，則檔案名稱是 error.jsp。

由於我們使用的是 Thymeleaf，所以可以在 templates 目錄下新建 error.html 檔案，檔案內容如例 7-4 所示。

▼ 例 7-4 error.html

```
<!DOCTYPE html>
<html lang="zh" xmlns:th="http://www.thymeleaf.org">
<head>
    <meta charset="UTF-8">
    <title> 錯誤頁面 </title>
</head>
<body>
  <div>
    <img th:src="@{/error.jpg}" width="200" height="200">
    <table>
      <tr>
        <td> 錯誤發生時請求的 URL 路徑 </td>
        <td th:text="${path}"></td>
      </tr>
      <tr>
        <td> 錯誤發生的時間 </td>
        <td th:text="${timestamp}"></td>
      </tr>
      <tr>
        <td>HTTP 狀態碼 </td>
        <td th:text="${status}"></td>
      </tr>
      <tr>
        <td> 錯誤原因 </td>
        <td th:text="${error}"></td>
      </tr>
      <tr>
        <td> 例外的類別名稱 </td>
        <td th:text="${exception}"></td>
      </tr>
      <tr>
        <td> 例外訊息（如果這個錯誤是由例外引起的）</td>
        <td th:text="${message}"></td>
      </tr>
      <tr>
        <td>BindingResult 例外裡的各種錯誤（如果這個錯誤是由例外引起的）</td>
        <td th:text="${errors}"></td>
```

```
        </tr>
        <tr>
          <td> 例外的堆疊追蹤資訊（如果這個錯誤是由例外引起的）</td>
          <td th:text="${trace}"></td>
        </tr>
      </table>
    </div>
</body>
</html>
```

要提醒讀者的是：

(1) 頁面中引用了一張圖片（error.jpg），該圖片必須放到 src/main/resources/static（在本例中圖片是放到該目錄中的）或者 src/main/resources/public 目錄下才能被找到。

(2) 在預設情況下，Spring Boot 會為錯誤檢視提供如下的錯誤屬性。

- path
- timestamp
- status
- error
- exception
- message
- errors
- trace

上述各個屬性的含義，在程式中已經舉出了，這裡不再贅述。

啟動專案，隨意存取一個不存在 URL，如 http://localhost:8080/register，可以看到如圖 7-2 所示的錯誤頁面。

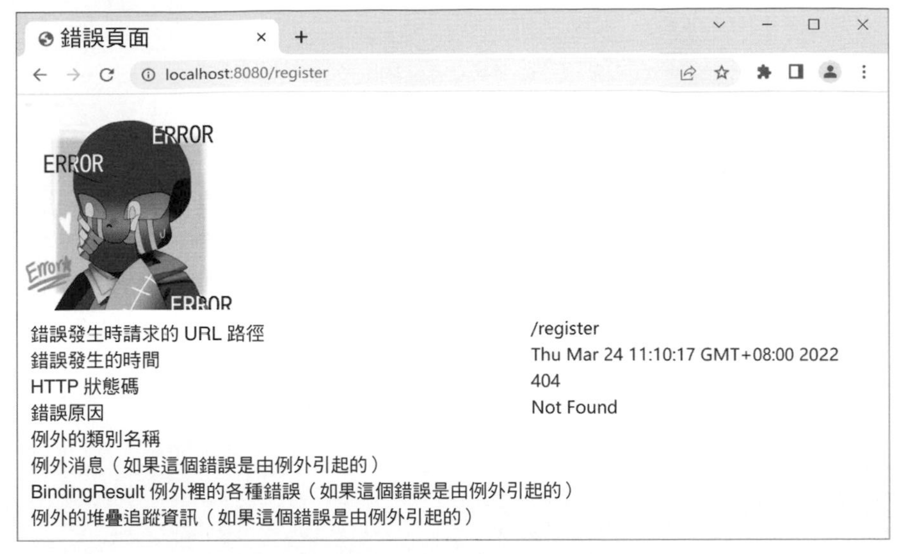

▲ 圖 7-2 訂製的錯誤頁面

如果要針對特定的 HTTP 狀態碼提供錯誤頁面，則可以將檔案增加到 /error 目錄。錯誤頁面可以是靜態 HTML（即增加到任何靜態資源檔夾下），也可以使用範本建構。檔案名稱應該是精確的狀態碼。

例如，要將 404 映射到靜態 HTML 檔案，則目錄結構如下：

```
src/
 +- main/
     +- java/
     |   + <source code>
     +- resources/
         +- public/
             +- error/
             |   +- 404.html
             +- <other public assets>
```

要使用 Thymeleaf 範本映射所有 5xx 錯誤，則目錄結構如下：

```
src/
 +- main/
     +- java/
```

```
|   + <source code>
+- resources/
    +- templates/
        +- error/
        |   +- 5xx.html
        +- <other templates>
```

接下來在 templates 目錄下新建 error 子目錄，在 error 子目錄下新建 404.html，檔案內容如例 7-5 所示。

▼ 例 7-5 404.html

```
<!DOCTYPE html>
<html xmlns:th="http://www.thymeleaf.org">
<head>
    <meta charset="UTF-8">
    <title>404 錯誤 </title>
</head>
<body>
  <div>
    <table>
      <tr>
        <td> 錯誤發生時請求的 URL 路徑 </td>
        <td th:text="${path}"></td>
      </tr>
      <tr>
        <td> 錯誤發生的時間 </td>
        <td th:text="${timestamp}"></td>
      </tr>
      <tr>
        <td>HTTP 狀態碼 </td>
        <td th:text="${status}"></td>
      </tr>
      <tr>
        <td> 錯誤原因 </td>
        <td th:text="${error}"></td>
      </tr>
    </table>
  </div>
```

```
</body>
</html>
```

當存取一個不存在的 URL 時，會看到如圖 7-3 所示的 404 錯誤頁面。

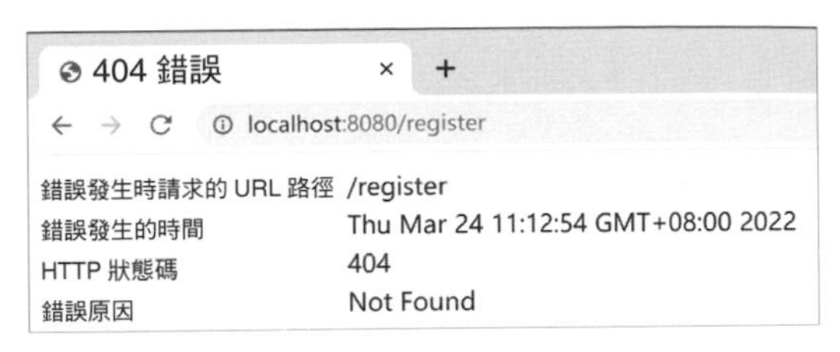

▲ 圖 7-3 404 錯誤頁面

7.3 小結

本章主要介紹了 Spring Boot 中的例外處理，以及如何自訂錯誤頁面。

第 8 章 檔案上傳和下載

在 Web 應用中，檔案的上傳和下載是非常有用的功能。例如，在網上辦公系統中，使用者可以使用檔案上傳來提交檔案；在專案測試中，可以利用檔案上傳來提交測試報告；在基於 Web 的郵件系統中，可以利用檔案上傳，將上傳的檔案作為郵件附件發送出去。

在一些網路系統中，需要隱藏下載檔案的真真實位址，或者將下載的資料存放在資料庫中，那麼可以透過程式設計來實作對檔案的下載，這樣還可以對下載的檔案增加存取控制。

本章將介紹如何在 Spring Boot 中實作檔案的上傳和下載。

8.1 檔案上傳

首先新建一個名為 ch08 的 Spring Boot 專案，增加 Spring Web 相依性和 Thymeleaf 相依性。

在專案建立後，在 templates 目錄下新建 upload.html 檔案，程式如例 8-1 所示。

▼ 例 8-1 upload.html

```
<!DOCTYPE html>
<html lang="zh" xmlns:th="http://www.thymeleaf.org">
<head>
    <meta charset="UTF-8">
    <title>檔案上傳和下載</title>
<body>
```

```
<form th:action="@{/upload}" method="post" enctype="multipart/form-data">
    <p>
        <label for="file1" > 請選擇要上傳的檔案 </label>
        <input type="file" id="file1" name="file" multiple/>
    </p>
    <p>
        <input type="submit" value=" 上傳 ">
    </p>
</form>
</body>
</html>
```

注意，在建立表單時，不要忘了使用 enctype 屬性，並將它的值指定為 multipart/form- data。表單 enctype 屬性的預設值是 application/x-www-form-urlencoded，這種編碼方案使用有限的字元集，當使用了非字母和數字的字元時，必須用“%HH”代替（這裡的 H 表示十六進位數字），例如一個中文字元，將被表示為“%HH%HH”。如果採用這種編碼方式上傳檔案，那麼上傳的資料量將會是原來的 2 ～ 3 倍，對於要傳送的大容量的二進位資料或包含非 ASCII 字元的文字來説，application/x-www-form-urlencoded 編碼類型遠遠不能滿足要求，於是 RFC1867 定義了一種新的媒體類型：multipart/form-data，這是一種將填寫好的表單內容從用戶端傳送到伺服器端的高效方式。新的編碼類型只是在傳送資料的周圍加上簡單的頭部來標識檔案的內容。

在 <input> 元素中使用了 multiple 屬性，該屬性是 HTML5 新增的屬性，讓我們可以同時選擇多個檔案進行上傳。

然後新建 controller 子套件，在該子套件下新建 FileController 類別，程式如例 8-2 所示。

▼ 例 8-2 FileController.java

```
package com.sun.ch08.controller;

...
```

```
@Controller
public class FileController {
    @GetMapping("/upload")
    public String doUpload(){
        return "upload";
    }

    @PostMapping("/upload")
    @ResponseBody
    public String upload(HttpServletRequest request){
        // 得到所有檔案的列表
        List<MultipartFile> files =
                ((MultipartHttpServletRequest) request).getFiles("file");
        String uploadPath = "F:" + File.separator + "SpringBootUpload";
        File dir = new File(uploadPath);
        // 如果儲存上傳檔案的目錄不存在，則建立它
        if (!dir.exists()) {
            dir.mkdirs();
        }
        for (MultipartFile f : files) {
            if (f.isEmpty()) {
                continue;
            }
            File target = new File(uploadPath + File.separator +
f.getOriginalFilename());
            try {
                f.transferTo(target);
            } catch (IllegalStateException | IOException e) {
                e.printStackTrace();
            }
        }
        return "檔案上傳成功！";
    }
}
```

Spring Boot 預設接受的上傳檔案大小為 1MB，但在實際應用中這個檔案大小往往是不夠的，因此還需要在 Spring Boot 的設定檔中指定上傳檔案的最大大小。

編輯 application.properties，增加下面的兩個設定項：

```
spring.servlet.multipart.max-file-size=10MB
spring.servlet.multipart.max-request-size=20MB
```

max-file-size 用於指定單一檔案的最大大小，預設值是 1MB，如果將這個屬性設定為 -1，則表示上傳檔案的大小不受限制。max-request-size 用於指定單一請求中的檔案資料的總大小，預設值是 10MB。

啟動專案，存取 http://localhost:8080/upload，隨便選擇一些檔案上傳，然後可以在 F:\SpringBootUpload 目錄下看到上傳的檔案。

8.2 檔案下載

有的讀者可能會想，只要設定一個超連結，不就可以下載檔案了嗎？確實如此，但是透過超連結下載檔案，曝露了下載檔案的真實位址，不利於對資源進行安全保護，而且，利用超連結下載檔案，伺服器端的檔案只能存放在 Web 應用程式所在的目錄下。

利用程式編碼實作下載可以實作安全存取控制，對經過授權認證的使用者提供下載；還可以從任意位置提供下載的資料，同時可以將檔案放到 Web 應用程式以外的目錄中，或者將檔案儲存到資料庫中。

利用程式實作下載也非常簡單，只需要按照如下的方式設定三個標頭域就可以了：

```
Content-Type: application/x-msdownload
Content-Disposition: attachment; filename=downloadfile
Content-Length: filesize
```

瀏覽器在接收到上述的報標頭資訊後，就會彈出「檔案下載」對話方塊，然後可將檔案儲存到本地硬碟。

下面在 FileController 類別中增加檔案下載功能，並修改 doUpload() 方法，為頁面準備一些檔案下載連結，程式如例 8-3 所示。

▼ 例 8-3 FileController.java

```
package com.sun.ch08.controller;

...

@Controller
public class FileController {
    @GetMapping("/upload")
    public String doUpload(Model model){
          // 將上傳檔案目錄下的所有檔案名稱列出來，儲存到模型物件中
        String uploadPath = "F:" + File.separator + "SpringBootUpload";
        File dir = new File(uploadPath);
        model.addAttribute("files", dir.list());
        return "upload";
    }

    ...

    @GetMapping("/download")
    public void download(HttpServletResponse response, @RequestParam String fileName)
throws IOException{
        String dir = "F:" + File.separator + "SpringBootUpload";
        String fileFullPath = dir + File.separator + fileName;
        File file = new File(fileFullPath);
        try(
                FileInputStream fis = new FileInputStream(file);
                BufferedInputStream bis = new BufferedInputStream(fis);
        ){
            response.addHeader("Content-Type","application/octet- stream");
            response.addHeader("Content-Disposition", "attatchment; fileName="
                    + new String(fileName.getBytes("UTF-8"),"ISO-8859-1"));
            response.addHeader("Content-Length", Long.toString(file.length()));
            try(
                    OutputStream os = response.getOutputStream();
                    BufferedOutputStream bos = new BufferedOutputStream(os);
```

```
            ){
                byte[] buf = new byte[1024];
                int len = 0;
                while((len = bis.read(buf)) != -1){
                    bos.write(buf);
                }
            }
        }
    }
}
```

為了讓瀏覽器能夠辨識檔案名稱，對檔案名稱做了編碼轉換。

接下來修改下 upload.html，增加下載檔案的連結，程式如下所示：

```
<ul>
    <li  th:each="file : ${files}">
        <a th:href="@{/download(fileName=${file})}" th:text="${file}"> </a>
    </li>
</ul>
```

之後就可以啟動專案，存取 http://localhost:8080/upload。如果當前沒有可下載的檔案，則可以先上傳一些檔案。

3.5.5 節介紹過，Spring MVC 的控制器方法可以傳回一個 ResponseEntity 物件，該物件代表一個完整的響應，包含了 HTTP 標頭和響應正文，傳回的 ResponseEntity 物件將透過 HttpMessageConverter 實作轉換並寫入響應中。

下面我們用傳回 ResponseEntity 物件的方式實作下載功能，將 FileController 類別中的 download() 方法註釋起來，重新撰寫 download() 方法，程式如下所示：

```
@GetMapping("/download")
public ResponseEntity<byte[]> download(@RequestParam String fileName) throws
IOException {
    String dir = "F:" + File.separator + "SpringBootUpload";
    String fileFullPath = dir + File.separator + fileName;
    File file = new File(fileFullPath);
```

```
    ResponseEntity.BodyBuilder builder = ResponseEntity.ok();
    builder.contentLength(file.length());
    builder.contentType(MediaType.APPLICATION_OCTET_STREAM);
    fileName = new String(fileName.getBytes(StandardCharsets.UTF_8),
            StandardCharsets.ISO_8859_1);
    builder.header("Content-Disposition", "attachment; filename=" + fileName);
    return builder.body(FileUtils.readFileToByteArray(file));
}
```

在檔案名稱編碼這裡使用了 Java 7 新增的 StandardCharsets 類別，使用該類別與使用字元集名稱的作用一樣，但使用 StandardCharsets 類別的好處是不容易出錯。

程式中還使用了 Apache 的 commons-fileupload 元件，因此需要在 POM 檔案中增加該相依性，如下所示：

```
<dependency>
        <groupId>commons-fileupload</groupId>
        <artifactId>commons-fileupload</artifactId>
        <version>1.4</version>
</dependency>
```

重新啟動專案，進行檔案下載測試，你會發現與之前的實作效果一樣。

8.3 小結

本章內容不多，主要介紹了 Web 開發中常用的檔案上傳和下載功能的實作。

第 9 章

定義 RESTful 風格的介面

RESTful 是一種網路應用程式的設計風格和開發方式，其基於 HTTP，可以使用 XML 格式定義或 JSON 格式定義。在當下流行的前端與後端分離開發中，採用 RESTful 風格定義介面已經成為主流，因為 RESTful 架構結構清晰、符合標準、易於理解、擴充方便。

9.1 什麼是 REST

REST 全稱為 Representational State Transfer，翻譯為表述性狀態轉移，或表徵性狀態轉移。REST 指的是一組架構限制條件和原則，滿足這些限制條件和原則的應用程式或設計就是 RESTful。

REST 本身並沒有創造新的技術、元件或服務，而隱藏在 RESTful 背後的理念就是基於 Web 的現有特徵和能力，更好地使用現有 Web 標準中的一些規則和約束。雖然 REST 本身受 Web 技術的影響很深，但是理論上 REST 架構風格並不是綁定在 HTTP 上的。

Web 應用程式最重要的 REST 原則是，用戶端和伺服器端之間的互動在請求之間是無狀態的。從用戶端到伺服器端的每個請求都必須包含理解請求所必需的資訊。如果伺服器端在請求之間的任何時間點重新啟動，那麼用戶端都不會得到通知。此外，無狀態請求可以由任何可用伺服器端應答，這十分適合雲端運算之類的環境。用戶端可以快取資料以改進性能。

在伺服器端，應用程式狀態和功能可以分為各種資源。資源是一個有趣的概念實體，其向用戶端公開，包含應用程式物件、資料庫記錄、演算法等。每個資源都使用 URI（Uniform Resource Identifier，統一資源識別項）得到一個唯一的位址。所有資源都共用統一的介面，以便在用戶端和伺服器端之間傳輸狀態。

RESTful 架構的主要原則是：

- 網路上的所有事物都被抽象為資源
- 每個資源都有一個唯一的資源識別字
- 同一資源有多種表現形式（XML、JSON）
- 對資源的各種操作都不會改變資源識別字
- 所有的操作都是無狀態的（Stateless）

9.2 HTTP 方法與 RESTful 介面

在 Web 應用程式中，資源是透過 URL 來存取的，而對資源的存取操作可以歸納為類似於資料庫的 CRUD 操作，即建立資源、獲取資源、修改資源、刪除資源。以文章為例，傳統的 Web 應用程式可能會用以下四種 URI 代表建立、獲取、修改和刪除操作。

- /article/create 或者 /article?action=create
- /article?id=1 與 /article/all
- /article/update 或者 /article?action=update
- /article/delete?id=1 或者 /article?action=delete&id=1

也可能採用下面四種形式定義存取 URI。

- /createArticle
- /getArticle?id=1 與 /getAllArticles

- /updateArticle
- /deleteArticle?id=1

請求方法一般是 GET 或者 POST。

如果採用 RESTful 風格來設計存取介面，那麼首先要定義資源，透過 /articles 來標識文章資源，不要去考慮對文章的各種操作，簡單來說，就是用名詞去定義資源。然後要考慮如何界定對資源的存取操作，這是透過 HTTP 請求方法來界定的。常用的 HTTP 協定的請求方法如表 9-1 所示。

▼ 表 9-1 HTTP 協定的請求方法

方法	作用
GET	請求指定的資源
POST	發送資料給伺服器，請求正文的類型由 Content-Type 標頭指定
PUT	請求伺服器更新一個資源
PATCH	請求對資源進行部分修改，而 PUT 方法用於表示對資源進行整體覆蓋
DELETE	請求伺服器刪除指定的資源
HEAD	請求指定資源的響應訊息標頭
OPTIONS	請求查詢伺服器的性能，或者查詢與資源相關的選項和需求

其中 GET、POST、PUT（或 PATCH）和 DELETE 這四個方法正好可以對應資源的獲取、建立、修改和刪除操作，由此符合 RESTful 風格的存取路徑就出來了：

- POST /articles（建立文章）
- GET /articles/1（獲取 ID 為 1 的文章）與 GET /articles（獲取所有文章）
- PUT /articles（修改文章）
- DELETE /articles/1（刪除 ID 為 1 的文章）

可以看到，採用 RESTful 風格設計的存取介面非常簡潔，前端不再需要記憶五花八門的請求 URI，唯一需要做的就是針對同一資源的不同存取操作，以不同的 HTTP 請求方法提交請求。

那麼在伺服器端如何區分資源的不同操作呢？很簡單，還記得 @RequestMapping 註釋嗎？該註釋有一個 method 元素，用於指定要映射的 HTTP 請求方法，於是針對文章的各種存取請求的處理器方法就很容易寫出來了，如下所示：

```
// 儲存新的文章
@RequestMapping(value="/articles", method= RequestMethod.POST)
//@PostMapping("/articles")
public ResponseEntity<Void> saveArticle(@RequestBody Article article){
    ...
    return ResponseEntity.status(HttpStatus.CREATED).build();
}

// 根據 ID 查詢文章
@RequestMapping(value="/articles/{id}", method= RequestMethod.GET)
//@GetMapping("/articles/{id}")
public ResponseEntity<Article> getArticleById(@PathVariable Integer id){
    try {
        ...
        return ResponseEntity.ok(article);
    } catch(...){
        return ResponseEntity.status(HttpStatus.BAD_REQUEST).body(null);
    }
}

// 傳回所有文章資料
@RequestMapping(value="/articles", method= RequestMethod.GET)
//@GetMapping("/articles")
public ResponseEntity<List<Article>> getAllArticles(){
    ...
    return ResponseEntity.ok(articles);
}

// 修改文章
@RequestMapping(value="/articles", method= RequestMethod.PUT)
//@PutMapping("/articles")
public ResponseEntity<Void> updateArticle(@RequestBody Article article){
    try {
```

```
        ...
        return ResponseEntity.status(HttpStatus.NO_CONTENT).build();
    } catch(...){
        return ResponseEntity.status(HttpStatus.BAD_REQUEST).body(null);
    }
}

// 根據 ID 刪除文章
@RequestMapping(value="/articles/{id}", method= RequestMethod.DELETE)
//@DeleteMapping("/articles/{id}")
public ResponseEntity<Void> deleteArticle(@PathVariable Integer id){
    try{
        ...
        return ResponseEntity.status(HttpStatus.NO_CONTENT).build();
    } catch(...) {
        return ResponseEntity.status(HttpStatus.BAD_REQUEST).build();
    }
}
```

針對不同的 HTTP 請求方法，Spring 還提供了對應的註釋：@GetMapping、@PostMapping、@PutMapping 和 @DeleteMapping，可以進一步簡化程式的撰寫。

9.3 HTTP 響應的狀態碼

前面我們提到，Web 應用程式最重要的 REST 原則是，用戶端和伺服器端之間的互動在請求之間是無狀態的，因此 RESTful 風格的介面非常適合前端與後端分離的專案。傳統的 Web 應用程式頁面與幕後程式是在一起的，因此傳回的響應多是頁面資料，出錯資訊也在頁面中繪製，HTTP 響應的狀態碼主要是給瀏覽器看的，但在前端與後端分離的專案中，伺服器端傳回的資料就不能僅僅是資料了，還應該包含出錯時的資訊，以及 HTTP 響應的狀態碼，這樣才能適應多種前端，也方便前端對資料的處理。

在上一節的程式中，我們使用了 ResponseEntity 來建構響應實體，根據請求成功與否，合理地設定 HTTP 響應的狀態碼，前端可以根據傳回的狀態碼進行對應的處理。如果成功獲取資料，則取出資料進行繪製；如果請求成功但沒有傳回資料（如新增、修改和刪除操作），則向使用者提示操作成功；如果請求失敗，則向使用者提示錯誤訊息。

HTTP 響應的狀態碼由 3 位數字組成，表示請求是否被理解或被滿足。狀態碼的第一個數字定義了響應的類別，後面兩位數字沒有具體的分類。第一個數字有 5 種取值，如下所示。

- 1xx：指示資訊——表示請求已接收，繼續處理。
- 2xx：成功——表示請求已經被成功接收、理解、接受。
- 3xx：重新導向——要完成請求必須進行更進一步的操作。
- 4xx：用戶端錯誤——請求有語法錯誤或請求無法實作。
- 5xx：伺服器端錯誤——伺服器未能實作合法的請求。

為了便於讀者更好地運用 HTTP 狀態碼來向前端提示資訊，表 9-2 舉出了常用的狀態碼。

▼ 表 9-2 常用的 HTTP 響應的狀態碼

狀態碼	狀態描述	對應請求方法	說明
200	OK	GET、PUT	操作成功
201	Created	POST	資源建立成功
202	Accepted	POST、PUT、DELETE、PATCH	請求已經被接受，但處理尚未完成
204	No Content	DELETE、PUT、PATCH	操作已經執行成功，但沒有傳回資料
301	Moved Permanently	GET	資源的 URI 已經被更改
303	See Other	GET	重新導向

（續表）

狀態碼	狀態描述	對應請求方法	說明
304	Not Modified	GET	資源未更改，用戶端快取的資源還可以繼續使用
400	Bad Request	GET、POST、PUT、DELETE、PATCH	請求出現語法錯誤，如參數錯誤
401	Unauthorized	GET、POST、PUT、DELETE、PATCH	請求未授權，表示使用者沒有許可權，如缺失權杖，使用者名稱或密碼錯誤
403	Forbidden	GET、POST、PUT、DELETE、PATCH	存取受限，授權過期
404	Not Found	GET、POST、PUT、DELETE、PATCH	資源不存在
405	Method Not Allowed	GET、POST、PUT、DELETE、PATCH	請求方法對指定的資源不可用
409	Conflict	GET、POST、PUT、DELETE、PATCH	請求與當前的資源狀態相衝突，因而請求不能成功
415	Unsupported Media Type	GET、POST、PUT、DELETE、PATCH	不支援的資料（媒體）類型
500	Internal Server Error	GET、POST、PUT、DELETE、PATCH	伺服器內部錯誤
501	Not Implemented	GET、POST、PUT、DELETE、PATCH	伺服器不支援實作請求所需要的功能
503	Service Unavailable	GET、POST、PUT、DELETE、PATCH	伺服器由於維護或者負載過重，所以當前不能處理請求

9.4 狀態碼的困惑與最佳實踐

前端向伺服器端的 RESTful API 介面發起請求，無非有兩種結果，即成功與失敗。對於成功，伺服器端傳回 200，前端就可以做進一步處理了；但在失敗的情況下，伺服器端應該如何傳回錯誤程式來提示前端呢？如果嚴格按照 RESTful 風格來設計介面，那麼需要針對各種錯誤情況，選擇合適的錯誤響應程式。且不說後端開發人員能否記住多達幾十個的 HTTP 狀態碼，即使能記住，那麼前端開發人員是否也能理解各種狀態碼的含義，從而做出正確的錯誤處理呢？

因此，就誕生了一種 RESTful API 介面設計，即不管什麼情況，伺服器端都傳回 200 狀態碼，前端在得到響應後，從伺服器端發回的響應正文中提取具體的錯誤訊息。這對於前端來說處理起來就很容易，後端程式設計也相對簡單了，無須再使用 ResponseEntity 來建構完整的響應實體。採用這種方式可以設計一個類別，攜帶自訂的錯誤程式、錯誤訊息與資料，然後所有請求處理方法均傳回該類別的物件。這個類別的程式形式如下所示：

```
import lombok.AllArgsConstructor;
import lombok.Data;

@Data
@AllArgsConstructor
public class Result<T> {
    private Integer code;  // 狀態碼
    private String msg;    // 成功或失敗訊息
    private T data;         // 承載的資料
}
```

控制器方法可以撰寫為下面的形式：

```
// 根據 ID 查詢文章
@RequestMapping(value="/articles/{id}", method= RequestMethod.GET)
public Result<Article> getArticleById(@PathVariable Integer id){
    try {
        ...
        return new Result<>(200, " 成功 ", article);
    } catch(...){
        return new Result<>(10001, " 參數不合法 ", null);
    }
}
```

當請求成功時，前端接收到的 JSON 資料格式如下：

```
{
    "code": 200,
```

```
    "msg": "成功",
    "data": {
        "id": 2,
        "title": "《Java 無難事》"
    }
}
```

當請求失敗時，前端接收到 JSON 資料格式形式如下：

```
{
    "code": 10001,
    "msg": "參數不合法",
    "data": null
}
```

採用這種設計方式也有一個問題，即對於某些伺服器端監控服務不友善，因為所有的響應都是 200，無法針對某個介面頻繁發生的 4xx/5xx 錯誤發送警告資訊。

對於自訂錯誤程式也不用擔心，因為我們會提供文件給前端。對於前端來說，很多時候都不用錯誤程式，而是直接取出錯誤訊息向使用者提示，因此，前端開發者最喜歡這種設計方式。

如果要權衡利弊，找出一個最佳方案，則採用部分常見的 HTTP 狀態碼，將錯誤與 HTTP 狀態碼的含義保持一致，並提供細細微性的自訂錯誤程式與錯誤訊息。

常見的 HTTP 狀態碼有：200、400、401、403、404、412、500，當然也可以根據業務需要增加或刪除一些狀態碼。當狀態碼為 200 時，不允許在響應正文中傳遞錯誤資訊。

當出現 401 錯誤時，傳回的資料格式如下所示：

```
{
    "status": 401,
    "code": "40001",
    "msg": "參數不合法",
}
```

status 與 HTTP 狀態碼對應，code 是自訂錯誤程式，可以選擇跟 HTTP 狀態碼的首位數字保持一致，例如若狀態碼為 4xx，則以 40000 作為起始編號；若狀態碼為 5xx，則以 50000 作為起始編號。當然，這並不是強制規定，完全可以根據公司的業務要求或者自己的喜好來選擇自訂錯誤程式的序號規則。

如果業務並不複雜，不需要細分錯誤程式，那麼可以合併 status 和 code 欄位，於是在出現 401 錯誤時，傳回的響應正文就可以簡化為：

```
{
    "code": 401,
    "msg": " 參數不合法 ",
}
```

9.5 RESTful API 設計原則

在設計 RESTful API 時，可以遵循一些原則，這樣既可以在設計介面時得心應手，也可以讓介面看起來更符合「主流」，具體原則如下。

1. 資源以名詞命名

每個資源都使用 URI 得到一個唯一的位址，不要出現 /getArticles 或者 /articles/get 這類的動賓子句或者動詞，而要使用名詞 /articles，然後透過 HTTP 請求方法來操作資源。

至於名詞採用複數還是單數形式並沒有統一的規定，一般建議採用複數形式。

2. 避免多級 URL

初學者在剛開始接觸 RESTful 時，會以為 RESTful 風格的 URL 不再使用查詢字串了，因此會寫出多級 URL 來存取某個資源，例如存取某個作者的某篇文章，於是定義了如下的 URL：

```
GET /authors/1/articles/2
```

這種 URL 不利於擴充，語義也不明確，更好的做法是，除了第一級，其他等級都使用查詢字串來表達，如下所示：

```
GET /authors/1?articles=2
```

查詢字串也可以用來過濾資源，例如，查詢已發佈的文章，可設計成下面的 URL：

```
GET /articles/published
```

而使用查詢字串會更好一些，如下所示：

```
GET /articles?published=true
```

這種 URL 通常對應的是一些特定條件的查詢結果或演算法運算結果。

3. 使用 HTTPS 協定

RESTful API 與使用者的通訊協定總是使用 HTTPS 協定。

4. 域名

應該儘量將 API 部署在專用域名之下，例如：https://api.example.com，如果確定 API 很簡單，不會有進一步的擴充，那麼也可以考慮放在主域名下，例如：https://example.com/api。

5. 版本

隨著業務需求的變更、功能的迭代，API 的更改是不可避免的。如果直接修改已有的 API 介面，則會引發很多問題，導致根據原先 API 撰寫的前端出現問題，因此在更改 API 的時候，會定義一個新的版本。進行版本控制的一種方式是將版本編號作為二級目錄放入 URL 中，如下所示：

```
https://api.example.com/v1/
https://api.example.com/v2/
```

另一種方式是將版本編號放到 HTTP 標頭中，透過自訂請求標頭的方式來進行版本控制，例如：

```
Accept-Version: v1
```

伺服器端提取請求標頭 Accept-Version 的值，來確定使用哪一個版本的 API 為前端請求提供服務。透過 @RequestMapping 註釋的 headers 元素，可以很容易地實作根據請求標頭的值來映射處理器方法。

6. 過濾資訊

分頁查詢是很常見的功能，在這種場景下，需要在 URL 中提供額外的查詢參數，以告知伺服器端過濾資訊。下面是常用的查詢參數：

```
?limit=10：指定傳回記錄的數量
?offset=10：指定傳回記錄的開始位置
?page=2&page_size=100：指定第幾頁，以及每頁的記錄數
?sortby=name&order=asc：指定傳回結果按照哪個屬性排序，以及排序順序
```

9.6 RESTful API 介面的實踐

這一節我們遵照 RESTful 風格設計一套介面，並進行測試。

9.6.1 專案實例

本專案將採用最佳實踐的簡化方式來傳回錯誤資訊，即使用 ResponseEntity 設定狀態碼，同時將響應正文中的錯誤程式與 HTTP 狀態碼保持一致。

專案按照如下步驟建立。

1. 建立專案

按照前面建立專案的方式新建 ch09 專案，引入 Lombok 和 Spring Web 相依性。

2. 撰寫 Article 類別

在 com.sun.ch09 套件下新建 model 子套件，撰寫 Article 類別，代表文章資料，該類別的程式如例 9-1 所示。

▼ 例 9-1 Article.java

```
package com.sun.ch09.model;

import lombok.AllArgsConstructor;
import lombok.Data;

@Data
@AllArgsConstructor
public class Article {
    private Integer id;
    private String title;
}
```

3. 定義包含響應正文的 Result 類別

有必要為響應正文設定統一的資料格式，考慮到出錯響應和成功響應的不同，我們先定義一個 BaseResult 基礎類別，包含 code 和 msg 欄位，

在 com.sun.ch09 套件下新建 result 子套件，撰寫 BaseResult 類別，程式如例 9-2 所示。

▼ 例 9-2 BaseResult.java

```
package com.sun.ch09.result;

import lombok.AllArgsConstructor;
import lombok.Data;

@Data
@AllArgsConstructor
@NoArgsConstructor
public class BaseResult {
```

```
    private Integer code;
    private String msg;
}
```

當出現錯誤時，只需要將該類別的物件設定為響應正文即可。在請求成功時，還需要一個 data 欄位攜帶傳回的資料。為此我們定義一個 DataResult，從 Result 繼承，程式如例 9-3 所示。

▼ 例 9-3 DataResult.java

```
package com.sun.ch09.result;

import lombok.AllArgsConstructor;
import lombok.Data;
import lombok.NoArgsConstructor;

@Data
@AllArgsConstructor
@NoArgsConstructor
public class DataResult<T> extends BaseResult {
    private T data;
}
```

4. 撰寫 HTTP 狀態碼的映射類別

由於 ResponseEntity 使用 HttpStatus 列舉常數來設定 HTTP 狀態碼，而我們撰寫的 BaseResult 類別是使用整數來設定 HTTP 狀態碼的，所以為了避免因強制寫入而導致的後期維護問題，我們專門撰寫一個映射類別，將 HttpStatus 列舉常數映射到整數表示的 HTTP 狀態碼。

在 com.sun.ch09 套件下新建 util 子套件，撰寫 HttpStatusMap 類別，程式如例 9-4 所示。

▼ 例 9-4 HttpStatusMap.java

```
package com.sun.ch09.util;

import org.springframework.http.HttpStatus;
```

```
import java.util.HashMap;
import java.util.Map;

public class HttpStatusMap{
    private static Map<HttpStatus, Integer> map = new HashMap<>();
    static {
        map.put(HttpStatus.OK, 200);
        map.put(HttpStatus.BAD_REQUEST, 400);
        map.put(HttpStatus.UNAUTHORIZED, 401);
        map.put(HttpStatus.FORBIDDEN, 403);
        map.put(HttpStatus.NOT_FOUND, 404);
        map.put(HttpStatus.PRECONDITION_FAILED, 412);
        map.put(HttpStatus.INTERNAL_SERVER_ERROR, 500);
    }

    public static Integer get(HttpStatus status){
        return map.get(status);
    }
}
```

在第 21 章的專案中，我們並未採用這種映射方式，而是直接獲取 HttpStatus 列舉常數的值，這個值就是一個整數值，例如：HttpStatus.OK.value()。

5. 撰寫控制器類別

在 com.sun.ch09 套件下新建 controller 子套件，撰寫 ArticleController 類別，撰寫針對文章的各種請求的處理器方法，為了簡單起見，我們直接強制寫入了文章資料。

ArticleController 類別的程式如例 9-5 所示。

▼ 例 9-5 ArticleController.java

```
package com.sun.ch09.controller;

...
```

```
@RestController
@RequestMapping("/articles")
public class ArticleController {
    static List<Article> articles = new ArrayList<>();
    static {
        articles.add(new Article(1, "《Spring Boot 無難事》"));
        articles.add(new Article(2, "《Java 無難事》"));
        articles.add(new Article(3, "《Vue.js 3.0 從入門到實戰》"));
    }


    // 儲存新的文章
    @PostMapping
    public ResponseEntity<BaseResult> saveArticle(@RequestBody Article article){
        articles.add(article);
        System.out.println(articles);
        BaseResult result = new BaseResult(HttpStatusMap.get(HttpStatus.OK), "儲存成功");
        return ResponseEntity.ok(result);
    }

    // 根據 ID 查詢文章
    @GetMapping("/{id}")
    public ResponseEntity<BaseResult> getArticleById(@PathVariable Integer id){
        Optional<Article> opArticle =  articles.stream()
                .filter(art -> art.getId() == id).findFirst();

        try {
            Article article = opArticle.get();
            DataResult result = new DataResult();
            result.setCode(HttpStatusMap.get(HttpStatus.OK));
            result.setMsg(" 成功 ");
            result.setData(article);
            return ResponseEntity.ok(result);
        } catch(NoSuchElementException e){
            BaseResult result = new BaseResult(HttpStatusMap.get (HttpStatus.BAD_
REQUEST), " 參數不合法 ");
            return ResponseEntity.status(HttpStatus.BAD_REQUEST).body(result);
        }
    }
```

```
    // 傳回所有文章資料
    @GetMapping
    public ResponseEntity<DataResult<List<Article>>> getAllArticles(){
        DataResult result = new DataResult();
        result.setCode(HttpStatusMap.get(HttpStatus.OK));
        result.setMsg(" 成功 ");
        result.setData(articles);
        return ResponseEntity.ok(result);
    }

    // 修改文章
    @PutMapping
    public ResponseEntity<BaseResult> updateArticle(@RequestBody Article article){
        Optional<Article> opArticle = articles.stream()
                .filter(art -> art.getId() == article.getId())
                .findFirst();

        try {
            Article updatedArticle = opArticle.get();
            BeanUtils.copyProperties(article, updatedArticle);
            System.out.println(articles);
            BaseResult result = new BaseResult(HttpStatusMap. get(HttpStatus.OK),
" 修改成功 ");
            return ResponseEntity.ok(result);
        } catch(NoSuchElementException e){
            BaseResult result = new BaseResult(HttpStatusMap. get(HttpStatus.BAD_
REQUEST), " 參數不合法 ");
            return ResponseEntity.status(HttpStatus.BAD_REQUEST).body(result);
        }
    }

    // 根據 ID 刪除文章
    @DeleteMapping("/{id}")
    public ResponseEntity<BaseResult> deleteArticle(@PathVariable Integer id){
        Optional<Article> opArticle = articles.stream()
                .filter(art -> art.getId() == id).findFirst();
        try{
            Article article = opArticle.get();
```

```
            articles.remove(article);
            System.out.println(articles);
            BaseResult result = new BaseResult(HttpStatusMap.get(HttpStatus.OK),
"刪除成功");
            return ResponseEntity.ok(result);
        } catch(NoSuchElementException e) {
            BaseResult result = new BaseResult(HttpStatusMap.get(HttpStatus.BAD_
REQUEST), "參數不合法");
            return ResponseEntity.status(HttpStatus.BAD_REQUEST).body(result);
        }
    }
}
```

在類別上應用 @RequestMapping 註釋指定父路徑，可以避免路徑的重複編碼。

9.6.2 使用 Postman 測試介面

Postman 是一款功能強大的網頁偵錯、HTTP 請求發送及介面測試的工具，它能夠模擬各種 HTTP Request，如 GET、POST、HEAD、PUT、DELETE 請求等，請求中還可以發送檔案（圖片、文字檔等）、額外的標頭等，實作特定的介面測試。Postman 能夠高效率地幫助後端開發人員獨立進行介面測試。

Postman 最早是作為 Chrome 瀏覽器外掛程式存在的，現在 Postman 提供了獨立下載的安裝套件，支援 Windows、Linux 和 Mac 系統。讀者可以去 Postman 的官網上下載並安裝它。

使用 Postman 做介面測試是很簡單的，啟動 Postman 後的主介面如圖 9-1 所示。

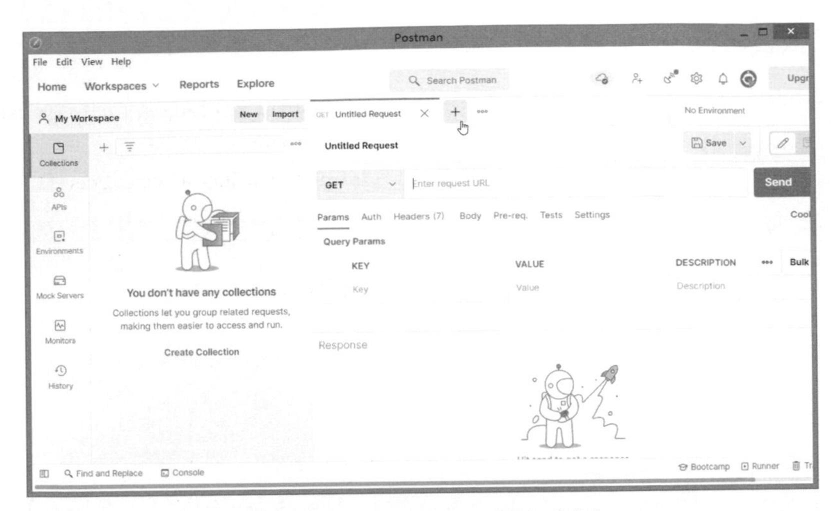

▲ 圖 9-1 Postman 的主介面

點擊圖 9-1 中的“+”號，可以開啟一個請求頁面，然後選擇請求方法，輸入請求 URL，設定要提交的資料，點擊“Send”按鈕就可以開始測試了。

1. 測試獲取所有文章介面

請求方法選擇 GET，URL 為 http://localhost:8080/articles，點擊“Send”按鈕，結果如圖 9-2 所示。

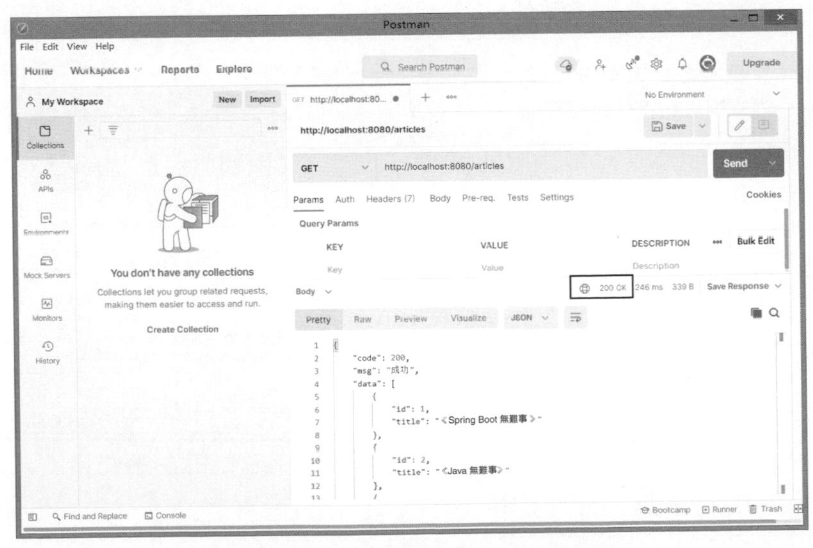

▲ 圖 9-2 測試獲取所有文章介面

2. 測試根目錄據 ID 獲取單篇文章介面

請求方法選擇 GET，URL 為 http://localhost:8080/articles/1，點擊 “Send” 按鈕，結果如圖 9-3 所示。

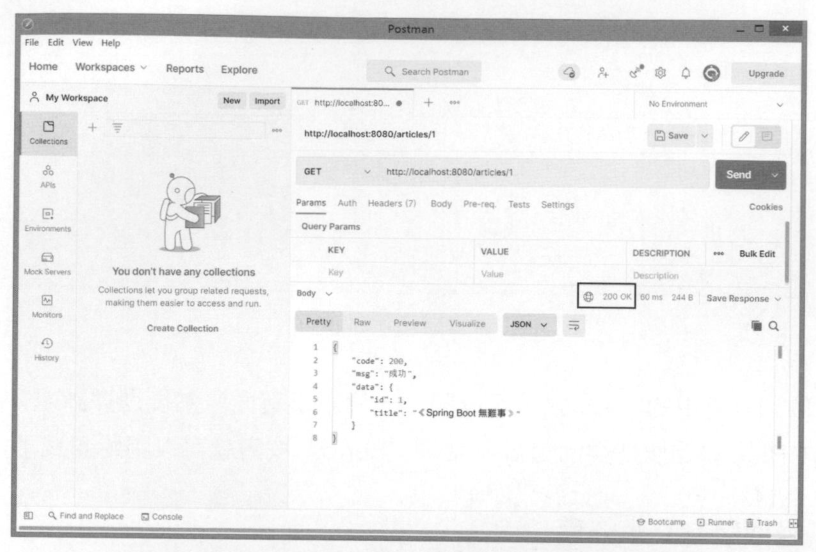

▲ 圖 9-3 測試根目錄據 ID 獲取單篇文章介面

輸入一個不存在的文章 ID，點擊 “Send” 按鈕，結果如圖 9-4 所示。

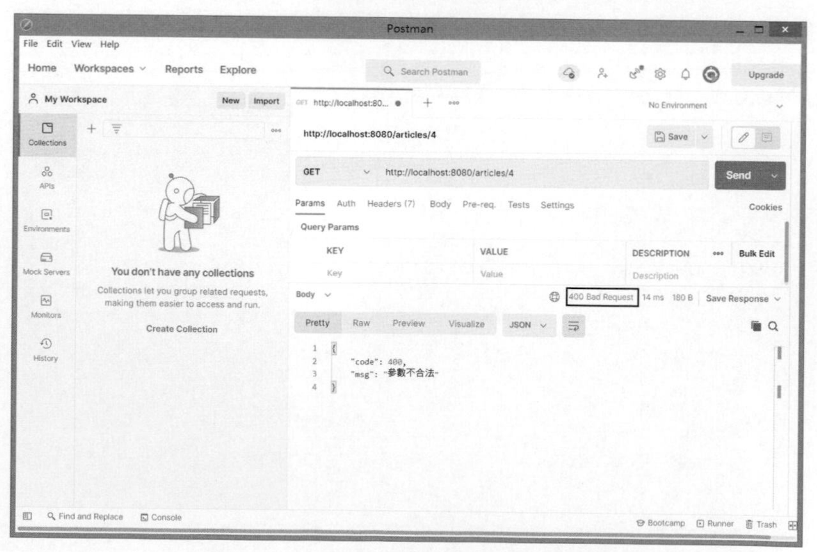

▲ 圖 9-4 文章 ID 不存在，傳回錯誤資訊

3. 測試新增文章介面

請求方法選擇 POST，URL 為 http://localhost:8080/articles，在 URL 下方切換到 Body 標籤頁，然後選擇 "raw" 和 "JSON"，輸入要新增的文章的 JSON 資料，如圖 9-5 所示。

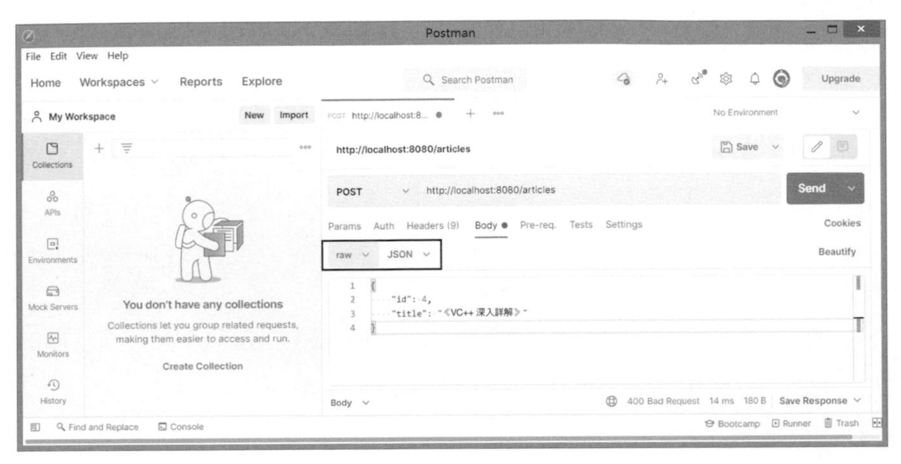

▲ 圖 9-5 準備提交的資料

點擊 "Send" 按鈕，結果如圖 9-6 所示。

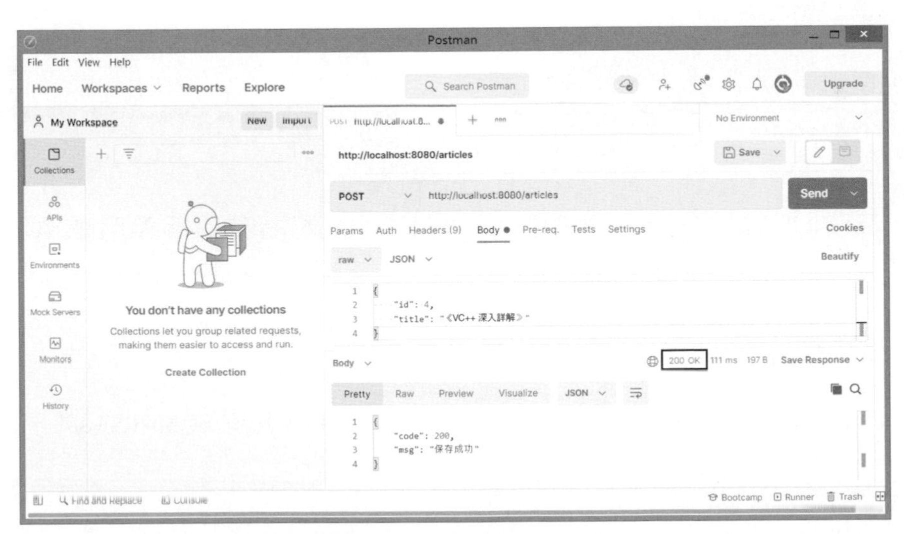

▲ 圖 9-6 測試新增文章介面

若在 IDEA 的控制台視窗中可以看到 4 篇文章資訊，則證明新增文章成功了。

4. 測試修改文章介面

請求方法選擇 PUT，URL 為 http://localhost:8080/articles，同樣在 Body 標籤頁下選擇"raw"和"JSON"，輸入要修改的文章的完整 JSON 資料，點擊"Send"按鈕，結果如圖 9-7 所示。

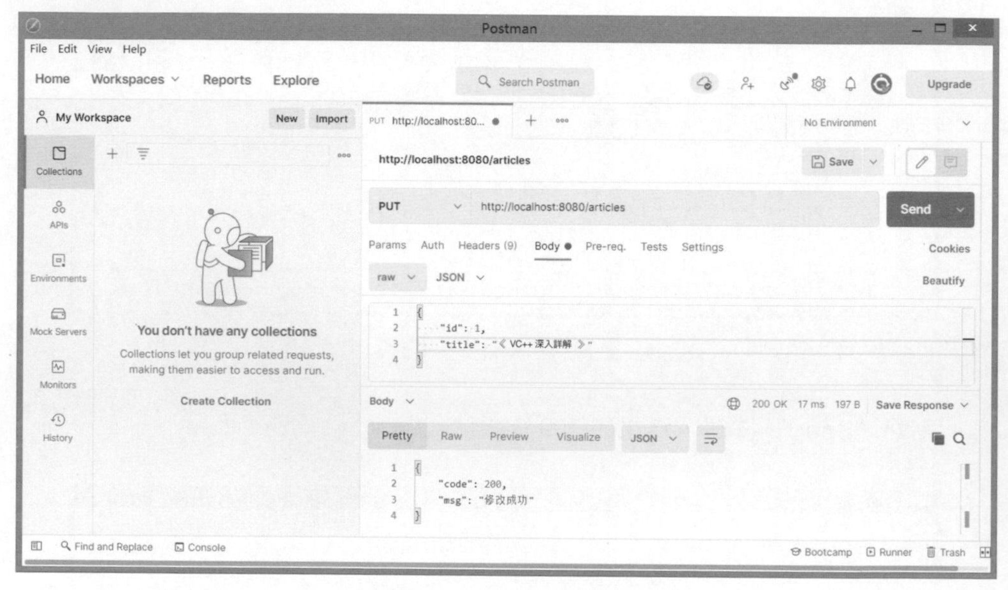

▲ 圖 9-7 測試修改文章介面

若在 IDEA 的控制台視窗中可以看到修改後的文章資訊，則證明修改文章成功了。

5. 測試刪除文章介面

請求方法選擇 DELETE，URL 為 http://localhost:8080/articles/1，點擊"Send"按鈕，結果如圖 9-8 所示。

▲ 圖 9-8 測試刪除文章介面

若在 IDEA 的控制台視窗中可以看到文章列表中已經沒有了 ID 為 1 的文章，則證明確實刪除成功了。

9.6.3 使用 RestTemplate 測試介面

RestTemplate 位於 org.springframework.web.client 套件中，它是一個執行 HTTP 請求的同步用戶端，在諸如 JDK 的 HttpURLConnection、Apache 的 HttpComponents 等底層 HTTP 用戶端函式庫上公開一個簡單的範本方法 API。

我們可以撰寫單元測試，使用 RestTemplate 模擬用戶端發送 HTTP 請求，來測試 RESTful 介面。

在 ArticleController 類別名稱上點擊滑鼠右鍵，從彈出選單中選擇【Generate⋯】→【Test⋯】，在出現的“Create Test”對話方塊中，在下方的“Member”列表中選中所有的成員方法，如圖 9-9 所示。

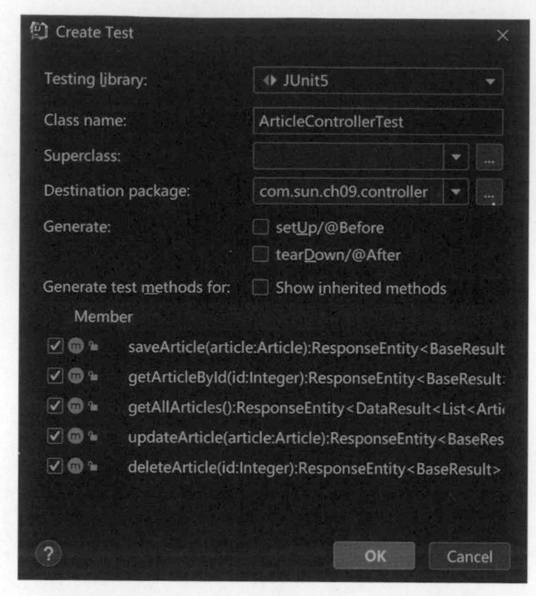

▲ 圖 9-9 "Create Test" 對話方塊

在點擊 "OK" 按鈕後，會在 test/java 目錄下的 com.sun.ch09.controller 套件中生成一個 ArticleControllerTest 類別，在該類別中同時生成 5 個測試方法。

在 5 個測試方法中，分別撰寫測試對應介面 API 的程式，如例 9-6 所示。

▼ 例 9-6 ArticleControllerTest.java

```
package com.sun.ch09.controller;

...

@SpringBootTest
class ArticleControllerTest {

    @Autowired
    private RestTemplateBuilder restTemplateBuilder;
    @Test
    void saveArticle() {
        RestTemplate client = restTemplateBuilder.build();
        HttpHeaders headers = new HttpHeaders();
```

```
        headers.setContentType(MediaType.APPLICATION_JSON);

        Article article = new Article(4, "《VC++ 深入詳解》");
        HttpEntity<Article> entity = new HttpEntity<Article>(article, headers);
        // postForObject() 方法傳回響應正文
        // 如果需要傳回整個響應實體，可以呼叫 postForEntity() 方法
        String body = client.postForObject("http://localhost:8080/ articles", entity,
String.class);
        System.out.println(body);
    }

    @Test
    void getArticleById() {
        RestTemplate client = restTemplateBuilder.build();
        // RESTful 介面以 JSON 格式來承載資料，傳回的是 JSON 串，因此類型參數指定 String 類型
        ResponseEntity<String> entity =
                client.getForEntity("http://localhost:8080/articles/ {id}",
                        String.class, 1);
        System.out.println(entity.getBody());
    }

    @Test
    void getAllArticles() {
        RestTemplate client = restTemplateBuilder.build();
        // 如果只需要響應正文，則可以呼叫 getForObject() 方法
        String body = client.getForObject("http://localhost:8080/articles",
                String.class);
        System.out.println(body);
    }

    @Test
    void updateArticle() {
        RestTemplate client = restTemplateBuilder.build();
        HttpHeaders headers = new HttpHeaders();
        headers.setContentType(MediaType.APPLICATION_JSON);

        Article article = new Article(1, "《VC++ 深入詳解》");
        HttpEntity<Article> entity = new HttpEntity<Article>(article, headers);
        // put() 方法沒有傳回值，如果需要接收響應訊息，則可以呼叫 exchange() 方法
```

```
        //client.put("http://localhost:8080/articles", entity);
        ResponseEntity<String> responseEntity = client.exchange(
                "http://localhost:8080/articles",
                HttpMethod.PUT,
                entity,
                String.class);
        System.out.println(responseEntity.getBody());
    }

    @Test
    void deleteArticle() {
        RestTemplate client = restTemplateBuilder.build();
        // delete() 方法沒有傳回值，如果需要接收響應訊息，則可以呼叫 exchange() 方法
        //client.delete("http://localhost:8080/articles/{id}", 1);

        ResponseEntity<String> responseEntity = client.exchange(
                "http://localhost:8080/articles/{id}",
                HttpMethod.DELETE,
                null,
                String.class,
                1);
        System.out.println(responseEntity.getBody());
    }
}
```

讀者可以先執行專案，然後執行各個測試方法以對介面進行測試。記得在 ArticleControllerTest 類別上加上 @SpringBootTest 註釋。

9.7 撰寫全域錯誤處理器

當我們使用 Postman 以 DELETE 請求方法向 http://localhost:8080/articles 發起請求時，結果如圖 9-10 所示。

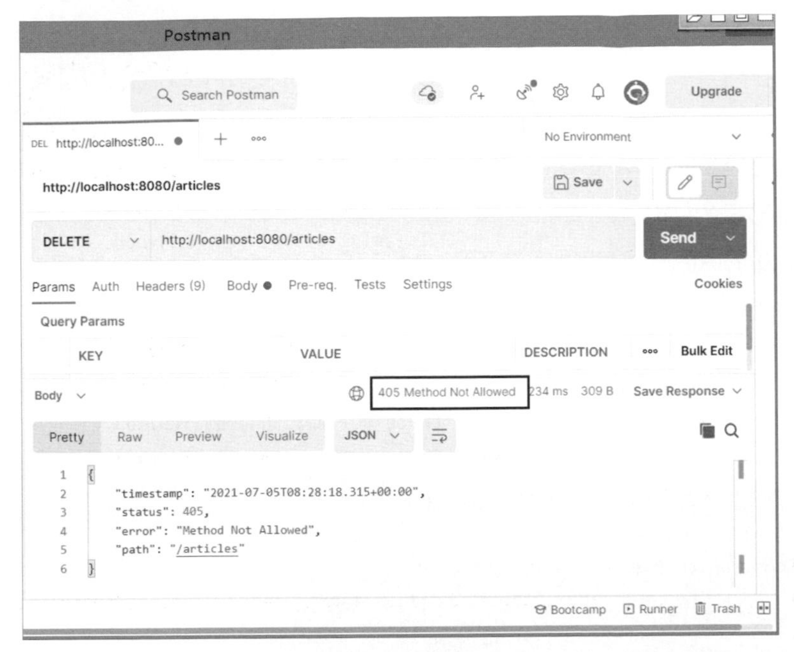

▲ 圖 9-10 沒有控制器方法響應請求時傳回的錯誤資訊

有的讀者可能會迷惑，覺得這好像不是我們自己設定的響應資料傳回格式，這確實不是。我們自訂的響應資料格式需要在控制器方法得到呼叫時才會傳回，而現在以 DELETE 請求方法向 http://localhost:8080/articles 發起請求時，根本沒有該請求映射的處理器方法，於是就由 Spring Boot 的錯誤控制器接手，傳回了如圖 9-10 所示的錯誤資訊。與之類似的還有 404 錯誤，當存取一個不存在的 URL 時，就會傳回 404 錯誤。

我們既然採用了 RESTful 風格來設計介面，就自然希望在所有情況下傳回的資料格式都是統一的，這樣也方便前端進行處理。為此，可以先撰寫一個基礎類別控制器（其他控制器繼承該基礎類別控制器），然後將路徑 /** 映射到一個處理器方法上，這樣未精確匹配的路徑就會由這個處理器方法來響應，最後在該方法中統一以我們自訂的響應資料格式傳回 400 錯誤。

不過，這樣處理的話，錯誤訊息資訊不是很明確。另一種更好的實作方式是撰寫一個全域錯誤控制器，專門處理沒有請求對應的控制器方法而導致的 HTTP 錯誤。

在 7.2 節我們介紹過，在預設情況下，Spring Boot 提供了一個 /error 映射，以一種合理的方式處理所有錯誤，即 Spring Boot 使用 ErrorController 介面（位於 org.springframework.boot.web.servlet.error 套件中）的實作類別物件來響應 /error 映射，該介面沒有定義任何方法，而只是一個標記介面，用於標識應該用於呈現錯誤的 @Controller 註釋。我們可以實作該介面，將路徑 /error 映射到錯誤控制器的方法上，然後根據不同的 HTTP 錯誤狀態碼來設定對應的錯誤訊息資訊，最後以統一的響應資料格式向前端傳回。

在 controller 子套件下新建 GlobalErrorController 類別，實作 ErrorController 介面，程式如例 9-7 所示。

▼ 例 9-7 GlobalErrorController.java

```
package com.sun.ch09.controller;

...

@RestController
public class GlobalErrorController implements ErrorController {
    private static final String ERROR_PATH = "/error";

    @RequestMapping(ERROR_PATH)
    public ResponseEntity<BaseResult> error(HttpServletResponse response){
        int code = response.getStatus();
        BaseResult result = null;
        switch (code){
            case 401:
                result = new BaseResult(
                        401, "使用者未登入");
                return ResponseEntity.status(HttpStatus.UNAUTHORIZED). body(result);
            case 403:
                result = new BaseResult(
                        403, "沒有存取權限");
                return ResponseEntity.status(HttpStatus.FORBIDDEN). body(result);
            case 404:
                result = new BaseResult(
```

```
                    404, " 請求的資源不存在 ");
                return ResponseEntity.status(HttpStatus.NOT_FOUND). body(result);
            case 405:
                result = new BaseResult(
                        405, " 請求方法對指定的資源不可用 ");
                return ResponseEntity.status(HttpStatus.METHOD_NOT_ ALLOWED).
body(result);
            case 500:
                result = new BaseResult(
                        500, " 伺服器端錯誤 ");
            default:
                result = new BaseResult(
                        500, " 未知錯誤 ");
                return ResponseEntity.status(
                        HttpStatus.INTERNAL_SERVER_ERROR).body(result);
        }
    }
}
```

重新啟動專案，在 Postman 中以 DELETE 請求方法向 http://localhost:8080/articles 發起請求，會看到如圖 9-11 所示的響應結果。

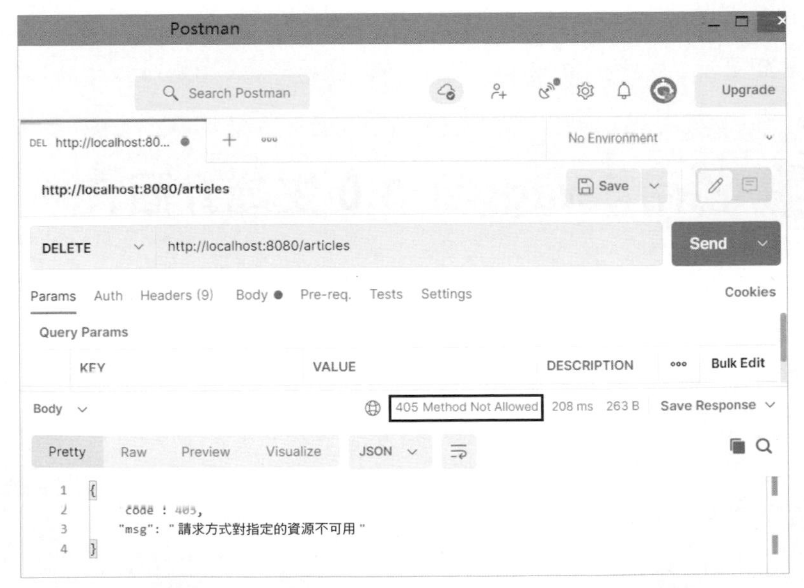

▲ 圖 9-11 定義全域錯誤處理器後的傳回結果

還可以將對 HTTP 錯誤狀態碼的處理與全域例外處理結合起來，只需要在 GlobalErrorController 類別上增加 @ControllerAdvice 註釋，然後用 @ExceptionHandler 註釋標注例外處理器方法就可以了，如下所示：

```
package com.sun.ch09.controller;
...

@RestController
@ControllerAdvice
public class GlobalErrorController implements ErrorController {
    ...

    @ExceptionHandler(Exception.class)
    public ResponseEntity<BaseResult> exception(Exception e) {
        BaseResult result = new BaseResult(500, e.getMessage());
        return ResponseEntity.status(
                HttpStatus.INTERNAL_SERVER_ERROR).body(result);
    }
}
```

也可以根據專案情況對各種例外類型（包括自訂例外類型）分別進行處理，然後結合響應資料中的自訂錯誤程式，向前端提示更為準確的錯誤訊息，這就是最佳實踐了。

9.8 使用 Swagger 3.0 生成介面文件

在前端與後端分離的專案中，有的直接由後端開發人員根據前端需求提供介面，但更多的是，前端與後端開發人員一起協商著制定介面，不管使用那種方式，為介面舉出說明文檔都是有必要的。但在開發過程中，隨著需求的細化和變更，可能會更改介面，如果忘了更新介面的說明文檔，就會為前端開發造成不必要的麻煩。因此，有必要選擇一個工具來幫助我們自動生成介面文件，這個工具就是 Swagger。

Swagger 是一個規範和完整的框架，用於生成、描述、呼叫和視覺化 RESTful 風格的 Web 服務的介面文件。

接下來我們按照下面的步驟，在專案中引入 Swagger，以自動生成介面文件。

9.8.1 增加 Swagger 3.0.0 相依性

編輯 POM 檔案，增加 Swagger 3.0.0 相依性，如下所示：

```
<dependency>
        <groupId>io.springfox</groupId>
        <artifactId>springfox-boot-starter</artifactId>
        <version>3.0.0</version>
</dependency>
```

一定要記得更新相依性。如果使用的是 Swagger 的 2.9.2 版本，則需要引入不同的相依性，對於舊版本的 Swagger，請讀者參看其他的資料進行設定。

9.8.2 建立 Swagger 的設定類別

在 com.sun.ch09 套件下新建 config 子套件，在該子套件下新建 Swagger3Configuration 類別，程式如例 9-8 所示。

▼ 例 9-8 Swagger3Configuration.java

```
package com.sun.ch09.config;

...

/**
 * 如果沒有在 Spring Boot 的設定檔中使用
 * springfox.documentation.enabled=false 關閉 Swagger 的功能，
 * 可以不用 @EnableOpenApi 註釋
 */
@Configuration
@EnableOpenApi
```

```
@EnableWebMvc
public class Swagger3Configuration {
    @Bean
    public Docket createRestApi(){
        return new Docket(DocumentationType.OAS_30)
                .apiInfo(apiInfo())
                .select()
                .apis(RequestHandlerSelectors.basePackage("com.sun.ch09.controller"))
                .paths(PathSelectors.any())
                .build();
    }

    // 設定 API 的基本資訊，這些資訊會在 API 文件上顯示
    private ApiInfo apiInfo(){
        return new ApiInfoBuilder()
                .title(" 文章系統 RESTful API 文件 ")  // 文件名稱
                .description(" 文章系統 RESTful API 文件 ")  // 文件説明
                .contact(new Contact("sun.com", "www.sun.com", "8888@sun.com"))
// 連絡人
                .termsOfServiceUrl("")  //服務條款
                .version("1.0")  // 版本
                .build();
    }
}
```

這裡要注意一個問題，當使用 Spring Boot 2.6.0 及以上版本時，啟動專案會拋出如下的例外資訊：

org.springframework.context.ApplicationContextException: Failed to start bean 'documentationPluginsBootstrapper'; nested exception is java.lang.NullPointerException

而使用 Spring Boot 2.6.0 以下版本就不會出現上述例外。在新版 Spring Boot 中要解決上述例外，需要在設定類別上增加 @EnableWebMvc 註釋。

程式中的 apiInfo() 方法用來設定 API 的基本資訊，設定的資訊會在 API 文件上顯示，可以根據需要設定文件名稱、連絡人、專案版本編號等。

createRestApi() 方法建立一個 Docket 類型的 Bean，Docket 實例是一個建構器，作為 swagger-springmvc 框架的主要介面，提供合理的預設值和方便的設定方法。

在方法鏈呼叫中，select() 方法傳回一個 ApiSelectorBuilder 實例，該實例用來控制哪些介面曝露給 Swagger 使用，該實例的建構需要呼叫 build() 方法來完成；ApiSelectorBuilder 實例的 apis() 方法指定使用何種方式來掃描介面，這裡透過設定基礎套件的路徑來進行掃描；paths() 方法掃描介面的路徑，PathSelectors.any() 表示任何路徑都滿足條件。

9.8.3 瀏覽自動生成的介面文件

啟動專案，存取 http://localhost:8080/swagger-ui/index.html，可以看到如圖 9-12 的頁面。

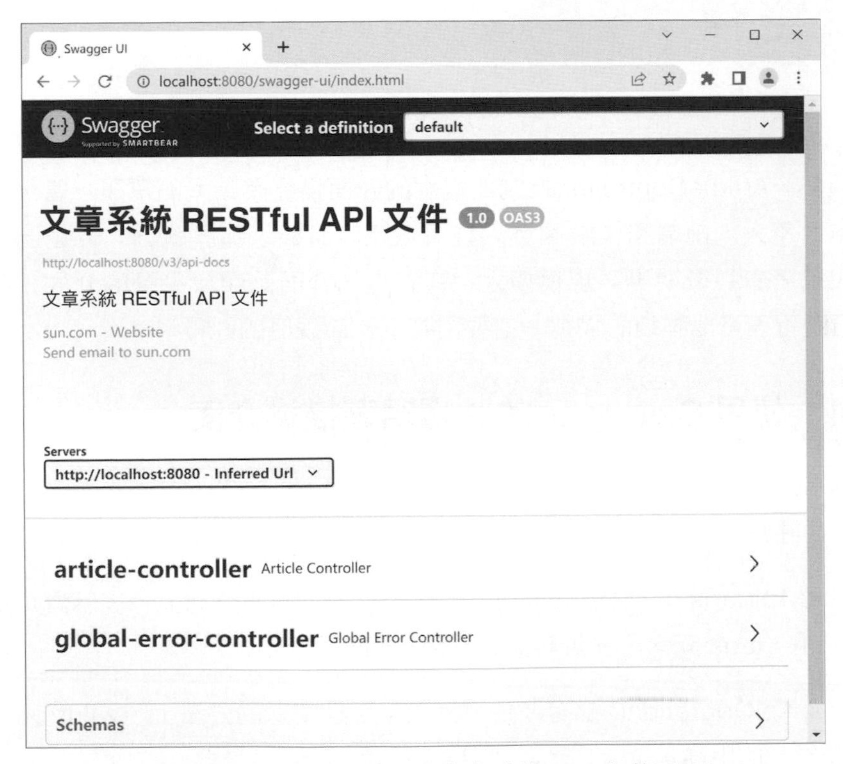

▲ 圖 9-12 Swagger 自動生成的 API 文件頁面

這裡還有一個小問題，就是對於全域錯誤控制器我們並不想曝露為 API，這可以透過 @ApiIgnore 註釋來忽略全域錯誤控制器。

接下來展開 article-controller，可以看到如圖 9-13 的內容。

▲ 圖 9-13 ArticleController 控制器提供的介面

顯然，ArticleController 控制器提供的介面描述有點太簡單了，當然，如果專案本身不大，前端和後端開發人員可以隨時溝通，那麼這個文件也已經足夠了。如果考慮到後期專案規模擴大，或者這個介面是開放平臺的介面，就需要對介面進行盡可能詳細的描述，這要用到下一節說明的註釋。

9.8.4 使用 Swagger 的註釋明確描述介面

Swagger 舉出了一些註釋，可以用這些註釋更明確地描述介面。下面是常用的一些註釋。

- @Api(tags = " 文章介面 ")：用在請求的控制器類別上，表示對類別的說明，tags 元素用於說明該類別的作用。
- @ApiOperation(" 儲存新的文章 ")：用在請求的方法上，value 元素指定方法的用途，notes 元素指定方法的備註。

- @ApiResponses：用在請求的方法上，表示一組響應。
- @ApiResponse：多用在 @ApiResponses 註釋中，用於表達響應資訊，code 元素指定響應的狀態碼，message 元素指定對應狀態碼的提示資訊。
- @ApiImplicitParams：用在請求的方法上，表示一組參數説明。
- @ApiImplicitParam：用在方法上，表示一個請求參數的描述；多用在 @ApiImplicitParams 註釋中。

首先在 GlobalErrorController 類別上增加 @ApiIgnore 註釋，將該控制器排除在生成的文件內容之外。然後在 ArticleController 類別和其中的方法上使用上述註釋，更為明確地描述介面的作用和使用方式。程式如例 9-9 所示。

▼ 例 9-9 ArticleController.java

```
package com.sun.ch09.controller;

...
import io.swagger.annotations.*;
...

@RestController
@RequestMapping("/articles")
@Api(tags=" 文章介面，提供文章的新建、修改、查詢和刪除操作 ")
public class ArticleController {
    ...

    // 儲存新的文章
    @PostMapping
    @ApiOperation(" 儲存新的文章 ")
    @ApiResponse(code = 200, message = " 儲存成功 ")
    public ResponseEntity<BaseResult> saveArticle(@RequestBody Article article){
        ...
    }

    // 根據 ID 查詢文章
```

```
    @GetMapping("/{id}")
    @ApiOperation(" 根據文章 ID 獲取單篇文章 ")
    @ApiImplicitParam(name = "id", value=" 文章 ID")
    @ApiResponses({@ApiResponse(code = 200, message = " 成功 "), @ApiResponse(code = 
400, message = " 參數不合法 ")})
    public ResponseEntity<BaseResult> getArticleById(@PathVariable Integer id){
        ...
    }

    // 傳回所有文章資料
    @GetMapping
    @ApiOperation(" 獲取所有文章 ")
    @ApiResponse(code = 200, message = " 成功 ")
    public ResponseEntity<DataResult<List<Article>>> getAllArticles(){
        ...
    }

    // 修改文章
    @PutMapping
    @ApiOperation(" 修改文章 ")
    @ApiResponses({@ApiResponse(code = 200, message = " 成功 "), @ApiResponse(code = 
400, message = " 參數不合法 ")})
    public ResponseEntity<BaseResult> updateArticle(@RequestBody Article article){
        ...
    }

    // 根據 ID 刪除文章
    @DeleteMapping("/{id}")
    @ApiOperation(" 根據文章 ID 刪除單篇文章 ")
    @ApiImplicitParam(name = "id", value=" 文章 ID")
    @ApiResponses({@ApiResponse(code = 200, message = " 成功 "), @ApiResponse(code = 
400, message = " 參數不合法 ")})
    public ResponseEntity<BaseResult> deleteArticle(@PathVariable Integer id){
        ...
    }
}
```

這裡只是舉出範例用法，讀者還需要根據專案與介面情況，合理地使用註釋輔助生成更加明確的介面描述文件。

重新啟動專案，存取 http://localhost:8080/swagger-ui/index.html，可以看到如圖 9-14 的頁面。

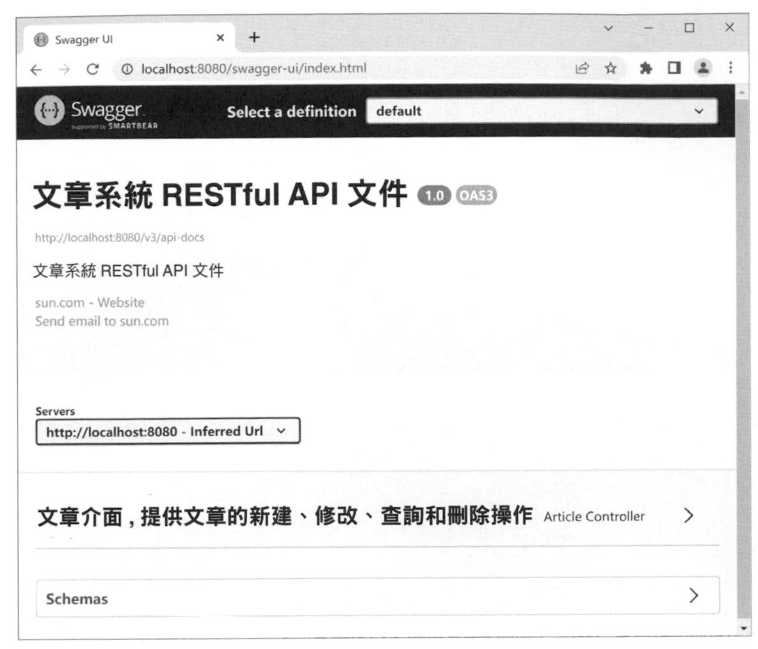

▲ 圖 9-14 Swagger 自動生成的 API 文件頁面

可以看到全域錯誤處理控制器已經不在文件中了。然後展開 Article Controller，可以看到如圖 9-15 所示的頁面。

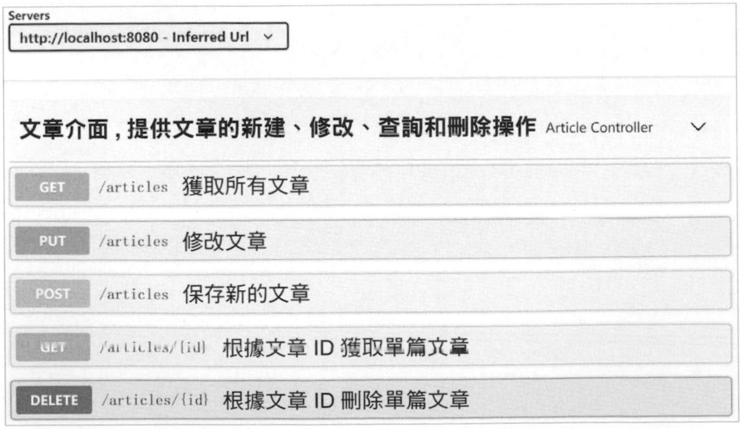

Servers
http://localhost:8080 - Inferred Url

文章介面，提供文章的新建、修改、查詢和刪除操作 Article Controller

GET /articles 獲取所有文章

PUT /articles 修改文章

POST /articles 保存新的文章

GET /articles/{id} 根據文章 ID 獲取單篇文章

DELETE /articles/{id} 根據文章 ID 刪除單篇文章

▲ 圖 9-15 ArticleController 控制器提供的介面

讀者可以進一步點擊某個介面，查看介面參數與傳回的響應的描述。

9.8 小結

本章詳細介紹了 RESTful 風格的介面設計和設計原則，並舉出了常用的 HTTP 狀態碼，同時介紹了 RESTful API 對於 HTTP 狀態碼的兩種應用方式，並舉出了最佳實踐。此外，我們還介紹了針對 RESTful API 介面的兩種測試方式，並撰寫了全域錯誤處理器，最後講解了如何利用 Swagger 3.0 生成介面文件。

第 10 章 Spring WebFlux 框架

Spring WebFlux 是 Spring Framework 5.0 中引入的新的響應式 Web 框架，可執行在 Netty、Undertow 和 Servlet 3.1+ 容器等伺服器上。Spring WebFlux 與 Spring MVC 不同，其不需要 Servlet API，是完全非同步和非阻塞的，並透過 Reactor 專案實作了 Reactive Streams 規範。

10.1 響應式程式設計與 Reactive Streams

響應式程式設計是一種與資料流程和變化傳遞（Propagation of Change）有關的宣告式程式設計範式。

例如，在命令式程式設計中（即我們平常的程式設計模式），a := b + c 意味著在計算運算式時，a 被分配 b + c 的結果，即使之後 b 和 c 的值發生變化，也並不會影響 a 的值。而在響應式程式設計中，每當 b 或 c 的值改變時，a 的值就會自動更新，而不需要程式重新執行敘述 a := b + c 來確定 a 的當前值。

讀者如果了解 Java 的事件監聽機制，那麼對於響應式程式設計也能夠理解了。事件監聽機制是，一旦有事件發生，事件管理器就會通知事件監聽器對事件做出響應，這其實也是一種響應式程式設計。

10.1.1 Reactive Streams 規範

前面說了，WebFlux 框架實作了 Reactive Streams 規範，Reactive Streams 為具有非阻塞背壓（Back Pressure）的非同步資料流程處理提供了標準的方案。

所謂非同步是相對於同步來說的，對於通常的 HTTP 請求處理來說，伺服器端對請求的處理就是一個同步處理過程，在發送請求後，用戶端需要等待，在伺服器端對請求處理完畢平行響應後才結束。如果採用非同步處理，那麼場景就變成了：在請求發送後，伺服器端先給一個響應，以告知收到了請求，然後對請求進行非同步處理，當處理完畢後，再將結果發送給用戶端。

響應式串流是基於生產者和消費者模式實作非同步非阻塞的，這個模式很容易出現的一個問題是，生產者生產的資料過多，壓垮了消費者。所謂背壓就是消費者告訴生產者自己需要多少量的資料，即控制生產者生成資料的速率。

Reactive Streams 是面向串流的 JVM 函式庫的標準和規範，主要用於：

- 按連續處理可能無限數量的元素。
- 在元件之間非同步傳遞元素，具有強制非阻塞背壓。

Reactive Streams 定義的 API 由 4 個介面組成，如圖 10-1 所示，這些介面由響應式串流的實作來提供。

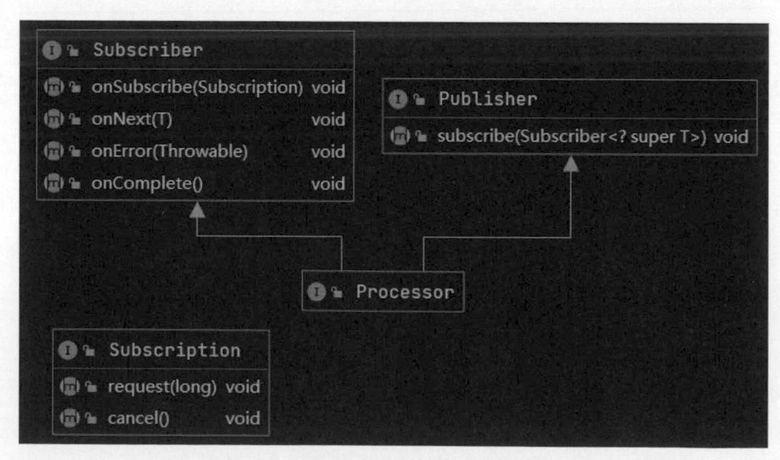

▲ 圖 10-1 Reactive Streams 規範定義的介面

Publisher（發行者）負責提供資料，Subscriber（訂閱者）負責消費資料，發行者根據從訂閱者處接收到的請求來發佈資料，而訂閱者透過 Subscription 告訴發行者需要多少資料，從而實作背壓。Processor（處理器）代表一個處理階段，其既是訂閱者又是發行者，遵守兩者的契約，可以把處理器理解為發行者與訂閱者之間的一個仲介，處理器在接收到發行者提供的資料後可以先對資料進行前置處理，然後提供給訂閱者消費。

10.1.2 Java 9 的響應式串流實作

Java 9 遵照 Reactive Streams 規範也提供了響應式串流的實作，在 java.util.concurrent.Flow 類別中以靜態內部介面的形式，舉出了與 Reactive Streams 規範中定義完全相同的介面，並舉出了 Publisher 介面的一個實作 SubmissionPublisher。

下面我們使用 Java 9 的響應式串流 API 撰寫一個簡單的例子，來看一下 Publisher、Processor 和 Subscriber 之間的資料處理流程。

我們直接使用 Java 9 的 SubmissionPublisher 類別撰寫訂閱者類別與處理器類別。

訂閱者類別的程式如例 10-1 所示。

▼ 例 10-1 SimpleSubscriber.java

```
package com.sun.ch10.reactive;

import java.util.concurrent.Flow;

public class SimpleSubscriber<T> implements Flow.Subscriber<T> {
    private Flow.Subscription subscription;

    public void onSubscribe(Flow.Subscription subscription) {
        // 儲存訂閱，並向發行者請求一個資料
        (this.subscription = subscription).request(1);
    }
    public void onNext(T item) {
```

```
        System.out.println("訂閱者接收到的資料：" + item);
        // 繼續請求一個資料
        subscription.request(1);
    }
    public void onError(Throwable ex) { ex.printStackTrace(); }
    public void onComplete() {}
}
```

處理器類別的程式如例 10-2 所示。

▼ 例 10-2 SimpleProcessor.java

```
package com.sun.ch10.reactive;

import java.util.concurrent.Flow;

public class SimpleProcessor<T> implements Flow.Processor<T, T>{
    private Flow.Subscriber<? super T> subscriber;
    @Override
    public void subscribe(Flow.Subscriber<? super T> subscriber) {
        // 儲存訂閱者
        this.subscriber = subscriber;
    }

    @Override
    public void onSubscribe(Flow.Subscription subscription) {
       // 向訂閱者傳遞 Subscription 物件，訂閱者可透過 Subscription 物件向發行者請求資料
        subscriber.onSubscribe(subscription);
    }

    @Override
    public void onNext(T item) {
        System.out.println("處理器接收到的資料：" + item);
        // 在處理器中可以對資料進行轉換，然後發佈出去
        subscriber.onNext(item);
    }

    @Override
    public void onError(Throwable ex) {
```

```
        ex.printStackTrace();
    }

    @Override
    public void onComplete() {
    }
}
```

撰寫一個測試類別，測試發佈與訂閱，程式如例 10-3 所示。

▼ 例 10-3 ReactiveTest.java

```
package com.sun.ch10.reactive;

import java.util.concurrent.SubmissionPublisher;

public class ReactiveTest {
    public static void main(String[] args) throws InterruptedException {
        SubmissionPublisher<String> publisher = new SubmissionPublisher<String>();

        SimpleProcessor<String> processor = new SimpleProcessor<>();
        SimpleSubscriber<String> subscriber = new SimpleSubscriber<>();

        // 發行者與處理器建立訂閱關係
        publisher.subscribe(processor);
        // 處理器與訂閱者建立訂閱關係
        processor.subscribe(subscriber);

        // submit() 方法透過非同步呼叫 onNex() 方法，將資料發佈給每一個訂閱者
        publisher.submit("Hello");
        publisher.submit("World");
        publisher.close();

        // 由於 SubmissionPublisher 內部採用執行緒非同步發佈資料，為了避免因主執行緒退出導致
程式退出，所以讓主執行緒睡眠一秒鐘，讓訂閱者能夠有時間處理資料
        Thread.sleep(1000);
    }
}
```

執行 ReactiveTest，結果如下所示：

```
處理器接收到的資料：Hello
訂閱者接收到的資料：Hello
處理器接收到的資料：World
訂閱者接收到的資料：World
```

資料發佈與訂閱的流程如圖 10-2 所示。

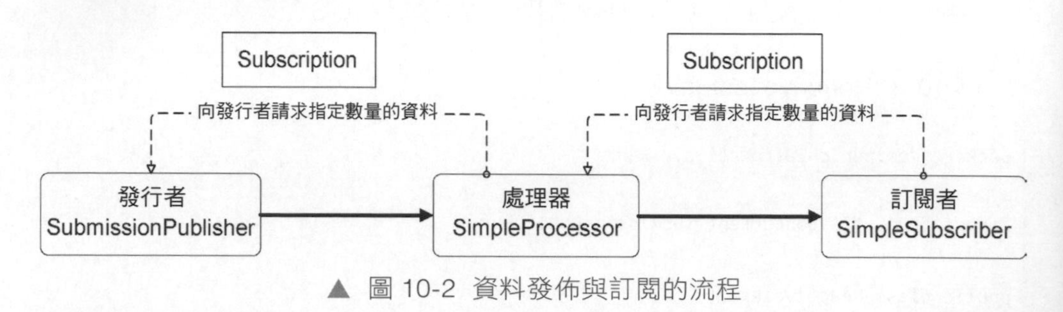

▲ 圖 10-2 資料發佈與訂閱的流程

10.2 Spring MVC 與 Spring WebFlux

Spring MVC 是應用於通常的 Web 請求的伺服器端 MVC 框架，採用同步阻塞的響應方式，而 WebFlux 是完全非同步和非阻塞的。Spring 的官方文件中舉出了兩者之間的關係、共同點及各自特有的支持，如圖 10-3 所示。

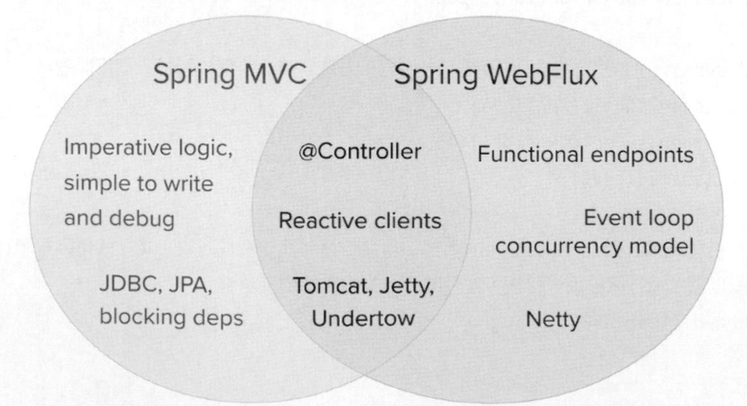

▲ 圖 10-3 Spring MVC 與 Spring WebFlux 的關係

Spring Boot 官網中對 Spring WebFlux 與 Spring MVC 從響應式技術堆疊和 Servlet 技術堆疊的角度舉出了區別，如圖 10-4 所示。

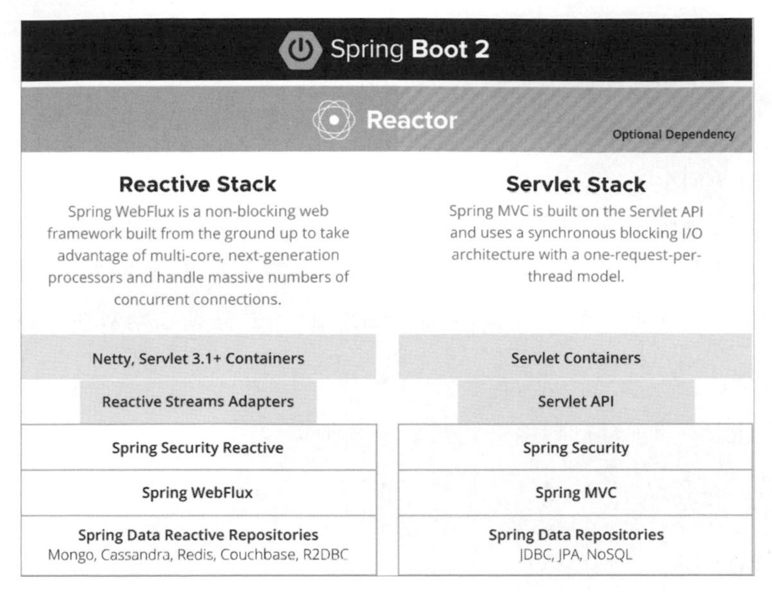

▲ 圖 10-4 Spring WebFlux 與 Spring MVC 的區別

Spring 框架提供了兩個並行的技術堆疊，一個是 Servlet 技術堆疊，包含 Servlet API、Spring MVC 和 Spring 資料儲存；另一個是完全響應式的技術堆疊，包含 Spring WebFlux、Spring 資料響應式儲存。對於這兩種技術堆疊，Spring Security 都提供了支援。

由於響應式程式設計的特性，Spring WebFlux 底層需要支援非同步的執行環境，比如 Netty 和 Undertow；也可以執行在支援非同步 I/O 的 Servlet 3.1 的容器之上，比如 Tomcat（8.0.23 及以上版本）和 Jetty（9.0.4 及以上版本）。

這裡我們主要注意一下在資料儲存方面的差異，從圖 10-4 中可以看到響應式技術堆疊並不支援傳統的資料庫存取，因為傳統的資料庫存取是阻塞式的，所以，判斷在專案中是否選用 WebFlux 的一個簡單的方式是，看程式中是否需要使用阻塞持久性 API（JPA、JDBC）或網路 API，如果需要，那麼應該選擇 Spring MVC，而非 Spring WebFlux。

另外需要明確的是，Spring WebFlux 並不是讓程式執行得更快（相對於 SpringMVC 來說），而是在有限的資源下提高系統的伸縮性和平行響應速度。

10.3 認識 Reactor

Spring WebFlux 使用的響應式串流實作並非 Java 9 的實作，而是一個叫作 Reactor 的響應式串流函式庫。Reactor 提供了可組合的非同步序列 API：Flux（用於 [N] 元素）和 Mono（用於 [0|1] 元素），並全面實作了 Reactive Streams 規範。所以，要學習 Spring WebFlux，首先要了解如何使用 Reactor 的 API。

在 Reactor 中，發行者用兩個類別來表示：

- Flux（0...N）
- Mono（0 | 1）

而訂閱者則由 Spring 框架來完成。

Flux 是一個標準發行者，它表示由 0 到 N 個發佈的資料專案組成的非同步序列。Mono 是一個專門的發行者，可發佈 0 ～ 1 個資料專案。

與 Spring MVC 控制器方法直接傳回物件和 List 集合不同，Spring Flux 傳回 Mono 或者 Flux 物件來包裝物件與串列資料，從而實作非阻塞的非同步呼叫。

Flux 類別最常用的是一系列的 from() 方法，可以從各種資料來源建構 Flux 物件，這些方法如下所示：

- public static <T> Flux<T> from(Publisher<? extends T> source)
- public static <T> Flux<T> fromArray(T[] array)
- public static <T> Flux<T> fromIterable(Iterable<? extends T> it)
- public static <T> Flux<T> fromStream(Stream<? extends T> s)

這些方法從參數類型就知道作用了，我們就不再進行講解了。

Mono 類別最常用的方法如下所示：

- public static <T> Mono<T> just(T data)

建立一個新的 Mono 來發佈指定的項。

- public static <T> Mono<T> justOrEmpty(@Nullable T data)

建立一個新的 Mono，如果 data 不為 null，則發出它，否則只發出 onComplete。

- public static <T> Mono<T> justOrEmpty(@Nullable Optional<? extends T> data)

建立一個新的 Mono，如果 Optional.isPresent() 為 true，則發出指定的項，否則只發出 onComplete。

- public static <T> Mono<T> from(Publisher<? extends T> source)

使用 Mono API 公開指定的 Publisher，並確保它將發出 0 或 1 項。source 發射器將在第一個 onNext 時被取消。

- public static <T> Mono<T> fromCallable(Callable<? extends T> supplier)

建立一個 Mono，使用提供的 Callable 生成它的值。如果 Callablc 解析為 null，則只發出 onComplete。

- public static <T> Mono<T> create(Consumer<MonoSink<T>> callback)

建立一個延遲發射器，該發射器可與基於回呼的 API 一起使用，以發出最多一個值、完成或錯誤訊號。

- public static <T> Mono<T> error(Throwable error)

建立一個在訂閱後立即以指定錯誤終止的 Mono。

- public static <T> Mono<T> error(Supplier<? extends Throwable> errorSupplier)

建立一個 Mono，在訂閱後立即以錯誤終止。Throwable 由 Supplier 函式生成，在每次有訂閱時都會被呼叫，並允許延遲實例化。

- public final Mono<T> switchIfEmpty(Mono<? extends T> alternate)

如果此 Mono 在沒有資料的情況下完成，則傳回參數 alternate 指定的 Mono。

10.4 Spring WebFlux 的兩種程式設計模型

spring-web 模組套件含了 Spring WebFlux 的響應式基礎，包括 HTTP 抽象、支援的伺服器的響應式串流介面卡、轉碼器和與 Servlet API 類似的核心 WebHandler API（具有非阻塞特性）。

在此基礎上，Spring WebFlux 提供了以下兩種程式設計模型。

(1) 含註釋的控制器開發方式，與 Spring MVC 一致，並基於來自 spring-web 模組的相同註釋。Spring MVC 和 WebFlux 控制器都支援響應式（Reactor 和 RxJava）傳回類型，因此，很難將它們區分開來。一個顯著的區別是，WebFlux 還支援響應式 @RequestBody 參數。

(2) 函式開發方式，基於 Lambda 的、輕量級的函式程式設計模型，可以將其視為應用程式可以用來路由和處理請求的一個小型函式庫或一組實用工具，其與含註釋的控制器開發方式的最大區別在於，應用程式從頭到尾負責請求處理，而非透過註釋宣告意圖並被回呼。

下面我們具體了解一下這兩種開發方式。

首先新建一個 ch10 專案，引入 Lombok 相依性，同時在 Web 模組中選擇 Spring Reactive Web 相依性引入。在專案建立完成後，在 POM 檔案中會增加 spring-boot-starter-webflux 相依性，如下所示：

```
<dependency>
        <groupId>org.springframework.boot</groupId>
        <artifactId>spring-boot-starter-webflux</artifactId>
</dependency>
```

然後在 com.sun.ch10 套件下新建 model 子套件，撰寫 Article 類別，程式如例 10-4 所示。

▼ 例 10-4 Article.java

```
package com.sun.ch10.model;

import lombok.AllArgsConstructor;
import lombok.Data;

@Data
@AllArgsConstructor
public class Article {
    private Integer id;
    private String title;
}
```

10.4.1 含註釋的控制器方式

含註釋的控制器方式與 Spring MVC 的控制器開發方式一樣，也透過 @RestController 註釋標注控制器類別，並透過 @RequestMapping 註釋將請求路徑映射到處理器方法上。

在 com.sun.ch10 套件下新建 controller 子套件，撰寫 AnnotationController 類別，程式如例 10-5 所示。

▼ 例 10-5 AnnotationController.java

```
package com.sun.ch10.controller;


import com.sun.ch10.model.Article;
import org.springframework.web.bind.annotation.*;
```

```
import reactor.core.publisher.Flux;
import reactor.core.publisher.Mono;

import java.util.Map;
import java.util.concurrent.ConcurrentHashMap;
import java.util.concurrent.atomic.AtomicInteger;

@RestController
@RequestMapping("/articles")
public class AnnotationController {
    static Map<Integer, Article> articlesMap = new ConcurrentHashMap<>();
    private static final AtomicInteger idGenerator = new AtomicInteger(3);
    static {
        articlesMap.put(1, new Article(1, "《Spring Boot 無難事》"));
        articlesMap.put(2, new Article(2, "《Java 無難事》"));
        articlesMap.put(3, new Article(3, "《Vue.js 3.0 從入門到實戰》"));
    }

    // 儲存新的文章
    @PostMapping
    public Mono<Integer> saveArticle(@RequestBody Article article){
        Integer id = idGenerator.incrementAndGet();
        article.setId(id);
        articlesMap.put(id, article);
        System.out.println(articlesMap);
        return Mono.create(monoSink -> monoSink.success(id));
    }

    // 根據 ID 查詢文章
    @GetMapping("/{id}")
    public Mono<Article> getArticleById(@PathVariable Integer id){
        return Mono.justOrEmpty(articlesMap.get(id));
    }

    // 傳回所有文章資料
    @GetMapping
    public Flux<Article> getAllArticles(){
        return Flux.fromIterable(articlesMap.values());
    }
```

```
    // 修改文章
    @PutMapping
    public Mono<Integer> updateArticle(@RequestBody Article article){
        if(articlesMap.containsKey(article.getId())){
            articlesMap.put(article.getId(), article);
            System.out.println(articlesMap);
            return Mono.just(article.getId());
        } else {
            return Mono.empty();
        }
    }

    // 根據 ID 刪除文章
    @DeleteMapping("/{id}")
    public Mono<Void> deleteArticle(@PathVariable Integer id){
        articlesMap.remove(id);
        System.out.println(articlesMap);
        return Mono.empty();
    }
}
```

AnnotationController 實作的功能與第 9 章的 ArticleController 的功能是一樣的，不同的是傳回類型改成了 Mono 和 Flux。在程式中，也舉出了建立 Mono 和 Flux 的多種呼叫形式。

啟動專案，你會發現在啟用 WebFlux 後，Spring Boot 預設使用 Netty 作為伺服器，Netty 廣泛地應用於非同步、非阻塞應用場景，並允許用戶端和伺服器端共用資源，監聽通訊埠依然是 8080。讀者可以按照第 9 章介紹的介面測試方式，使用 Postman 進行測試。

10.4.2 函式開發方式

Spring WebFlux 包含了 WebFlux.fn，這是一種輕量級函式程式設計模型，其中的函式用於路由和請求處理。在基於註釋的控制器開發方式下，請求是由 @RequestMapping 註釋映射到的處理器方法來執行的，而在 WebFlux.fn 中，

HTTP 請求由 HandlerFunction 來處理，請求的路由則由 RouterFunction 函式來處理，它負責將請求 URL 與某個 HandlerFunction 進行映射。RouterFunction 函式相當於 @RequestMapping 註釋，它們之間的主要區別在於路由器函式不僅提供資料，還提供行為。

1. HandlerFunction

HandlerFunction 相當於 @RequestMapping 標注的方法的主體，它本身是一個函式介面，介面中的方法如下所示：

- reactor.core.publisher.Mono<T> handle(ServerRequest request)

handle 函式接受一個 ServerRequest 參數，並傳回一個延遲的 ServerResponse（即 Mono<ServerResponse>）。

ServerRequest 和 ServerResponse 是不可變的介面，提供了對 HTTP 請求和響應的存取。

（1）ServerRequest

ServerRequest 介面（位於 org.springframework.web.reactive.function.server 套件中）舉出了獲取 HTTP 方法、URI、標頭和查詢參數的方法，而對請求本體的存取則是透過 body() 方法提供的。

下面舉出了獲取請求本體的兩個範例。

```
// 將請求本體提取為 Mono<String>
Mono<String> string = request.bodyToMono(String.class);

// 將請求本體提取為 Flux<Person>，其中 Person 物件是從某些序列化形式（如 JSON 或 XML）解碼得到的
Flux<Person> people = request.bodyToFlux(Person.class);
```

bodyToXxx() 方法是更通用的 body() 方法的捷徑，body() 方法接受 BodyExtractor 函式介面作為參數，通常不需要直接舉出該介面的實作，而是透過呼叫 BodyExtractors 工具類別的方法來得到 BodyExtractor 的實例。

與上述程式等價的程式如下所示：

```
Mono<String> string = request.body(BodyExtractors.toMono(String.class));
Flux<Person> people = request.body(BodyExtractors.toFlux(Person.class));
```

要獲取提交的表單資料，可以呼叫 formData() 方法，如下所示：

```
Mono<MultiValueMap<String, String>> map = request.formData();
```

要以 Map 方式存取多部分資料，可以呼叫 multipartData() 方法，如下所示：

```
Mono<MultiValueMap<String, Part>> map = request.multipartData();
```

要以串流方式存取多部分資料，則可以按照如下方式呼叫：

```
Flux<Part> parts = request.body(BodyExtractors.toParts());
```

（2）ServerResponse

ServerResponse 介面提供對 HTTP 響應的存取，由於它是不可變的，所以可以使用 build() 方法來建立它，同時可以使用建構器來設定響應狀態、增加響應標頭或提供響應正文。

下面的範例使用 JSON 內容建立 200（OK）響應。

```
Mono<Person> person = ...
ServerResponse.ok().contentType(MediaType.APPLICATION_JSON).body(person, Person.
class);
```

下面的範例演示如何使用 Location 標頭而不使用正文建構 201（CREATED）響應：

```
URI location = ...
ServerResponse.created(location).build();
```

（3）處理器類別

由於 HandlerFunction 是一個函式介面，所以可以使用 Lambda 運算式來撰寫，如下所示：

```
HandlerFunction<ServerResponse> helloWorld =
  request -> ServerResponse.ok().bodyValue("Hello World");
```

這種方式很便利，但不實用，畢竟一個應用程式不會只有個別的處理器函式，如果都採用這種方式建立處理器函式，那麼會導致混亂及維護上的不便。所以，**我們通常把對同一資源的各種請求處理方法放到一個單獨的處理器類別中，然後在設定路由時引用這些方法**。這個處理器類別充當的角色類似於基於註釋的應用程式中的控制器類別。

我們看官方文件中舉出的一個範例：

```
import static org.springframework.http.MediaType.APPLICATION_JSON;
import static org.springframework.web.reactive.function.server.ServerResponse.ok;

@Component
public class PersonHandler {

    private final PersonRepository repository;

    public PersonHandler(PersonRepository repository) {
        this.repository = repository;
    }

    public Mono<ServerResponse> listPeople(ServerRequest request) {
        Flux<Person> people = repository.allPeople();
        return ok().contentType(APPLICATION_JSON).body(people, Person.class);
    }

    public Mono<ServerResponse> createPerson(ServerRequest request) {
        Mono<Person> person = request.bodyToMono(Person.class);
        return ok().build(repository.savePerson(person));
    }
```

```
    public Mono<ServerResponse> getPerson(ServerRequest request) {
        int personId = Integer.valueOf(request.pathVariable("id"));
        return repository.getPerson(personId)
            .flatMap(person -> ok().contentType(APPLICATION_JSON).bodyValue(person))
            .switchIfEmpty(ServerResponse.notFound().build());
    }
}
```

為了將這個類別納入 Spring 的管理中，記得增加一個 @Component 註釋。

2. RouterFunction

使用者請求由哪一個處理器函式來進行處理，是透過 RouterFunction 函式來設定的，該函式負責將請求 URL 路由映射到對應的 HandlerFunction。

RouterFunction 也是一個函式介面，介面中的方法如下所示：

- reactor.core.publisher.Mono<HandlerFunction<T>> route(ServerRequest request)

route() 方法接受一個 ServerRequest 參數，並傳回一個延遲的 HandlerFunction（即 Mono<HandlerFunction>）。

路由器函式不需要自己撰寫，都是透過 RouterFunctions 工具類別中的方法來建立路由器函式的。

RouterFunctions 類別中有兩個多載的 route() 方法，可以用來建立路由器函式，這兩個方法如下所示：

- public static RouterFunctions.Builder route()

透過傳回的建構器來建立路由器函式。

- public static <T extends ServerResponse> RouterFunction<T> route(RequestPredicate predicate, HandlerFunction<T> handlerFunction)

直接建立路由器函式。

官方推薦使用無參數的 route() 方法來建立路由器函式，因為傳回的建構器為常用的映射場景提供了快捷方法，例如，建構器提供了 GET(String, HandlerFunction) 方法為 GET 請求建立映射，POST(String, HandlerFunction) 方法為 POST 請求建立映射。除基於 HTTP 方法的映射之外，路由建構器還針對每個 HTTP 方法都舉出了一個含有 RequestPredicate 參數的多載方法，可以指定其他的約束。

（1）請求述詞

RequestPredicate 也是一個函式介面，但不需要自己撰寫實作，而是透過 RequestPredicates 工具類別提供的方法舉出實作的，RequestPredicates 類別中提供了基於請求路徑、HTTP 方法、內容類別型等進行判斷的方法。

下面的範例使用請求述詞基於 Accept 標頭建立約束。

```
RouterFunction<ServerResponse> route = RouterFunctions.route()
    .GET("/hello-world",
RequestPredicates.accept(MediaType.TEXT_PLAIN),
        request -> ServerResponse.ok().bodyValue("Hello World")).build();
```

可以使用下面的方法將多個請求述詞組合在一起。

- RequestPredicate.and(RequestPredicate)

兩者必須都匹配。

- RequestPredicate.or(RequestPredicate)

兩者任一匹配即可。

RequestPredicates 工具類別中的許多述詞都是組合而成的，例如，RequestPredicates. GET(String) 由 RequestPredicates.method(HttpMethod) 和 RequestPredicates.path(String) 組成。上面的範例中也使用了兩個請求述詞，建構器在內部使用 RequestPredicates.GET，並將其與 accept 述詞組合。

（2）路由

路由器函式按順序進行計算：如果第一條路由不匹配，則計算第二條路由，依此類推。因此，我們應該在通用路由之前宣告更具體的路由。要注意的是，路由器函式的匹配方式與基於註釋的程式設計模型不同，後者自動選擇“最特定的”控制器方法。

當使用路由器函式建構器時，所有已定義的路由都被組合成一個 RouterFunction，並由 build() 方法傳回。除此之外，還有其他的一些方式可以將多個路由器函式組合在一起，如下所示：

- RouterFunctions.Builder 的 add(RouterFunction)
- RouterFunction.and(RouterFunction)
- RouterFunction.andRoute(RequestPredicate, HandlerFunction)

下面的例子展示了四條路由的組合：

```
import static org.springframework.http.MediaType.APPLICATION_JSON;
import static org.springframework.web.reactive.function.server.RequestPredicates.*;

PersonRepository repository = ...
PersonHandler handler = new PersonHandler(repository);

RouterFunction<ServerResponse> otherRoute = ...

RouterFunction<ServerResponse> route = route()
    .GET("/person/{id}", accept(APPLICATION_JSON), handler::getPerson)
    .GET("/person", accept(APPLICATION_JSON), handler::listPeople)
    .POST("/person", handler::createPerson)
    .add(otherRoute)
    .build();
```

3. 開始函式程式設計

該了解的基本知識我們已學習完畢了，接下來就透過函式程式設計來實作與 10.4.1 節實例相同的功能。

（1）撰寫處理器類別

在 com.sun.ch10 套件下新建 handler 子套件，在其下新建 ArticleHandler 類別，程式如例 10-6 所示。

▼ 例 10-6 ArticleHandler.java

```
package com.sun.ch10.hanlder;

import com.sun.ch10.model.Article;
import org.springframework.stereotype.Component;
import org.springframework.web.reactive.function.server.ServerRequest;
import org.springframework.web.reactive.function.server. ServerResponse;
import reactor.core.publisher.Flux;
import reactor.core.publisher.Mono;

import java.util.Map;
import java.util.concurrent.ConcurrentHashMap;
import java.util.concurrent.atomic.AtomicInteger;

import static org.springframework.http.MediaType.APPLICATION_JSON;

@Component
public class ArticleHandler {
    static Map<Integer, Article> articlesMap = new ConcurrentHashMap<>();
    private static final AtomicInteger idGenerator = new AtomicInteger(3);
    static {
        articlesMap.put(1, new Article(1, "《Spring Boot 無難事》"));
        articlesMap.put(2, new Article(2, "《Java 無難事》"));
        articlesMap.put(3, new Article(3, "《Vue.js 3.0 從入門到實戰》"));
    }

    // 儲存新的文章
    public Mono<ServerResponse> saveArticle(ServerRequest request) {
        Integer id = idGenerator.incrementAndGet();

        Mono<Article> articleMono = request.bodyToMono(Article.class);
        Mono<Integer> idMono = articleMono.flatMap(article -> {
           article.setId(id);
```

```
        articlesMap.put(id, article);
        return Mono.just(id);
    });

    return ServerResponse.ok()
            .contentType(APPLICATION_JSON)
            .body(idMono, Integer.class);
}
// 傳回所有文章資料
public  Mono<ServerResponse> getAllArticles(ServerRequest request){
    return ServerResponse.ok()
            .contentType(APPLICATION_JSON)
            .body(Flux.fromIterable(articlesMap.values()), Article.class);
}

// 根據 ID 查詢文章
public  Mono<ServerResponse> getArticleById(ServerRequest request){
    Integer id = Integer.valueOf(request.pathVariable("id"));
    Mono<Article> articleMono = Mono.justOrEmpty(articlesMap. get(id));

    return articleMono
            .flatMap(article ->
                    ServerResponse.ok()
                            .contentType(APPLICATION_JSON).bodyValue (article))
            .switchIfEmpty(ServerResponse.badRequest().build());
}


// 修改文章
public Mono<ServerResponse> updateArticle(ServerRequest request){
    Mono<Article> articleMono = request.bodyToMono(Article.class);
    return articleMono.flatMap(article -> {
        if(articlesMap.containsKey(article.getId())){
            articlesMap.put(article.getId(), article);
            return ServerResponse.ok().bodyValue(article.getId());
        } else {
            return ServerResponse.badRequest().build();
        }
    });
```

```
    }

    // 根據 ID 刪除文章
    public Mono<ServerResponse> deleteArticle(ServerRequest request){
        Integer id = Integer.valueOf(request.pathVariable("id"));
        if(articlesMap.containsKey(id)){
            articlesMap.remove(id);
            return ServerResponse.ok().bodyValue(id);
        } else {
            return ServerResponse.badRequest().build();
        }
    }
}
```

（2）撰寫路由器類別

在 com.sun.ch10 套件下新建 router 子套件，在其下新建 ArticleRouter 類別，該類別主要提供路由映射，程式如例 10-7 所示。

▼ 例 10-7 ArticleRouter.java

```
package com.sun.ch10.router;

import com.sun.ch10.hanlder.ArticleHandler;
import org.springframework.beans.factory.annotation.Autowired;
import org.springframework.context.annotation.Bean;
import org.springframework.context.annotation.Configuration;
import org.springframework.web.reactive.function.server.RouterFunction;
import org.springframework.web.reactive.function.server.RouterFunctions;
import org.springframework.web.reactive.function.server.ServerResponse;

import static org.springframework.http.MediaType.APPLICATION_JSON;
import static org.springframework.web.reactive.function.server. RequestPredicates.
accept;


@Configuration
public class ArticleRouter {
```

```
    @Autowired
    private ArticleHandler articleHandler;

    @Bean
    public RouterFunction<ServerResponse> articleRoute(){
        return RouterFunctions.route()
            .path("/fun", builder -> builder
                .GET("/{id}", accept(APPLICATION_JSON), articleHandler::
getArticleById)
                .GET(accept(APPLICATION_JSON), articleHandler:: getAllArticles)
                .POST(accept(APPLICATION_JSON), articleHandler:: saveArticle)
                .PUT(accept(APPLICATION_JSON), articleHandler:: updateArticle)
                .DELETE("/{id}", articleHandler::deleteArticle))
            .build();
    }
}
```

啟動專案，使用 Postman 進行測試。

10.5 體驗非同步非阻塞

讀者如果已經測試過 10.4 節的實例，可能會發現該實例和 Spring MVC 的介面存取方式一樣，沒有感受到什麼區別，那麼這一節我們就來感受一下 WebFlux 的非同步非阻塞的處理流程。

在 com.sun.ch10.controller 套件下新建一個 TestController 類別，在該類別中分別舉出 Spring MVC 的介面和 Spring WebFlux 的介面，並撰寫一個輔助方法，模擬耗時的操作，程式如例 10-8 所示。

▼ 例 10-8 TestController.java

```
package com.sun.ch10.controller;

import org.slf4j.Logger;
import org.slf4j.LoggerFactory;
import org.springframework.web.bind.annotation.GetMapping;
```

```java
import org.springframework.web.bind.annotation.RequestMapping;
import org.springframework.web.bind.annotation.RestController;
import reactor.core.publisher.Mono;

import java.util.concurrent.TimeUnit;

@RestController
@RequestMapping("/test")
public class TestController {
    private Logger logger = LoggerFactory.getLogger(this.getClass());
    private String doWork() {
        try {
            TimeUnit.SECONDS.sleep(3);
        } catch (InterruptedException e) {
        }
        return "Work is finished";
    }

    // Spring MVC
    @GetMapping("/syn")
    public String syn(){
        logger.info("synchronous work start");
        String result = doWork();
        logger.info("synchronous work end");
        return result;
    }

    // Spring Flux
    @GetMapping("/asyn")
    public Mono<String> asyn(){
        logger.info("asynchronous work start");
        Mono<String> resultMono = Mono.fromSupplier(() -> doWork());
        logger.info("asynchronous work end");
        return resultMono;
    }
}
```

doWork() 方法模擬耗時的操作，睡眠 3 秒鐘後傳回。syn() 是通常的 Spring MVC 請求處理方法，asyn() 是 Spring WebFlux 請求處理方法。

可以使用 Postman 進行測試，存取 /test/syn，伺服器控制台視窗中的輸出如圖 10-5 所示。

```
2022-03-24 17:46:51.665  INFO 16908 --- [ctor-http-nio-3] com.sun.ch10.controller.TestController   : synchronous work start
2022-03-24 17:46:54.672  INFO 16908 --- [ctor-http-nio-3] com.sun.ch10.controller.TestController   : synchronous work end
```

▲ 圖 10-5 存取 Spring MVC 請求處理方法的日誌輸出

可以看到兩筆日誌記錄正好隔了 3 秒鐘。

存取 /test/asyn，伺服器控制台視窗中的輸出如圖 10-6 所示。

```
2022-03-24 17:49:30.175  INFO 10276 --- [ctor-http-nio-3] com.sun.ch10.controller.TestController   : asynchronous work start
2022-03-24 17:49:30.176  INFO 10276 --- [ctor-http-nio-3] com.sun.ch10.controller.TestController   : asynchronous work end
```

▲ 圖 10-6 存取 Spring WebFlux 請求處理方法的日誌輸出

可以看到兩筆日誌記錄是同一秒列印出來的，也就是說，Mono.fromSupplier() 呼叫立即傳回了，在使用 asyn() 方法傳回時，由 Spring 框架充當訂閱者，非同步執行 doWork() 方法，在得到資料後發送給前端。

從前端來看，都是等待 3 秒鐘後才得到資料，也就是說前端是感受不到差別的，WebFlux 主要用來提高伺服器的伸縮性和平行響應速度。也正因為 WebFlux 具有非同步非阻塞特性，所以在資料存取時，不能以阻塞方式來呼叫。

為了簡單起見，10.4 節的資料我們是強制寫入的資料，而在實際專案中，只需要記住用 Mono 或者 Flux 來包裝資料就可以了，然後處理器方法傳回這兩個類型的物件即可。

10.6 伺服器發送事件

伺服器發送事件（Server-Sent Events，SSE）是基於 WebSocket 協定的一種伺服器向用戶端發送事件和資料的單向通訊。WebFlux 也支援伺服器發送事件，當以串流的方式（例如：text/event-stream、application/x-ndjson）發送 HTTP 響應時，就可以定期向用戶端發送資料，發送的資料可以是註釋、空白的 SSE 或任何其他「無操作」資料，這些資料可以有效地充當心跳訊號。

下面我們舉出一個簡單的範例，來看一下伺服器如何定期向用戶端發送資料，在 TestController 類別中撰寫一個 echo() 方法，每隔 1 秒向用戶端推送伺服器的當前時間。

```
@GetMapping(value = "/echo", produces = MediaType.TEXT_EVENT_STREAM_VALUE)
public Flux<Date> echo(){
    Flux<Date> result = Flux.fromStream(
                Stream.generate(() -> {
                    try {
                        TimeUnit.SECONDS.sleep(1);
                    } catch (InterruptedException e) {
                    }
                    return new Date();
                }).limit(5));
    return result;
}
```

@GetMapping 註釋的 produces 元素指定響應的媒體類型。

執行專案，開啟瀏覽器，存取 http://localhost:8080/test/echo，可以看到，每隔 1 秒瀏覽器接收到一個伺服器發回的日期，如圖 10-7 所示。

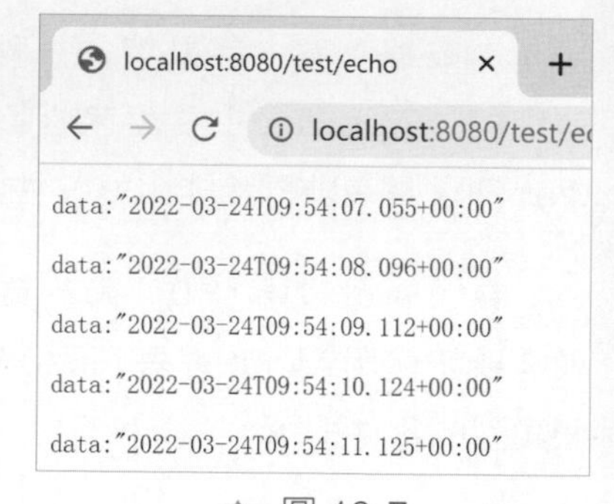

▲ 圖 10-7
瀏覽器收到的伺服器發回的日期

10.7 小結

本章詳細介紹了響應式程式設計與 Spring WebFlux 框架，並講解了 WebFlux 的兩種程式設計模型，並透過一個實例讓讀者理解 WebFlux 主要提高伺服器的伸縮性和平行響應速度，最後介紹了伺服器推送事件（SSE）。

第三篇 資料存取篇

第 11 章 使用 Spring 的 JdbcTemplate 存取資料

使用傳統的 JDBC API 存取資料庫，有一個固定的流程，如下所示。

（1）定義資料庫連接參數。

（2）獲取資料庫連接。

（3）撰寫 SQL 敘述。

（4）預編譯並執行 SQL 敘述。

（5）遍歷查詢結果（如果需要的話），對每一筆記錄行進行處理。

（6）關閉資料庫連接。

上述步驟中除（3）和（5）外，其他的步驟都是重複且無趣的，而且充斥著大量的例外處理程式，為了簡化 JDBC 存取資料庫的樣板式程式，讓我們專注於資料存取邏輯。Spring 對 JDBC API 進行了封裝，舉出了一個 JDBC 框架。

Spring 的 JDBC 框架承擔了資源管理和錯誤處理的重擔，使得 JDBC 程式非常乾淨，讓我們從枯燥且繁重的 JDBC 讀寫資料庫中解放出來。

11.1 認識 Spring Data

Spring Data 是 Spring 的一個開放原始碼父專案，其任務是為資料存取提供一個熟悉且一致的基於 Spring 的程式設計模型，同時仍然保留底層資料儲存的特殊特性。Spring Data 使得資料存取技術、關聯式資料庫和非關聯式資料庫、map-reduce 框架和基於雲端的資料服務變得簡單好用。Spring Data 是一個傘形專案，包含許多特定於某個資料庫的子專案。這些專案是與這些激動人心的技術背後的許多公司和開發人員合作開發的。

Spring Data 具有以下特徵。

- 強大的儲存庫和自訂物件映射抽象。
- 從儲存庫方法名稱動態衍生查詢。
- 為實作域基礎類別提供基本屬性。
- 支援透明審核（已建立、最後更改）。
- 可以整合自訂儲存庫程式。
- 透過 JavaConfig 和自訂 XML 名稱空間輕鬆實作 Spring 整合。
- 與 Spring MVC 控制器高級整合。
- 支援跨儲存、持久性的實驗。

Spring Data 的主要模組如下。

- Spring Data Commons：支援每個 Spring Data 模組的核心 Spring 概念。
- Spring Data JDBC：支援 JDBC 的 Spring Data 儲存庫。
- Spring Data JDBC Ext：支援標準 JDBC 的資料庫特定擴充，包括對 Oracle RAC 快速連接容錯移轉的支援、對 AQ JMS 的支援和對使用高級資料型態的支援。

- Spring Data JPA：支援 JPA 的 Spring Data 儲存庫。
- Spring Data KeyValue：基於 Map 的儲存庫和 SPI，可輕鬆建構用於鍵值儲存的 Spring Data 模組。
- Spring Data LDAP：支援 Spring LDAP 的 Spring Data 儲存庫。
- Spring Data MongoDB：基於 Spring 的物件文件支援和 MongoDB 儲存庫。
- Spring Data Redis：從 Spring 應用程式輕鬆設定和存取 Redis。
- Spring Data REST：將 Spring Data 儲存庫匯出為超媒體驅動的 RESTful 資源。
- Spring Data for Apache Cassandra：輕鬆設定和存取 Apache Cassandra，實作大規模、高可用性、面向資料的 Spring 應用程式。
- Spring Data for Apache Geode：輕鬆設定和存取 Apache Geode，實作高度一致、低延遲、面向資料的 Spring 應用程式。
- Spring Data for Pivotal GemFire：輕鬆設定和存取 Pivotal GemFire，實作高度一致、低延遲 / 高輸送量、面向資料的 Spring 應用程式。

在 Spring Boot 專案中，若要使用 JDBC 框架，則需要引入 Spring Data JDBC 模組。

Spring Data 還包含一些社區模組，如下所示。

- Spring Data Aerospike：Aerospike 的 Spring Data 模組。
- Spring Data ArangoDB：ArangoDB 的 Spring Data 模組。
- Spring Data Couchbase：Couchbase 的 Spring Data 模組。
- Spring Data Azure Cosmos DB：Microsoft Azure Cosmos DB 的 Spring Data 模組。
- Spring Data Cloud Datastore：Google Datastore 的 Spring Data 模組。

- Spring Data Cloud Spanner：Google Spanner 的 Spring Data 模組。
- Spring Data DynamoDB：DynamoDB 的 Spring Data 模組。
- Spring Data Elasticsearch：Elasticsearch 的 Spring Data 模組。
- Spring Data Hazelcast：為 Hazelcast 提供 Spring Data 儲存庫支援。
- Spring Data Jest：基於 Jest REST 用戶端的 Elasticsearch 的 Spring Data 模組。
- Spring Data Neo4j：Neo4j 的基於 Spring 的物件圖支援和儲存庫。
- Oracle NoSQL Database SDK for Spring Data：用於 Oracle NoSQL 資料庫和 Oracle NoSQL 雲端服務的 Spring Data 模組。
- Spring Data for Apache Solr：為面向搜尋的 Spring 應用程式輕鬆設定和存取 Apache Solr。
- Spring Data Vault：在 Spring Data KeyValue 之上建構的 Vault 儲存庫。
- Spring Data YugabyteDB：YugabyteDB 分散式 SQL 資料庫的 Spring Data 模組。

Spring Data 的相關模組如下所示。

- Spring Data JDBC Extensions：為 Spring Framework 中提供的 JDBC 支援提供擴充。
- Spring for Apache Hadoop：透過提供統一的設定模型和易用的 API 來簡化 Apache Hadoop，以使用 HDFS、MapReduce、Pig 和 Hive。
- Spring Content：將內容與 Spring 資料實體相連結，並將其儲存在多個不同的儲存中，包括檔案系統、S3、資料庫或 Mongo 的 GridFS。

11.2 準備工作

本書使用 MySQL 8.0.x 資料庫，讀者可以從 MySQL 的官網上下載 MySQL 資料庫管理系統。

本章使用的資料庫腳本如例 11-1 所示。

▼ 例 11-1 ch11.sql

```
CREATE DATABASE  IF NOT EXISTS springboot;

USE springboot;

DROP TABLE IF EXISTS category;

CREATE TABLE category (
  id smallint(6) NOT NULL,
  name varchar(50) NOT NULL COMMENT '分類名稱',
  root tinyint(1) DEFAULT NULL COMMENT '是否根分類',
  parent_id smallint(6) DEFAULT NULL COMMENT '父分類的ID',
  PRIMARY KEY (id),
  KEY CATEGORY_PARENT_ID (parent_id),
  CONSTRAINT CATEGORY_PARENT_ID FOREIGN KEY (parent_id) REFERENCES category (id)
) ENGINE=InnoDB;

DROP TABLE IF EXISTS books;

CREATE TABLE books (
  id int(11) NOT NULL AUTO_INCREMENT,
  title varchar(50) NOT NULL COMMENT '書名',
  author varchar(50) NOT NULL COMMENT '作者',
  book_concern varchar(100) NOT NULL COMMENT '出版社',
  publish_date date NOT NULL COMMENT '出版日期',
  price float(6,2) NOT NULL COMMENT '價格',
  category_id smallint(6) DEFAULT NULL COMMENT '圖書分類，外鍵',
  PRIMARY KEY (id),
  KEY FK_CATEGORY_ID (category_id),
```

```
  KEY INDEX_TITLE (title),
  CONSTRAINT FK_CATEGORY_ID FOREIGN KEY (category_id) REFERENCES category (id)
) ENGINE=InnoDB;
```

11.3 使用 JdbcTemplate

所有 Spring 的資料存取框架都結合了範本類別，在 JDBC 框架中的範本類別就是 JdbcTemplate，該類別需要一個 DataSource 實例。JdbcTemplate 是採用範本方法設計模式實作的一個類別，該類別將具體的實作委託給一個回呼介面，而這個介面的不同實作定義了資料存取邏輯的具體實作。

JdbcTemplate 類別定義了很多多載的 execute() 方法，如下所示：

- public <T> T execute(CallableStatementCreator csc, CallableStatementCallback<T> action) throws DataAccessException
- public <T> T execute(ConnectionCallback<T> action) throws DataAccessException
- public <T> T execute(PreparedStatementCreator psc, PreparedStatementCallback<T> action) throws DataAccessException
- public <T> T execute(StatementCallback <T> action) throws DataAccessException
- public void execute(String sql) throws DataAccessException
- public <T> T execute(String callString, CallableStatementCallback<T> action) throws DataAccessException
- public <T> T execute(String sql, PreparedStatementCallback<T> action) throws DataAccessException

可以看到 execute() 方法將具體的資料存取邏輯委託給了介面，我們只需要舉出介面的實作即可，不需要關心各種 JDBC 物件的關閉，也不需要關心如何處理事務，這一切都將由 Spring 的 JdbcTemplate 處理。當然，也可以呼叫 execute(String sql) 方法來直接執行 SQL 敘述，不過該方法通常用來執行 DDL 敘述。

除 execute() 方法外，JdbcTemplate 類別還定義了很多多載的 update() 和 query() 方法，update() 方法可用於執行 insert、update 和 delete 敘述，query() 方法用於執行 select 敘述。關於這兩種方法，讀者可以參考 Spring 框架的 API 文件。

11.3.1 準備專案

新建一個 Spring Boot 專案，專案名稱為 ch11，在 Developer Tools 模組下引入 Lombok 相依性，在 SQL 模組下引入 Spring Data JDBC 和 MySQL Driver 相依性，如圖 11-1 所示。

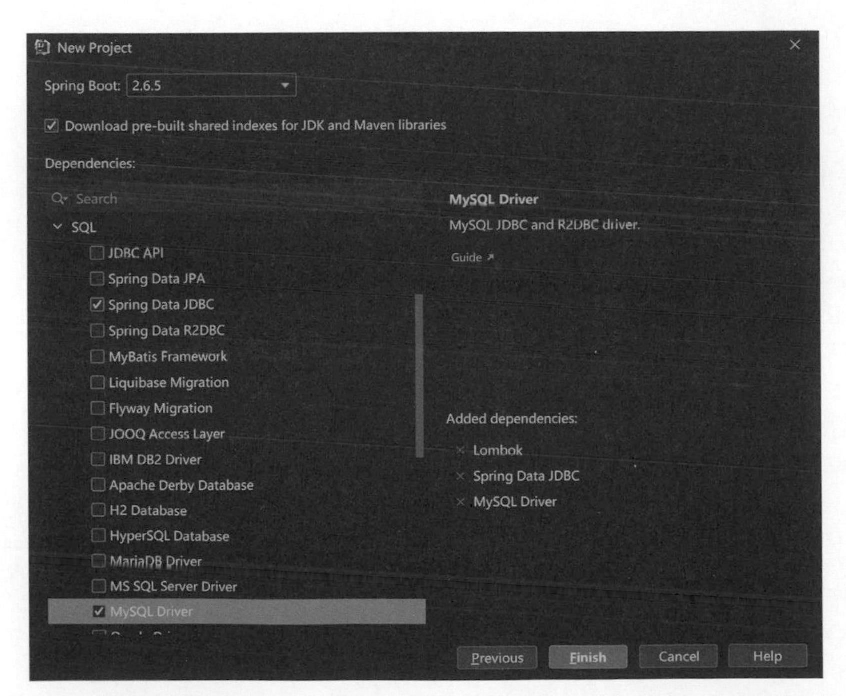

▲ 圖 11-1 專案中引入 Lombok、Spring Data JDBC 和 MySQL Driver 相依性

點擊“Finish”按鈕，完成專案的建立。

在 pom.xml 檔案中可以看到已經增加了相關相依性，程式如下所示：

```
<dependency>
    <groupId>org.springframework.boot</groupId>
    <artifactId>spring-boot-starter-data-jdbc</artifactId>
</dependency>

<dependency>
    <groupId>mysql</groupId>
    <artifactId>mysql-connector-java</artifactId>
    <scope>runtime</scope>
</dependency>
<dependency>
    <groupId>org.projectlombok</groupId>
    <artifactId>lombok</artifactId>
    <optional>true</optional>
</dependency>
```

編輯 application.properties，設定資料來源，程式如例 11-2 所示。

▼ 例 11-2 application.properties

```
# 設定 MySQL 的 JDBC 驅動類別
spring.datasource.driver-class-name=com.mysql.cj.jdbc.Driver
# 設定 MySQL 的連接 URL
spring.datasource.url=jdbc:mysql://localhost:3306/springboot?useSSL=
false&serverTimezone=UTC
# 資料庫使用者名稱
spring.datasource.username=root
# 資料庫使用者密碼
spring.datasource.password=12345678
```

Spring Boot 預設使用的資料來源實作是 HikariCP，HikariCP 是一個高性能的 JDBC 連接池實作，在產品環境下也可以直接使用該連接池，只要根據生產環境設定連接池的參數就可以了。

11.3.2 StatementCallback

在 StatementCallback 介面中只有一個方法，如下所示：

- T doInStatement(Statement stmt) throws SQLException, DataAccessException

在 doInStatement() 方法中，完成資料庫存取操作。

範例程式如下所示：

```
@SpringBootTest
class Ch11ApplicationTests {
    @Autowired
    private JdbcTemplate jdbcTemplate;

    @Test
    void testStatementCallback() {
        jdbcTemplate.execute((Statement stmt) -> {
            String sql = «insert into category(id, name, root, parent_id) values (1,
'Java EE', 1, null)»;
            return stmt.executeUpdate(sql);
        });
    }
}
```

在測試類別中使用 @ Autowired 註釋自動注入 JdbcTemplate 實例。後面的測試方法都將在 Ch11ApplicationTests 測試類別中撰寫。

程式中使用了 Lambda 運算式來舉出介面實作，後面的範例程式也將使用 Lambda 運算式，就不再另行說明了。

11.3.3 PreparedStatementCreator

要得到 PreparedStatement 物件，可以使用 PreparedStatementCreator 介面，Spring 框架向這個介面中的方法傳遞 Connection 物件，實作者需要傳回一個 PreparedStatement 物件。

PreparedStatementCreator 介面的方法如下所示：

- PreparedStatement createPreparedStatement(Connection con) throws SQLException

11.3.4 PreparedStatementCallback

PreparedStatementCallback 介面可以單獨使用，也可以和 PreparedStatementCreator 介面一起使用，利用 PreparedStatementCreator 介面傳回的 PreparedStatement 物件進行資料庫存取操作。

PreparedStatementCallback 介面的方法如下所示：

- T doInPreparedStatement(PreparedStatement ps) throws SQLException, DataAccessException

範例程式如下所示：

```
@Test
void testPreparedStatementCallback() {
    jdbcTemplate.execute((Connection conn) -> {
        String sql = "insert into category(id, name, root, parent_id) values (?, ?, ?, ?)";
        return conn.prepareStatement(sql);
    }, (PreparedStatement ps) -> {
        ps.setInt(1, 2);
        ps.setString(2, " 程式設計 ");
        ps.setBoolean(3, true);
        ps.setNull(4, Types.NULL);
        return ps.executeUpdate();
    });
}
```

使用 PreparedStatement 分為兩個步驟，首先使用 SQL 敘述，利用連線物件建立 PreparedStatement 物件，然後在 PreparedStatement 物件上設定參數的值，執行 SQL 敘述。

可以將 PreparedStatementCreator 介面和 PreparedStatementCallback 介面組合使用，利用 PreparedStatementCreator 介面得到 PreparedStatement 物件，在 PreparedStatementCallback 介面中的 doInPreparedStatement() 方法中設定 SQL 敘述的參數，並實作資料庫存取操作。

為了簡化呼叫，JdbcTemplate 還提供了下面的方法：

- public <T> T execute(String sql, PreparedStatementCallback<T> action) throws DataAccessException

可以直接傳入含參數的 SQL 敘述，由 execute() 方法內部建構 PreparedStatement 物件，並傳入 action 物件的 doInPreparedStatement() 方法中。

11.3.5 PreparedStatementSetter

PreparedStatementSetter 介面用於設定 SQL 敘述中參數的值，該介面的方法如下所示：

- void setValues(PreparedStatement ps) throws SQLException

使用這個介面比使用 PreparedStatementCreator 介面更容易，JdbcTemplate 負責建立 PreparedStatement 物件，回呼只負責設定參數值。

PreparedStatementSetter 介面可以用在 JdbcTemplate 類別的下列方法中：

- public <T> T query(PreparedStatementCreator psc, **PreparedStatementSetter pss**, ResultSetExtractor<T> rse) throws DataAccessException
- public <T> T query(String sql, **PreparedStatementSetter pss**, ResultSetExtractor<T> rse) throws DataAccessException
- public void query(String sql, **PreparedStatementSetter pss**, RowCallbackHandler rch) throws DataAccessException

- public <T> List<T> query(String sql, **PreparedStatementSetter pss**, RowMapper<T> rowMapper) throws DataAccessException
- public int update(String sql, PreparedStatementSetter pss) throws DataAccessException

我們看一個使用 update() 方法的範例，程式如下所示：

```
@Test
void testPreparedStatementSetter() {
    String sql = "insert into category(id, name, root, parent_id) values (?, ?, ?, ?)";
    jdbcTemplate.update(sql, (PreparedStatement ps) -> {
        ps.setInt(1, 3);
        ps.setString(2, "Servlet/JSP");
        ps.setBoolean(3, false);
        ps.setInt(4, 1);
    });
}
```

11.3.6 讀取資料

獲取資料主要使用 JdbcTemplate 的 query() 方法，我們先看下面的四個方法：

- public <T> T query(String sql, **ResultSetExtractor**<T> rse) throws DataAccessException
- public <T> T query(String sql, **ResultSetExtractor**<T> rse, Object... args) throws DataAccessException
- public void query(String sql, **RowCallbackHandler** rch) throws DataAccessException
- public void query(String sql, **RowCallbackHandler** rch, Object... args) throws DataAccessException

ResultSetExtractor 介面主要用於 JDBC 框架本身，該介面的實作執行從 ResultSet 提取結果的實際工作，方法如下所示：

- T extractData(ResultSet rs) throws SQLException, DataAccessException

JdbcTemplate 使用 RowCallbackHandler 介面按行處理 ResultSet 的行集，該介面的實作執行處理每一行的實際工作，方法如下所示：

- void processRow(ResultSet rs) throws SQLException

ResultSetExtractor 介面和 RowCallbackHandler 介面的區別是：ResultSet Extractor 物件通常是無狀態的，可以重複使用，只要它不存取有狀態的資源（例如，LOB 內容輸出串流）或者在物件中保持結果狀態即可；RowCallback Handler 物件通常是有狀態的，它在物件中保持結果狀態，以便以後檢查。這兩個介面都只用於取出單筆記錄。

下面的程式舉出了使用 ResultSetExtractor 介面的範例。

```
@Test
void testResultSetExtractor() {
    String sql = "select * from category where id = ?";
    Category cat = jdbcTemplate.query(sql, (ResultSet rs) -> {
        rs.next();
        Category category  = new Category();
        category.setId(rs.getInt("id"));
        category.setName(rs.getString("name"));
        category.setRoot(rs.getBoolean("root"));
        Object parentId = rs.getObject("parent_id");
        if(parentId == null)
            category.setParentId(null);
        else
            category.setParentId((Integer)parentId);
        return category;
    }, 1);
    System.out.println(cat);
}
```

注意粗體顯示的程式，使用 ResultSetExtractor 介面，要記得呼叫 rs.next() 方法。至於 Category 類別，可參照 11.3.9 節建立。

下面的程式舉出了使用 RowCallbackHandler 介面的範例。

```
@Test
void testRowCallbackHandler() {
    String sql = "select * from category where id = ?";
    Category cat = new Category();
    jdbcTemplate.query(sql, (ResultSet rs) -> {
        cat.setId(rs.getInt("id"));
        cat.setName(rs.getString("name"));
        cat.setRoot(rs.getBoolean("root"));
        Object parentId = rs.getObject("parent_id");
        if(parentId == null)
            cat.setParentId(null);
        else
            cat.setParentId((Integer)parentId);
    }, 1);
    System.out.println(cat);
}
```

要注意的是，當使用 RowCallbackHandler 介面時，在 processRow() 方法中不需要呼叫 rs.next()。

使用 RowMapper 介面

JdbcTempalte 使用 RowMapper 介面按行映射結果集的行，該介面的實作執行將每一行映射到結果物件的實際工作。RowMapper 物件通常是無狀態的，因此可以重用。

RowMapper 介面的方法如下所示：

- T mapRow(ResultSet rs, int rowNum) throws SQLException

RowMapper 介面可以用在 JdbcTemplate 類別的下列 query() 方法中：

- public <T> List<T> query(PreparedStatementCreator psc, **RowMapper<T> rowMapper**) throws DataAccessException
- public <T> List<T> query(String sql, PreparedStatementSetter pss, **RowMapper<T> rowMapper**)

- public <T> List<T> query(String sql, **RowMapper<T> rowMapper**) throws DataAccessException
- public <T> List<T> query(String sql, RowMapper<T> rowMapper, Object... args)

下面我們看一個使用 RowMapper 介面的範例，程式如下所示：

```
@Test
void testRowMapper() {
    String sql = "select * from category";
    List<Category> categories = jdbcTemplate.query(sql, (rs, rowNum) -> {
        Category category  = new Category();
        category.setId(rs.getInt("id"));
        category.setName(rs.getString("name"));
        category.setRoot(rs.getBoolean("root"));
        Object parentId = rs.getObject("parent_id");
        if(parentId == null)
            category.setParentId(null);
        else
            category.setParentId((Integer)parentId);
        return category;
    });
    System.out.println(categories);
}
```

11.3.7 執行預存程序

JdbcTemplate 使用 CallableStatementCallback 介面來執行預存程序的回呼，該介面的方法如下所示：

- T doInCallableStatement(CallableStatement cs) throws SQLException, DataAccessException

可以呼叫 JdbcTemplate 類別的下列兩個方法來執行預存程序：

- public <T> T execute(CallableStatementCreator csc, CallableStatementCallback<T> action) throws DataAccessException

- public <T> T execute(String callString, CallableStatementCallback<T> action) throws

DataAccessException

11.3.8 獲取生成的主鍵

對於不是特別複雜的系統來說，使用整數值作為資料庫的主鍵是很常見的需求。這些系統有的採用自動增長的主鍵，有的採用手動插入主鍵。對於前者，在插入資料後，我們如何才能方便地得到插入資料的主鍵呢？對於後者，我們應該如何計算要插入資料的主鍵呢？

1. 不採用自動增長主鍵

一種簡便的方法是在每次插入資料前，在讀取 max() 函式值後都加 1，這種方法可以避免自動編號的問題，但存在一個嚴重的平行性問題：如果同時有兩個事務讀取到相同的 max 值，將 max() 函式值加 1 後插入的主鍵值就會重複；但如果對資料表加鎖，就會影響查詢效率。

考慮 max() 函式執行的效率與平行性問題，我們決定建立一張特殊的資料表 A，用於儲存其他資料表和資料表 A 當前的序列值，資料表 A 的欄位為：資料表名稱、當前序列值。當需要往某個資料表中插入一行資料時，先從資料表 A 中找到對應資料表的最大值，然後加 1 再進行插入。有的讀者可能會覺得這也可能出現平行性問題，不過對於解決資料表 A 的平行性問題就很簡單了，因為資料表 A 很小，儲存的內容也很單一，只需要加一個行級鎖，以避免兩個事務同時讀取到同一個資料表的相同序列值就可以了。只要獲得了要插入資料的資料表的主鍵值，就不會影響插入操作的效率。

這種特殊的序列表可以按如下的 SQL 腳本建立。

```
CREATE TABLE id_sequence (
   table_name                    varchar(30),
   current_id                    int
) ENGINE = InnoDB;
```

category 資料表沒有採用自動增長主鍵，我們可以首先在 id_sequence 資料表中插入一行記錄，table_name 欄位的值是 category，current_id 欄位的值是 category 資料表中當前最大的 id 值。

之後可以撰寫如下的程式，首先從 id_sequence 資料表中獲取 category 資料表當前的 id 值，然後將 id 值加 1，同步更新 id_sequence 資料表中的 current_id，最後用加 1 後的 id 值作為新插入的分類的主鍵值。

```
@Test
void testIncrementer() {
    // 注意，以下操作應該在同一個事務下進行
    String sql = "select current_id from id_sequence where table_name = 'category' for
update";
    int id = jdbcTemplate.queryForObject(sql, Integer.class);
    id++;
    String sqlUpdate = "update id_sequence set current_id = ? where table_name =
'category'";
    jdbcTemplate.update(sqlUpdate, id);
    String sqlInsert = "insert into category(id, name, root, parent_id) values (?, ?, ?,
?)";
    int finalId = id;
    jdbcTemplate.update(sqlInsert, (PreparedStatement ps) -> {
        ps.setInt(1, finalId);
        ps.setString(2, "MVC 框架 ");
        ps.setBoolean(3, false);
        ps.setInt(4, 1);
    });
}
```

2. DataFieldMaxValueIncrementer 介面

Spring 提供了 org.springframework.jdbc.support.incrementer.DataFieldMaxValueIncrementer 介面，定義了增長任何資料儲存欄位最大值的方式，其工作原理類似序號生成器。典型的實作可以使用標準 SQL、本機 RDBMS 序列或者預存程序來完成。

DataFieldMaxValueIncrementer 介面中定義了 3 個不同的方法來獲得主鍵的下一個值：nextIntValue()、nextLongValue() 和 nextStringValue()。

Spring 提供了該介面的多種實作，包括掛接到 Oracle、PostgreSQL、MySQL 和 HyperSQL 等資料庫的序列機制的實作。當然我們也可以撰寫自己的實作。

注意：使用 DataFieldMaxValueIncrementer 介面必須單獨定義一張儲存序列值的資料表，以指明序列欄位的名字。因為呼叫 nextXxx() 方法總是在同一行上更新最大值。

使用 DataFieldMaxValueIncrementer 介面與欄位是否自動增長無關。

下面我們為 category 資料表定義一張序列表，SQL 腳本如下所示：

```
CREATE TABLE category_sequence (
   value INT NOT NULL
) ENGINE = InnoDB;

insert into category_sequence values(0);
```

最後的 insert 敘述是為了讓 DataFieldMaxValueIncrementer 介面的 nextXxx() 方法從 1 開始。

MySQL 資料庫可以使用 MySQLMaxValueIncrementer 實作類別，該類別需要設定 dataSource（使用的資料來源）、incrementerName（序列表的名字）和 columnName 屬性（序列表中儲存序列值的欄位名稱）。

撰寫一個設定類別，並裝配好 MySQLMaxValueIncrementer 實例。在 com.sun.ch11 套件下新建 config 子套件，在該子套件下新建 MySQLMaxValueIncrementerConfigurer 類別，程式如例 11-3 所示。

▼ 例 11-3 MySQLMaxValueIncrementerConfigurer

```
package com.sun.ch11.config;

import org.springframework.beans.factory.annotation.Autowired;
```

```
import org.springframework.beans.factory.annotation.Value;
import org.springframework.context.annotation.Bean;
import org.springframework.context.annotation.Configuration;
import org.springframework.jdbc.support.incrementer. DataFieldMaxValueIncrementer;
import org.springframework.jdbc.support.incrementer. MySQLMaxValueIncrementer;

import javax.sql.DataSource;

@Configuration
public class MySQLMaxValueIncrementerConfigurer {
    @Bean
    public DataFieldMaxValueIncrementer dataFieldMaxValueIncrementer (
            @Autowired DataSource dataSource,
            @Value("${incrementer.incrementerName}") String incrementerName,
            @Value("${incrementer.columnName}") String columnName) {

        MySQLMaxValueIncrementer mySQLMaxValueIncrementer
                = new MySQLMaxValueIncrementer();
        // 設定資料來源
        mySQLMaxValueIncrementer.setDataSource(dataSource);
        // 序列表的名字
        mySQLMaxValueIncrementer.setIncrementerName(incrementerName);
        // 序列表中儲存序列值的欄位名稱
        mySQLMaxValueIncrementer.setColumnName(columnName);
        return mySQLMaxValueIncrementer;
    }
}
```

在 application.properties 檔案中設定 @Value 註釋注入的屬性值，如下所示：

```
incrementer.incrementerName=category_sequence
incrementer.columnName=value
```

撰寫測試方法，來測試 DataFieldMaxValueIncrementer 介面，程式如下所示：

```
@Autowired
private DataFieldMaxValueIncrementer dataFieldMaxValueIncrementer;
@Test
void testDataFieldMaxValueIncrementer() {
    String sqlInsert = "insert into category(id, name, root, parent_id) values (?, ?, ?, ?)";
    int id = dataFieldMaxValueIncrementer.nextIntValue();
    jdbcTemplate.update(sqlInsert, (PreparedStatement ps) -> {
        ps.setInt(1, id);
        ps.setString(2, "C/C++");
        ps.setBoolean(3, false);
        ps.setInt(4, 2);
    });
}
```

使用 Spring 提供的 DataFieldMaxValueIncrementer 介面，要為每一個需要序列值的資料表都提供一張序列表，這相對比較麻煩。我們可以將序列值和資料表名稱儲存在一張資料表中，這個資料表被命名為 id_sequence，SQL 腳本如下所示：

```
CREATE TABLE id_sequence (
   table_name                     varchar(30),
   current_id                     int
) ENGINE = InnoDB;
```

在 com.sun.ch11 套件下新建 incrementer 子套件，在該子套件下新建 MaxValueIncrementer 類別，程式如例 11-4 所示。

▼ 例 11-4　MaxValueIncrementer.java

```
package com.sun.ch11.incrementer;

import org.springframework.beans.factory.annotation.Autowired;
import org.springframework.beans.factory.annotation.Value;
import org.springframework.jdbc.core.JdbcTemplate;
import org.springframework.stereotype.Component;

@Component
public class MaxValueIncrementer {
```

```
    // 資料來源
    @Autowired
    private JdbcTemplate jdbcTemplate;
    // 儲存所有資料表序列值的資料表名稱
    @Value("${incrementer.tableName}")
    private String tableName;
    // 儲存資料表名稱的欄位名稱
    @Value("${incrementer.tableColumnName}")
    private String tableColumnName;
    // 儲存序列值的欄位名稱
    @Value("${incrementer.valueColumnName}")
    private String valueColumnName;

    /**
     * 得到參數 queryTableName 指定的資料表名稱的下一個序列值
     * @param queryTableName 查詢哪一張資料表序列值的資料表名稱
     * @return 下一個序列值
     */
    public int getNextValue(String queryTableName) {
        String sqlQuery = "select " + valueColumnName + " from "
                + tableName + " where " + tableColumnName
                + " = '" + queryTableName + "' for update";

        Integer id = jdbcTemplate.queryForObject(sqlQuery, Integer.class);
        if(id == null)
            id = 0;
        id++;
        String sqlUpdate = "update " + tableName + " set " + valueColumnName
                + " = " + id + " where " + tableColumnName + " = " + "'"
                + queryTableName + "'";

        jdbcTemplate.update(sqlUpdate);
        return id;
    }
}
```

在 application.properties 檔案中設定 @Value 註釋注入的屬性值，如下所示：

```
incrementer.tableName=id_sequence
incrementer.tableColumnName=table_name
incrementer.valueColumnName=current_id
```

撰寫測試方法，來測試我們自己撰寫的 MaxValueIncrementer，程式如下所示：

```
@Autowired
private MaxValueIncrementer maxValueIncrementer;
@Test
void testMaxValueIncrementer() {
    String sqlInsert = "insert into category(id, name, root, parent_id) values (?, ?, ?, ?)";
    int id = maxValueIncrementer.getNextValue("category");
    jdbcTemplate.update(sqlInsert, (PreparedStatement ps) -> {
        ps.setInt(1, id);
        ps.setString(2, "C#");
        ps.setBoolean(3, false);
        ps.setInt(4, 2);
    });
}
```

3. 使用 KeyHolder（用於自動增長主鍵）

前面針對非自動增長主鍵，已經解決了在插入資料時計算下一個主鍵值的問題。對於自動增長主鍵，在插入資料後，通常需要獲取插入資料的主鍵值，這通常是由業務需求決定的，比如新註冊的使用者無須再次登入即可存取資源，那麼前端就需要使用者的主鍵，如果使用者資料表採用的是自動增長主鍵，那麼在使用者資訊儲存成功後，如何立即得到資料庫生成的主鍵值就是需要解決的問題。

如果想在插入資料後，使用再執行一筆“select max(主鍵) from ‘資料表名稱’”的方式來解決這個問題，就會影響執行效率。對於不同資料庫的自動增長主鍵，在插入資料後，有不同的處理方式可以直接得到增長的主鍵值，但在程式中，我們自然是想避免綁定底層資料庫的細節。在 JDBC 3.0 中（作為 J2SE 1.4 的一部分），規定了遵從 JDBC 3.0 的驅動必須實作 java.sql.Statement.getGeneratedKeys() 方法，這個方法會從資料庫中獲取自動生成的主鍵。在透過連線物件建立 PreparedStatement 物件時，傳入 Statement.RETURN_GENERATED_KEYS 參數即可通知 JDBC 驅動傳回自動生成的主鍵值。

Spring 為了簡化操作，給我們提供了 KeyHolder 介面，該介面可用於自動生成的主鍵，可以讓我們在執行 insert 敘述後得到自動增長的主鍵值。Spring 同時舉出了 KeyHolder 介面的一個實作類別 GeneratedKeyHolder。

JdbcTemplate 類別中舉出了如下的 update() 方法，可以傳入一個 KeyHolder 的實例：

- public int update(PreparedStatementCreator psc, KeyHolder generatedKeyHolder)
  throws DataAccessException

在呼叫完 update() 方法後，可以呼叫 KeyHolder 實例的 getKey() 方法來得到自動增長的主鍵值，該方法如下所示：

- Number getKey() throws InvalidDataAccessApiUsageException

books 資料表設定的是自動增長主鍵，下面我們撰寫測試方法，來查看如何應用 KeyHolder 獲取自動增長的主鍵值，程式如下所示：

```
@Test
void testKeyHolder() {
    String sqlInsert = "insert into books(title, author, book_concern, publish_date,
price, category_id) values(?, ?, ?, ?, ?, ?)";
    KeyHolder keyHolder = new GeneratedKeyHolder();

    jdbcTemplate.update((Connection conn) -> {
        PreparedStatement ps =
            conn.prepareStatement(sqlInsert, Statement.RETURN_GENERATED_KEYS);
        ps.setString(1, " VC++ 深入詳解（第 3 版）");
        ps.setString(2, " 孫鑫 ");
        ps.setString(3, " 電子工業出版社 ");
        ps.setDate(4, Date.valueOf("2019-06-01"));
        ps.setFloat(5, 168.00f);
        ps.setInt(6, 6);
        return ps;
```

```
    }, keyHolder);

    System.out.println("新記錄自動增長的主鍵值是：" + keyHolder.getKey());
}
```

11.3.9 撰寫實體類別

Java 企業應用程式開發一般採用分層結構，從廣義上來說，結構可以分為三層：展現層（Web 層）、業務邏輯層（服務層）和資料存取層（持久層）。在持久層，實體類別用於映射資料庫中的資料表，實體類別的一個物件對應資料表中的一行記錄，DAO（Data Access Object，資料存取物件）類別封裝資料庫存取操作，實體類別所在的套件名稱可以命名為 entity、model、bean 等，DAO 類別所在的套件一般命名為 dao，也可以根據使用的持久層的不同框架，命名為 mapper、repository 等。筆者的習慣是將實體類別與 DAO 類別都放到代表持久層的套件下，例如 persistence。

在 com.sun.ch11 套件下新建 persistence 子套件，在該子套件下新建 entity 子套件。在 entity 子套件下新建 Book 類別與 Category 類別，程式分別如例 11-5 和例 11-6 所示。

▼ 例 11-5 Book.java

```
package com.sun.ch11.persistence.entity;


import lombok.Data;
import lombok.ToString;

import java.sql.Date;

@Data
@ToString
public class Book {
    private Integer id;
    private String title;
    private String author;
    private String bookConcern;
```

```java
    private Date publishDate;
    private Float price;
    private Integer categoryId;
}
```

▼ 例 11-6 Category.java

```java
package com.sun.ch11.persistence.entity;

import lombok.Data;
import lombok.ToString;

@Data
@ToString
public class Category {
    private Integer id;
    private String name;
    private Boolean root;
    private Integer parentId;
}
```

11.3.10 撰寫 DAO 類別

DAO 的全稱是 Data Access Object，即資料存取物件，用於封裝資料庫存取邏輯。在 com.sun.ch11.persistence 套件下新建 dao 子套件，在該子套件下新建 CategoryDao 類別，利用前面說明的知識，實作對 category 資料表的增、刪、改、查操作。程式如例 11-7 所示。

▼ 例 11-7 CategoryDao.java

```java
package com.sun.ch11.persistence.dao;

...

@Repository
public class CategoryDao {
    @Autowired
    private JdbcTemplate jdbcTemplate;
```

```
@Autowired
private MaxValueIncrementer maxValueIncrementer;

// 新增一個分類
public Category saveCategory(Category category) {
    String sql = "insert into category(id, name, root, parent_id) values (?, ?, ?, ?)";
    int id = maxValueIncrementer.getNextValue("category");
    jdbcTemplate.update(sql, (PreparedStatement ps) -> {
        ps.setInt(1, id);
        ps.setString(2, category.getName());
        ps.setBoolean(3, category.getRoot());
        ps.setInt(4, category.getParentId());
    });
    return category;
}

// 更新一個分類
public Category updateCategory(Category category) {
    String sql = "update category set name = ?, root = ?, parent_id = ? where id = ?";
    jdbcTemplate.update(sql, category.getName(), category.getRoot(),
            category.getParentId(), category.getId());
    return category;
}

// 刪除一個分類
public void deleteCategory(int id) {
    String sql = "delete from category where id = ?";
    jdbcTemplate.update(sql, id);
}

/**
 * 內部類別，將結果集的行映射為 Category 物件
 */
private class CategoryRowMapper implements RowMapper<Category> {
    @Override
    public Category mapRow(ResultSet rs, int rowNum) throws SQLException {
        Category category  = new Category();
        category.setId(rs.getInt("id"));
        category.setName(rs.getString("name"));
        category.setRoot(rs.getBoolean("root"));
```

```
            Object parentId = rs.getObject("parent_id");
            if(parentId == null)
                category.setParentId(null);
            else
                category.setParentId((Integer)parentId);
            return category;
        }
    }
    // 根據分類 ID 查詢一個分類
    public Category getCategoryById(int id) {
        String sql = "select * from category where id = ?";
        Category cat = jdbcTemplate.queryForObject(sql, new CategoryRowMapper(), id);
        return cat;
    }

    // 獲取所有分類
    public List<Category> getAllCategories() {
        String sql = "select * from category";
        List<Category> categories = jdbcTemplate.query(sql, new CategoryRowMapper());
        return categories;
    }
}
```

注意粗體顯示的程式。JdbcTemplate 是執行緒安全的，每一個 DAO 類別都需要設定一個 JdbcTemplate 的實例，透過該實例來實作對資料庫的存取操作。為了簡化設定，可以撰寫一個基礎類別 DAO 類別，注入 JdbcTemplate 的實例（存取修飾詞使用 protected），其他的 DAO 類別從基礎類別繼承。

接下來撰寫 BookDao 類別，實作對 books 資料表的增、刪、改、查。由於 books 資料表採用了自動增長主鍵，所示我們舉出儲存圖書的方法實作，對於其他實作，讀者可以參照 CategoryDao 類別自行完成。程式如例 11-8 所示。

▼ 例 11-8 BookDao

```
package com.sun.ch11.persistence.dao;

...
```

```
@Repository
public class BookDao {
    @Autowired
    private JdbcTemplate jdbcTemplate;
    // 新增一本圖書
    public Book saveBook(Book book) {
        String sql = "insert into books(title, author, book_concern, publish_date,
price, category_id) values(?, ?, ?, ?, ?, ?)";
        KeyHolder keyHolder = new GeneratedKeyHolder();
        jdbcTemplate.update((Connection conn) -> {
            PreparedStatement ps =
                conn.prepareStatement(sql, Statement.RETURN_GENERATED_KEYS);
            ps.setString(1, book.getTitle());
            ps.setString(2, book.getAuthor());
            ps.setString(3, book.getBookConcern());
            ps.setDate(4, book.getPublishDate());
            ps.setFloat(5, book.getPrice());
            ps.setInt(6, book.getCategoryId());
            return ps;
        }, keyHolder);
        book.setId(keyHolder.getKey().intValue());
        return book;
    }
}
```

之後讀者可以自行對 CategoryDao 和 BookDao 類別的所有方法進行單元測試，本章專案程式中也舉出了單元測試程式，為了節省篇幅，這裡不再贅述。

11.4 小結

本章詳細介紹了 Spring 的 JDBC 框架的使用，讀者應重點掌握 JdbcTemplate 範本類別的用法。同時，本章透過大量的範例與 DAO 類別的撰寫，幫助讀者更快、更好地掌握 JdbcTemplate 的用法。此外，本章還介紹了 Spring Data 專案，以及該專案下的一些子專案。

第 12 章 使用 JPA 存取資料

第 11 章介紹了 Spring 的 JDBC 框架，使用該框架可以讓我們專注於撰寫 SQL 敘述，實作資料存取邏輯，那麼能不能更進一步，連 SQL 敘述都不用撰寫就能實作資料庫的存取呢？有一種 ORM（Object/Relational Mapping，物件 / 關係映射）技術可以實作這個需求。簡單來說，ORM 就是利用描述物件和資料庫之間映射的中繼資料，自動（且透明）地把 Java 物件持久化到資料庫的資料表中。

12.1 感受 JPA

JPA（Java Persistence API，Java 持久層 API）是 Java EE 5.0 平臺標準的 ORM 規範。JPA 透過 Java 5 註釋或 XML 描述“物件－關係資料表”之間的映射關係，並將執行期中生成的實體物件持久化到資料庫中。

JPA 包括以下 3 方面的技術。

- ORM 映射中繼資料：JPA 支援 JDK 5 註釋和 XML 兩種中繼資料的形式，中繼資料描述物件和資料表之間的映射關係，框架據此將實體物件持久化到資料庫資料表中，如 @Entity、@Table、@Column、@Transient 等註釋。
- JPA 的 API：用來操作實體物件，執行 CRUD 操作，框架在後台替開發者完成所有的事情，讓開發者從繁瑣的 JDBC 和 SQL 程式中解脫出來，如 entityManager.merge(T t)；。
- JPQL 查詢語言：這是持久化操作中很重要的一個方面，透過物件導向而非面向資料庫的查詢語言來查詢資料，以避免程式碼和 SQL 敘述緊密耦合，如 “from Student s where s.name = ?” 。

JPA 僅是一種規範，也就是說，JPA 僅定義了一些介面，而介面是需要實作才能工作的。所以底層需要某種實作，而 Hibernate ORM 就是實作了 JPA 介面的 ORM 框架。

Spring Data JPA 是 Spring 提供的一套簡化 JPA 開發的框架，其按照約定好的方法命名規則撰寫 DAO 層介面，就可以在不撰寫介面實作的情況下，實作對資料庫的存取和操作，同時提供了很多除 CRUD 之外的功能，如分頁、排序、複雜查詢等。

Spring Data JPA 可以視為對 JPA 規範的再次封裝抽象，底層使用了 Hibernate ORM 的 JPA 技術實作。

12.1.1 準備專案

新建一個 Spring Boot 專案，專案名稱為 ch12，在 Developer Tools 模組下引入 Lombok 相依性，在 SQL 模組下引入 Spring Data JPA 和 MySQL Driver 相依性，如圖 12-1 所示。

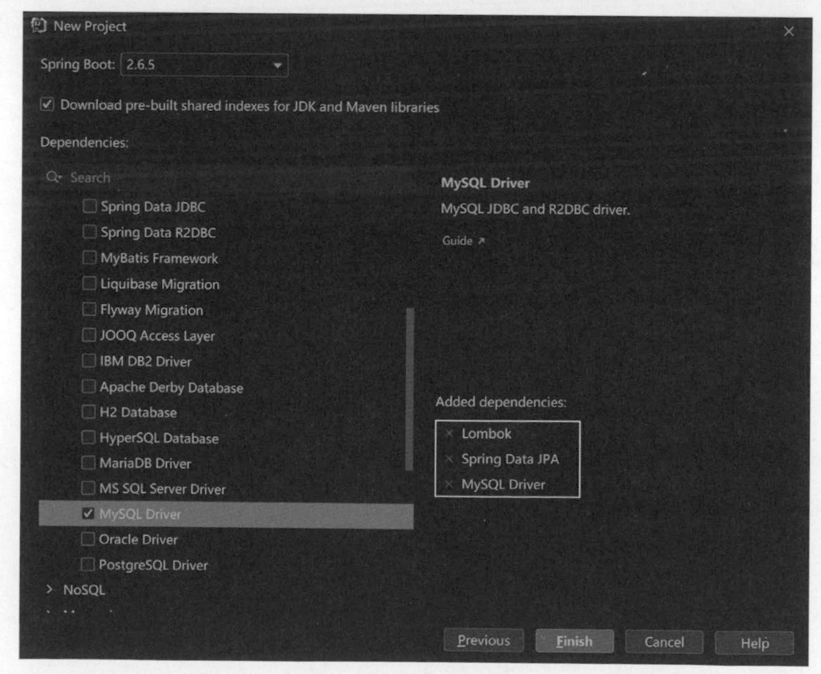

▲ 圖 12-1 專案中引入 Lombok、Spring Data JPA 和 MySQL Driver 相依性

點擊“Finish”按鈕，完成專案的建立。

編輯 application.properties，設定資料來源，程式如例 12-1 所示。

▼ 例 12-1 application.properties

```
# 設定 MySQL 的 JDBC 驅動類別
spring.datasource.driver-class-name=com.mysql.cj.jdbc.Driver
# 設定 MySQL 的連接 URL
spring.datasource.url=jdbc:mysql://localhost:3306/springboot?useSSL=
false&serverTimezone=UTC
# 資料庫使用者名稱
spring.datasource.username=root
# 資料庫使用者密碼
spring.datasource.password=12345678
```

12.1.2 設定 JPA 相關屬性

在 application.properties 中繼續增加如下設定資訊，如例 12-2 所示。

▼ 例 12-2 application.properties

```
# 將執行期生成的 SQL 敘述輸出到日誌以供偵錯
spring.jpa.show-sql=true
# hibernate 設定屬性，設定自動根據實體類別建立、更新和驗證資料庫資料表結構
spring.jpa.properties.hibernate.hbm2ddl.auto=update
# hibernate 設定屬性，格式化 SQL 敘述
spring.jpa.properties.hibernate.format_sql=true
# hibernate 設定屬性，指出是什麼操作生成了 SQL 敘述
spring.jpa.properties.hibernate.use_sql_comments=true
```

在使用 JPA 存取資料庫時，無須撰寫 SQL 敘述，但一旦出現資料庫存取錯誤，就很難找到錯誤原因，透過上述設定可以讓開發者在開發階段快速定位錯誤並解決問題。在產品環境下，可以關閉上述設定，以提高性能。

上述設定中的 hbm2ddl.auto 選項常用的取值如下所示。

- none

  預設值，不執行任何操作。

- create

  在每次啟動應用程式時會根據實體類別建立資料表，之前的資料表和資料將被刪除。

- create-drop

  與create類似，不同的是，在應用程式退出時（SessionFactory關閉時）也會把資料表刪除。

- update

  最常用的取值。在第一次啟動時會根據實體類別建立資料庫資料表結構，再次啟動後會根據實體類別的改變更新資料表結構，之前的資料仍然存在。

- validate

  驗證資料庫資料表結構，只和資料庫中的資料表進行比較，不會建立新資料表，但是會插入新值，執行程式會驗證實體欄位與資料庫已有的資料表的欄位類型是否相同，若不同則會顯示出錯。

12.1.3 撰寫實體類別

在 com.sun.ch12 套件下新建 persistence 子套件，在該子套件下新建 entity 子套件。在 entity 子套件下新建 Book 類別，程式如例 12-3 所示。

▼ 例 12-3 Book.java

```
package com.sun.ch12.persistence.entity;

import lombok.Data;
import lombok.ToString;

import javax.persistence.*;
import java.time.LocalDate;
```

```
@Data
@ToString
// 指定該類別是一個實體類別（和資料庫資料表映射的類別）
@Entity
// 指定實體類別映射的資料庫資料表的名字，如果沒有舉出資料表名稱，那麼預設資料表名稱是 book
// 實體類別的名字單字的字首小寫，多個單字之間用底線連接
@Table(name = "bookinfo")
public class Book {
    // 指定實體的主鍵，實體主鍵映射的資料表的欄位假設為資料表的主鍵
    // 如果資料表的主鍵欄位名稱不是實體的屬性名稱 id，則使用 @Column 註釋以說明
    @Id
    // 指定主鍵的生成策略，此處指定標識生成器策略
    // 適用於 MySQL 的自動增長欄位和 SQL Server 的標識欄位
    @GeneratedValue(strategy = GenerationType.IDENTITY)
    private Integer id; // 主鍵

    // 指定實體的屬性映射的資料表的欄位，欄位長度為 100，不可為空，預設欄位名為實體屬性名稱
    @Column(length=100, nullable = false)
    private String title; // 書名

    @Column(length=100, nullable = false)
    private String author; // 作者

    // name 元素指定映射的資料表的欄位的名字
    @Column(name="bookconcern", length=100, nullable = false)
    private String bookConcern; // 出版社

    @Column(nullable = false)
    private LocalDate publishDate;  // 出版日期

    // columnDefinition 元素指定為欄位生成 DDL 時使用的 SQL 片段，用於某些特殊欄位的情況
    @Column(columnDefinition = "decimal(6,2)")
    private Float price; // 價格
    // 未使用 @Column 註釋，將按照預設的映射規則將屬性映射到資料庫資料表的欄位
    private Integer inventory; // 庫存

    @Column(length=500)
    private String brief;  // 簡介
}
```

12.1.4 撰寫 DAO 介面

JPA 定義了一些介面，舉出了常用的資料庫存取方法，在 Spring Boot 專案中，只需要選擇合適的介面進行繼承（擴充）即可，Spring Data JPA 會自動生成介面的實作類別，而無須撰寫任何程式。

在 persistence 套件下新建 repository 子套件，在該子套件下新建 BookRepository 介面，該介面繼承自 JpaRepository 介面，程式如例 12-4 所示。

▼ 例 12-4 BookRepository.java

```
package com.sun.ch12.persistence.repository;

import org.springframework.data.jpa.repository.JpaRepository;

public interface BookRepository extends JpaRepository<Book, Integer> {
}
```

BookRepository 介面在繼承 JpaRepository 介面時，需要舉出該介面的兩個類型參數的實際類型，一個是要操作的實體類別的類型，另一個是實體主鍵的類型。

初次接觸 JPA 的讀者不要驚訝，現在我們已經可以開始對資料庫進行基本的存取了。

12.1.5 撰寫單元測試

針對 BookRepository 介面生成單元測試類別，感受一下資料庫存取的增、刪、改、查，程式如例 12-5 所示。

▼ 例 12-5 BookRepositoryTest.java

```
package com.sun.ch12.persistence.repository;

...
```

```
@SpringBootTest
class BookRepositoryTest {

    @Autowired
    private BookRepository bookRepository;

    @Test
    void saveBook() {
        Book book = new Book();
        book.setTitle("Java 無難事 ");
        book.setAuthor(" 孫鑫 ");
        book.setBookConcern(" 電子工業出版社 ");
        book.setPublishDate(LocalDate.of(2020, 10, 1));
        book.setPrice(188.00f);
        book.setInventory(200);
        bookRepository.save(book);
    }

    @Test
    void getBookById() {
        Optional<Book> optionalBook = bookRepository.findById(1);
        if(optionalBook.isPresent()) {
            System.out.println(optionalBook.get());
        }
    }

    @Test
    void getAllBooks() {
        List<Book> books = bookRepository.findAll();
        System.out.println(books);
    }

    @Test
    void updateBook() {
        Optional<Book> optionalBook = bookRepository.findById(1);
        if(optionalBook.isPresent()) {
            Book book = optionalBook.get();
            book.setInventory(166);
            // save() 方法也可用於更新記錄，如果主鍵存在，則執行更新；否則，執行插入操作
```

```
            bookRepository.save(book);
        }
    }

    @Test
    void deleteBook() {
        Optional<Book> optionalBook = bookRepository.findById(1);
        if(optionalBook.isPresent()) {
            Book book = optionalBook.get();
            bookRepository.delete(book);
        }
    }
}
```

讀者可以首先測試 saveBook() 方法，在啟動時，可以在控制台視窗中看到輸出的建立 bookinfo 資料表的 SQL 敘述，如下所示：

```
create table bookinfo (
   id integer not null auto_increment,
    author varchar(100) not null,
    bookconcern varchar(100) not null,
    brief varchar(500),
    inventory integer,
    price decimal(6,2),
    publish_date date not null,
    title varchar(100) not null,
    primary key (id)
) engine=InnoDB
```

在測試視窗中，可以看到是因為什麼操作引發的 SQL 敘述，如下所示：

```
Hibernate:
    /* insert com.sun.ch12.persistence.entity.Book
        */ insert
        into
            bookinfo
            (author, bookconcern, brief, inventory, price, publish_date, title)
        values
            (?, ?, ?, ?, ?, ?, ?)
```

查看資料庫，可以發現已經成功插入了一筆記錄。

讀者可以自行測試其他方法。

12.2 兩種開發方式

有兩種常見的開發方式，即自頂向下和自底向上。

在自頂向下的開發過程中，從一個現有的領域模型開始，使用 Java 完成領域模型的實作，透過映射中繼資料（Java 註釋或者 XML 映射檔案）來利用映射中繼資料解析工具自動生成資料庫 Schema。這種開發方式不需要提前建立資料庫 Schema，對於大部分 Java 開發人員來說是最舒適的開發風格。比如 12.1 節的範例程式，透過設定“hbm2ddl.auto=update”可以實作資料庫資料表的自動建立與更新。

在自底向上的開發過程中，專案開始於一個現有的資料庫 Schema 和資料模型。此時可以透過反向工程工具從資料庫中取出中繼資料，這個中繼資料可以被用來生成 XML 映射檔案，同時也可以被用來生成 Java 持久類別，甚至資料存取物件，或者不生成 XML 映射檔案，由工具直接生成含註釋的 Java 實體類別。但是，並非所有的類別連結細節和 Java 專有的詮譯資訊都可以用這種策略自動從 SQL 資料庫 Schema 中生成，因此還需要一些手動的工作。

12.3 JPA 相關註釋

我們在 12.1 節中的實體類別中使用了一些註釋，用來描述實體類別與資料庫資料表之間的映射關係，JPA 的實作根據這些註釋將實體物件持久化到資料庫資料表中，可以認為實體類別對應資料庫資料表，實體類別的一個物件對應資料庫資料表中的一行記錄。

JPA 的註釋如表 12-1 所示。

▼ 表 12-1 JPA 的註釋

註釋	說明
@Entity	宣告類別是一個實體
@Table	宣告資料表名稱，如果實體類別的名字和資料表名稱相同，則可以省略該註釋
@Basic	到資料庫欄位的最簡單映射類型。該註釋可以應用於以下任何類型的持久屬性或執行個體變數：Java 基本類型、基本類型的封裝類型、字串、java.math.BigInteger、java.math.BigDecimal、java.util.Date、java.util.Calendar、java.sql.Date、java.sql.Time、java.sql.Timestamp、byte[]、Byte[]、char[]、Character[]、列舉類型，以及實作 java.io.Serializable 的任何其他類型
@Embeded、@Embeddable	指定一個實體的持久欄位或屬性，其值是一個可嵌入類別的實例。可嵌入類別必須使用 @Embeddable 註釋進行標注。當一個實體類別要在多個不同的實體類別中作為某個屬性的類型進行使用，而本身又不需要獨立映射到一個資料庫資料表的時候，就可以使用 @Embeded 和 @Embeddable 註釋。例如，User 實體類別中有一個 Address 類型的屬性 address，User 類別映射到 user 資料表，Address 類別的屬性映射到 user 資料表中的欄位，那麼可以在 Address 類別上增加 @Embeddable 註釋，而在 User 類別的 address 屬性上增加 @Embeded 註釋
@Id	指定實體的主鍵。實體主鍵映射的資料表的欄位假設為資料表的主鍵。如果資料表的主鍵欄位名稱不是實體的主鍵屬性名稱，則使用 @Column 註釋加以說明
@GeneratedValue	設定主鍵的生成策略。strategy 元素的值是 GenerationType 列舉類型的值，可以是 AUTO、IDENTITY、SEQUENCE 和 TABLE
@Transient	指定屬性或欄位不是持久的，即該註釋標注的屬性會被 ORM 框架所忽略，不會儲存到資料庫中。例如，商品的實際價格屬性由原價和折扣相乘得到，該屬性無須儲存到資料庫中，即可用 @Transient 主鍵標注實際價格屬性
@Column	指定持久屬性或欄位映射的資料表的欄位。如果沒有使用該註釋，則應用預設值

（續表）

註釋	說明
@SequenceGenerator	定義主鍵生成器，當為 @GeneratedValue 註釋指定 generator 元素值時，可以透過名稱引用該主鍵生成器。序列生成器可以在實體類別、主鍵欄位或屬性上指定。例如： `@SequenceGenerator(name="EMP_SEQ", allocationSize=25)`
@TableGenerator	定義主鍵生成器，當為 @GeneratedValue 註釋指定 generator 元素值時，可以透過名稱引用該主鍵生成器。資料表生成器可以在實體類別、主鍵欄位或屬性上指定
@Access	用於指定要應用於實體類別、映射超類別、可嵌入類別或此類的特定屬性的存取類型
@JoinColumn	指定用於連接實體連結或元素集合的資料表欄位。如果 @JoinColumn 註釋本身是預設的，則假設只有一個連接資料表欄位，並應用預設值。該註釋用在多對一連結中
@UniqueConstraint	指定為主資料表或輔助資料表生成的 DDL 中包含唯一約束
@ColumnResult	與 @SqlResultSetMapping 註釋或 @ConstructorResult 註釋一起使用，用於映射 SQL 查詢的 SELECT 列表中的列。name 元素引用 SELECT 清單中某列的名稱，即列別名
@ManyToMany	定義多對多連結關係
@ManyToOne	定義多對一連結關係
@OneToMany	定義一對多連結關係
@OneToOne	定義一對一連結關係
@NamedQueries	指定多個命名的 Java 持久性查詢語言的查詢
@NamedQuery	指定 Java 持久性查詢語言中的靜態命名的查詢

12.4 Spring Data JPA 的核心介面

Spring Data JPA 提供的核心介面如圖 12-2 所示。

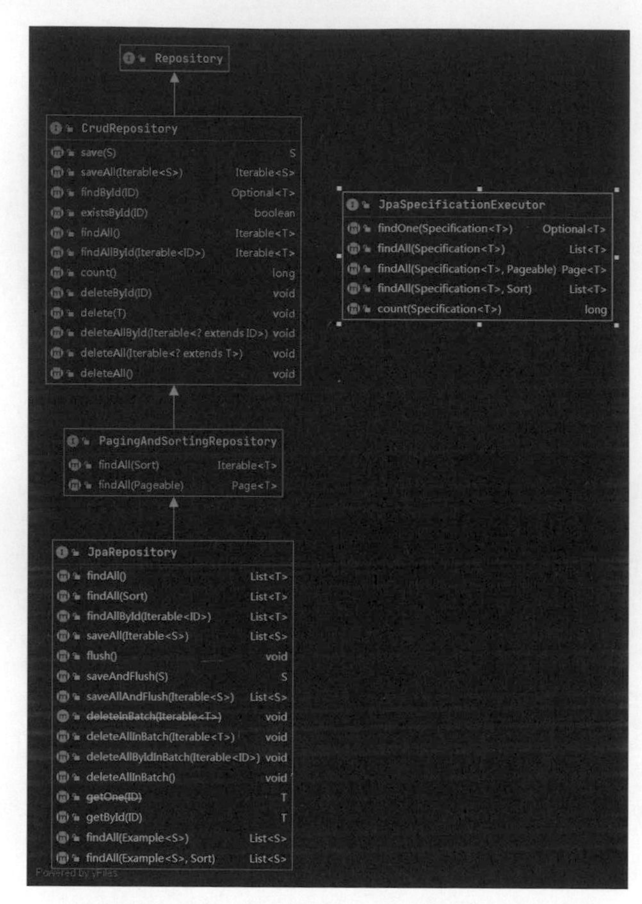

▲ 圖 12-2 Spring Data JPA 提供的核心介面

12.4.1 Repository<T,ID> 介面

Repository 是一個標記介面，含有兩個類型參數；T 是實體的類型；ID 是實體的主鍵類型。該介面約定了根據方法名稱自動生成查詢的方式，方法名稱要遵循“findBy + 屬性名稱（字首大寫） + 查詢準則（字首大寫）”這種形式，例如：

- findByNameLike(String name)
- findByName(String name)
- findByNameAndAge(String name, Integer age)
- findByNameOrAddress(String name)

…

在 BookRepository 介面中可舉出如下方法：

- List<Book> findByAuthor (String author)

撰寫如下測試使用案例：

```
@Test
void getBooksByAuthor() {
    List<Book> books = bookRepository.findByAuthor(" 孫鑫 ");
    System.out.println(books);
}
```

以上使用案例將根據圖書的作者姓名查詢出該作者所撰寫的所有圖書，而 findByAuthor() 方法並不需要舉出實作。

12.4.2 CrudRepository<T,ID> 介面

CrudRepository 介面是 Repository 介面的子介面，提供了通用的 CRUD 操作。從該介面繼承，可以自動獲得基本的 CRUD 操作方法。

12.4.3 PagingAndSortingRepository<T,ID> 介面

PagingAndSortingRepository 介面是 CrudRepository 介面的子介面，PagingAndSortingRepository 介面提供了使用分頁和排序查詢實體的附加方法。不過 PagingAndSortingRepository 介面只舉出了針對所有資料進行分頁或者排序查詢的兩個方法。

Pageable 介面的方法如圖 12-3 所示。

Sort 類別的方法如圖 12-4 所示。

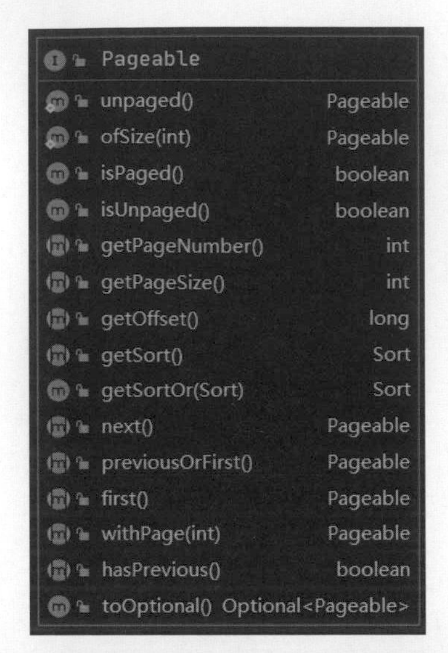

▲ 圖 12-3 Pageable 介面的方法

▲ 圖 12-4 Sort 類別的方法

12.4.4 JPARepository <T,ID> 介面

JPARepository 介面特定於 JPA 的 Repository 擴充，繼承自 PagingAndSortingRepository 介面。JPARepository 介面對繼承自父介面中方法的傳回值進行了調配，在父介面中傳回多行資料的查詢方法傳回的都是 Iterable 物件，需要我們自己去迭代遍歷，而在 JpaRepository 中，直接傳回了 List 物件。

12.4.5 JpaSpecificationExecutor <T> 介面

JpaSpecificationExecutor 是一個獨立的介面，該介面主要是對 JPA 的 Criteria API 查詢提供支援，其提供了多條件查詢的支援，並且可以在查詢中增加分頁和排序，但需要配合上述介面一起使用。

JpaSpecificationExecutor 介面中的方法用到了 Specification 介面類別型的參數，Specification 介面中的方法用來設定和組合查詢準則，如圖 12-5 所示。

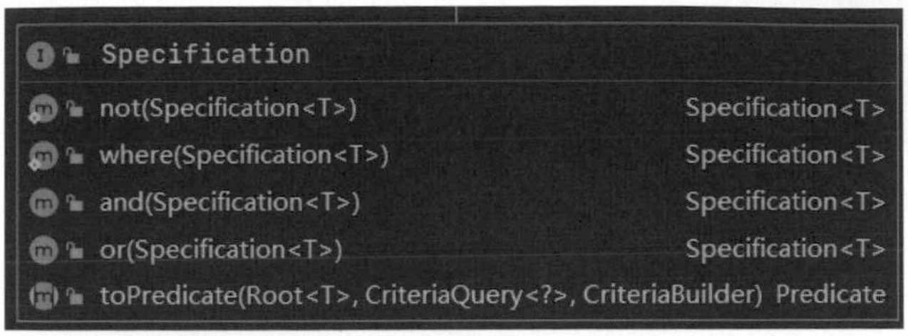

Specification	
not(Specification<T>)	Specification<T>
where(Specification<T>)	Specification<T>
and(Specification<T>)	Specification<T>
or(Specification<T>)	Specification<T>
toPredicate(Root<T>, CriteriaQuery<?>, CriteriaBuilder)	Predicate

▲ 圖 12-5 Specification 介面中的方法

Specification 介面中只有 toPredicate() 方法是抽象方法，該方法中的參數 Root 表示 from 子句中的根類型，查詢的根始終引用根實體；參數 CriteriaQuery 介面定義了特定於頂級查詢的功能，包括查詢的各個部分，如 select、from、where、group by、order by 等；CriteriaQuery 物件只對實體類型或嵌入式類型的 Criteria 查詢起作用；參數 CriteriaBuilder 介面用於建構 Criteria 查詢、複合選擇、運算式、述詞和排序。

接下來我們使用 JpaSpecificationExecutor 介面實作一個功能，即查詢在 2020 年 9 月 1 日後出版的所有 Java 圖書，以分頁方式查詢。

首先讓 BookRepository 介面也繼承 JpaSpecificationExecutor 介面，如下所示：

```
public interface BookRepository extends JpaRepository<Book, Integer>,
        JpaSpecificationExecutor<Book> {
    ...
}
```

然後撰寫測試使用案例，程式如下所示：

```
@Test
void getAllBooksByDateAndKeyword() {
    Specification specification = (root, criteriaQuery, criteriaBuilder) -> {
        List<Predicate> predicates = new ArrayList<>();
        // criteriaBuilder 的 like() 方法傳回一個述詞，相當於設定了一個 like 查詢準則
```

```
        predicates.add(criteriaBuilder.like(root.get("title"), "%" + "Java" + "%"));
        // 對於可比較的物件，使用 greaterThanOrEqualTo() 方法來進行大於或等於的比較，該方法也傳回一個述詞
        predicates.add(criteriaBuilder.greaterThanOrEqualTo(root.get ("publishDate"),
                LocalDate.of(2020, 9, 1)));
        return criteriaBuilder.and(
                predicates.toArray(new Predicate[predicates.size()]));
    };

    // 開始分頁查詢
    // 透過 PageRequest 的靜態方法建構 pageable 物件，查詢第一頁（頁面索引從 0 開始），每頁 5 筆資料
    Pageable pageable = PageRequest.of(0, 5);
    // 繼承了 JpaSpecificationExecutor 介面才會有 findAll() 方法
    Page<Book> page = bookRepository.findAll(specification, pageable);
    System.out.printf("總記錄數為：%d%n", page.getTotalElements());
    System.out.printf("當前頁數：%d 頁 %n", page.getNumber() + 1);
    System.out.printf("總頁數：%d 頁 %n", page.getTotalPages());
    System.out.printf("當前頁面的記錄數：%d%n", page.getNumberOfElements());
    System.out.println("當前頁面的內容為：");
    System.out.println(page.getContent());
}
```

執行 getAllBooksByDateAndKeyword 測試方法，輸出結果如下所示：

```
總記錄數為：1
當前頁數：1 頁
總頁數：1 頁
當前頁面的記錄數：1
當前頁面的內容為：
[Book(id=2, title=Java 無難事, author=孫鑫, bookConcern=電子工業出版社, publishDate=2020-10-01, price=188.0, inventory=200, brief=null)]
```

讀者可以在 bookinfo 資料表中多增加幾筆記錄，再進行測試。

12.5 連結關係映射

資料庫的資料表與資料表之間可以建立連結關係，這種連結關係是透過主外鍵來建立的，分為一對一關聯性（如居民資料表與身份證資料表）、一對多關聯性（如班級資料表與學生資料表）和多對多關係（如使用者資料表與角色資料表）。

資料庫資料表之間的關係總是雙向的，但在將物件關係映射到資料庫資料表關係時就會有方向性了，分為單向關係和雙向關係。

- 單向關係

單向關係是指，一個物件知道與其連結的其他物件，但是其他物件不知道該物件。例如，物件 A 擁有物件 B 類型的成員，那麼物件 A 是知道物件 B 的，反過來，物件 B 並未擁有物件 A 類型的成員，因此物件 B 是不知道物件 A 的，這就是一種單向關係。

- 雙向關係

雙向關係是指，連結兩端的物件都彼此知道對方。例如，物件 A 擁有物件 B 類型的成員，而物件 B 也擁有物件 A 類型的成員，這就組成了雙向關係。

12.5.1 基於主鍵的一對一連結映射

一對一連結有兩種實作方式：基於主鍵的一對一連結和基於外鍵的一對一連結。

一對一的主鍵連結形式，即兩張連結資料表透過主鍵形成一對一映射關係。例如，每位居民都有一個身份證，我們把 resident 資料表和 idcard 資料表設定為基於主鍵的一對一連結。

資料庫腳本如例 12-6 所示。

▼ 例 12-6 基於主鍵的一對一連結

```
-- 基於主鍵的一對一連結
CREATE TABLE resident (
        id int AUTO_INCREMENT NOT NULL,
        name varchar (50) NOT NULL,
        telephone varchar (13) NOT NULL,
        primary key (id)
);

CREATE TABLE idcard (
        id int NOT NULL,
        number char(18) NOT NULL,
        birthday DATE NOT NULL,
        homeaddress varchar (50) NOT NULL,
        primary key (id)
);

ALTER TABLE idcard ADD
        CONSTRAINT FK_idcard_resident FOREIGN KEY (id) references resident(id);
```

讀者可自行在 springboot 資料庫中執行上述腳本，建立連結資料表。

在 12.2 節，我們介紹了兩種開發方式，即自頂向下和自底向上，之前採用的是自頂向下的開發方式，從這一節開始，我們採用自底向上的開發方式，即透過反向工程工具從資料庫中取出中繼資料，自動生成 Java 持久類別。

在進行本章後續內容前，讀者可以先將 application.properties 設定檔中的 spring.jpa.properties.hibernate.hbm2ddl.auto 設定項註釋起來。

在 IDEA 中，首先點擊選單【View】→【Tool Windows】→【Database】，開啟資料庫視窗，如圖 12-6 所示。

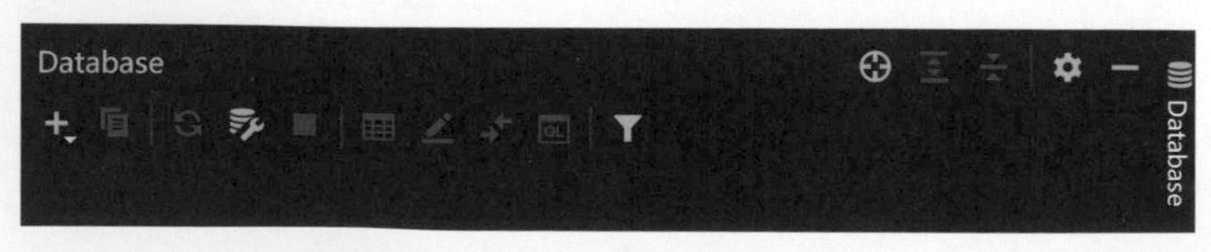

▲ 圖 12-6 資料庫視窗

點擊資料庫視窗左上角的加號按鈕，從彈出的選單中選擇【Data Source】→【MySQL】，出現如圖 12-7 所示的“Data Sources and Drivers”對話方塊。

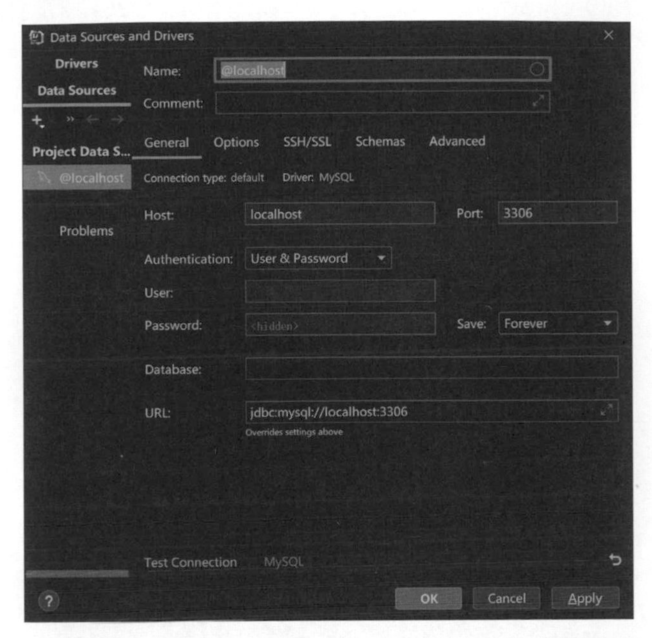

▲ 圖 12-7 “Data Sources and Drivers”對話方塊

在“Name”處取一個名字，重點填寫要連接的 MySQL 資料庫的使用者名稱和密碼，填寫好後可以點擊對話方塊左下角的“Test Connection”，以測試一下連接是否成功，之後可以點擊“OK”按鈕退出設定。

如果資料庫未出現在資料來源設定中，則可以參照圖 12-8 選擇要使用的資料庫。

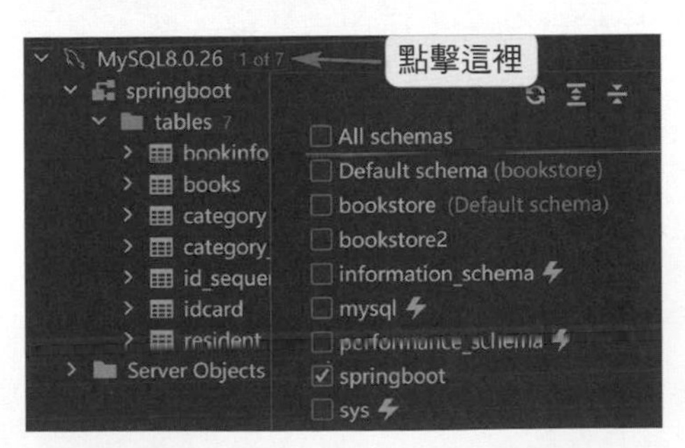

▲ 圖 12-8 選擇要使用的資料庫

展開 springboot 資料庫，同時選中 idcard 資料表和 resident 資料表，然後點擊滑鼠右鍵，在彈出選單的最下方選擇【Scripted Extensions】→【Generate POJOs.groovy】，圖 12-9 所示為選擇 POJO 類別存放的目錄。

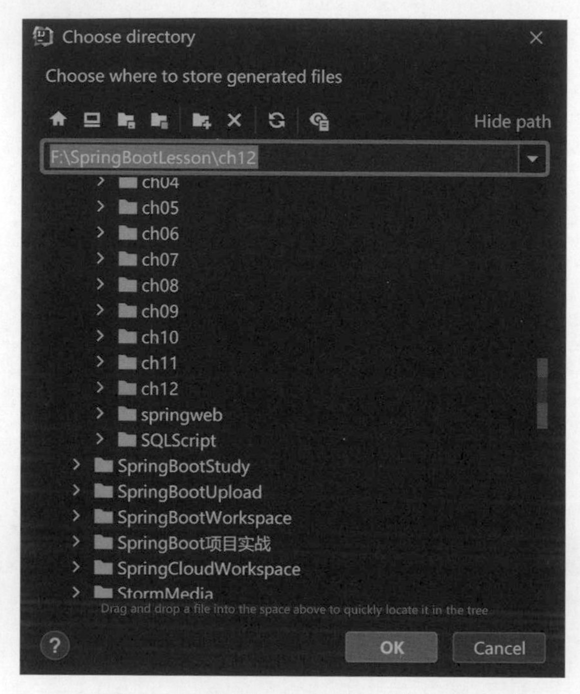

▲ 圖 12-9 選擇 POJO 類別存放的目錄

選擇 persistence\entity 目錄，點擊“OK”按鈕，在 entity 套件下會生成 Idcard 和 Resident 兩個實體類別，但它們的套件名稱是 com.sample，並且也沒有 JPA 註釋，這是由 IDEA 預設附帶的 groovy 腳本不完善導致的。當然，如果讀者對 groovy 語言比較熟悉，也可以自行修改腳本。在“Database”視窗中的任意區域點擊滑鼠右鍵，從彈出選單的最下方選擇【Scripted Extensions】→【Go To Scripts Directory】，然後編輯 Generate POJOs.groovy 檔案即可，如圖 12-10 所示。

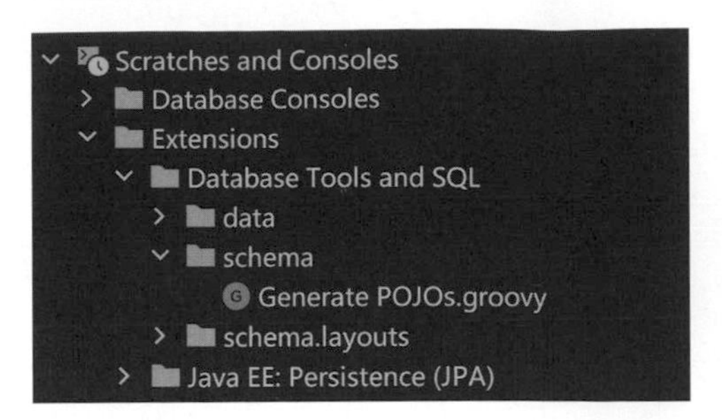

▲ 圖 12-10 Generate POJOs.groovy 檔案所在位置

這裡我們手動修改一下套件名稱，並增加 JPA 註釋，Resident 類別的程式如例 12-7 所示。

▼ 例 12-7 Resident.java

```
package com.sun.ch12.persistence.entity;
import lombok.Data;
import lombok.ToString;

import javax.persistence.*;

@Data
@Entity
public class Resident {
    @Id
    @GeneratedValue(strategy = GenerationType.IDENTITY)
    private Integer id;
    private String name;
    private String telephone;
    // 基於主鍵的一對一連結映射，mappedBy 元素指定擁有關係的欄位，該欄位是連結實體中的某個屬性
    // CascadeType.PERSIST 設定串聯儲存，即在儲存一個實體時，串聯儲存連結的實體
    // CascadeType.REMOVE 設定串聯刪除，即在刪除一個實體時，串聯刪除連結的實體
    @OneToOne(mappedBy = "resident",
            cascade = {CascadeType.PERSIST, CascadeType.REMOVE})
    private Idcard idcard;
}
```

Idcard 類別的程式如例 12-8 所示。

▼ 例 12-8 Idcard.java

```
package com.sun.ch12.persistence.entity;

import lombok.Data;
import lombok.ToString;
import org.hibernate.annotations.GenericGenerator;
import org.hibernate.annotations.Parameter;

import javax.persistence.*;

@Data
@Entity
public class Idcard {
    @Id
    // 設定在 idcard 資料表的主鍵上的外鍵約束
    // Idcard 的主鍵生成策略參考屬性 resident 的主鍵生成策略來生成
    @GeneratedValue(generator = "frGenerator")
    @GenericGenerator(name = "frGenerator", strategy = "foreign",
            parameters = @Parameter(name = "property", value = "resident"))
    private Integer id;
    private String number;
    private java.sql.Date birthday;
    private String homeaddress;

    // optional 元素指定連結是不是可選的，如果設定為 NULL，則必須始終存在非空的關係
    @OneToOne(optional = false)
    // 共用主鍵必須增加這個註釋，如果不增加該註釋，idcard 資料表就會自動增加一個外鍵 resident_id
    @PrimaryKeyJoinColumn
    private Resident resident;
}
```

本例設定的是雙向一對一連結。

在 repository 子套件下新建 ResidentRepository 介面，該介面繼承自 JpaRepository 介面，程式如例 12-9 所示。

▼ 例 12-9 ResidentRepository.java

```
package com.sun.ch12.persistence.repository;

import com.sun.ch12.persistence.entity.Book;
import org.springframework.data.jpa.repository.JpaRepository;

public interface ResidentRepository extends JpaRepository<Resident, Integer>{
}
```

為 ResidentRepository 介面生成單元測試，撰寫測試方法，測試基於主鍵的一對一連結，程式如例 12-10 所示。

▼ 例 12-10 ResidentRepositoryTest.java

```
package com.sun.ch12.persistence.repository;

...

@SpringBootTest
class ResidentRepositoryTest {
    @Autowired
    private ResidentRepository residentRepository;

    @Test
    void saveResident() {
        Idcard idcard = new Idcard();
        idcard.setBirthday(Date.valueOf("1998-10-10"));
        idcard.setHomeaddress(" 北京海澱北四環 ");
        idcard.setNumber("11000319981010***");

        Resident resident = new Resident();
        resident.setName(" 張三 ");
        resident.setIdcard(idcard);
        resident.setTelephone("1390110***");

        idcard.setResident(resident);
        resident.setIdcard(idcard);
        residentRepository.save(resident);
```

讀者可自行將星號替換成數字

```
    }

    @Test
    void getResidentById() {
        Optional<Resident> optionalResident = residentRepository.findById(1);
        if(optionalResident.isPresent()) {
            Resident resident = optionalResident.get();
            System.out.println("姓名：" + resident.getName());
            System.out.println("身份證字號：" + resident.getIdcard().getNumber());
        }
    }

    @Test
    void deleteResident() {
        Optional<Resident> optionalResident = residentRepository.findById(1);
        if(optionalResident.isPresent()) {
            Resident resident = optionalResident.get();
            // 也可以直接呼叫 CrudRepository 介面中的 deleteById() 方法，透過傳入一個 id 值來
刪除實體
            residentRepository.delete(resident);
        }
    }
}
```

讀者可以對以上三個測試方法分別進行測試。

12.5.2 基於外鍵的一對一連結映射

仍然使用 resident 資料表和 idcard 資料表，不過為了和上面的範例有所區分，我們將資料表名稱改為 resident2 和 idcard2。資料庫腳本如例 12-11 所示。

▼ 例 12-11 基於外鍵的一對一連結

```
-- 基於外鍵的一對一連結
CREATE TABLE resident2 (
    id int AUTO_INCREMENT NOT NULL,
    name varchar (50) NOT NULL,
```

```
        telephone varchar (13) NOT NULL,
        primary key (id)
);

CREATE TABLE idcard2 (
        id int AUTO_INCREMENT NOT NULL,
        number char(18) NOT NULL,
        birthday DATE NOT NULL,
        homeaddress varchar (50) NOT NULL,
        resident_id int NOT NULL unique,
        primary key (id)
);
```

讀者可自行在 springboot 資料庫中執行上述腳本，建立連結資料表。

將 Resident 類別和 Idcard 類別各複製一份，分別取名為 Resident2 和 Idcard2，並設定基於外鍵的連結關係映射。Resident2 類別的程式如例 12-12 所示。

▼ 例 12-12 Resident2.java

```
package com.sun.ch12.persistence.entity;

import lombok.Data;

import javax.persistence.*;

@Data
@Entity
public class Resident2 {
    @Id
    @GeneratedValue(strategy = GenerationType.IDENTITY)
    private Integer id;
    private String name;
    private String telephone;
    // 基於外鍵的一對一連結映射
    @OneToOne(mappedBy = "resident", cascade = {CascadeType.PERSIST, CascadeType.
REMOVE})
```

```
    private Idcard2 idcard;
}
```

Idcard2 類別的程式如例 12-13 所示。

▼ 例 12-13 Idcard2.java

```
package com.sun.ch12.persistence.entity;

import lombok.Data;

import javax.persistence.*;

@Data
@Entity
public class Idcard2 {
    @Id
    @GeneratedValue(strategy = GenerationType.IDENTITY)
    private Integer id;
    private String number;
    private java.sql.Date birthday;
    private String homeaddress;

    @OneToOne
    // @JoinColumn 註釋指定用於連接實體連結或元素集合的列
    @JoinColumn(name="resident_id")
    private Resident2 resident;
}
```

本例設定的也是雙向一對一連結。

在 repository 子套件下新建 Resident2Repository 介面，該介面繼承自 JpaRepository 介面，程式如例 12-14 所示。

▼ 例 12-14 Resident2Repository.java

```
package com.sun.ch12.persistence.repository;

import com.sun.ch12.persistence.entity.Resident2;
```

```
import org.springframework.data.jpa.repository.JpaRepository;

public interface Resident2Repository extends JpaRepository<Resident2, Integer> {
}
```

為該介面生成單元測試類別，然後撰寫測試方法，測試基於外鍵的一對一連結，程式如例 12-15 所示。

▼ 例 12-15 Resident2RepositoryTest.java

```
package com.sun.ch12.persistence.repository;

...

@SpringBootTest
class Resident2RepositoryTest {
    @Autowired
    private Resident2Repository resident2Repository;

    @Test
    void saveResident() {
        Idcard2 idcard = new Idcard2();
        idcard.setBirthday(Date.valueOf("1998-10-10"));
        idcard.setHomeaddress(" 新北市汐止區 ");
        idcard.setNumber("11000319981010****");

        Resident2 resident = new Resident2();
        resident.setName(" 張三 ");
        resident.setIdcard(idcard);
        resident.setTelephone("1390110****");

        idcard.setResident(resident);
        resident.setIdcard(idcard);
        resident2Repository.save(resident);
    }

    @Test
    void getResidentById() {
        Optional<Resident2> optionalResident2 = resident2Repository. findById(1);
```

讀者可自行將星號替換成數字

```
        if(optionalResident2.isPresent()) {
            Resident2 resident = optionalResident2.get();
            System.out.println("姓名：" + resident.getName());
            System.out.println("身份證字號：" + resident.getIdcard(). getNumber());
        }
    }

    @Test
    void deleteResident() {
        Optional<Resident2> optionalResident2 = resident2Repository. findById(1);
        if(optionalResident2.isPresent()) {
            Resident2 resident = optionalResident2.get();
            resident2Repository.delete(resident);
        }
    }
}
```

讀者可自行測試。

12.5.3 一對多連結映射

一對多連結在系統實作中非常常見，如一個部門可以有多名員工、在檔案分類下可以有多篇文章等。

一對多關聯性分為單向一對多關聯性和雙向一對多關聯性。單向一對多關聯性只需在「一」方進行設定即可，雙向一對多關聯性需要在連結雙方均加以設定。

本節使用的資料庫腳本如例 12-16 所示。

▼ 例 12-16 一對多連結

```
-- 一對多連結
create table dept (
    id       int AUTO_INCREMENT not null,
    name     varchar(50) not null,
    loc      varchar(100) not null,
    primary key(id)
```

```
);

create table emp (
    id      int AUTO_INCREMENT not null,
    name    varchar(20) not null,
    salary  FLOAT(6,2) not null,
    deptid  int not null,
    primary key(id),
    constraint FK_emp_dept foreign key(deptid) references dept(id)
);
```

讀者可自行在 springboot 資料庫中執行上述腳本，建立連結資料表。

在 entity 子套件中，新建 Dept 類別和 Emp 類別，並設定一對多連結映射。Dept 類別的程式如例 12-17 所示。

▼ 例 12-17 Dept.java

```
package com.sun.ch12.persistence.entity;

...

@Data
@Entity
public class Dept {
  @Id
  @GeneratedValue(strategy = GenerationType.IDENTITY)
  private Integer id;
  private String name;
  private String loc;

  // 一對多映射
  @OneToMany(cascade = {CascadeType.PERSIST,CascadeType.REMOVE},
          mappedBy = "dept")
  private List<Emp> emps;

  // 便捷方法，方便向部門中增加員工
  public void addEmp(Emp emp) {
    if(emps == null) {
```

```
        emps = new ArrayList<>();
      }
      emps.add(emp);
    }
}
```

Emp 類別的程式如例 12-18 所示。

▼ 例 12-18 Emp.java

```
package com.sun.ch12.persistence.entity;

...

@Data
@Entity
public class Emp {
  @Id
  @GeneratedValue(strategy = GenerationType.IDENTITY)
  private Integer id;
  private String name;
  private double salary;

  // 多對一映射
  @ManyToOne
  @JoinColumn(name="deptid")
  private Dept dept;
}
```

在 repository 子套件下新建 DeptRepository 介面和 EmpRepository 介面，這兩個介面都繼承自 JpaRepository 介面，這裡就不舉出程式了。

為 DeptRepository 介面和 EmpRepository 介面分別生成單元測試類別。DeptRepositoryTest 類別的程式如例 12-19 所示。

▼ 例 12-19 DeptRepositoryTest.java

```
package com.sun.ch12.persistence.repository;

...

@SpringBootTest
class DeptRepositoryTest {
    @Autowired
    private DeptRepository deptRepository;

    @Test
    void saveDept() {
        Dept dept = new Dept();
        dept.setName("市場部");
        dept.setLoc("北京");

        Emp emp1 = new Emp();
        emp1.setName("張三");
        emp1.setSalary(3000.00);
        emp1.setDept(dept);

        Emp emp2 = new Emp();
        emp2.setName("李四");
        emp2.setSalary(4000.00);
        emp2.setDept(dept);

        dept.addEmp(emp1);
        dept.addEmp(emp2);

        deptRepository.save(dept);
    }

    @Test
    void getDeptById() {
        Optional<Dept> optionalDept = deptRepository.findById(1);
        if(optionalDept.isPresent()) {
            Dept dept = optionalDept.get();
            System.out.println("部門名稱：" + dept.getName());
```

```
            System.out.println("部門位置：" + dept.getLoc());
        }
    }

    @Test
    void deleteDept() {
        Optional<Dept> optionalDept = deptRepository.findById(1);
        if(optionalDept.isPresent()) {
            Dept dept = optionalDept.get();
            deptRepository.delete(dept);
        }
    }
}
```

EmpRepositoryTest 類別的程式如例 12-20 所示。

▼ 例 12-20 EmpRepositoryTest.java

```
package com.sun.ch12.persistence.repository;

...

@SpringBootTest
class EmpRepositoryTest {
    @Autowired
    private EmpRepository empRepository;
    @Autowired
    private DeptRepository deptRepository;

    @Test
    void saveEmp() {
        Emp emp = new Emp();
        emp.setName("王五");
        emp.setSalary(5000.00);

        Dept dept = deptRepository.getById(1);
        emp.setDept(dept);
        empRepository.save(emp);
    }
```

```
    @Test
    void getEmpById() {
        Optional<Emp> empOptional = empRepository.findById(3);
        if(empOptional.isPresent()) {
            Emp emp = empOptional.get();
            System.out.println("員工姓名：" + emp.getName());
            System.out.println("所在部門：" + emp.getDept().getName());
        }
    }

    @Test
    void deleteEmp() {
        empRepository.deleteById(3);
    }
}
```

讀者可自行測試。

12.5.4 多對多連結映射

在實際應用中，多對多關係也很常見，如在許可權系統設計中的使用者和角色的多對多關係、學生選課系統中的學生與課程的多對多關係等。

多對多連結是透過連結資料表實作的，本節使用的資料庫腳本如例 12-21 所示。

▼ 例 12-21 多對多連結

```
-- 多對多連結
create table users (
    id      int AUTO_INCREMENT not null,
    name    varchar(20) not null,
    primary key(id)
);

create table role (
```

```
    id      int AUTO_INCREMENT not null,
    name    varchar(20) not null,
    primary key(id)
);

create table user_role (
    user_id int not null,
    role_id int not null,
    constraint FK_USER foreign key(user_id) references users(id),
    constraint FK_ROLE foreign key(role_id) references role(id)
);
```

讀者可自行在 springboot 資料庫中執行上述腳本，建立連結資料表。

在 entity 子套件中，新建 User 和 Role 類別，並設定多對多連結映射。User 類別的程式如例 12-22 所示。

▼ 例 12-22 User.java

```
package com.sun.ch12.persistence.entity;

...

@Data
@Entity
@Table(name = "users")
public class User {
    @Id
    @GeneratedValue(strategy = GenerationType.IDENTITY)
    private Integer id;
    private String name;

    // 多對多映射
    @ManyToMany(cascade = CascadeType.ALL, fetch = FetchType.EAGER)
    @JoinTable(name="user_role",
            joinColumns=
            @JoinColumn(name="user_id", referencedColumnName="id"),
            inverseJoinColumns=
```

```
        @JoinColumn(name="role_id", referencedColumnName="id")
    )
    private List<Role> roles;

    @Override
    public String toString() {
        return "User{" +
                "id=" + id +
                ", name='" + name + '\'' +
                '}';
    }
}
```

注意，這裡不要使用 Lombok 的 @ToString 註釋，自己重寫的 toString() 方法也不要加上實體的連結屬性，以免因迴圈引用的問題引起測試時出現堆疊溢而導致出錯誤。

Role 類別的程式如例 12-23 所示。

▼ 例 12-23 Role.java

```
package com.sun.ch12.persistence.entity;

...

@Data
@Entity
public class Role {
    @Id
    @GeneratedValue(strategy = GenerationType.IDENTITY)
    private Integer id;
    private String name;

    // 多對多映射
    @ManyToMany(mappedBy="roles", fetch = FetchType.EAGER)
    private List<User> users;

    @Override
```

```
    public String toString() {
        return "Role{" +
                "id=" + id +
                ", name='" + name + '\'' +
                '}';
    }
}
```

在 repository 子套件下新建 UserRepository 介面，該介面繼承自 JpaRepository 介面，這裡就不舉出程式了。

為 UserRepository 介面生成單元測試類別 UserRepositoryTest，程式如例 12-24 所示。

▼ 例 12-24 UseRepositoryTest.java

```
package com.sun.ch12.persistence.repository;

...

@SpringBootTest
class UserRepositoryTest {
    @Autowired
    private UserRepository userRepository;

    @Test
    void saveUser() {
        User user = new User();
        user.setName("張三");

        Role role1 = new Role();
        role1.setName("主管");
        Role role2 = new Role();
        role2.setName("管理員");

        List<Role> roles = new ArrayList<>();
        roles.add(role1);
        roles.add(role2);
```

```
        user.setRoles(roles);
        userRepository.save(user);
    }

    @Test
    void getUserById() {
        Optional<User> optionalUser = userRepository.findById(1);
        if(optionalUser.isPresent()) {
            User user = optionalUser.get();
            System.out.println("使用者名稱：" + user.getName());
            System.out.println("使用者的角色：" + user.getRoles());
        }
    }

    @Test
    void deleteUser() {
        userRepository.deleteById(1);
    }
}
```

讀者可自行測試。

12.6 使用 JPQL 進行查詢

JPQL（Java Persistence Query Language，Java 持久性查詢語言）是一種物件導向的查詢語言，其看上去很像 SQL，但 JPQL 並不使用資料庫資料表，而是使用實體物件模型進行完全物件導向的查詢，可以將其理解為諸如繼承、多形和連結之類的概念。JPA 的作用是將 JPQL 轉換為 SQL。JPQL 開發人員提供了一種處理 SQL 任務的簡單方式。

JPQL 的功能特性如下。

- 是一種獨立於平臺的查詢語言。
- 功能簡單而強大。

- 可以用於任何類型的資料庫，如 MySQL、Oracle 等。
- JPQL 查詢可以靜態地宣告為中繼資料，也可以動態地建構在程式中。

在 Spring Data JPA 中要使用 JPQL 查詢，可以在介面方法上使用 Spring Data JPA 提供的 @Query 註釋，舉出自己的 JPQL 查詢敘述。

例如，我們想根據圖書標題的關鍵字查詢匹配的圖書，可以在 BookRepository 介面中增加一個 findByTitle() 方法，並使用 @Query 註釋舉出查詢敘述，程式如下所示：

```
@Query("from Book where title like %?1%")
List<Book> findByTitle(String title);
```

可以看到 JPQL 可以省略 select 子句，並且 from 子句後是實體類別名稱，where 子句後是實體的屬性名稱。

JPQL 是一個完整的物件導向查詢語言，限於本書的篇幅，我們無法詳細介紹該查詢語言，下面舉出一些查詢敘述範例，以供讀者參考。

```
// 最簡單的查詢敘述，傳回所有的貓
form Cat

// 連結查詢，使用了別名
from Cat as cat
    inner join cat.mate as mate
    left outer join cat.kittens as kitten
from Cat as cat left join cat.mate.kittens as kittens
from Formula form full join form.parameter param

// 含有 select 子句
select mate
from Cat as cat
    inner join cat.mate as mate

// 聚集函式
select avg(cat.weight), sum(cat.weight), max(cat.weight), count(cat)
from Cat cat
```

```
// where 子句
from Cat where name='Fritz'

// order by 子句
from DomesticCat cat
order by cat.name asc, cat.weight desc, cat.birthdate

// group by 子句
select cat.color, sum(cat.weight), count(cat)
from Cat cat
group by cat.color

// 子查詢
from Cat as fatcat
where fatcat.weight > (
        select avg(cat.weight) from DomesticCat cat
)
```

要注意的是，JPQL 不支援 INSERT 操作，對於 UPDATE 和 DELETE 操作，需要結合 @Modifying 註釋一起使用，該註釋指示應將查詢方法視為修改查詢。另外要注意的是，UPDATE 和 DELETE 操作需要使用事務，否則會報 javax.persistence.TransactionRequiredException 例外。

12.7 使用原生 SQL 敘述進行查詢

使用原生 SQL 敘述查詢，即直接使用 SQL 敘述進行查詢，也就是使用 @Query 註釋只需要將註釋的 nativeQuery 元素設定為 true 即可。例如：

```
@Query(value = "select * from bookinfo where title like %?1%", nativeQuery = true)
List<Book> findByTitle(String title);
```

下面的範例根據書名關鍵字查詢，並傳回分頁物件。

```
@Query(value = "select * from bookinfo where title like %?1%",
        countQuery = "select count(*) from bookinfo where like %?1%",
```

```
        nativeQuery = true)
Page<Book> findAllBookByKeyword(String keyword, Pageable pageable);
```

12.8 事務

事務是一個邏輯工作單元，包括一系列的操作，還包括 4 個基本的特性，即“ACID”，具體如下。

- Atomicity（不可部分完成性）

  事務中包含的操作被看作邏輯工作單元，這個邏輯單元中的操作要麼全部完成，要麼全部失敗。

- Consistency（一致性）

  當事務開始時，實體處於一致的狀態，而當事務結束時，實體還是一致的狀態（儘管狀態不同）。也就是説，資料庫事務不能破壞關聯式資料庫的參考完整性，以及業務邏輯上的一致性。

- Isolation（隔離性）

  事務允許多個使用者對同一個資料平行存取，而不破壞資料的正確性和完整性。同時，並行事務的修改必須與其他並行事務的修改相互獨立，即在平行環境中，當不同的事務同時存取相同的資料時，每個事務都有各自完整的資料空間。隔離通常被稱為序列化（Serializability）。

- Durability（持久性）

  Durability 指的是，只要事務成功結束，它對資料庫所做的更新就必須被永久儲存下來。

12.8.1 資料庫事務隔離等級

事務隔離指的是，資料庫（或其他事務系統）透過某種機制在並行的多個事務之間進行分離，使每個事務在其執行過程中都保持獨立（如同當前只有此事務單獨執行）。

要理解事務的隔離等級，需要了解 3 個概念：中途讀取（Dirty Read）、不可重複讀取（Non-Repeatable Read）和虛設專案讀取（Phantom Read）。所謂**中途讀取**，是指一個事務正在存取資料，並對資料進行了修改，而這種修改還沒有提交到資料庫中，與此同時，另一個事務讀取了這些資料，因為這些資料還沒有被提交，所以另一個事務讀取的資料是無效資料，依據無效資料進行的操作可能是不正確的。如果前一個事務發生導回，那麼後一個事務讀取的將是無效的資料。所謂不可重複讀取，是指一個事務讀取了一行資料，在這個事務結束前，另一個事務存取了同一行資料，並對資料進行了修改，當第一個事務再次讀取這行資料時，獲得了一個不同的資料。這樣，在同一個事務內兩次讀取的資料不同，稱為**不可重複讀取**。所謂虛設專案讀取，是指一個事務讀取了滿足條件的所有行後第二個事務插入了一行資料，當第一個事務再次讀取同樣條件的資料時，卻發現多出了一行資料，就好像出現了幻覺一樣。

標準 SQL 規範中定義了 4 種事務隔離等級，具體如下。

- Read Uncommitted（讀取未提交資料）

  這是最低等級的事務隔離，它僅僅保證了在讀取過程中不會讀取到非法資料。在這種隔離等級下，上述中途讀取、不可重複讀取和虛設專案讀取這 3 種不確定的情況均有可能發生。

- Read Committed

  此等級的事務隔離保證了一個事務不會讀到另一個並行事務已修改但未提交的資料。也就是說，這個事務等級避免了中途讀取。

- Repeatable Read

  此等級的事務隔離避免了中途讀取和不可重複讀取，這也意味著，一個事務在執行過程中可以看到其他事務已經提交的新插入的資料，但是不能看到其他事務對已有記錄的更新。

- Serializable

  這是最高等級的事務隔離，也提供了最嚴格的隔離機制，可將中途讀取、不可重複讀取和虛設專案讀取這 3 種情況都被避免。在此等級下，一個事務在執行過程中完全看不到其他事務對資料庫所做的更新。當兩個事務同時存取相同的資料時，如果第一個事務已經在存取該資料，則第二個事務只能停下來等待，且必須等到第一個事務結束後才能恢復執行，因此這兩個事務實際上以序列化方式執行。

4 種隔離等級對中途讀取、不可重複讀取和虛設專案讀取的禁止情況如表 12-2 所示。

▼ 表 12-2 隔離等級對中途讀取、不可重複讀取和虛設專案讀取的禁止情況

隔離等級	是否禁止中途讀取	是否禁止不可重複讀	是否禁止虛設專案讀取
Read Uncommitted	否	否	否
Read Committed	是	否	否
Repeatable Read	是	是	否
Serializable	是	是	是

12.8.2 事務傳播

通常在一個事務中執行的所有程式都會在這個事務中執行。但是，如果一個事務上下文已經存在，那麼有幾個選項可以指定一個事務性方法的執行行為，例如，簡單地在現有的事務中執行（大多數情況）或者暫停現有事務以建立一個新的事務。對於本地事務，通常不需要複雜的事務傳播設定，而對於分散式事務，則需要根據業務需求，設定合適的事務傳播行為。

12.8.3 @Transactional 註釋

在 Spring 專案中，可以透過 @Transactional 註釋來開啟事務。@Transactional 註釋的元素如表 12-3 所示。

▼ 表 12-3 @Transactional 註釋的元素

元素	類型	說明
value	String	可選的限定描述符號，指定使用的事務管理器
isolation	enum Isolation	可選的事務隔離等級設定，預設值為 Isolation.DEFAULT。隔離等級只用於 Propagation.REQUIRED 或 Propagation.REQUIRES_NEW，因為它只應用於新啟動的事務
propagation	enum Propagation	可選的事務傳播行為設定。預設值為 Propagation.REQUIRED
readOnly	boolean	設定事務是不是唯讀的，唯讀事務允許在執行時期進行對應的最佳化。預設值為 false
timeout	int（以秒為單位）	事務逾時時間設定。預設為底層事務系統的預設逾時。逾時值只用於 Propagation.REQUIRED 或 Propagation.REQUIRES_NEW，因為它只應用於新啟動的事務
rollbackFor	Class 物件陣列，必須繼承自 Throwable	導致交易復原的例外類別陣列。在預設情況下，事務將在 RuntimeException 和 Error 上導回，但不會在 checked 例外上導回
rollbackForClassName	類名字串陣列，類別必須繼承自 Throwable	導致交易復原的例外類別的類別名稱陣列
noRollbackFor	Class 物件陣列，必須繼承自 Throwable	不會導致交易復原的例外類別陣列
noRollbackForClassName	類名字串陣列，類別必須繼承自 Throwable	不會導致交易復原的例外類別的類別名稱陣列

@Transactional 註釋可以用在方法或者類別上，當在類別上使用該註釋時，表示該類別與其子類別的所有方法都設定相同的事務屬性資訊。當類別等級設定了 @Transactional 註釋，方法等級也設定了 @Transactional 註釋時，應用程式會以方法等級的事務屬性資訊來管理事務，換言之，方法等級的事務屬性資訊會覆蓋類別等級的相關設定資訊。

12.8.4 事務邊界

事務邊界，即事務的開始和結束。對於三層系統結構的伺服器端應用來說，@Transactional 註釋應該在哪一層上應用比較合適呢？資料存取層主要封裝了對資料的存取操作，細微性會很細，一個功能可能需要呼叫多個資料存取層介面來完成，因此對每個介面都應用事務會導致頻繁的加鎖和解鎖操作，從而影響性能。展現層主要負責呼叫服務層的介面，來完成介面的繪製，在該層上應用事務會導致事務邊界過寬，事務遲遲不能結束也會影響性能。因此，應用事務合理的位置一般在服務層上。

對於簡單的應用，只需要在服務層的類別上應用空白的 @Transactional 註釋即可，如果某個方法需要唯讀事務，則可以在該方法上使用 @Transactional (readOnly = true)。

12.9 專案實際問題的解決

筆者在使用 JPA 的專案中遇到過一個問題，這裡跟讀者分享一下，具體如下。

控制器向前端傳回的是 JSON 資料，在 Book 實體類別中有如下程式：

```
@ManyToOne(fetch = FetchType.LAZY)
@JoinColumn(name="categoryId", nullable=true, foreignKey = @ForeignKey(name = "FK_
CATEGORY_ID"))
private Category category;
```

在 BookRepository 的單元測試中獲取圖書資訊，這沒有任何問題，但在透過網路請求控制器方法時，伺服器報了下面的錯誤。

com.fasterxml.jackson.databind.exc.InvalidDefinitionException: No serializer found for class org.hibernate.proxy.pojo.bytebuddy.ByteBuddyInterceptor and no properties discovered to create BeanSerializer (to avoid exception, disable SerializationFeature.FAIL_ON_ EMPTY_BEANS) (through reference chain: com.sun.jpademo.result.DataResult["data"] ->com.sun.jpademo.entity.Book["category"]->com.sun.jpademo.entity.Category$HibernateProxy$iEfXQArw["hibernateLazyInitializer"])

出現這個錯誤的原因是：控制器在將響應正文轉換成 JSON 的時候，Jackson 函式庫將物件轉換為 JSON 顯示出錯，發現有欄位為 null。

因為 JSON 外掛程式採用是 Java 的內審機制，使用了延遲載入，Hibernate 會給被管理的實體類別加入一個 hibernateLazyInitializer 屬性，JSON 外掛程式會把 hibernateLazyInitializer 也拿出來操作，並讀取裡面一個不能被反射操作的屬性，所以就產生了這個例外。

解決方法如下。

在實體類別上增加如下註釋：

```
@JsonIgnoreProperties(value = {"hibernateLazyInitializer"})
```

表示忽略 hibernateLazyInitializer 這個屬性，那麼也就不會出現為空的情況了。

在本專案中，**要在 Category 類別上增加上述註釋，但不用在 Book 類別上增加**。這樣相當於去掉了延遲載入，傳回的 Book 物件資料中也包括了分類資料。如果不想包括分類資料，那麼可以在屬性上使用 @JsonIgnore 註釋，程式如下所示：

```
@ManyToOne(fetch = FetchType.LAZY)
@JoinColumn(name="categoryId", nullable=true, foreignKey = @ForeignKey(name = "FK_
```

```
CATEGORY_ID"))
@JsonIgnore
private Category category;
```

在 Category 類別上就不需要 @JsonIgnoreProperties 註釋了。

12.10 小結

本章較為詳細地介紹了如何使用 JPA 存取資料，並引入了專案化的開發方式，對 JPA 的相關註釋及 JPA 的幾個核心介面都做了講解，並舉出了實際應用案例。

本章還詳細介紹了物件連結關係如何與資料庫關係做映射，完整地舉出了一對一、一對多和多對多的映射實作。另外還簡介了如何使用 JPQL 和原生 SQL 敘述進行查詢，並對事務從概念到應用做了講解，最後舉出了一個在實際專案中遇到的問題及其解決方案。

第 13 章 使用 MyBatis 存取資料

MyBatis 的前身是 Apache 軟體基金會的開放原始碼專案 iBatis，2010 年這個專案從 Apache 軟體基金會遷移到 Google Code，並被改名為 MyBatis，2013 年 11 月被遷移到 Github。

MyBatis 是一款優秀的持久層框架，支援自訂 SQL、預存程序和高級映射。MyBatis 消除了幾乎所有的 JDBC 程式及參數的手動設定和結果檢索。MyBatis 可以使用簡單的 XML 或註釋進行設定，並將基底資料型別、Map 介面和 Java POJO（Plain Old Java Objects，普通的傳統 Java 物件）映射到資料庫記錄。

13.1 感受 MyBatis

這一節讓我們先撰寫一個簡單的 MyBatis 應用，直觀感受一下 MyBatis 的用法。

Step1：新建一個 Maven 專案

在 IDEA 中新建一個 Maven 專案，如圖 13-1 所示。

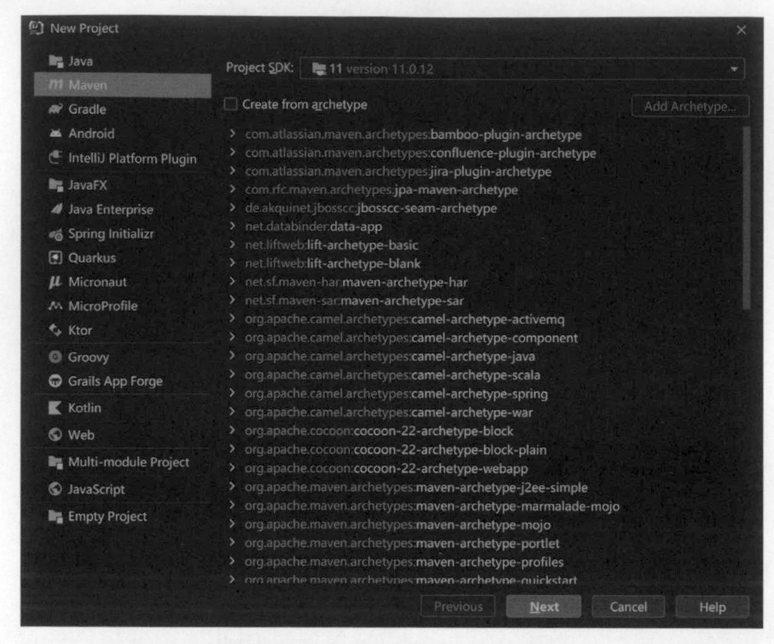

▲ 圖 13-1 新建 Maven 專案

點擊“Next”按鈕，指定專案位置，並指定“GroupId”為 com.sun，“ArtifactId”為 demo，如圖 13-2 所示。

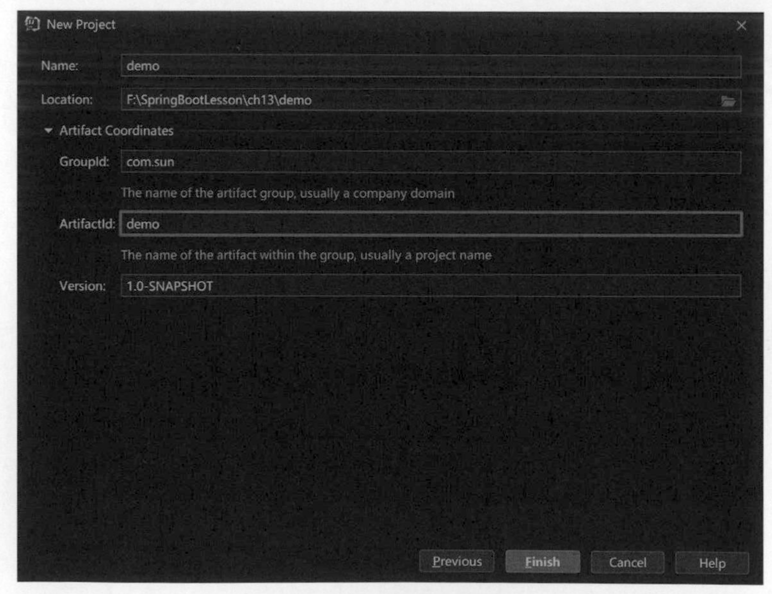

▲ 圖 13-2 指定專案資訊

點擊 “Finish” 按鈕，完成 Maven 專案的建立。

Step2：增加相依性

開啟 POM 檔案，增加 MyBatis 相依性、MySQL 資料庫的 JDBC 驅動相依性，以及 JUnit 相依性，如下所示：

```
<?xml version="1.0" encoding="UTF-8"?>
<project xmlns="http://maven.apache.org/POM/4.0.0"
         xmlns:xsi="http://www.w3.org/2001/XMLSchema-instance"
         xsi:schemaLocation="http://maven.apache.org/POM/4.0.0 http://maven.apache.
org/xsd/maven-4.0.0.xsd">
    <modelVersion>4.0.0</modelVersion>

    <groupId>com.sun</groupId>
    <artifactId>demo</artifactId>
    <version>1.0-SNAPSHOT</version>
    <properties>
        <maven.compiler.source>11</maven.compiler.source>
        <maven.compiler.target>11</maven.compiler.target>
    </properties>

    <dependencies>
        <dependency>
            <groupId>org.mybatis</groupId>
            <artifactId>mybatis</artifactId>
            <version>3.5.7</version>
        </dependency>
        <dependency>
            <groupId>mysql</groupId>
            <artifactId>mysql-connector-java</artifactId>
            <version>8.0.26</version>
        </dependency>
        <dependency>
            <groupId>org.junit.jupiter</groupId>
            <artifactId>junit-jupiter</artifactId>
            <version>5.8.1</version>
        </dependency>
    </dependencies>
</project>
```

粗體顯示的程式是新增的程式。不要忘記更新相依性。

Step3：撰寫 MyBatis 設定檔

MyBatis 的設定檔包含了對 MyBatis 行為有顯著影響的設定和屬性，檔案名稱通常為 mybatis-config.xml。

在 src/main/resources 目錄下新建 mybatis-config.xml，檔案內容如例 13-1 所示。

▼ 例 13-1 mybatis-config.xml

```
<?xml version="1.0" encoding="UTF-8" ?>
<!DOCTYPE configuration
        PUBLIC "-//mybatis.org//DTD Config 3.0//EN"
        "http://mybatis.org/dtd/mybatis-3-config.dtd">
<configuration>
    <properties>
        <property name="driver" value="com.mysql.cj.jdbc.Driver"/>
        <property name="url"
 value="jdbc:mysql://localhost:3306/springboot?useSSL=false&amp; serverTimezone=UTC"/>
        <property name="username" value="root"/>
        <property name="password" value="12345678"/>
    </properties>
    <settings>
        <!-- 啟用底線與駝峰式命名規則的映射（例如，book_concern => bookConcern） -->
        <setting name="mapUnderscoreToCamelCase" value="true" />
    </settings>
    <typeAliases>
        <!--
            設定別名資訊，在映射設定檔中可以直接使用 Book 這個別名
            代替 com.sun.persistence.entity.Book 這個類別
        -->
        <typeAlias type="com.sun.persistence.entity.Book" alias="Book" />
    </typeAliases>
    <environments default="development">
        <environment id="development">
            <!-- 設定事務管理器的類型 -->
            <transactionManager type="JDBC"/>
```

```
            <!-- 設定資料來源的類型，以及資料庫連接的相關資訊 -->
            <dataSource type="POOLED">
                <property name="driver" value="${driver}"/>
                <property name="url" value="${url}"/>
                <property name="username" value="${username}"/>
                <property name="password" value="${password}"/>
            </dataSource>
        </environment>
    </environments>
    <mappers>
        <!-- 設定映射設定檔的位置 -->
        <mapper resource="com/sun/persistence/mapper/BookMapper.xml"/>
    </mappers>
</configuration>
```

Step4：撰寫實體類別

在 src/main/java 目錄下新建 com.sun.persistence.entity 套件，在 entity 子套件下新建實體類別 Book，程式如例 13-2 所示。

▼ 例 13-2 Book.java

```
package com.sun.persistence.entity;

import java.sql.Date;

public class Book {
    private Long id;
    private String title;
    private String author;
    private String bookConcern;
    private java.sql.Date publishDate;
    private Double price;

    // 省略 getter 和 setter 方法，以及 toString() 方法
}
```

Step5：撰寫映射器設定檔

MyBatis 的真正強大之處在於它的映射敘述，而映射敘述可以在一個 XML 檔案中進行設定。映射器設定檔按照約定一般是以 Mapper 作為尾碼的 XML 檔案。

在 src/main/resources 目錄下新建 com/sun/persistence/mapper 目錄，在 mapper 子目錄下新建 BookMapper.xml 檔案，檔案內容如例 13-3 所示。

▼ 例 13-3 BookMapper.xml

```
<?xml version="1.0" encoding="UTF-8" ?>

<!DOCTYPE mapper
        PUBLIC "-//mybatis.org//DTD Mapper 3.0//EN"
        "http://mybatis.org/dtd/mybatis-3-mapper.dtd">
<mapper namespace="com.sun.persistence.mapper.BookMapper">
    <select id="selectBook" resultType="Book">
        select * from books where id = #{id}
    </select>
</mapper>
```

這裡使用的資料表是 11.2 節建立的 books 資料表。

Step6：撰寫測試程式

在 src/test/java 目錄下新建 com.sun.persistence.mapper 套件，在 mapper 子套件下新建測試類別 BookMapperTest，程式如例 13-4 所示。

▼ 例 13-4 BookMapperTest

```
package com.sun.persistence.mapper;

import com.sun.persistence.entity.Book;
import org.apache.ibatis.io.Resources;
import org.apache.ibatis.session.SqlSession;
import org.apache.ibatis.session.SqlSessionFactory;
import org.apache.ibatis.session.SqlSessionFactoryBuilder;
```

```
import org.junit.jupiter.api.Test;

import java.io.IOException;
import java.io.InputStream;

public class BookMapperTest {
    @Test
    void testSelectBook() {
        String resource = "mybatis-config.xml";
        InputStream inputStream = null;
        try {
            inputStream = Resources.getResourceAsStream(resource);
            SqlSessionFactory sqlSessionFactory =
                    new SqlSessionFactoryBuilder().build(inputStream);
            try (SqlSession session = sqlSessionFactory.openSession()) {
                Book book = (Book) session.selectOne("selectBook", 1);
                System.out.println(book);
            }
        } catch (IOException e) {
            e.printStackTrace();
        }
    }
}
```

執行 testSelectBook() 方法，可以看到如下輸出：

```
Book{id=1, title=' VC++ 深入詳解（第 3 版）', author=' 孫鑫 ', bookConcern=' 電子工業出版社 ',
publishDate=2019-06-01, price=168.0}
```

13.2 SqlSessionFactory

每個 MyBatis 應用程式都以 SqlSessionFactory 實例為核心，SqlSession Factory 的實例可以透過 SqlSessionFactoryBuilder 來得到，而 SqlSession FactoryBuilder 則可以從 XML 設定檔或一個預先設定的 Configuration 類別的實例來建構 SqlSessionFactory 實例。一旦建立了 SqlSessionFactory，就不需要

SqlSessionFactoryBuilder 了，因此 SqlSessionFactoryBuilder 實例的最佳作用域是方法作用域（也就是局部方法變數）。

在例 13-4 中，舉出了建立 SqlSessionFactory 實例的程式，如下所示：

```
inputStream = Resources.getResourceAsStream(resource);
SqlSessionFactory sqlSessionFactory =
        new SqlSessionFactoryBuilder().build(inputStream);
```

SqlSessionFactory 有 8 個多載的方法用於建立 SqlSession 實例，如下所示。

- SqlSession openSession()
- SqlSession openSession(boolean autoCommit)
- SqlSession openSession(Connection connection)
- SqlSession openSession(ExecutorType execType, TransactionIsolationLevel level)
- SqlSession openSession(ExecutorType execType)
- SqlSession openSession(ExecutorType execType, boolean autoCommit)
- SqlSession openSession(ExecutorType execType, Connection connection)
- SqlSession openSession(TransactionIsolationLevel level)

選擇上述哪一個方法是基於以下 3 點考慮的。

- 交易處理：你希望在 session 作用域中使用事務作用域還是自動提交（對大多數資料庫和 / 或 JDBC 驅動來說，等於關閉事務支援）？
- 資料庫連接：你希望使用 MyBatis 從已設定的資料來源獲取的連結還是自己提供的連結？

- 敘述執行：你希望 MyBatis 重複使用 PreparedStatement 和 / 或批次更新敘述（包括插入和刪除）嗎？

在上述方法中，向 autoCommit 參數傳遞 true 即可開啟自動提交功能。若要使用自己的 Connection 實例，則傳遞一個 Connection 實例給 connection 參數即可。注意，MyBatis 沒有提供同時設定 Connection 和 autoCommit 的方法，這是因為 MyBatis 會根據傳入的 Connection 來決定是否啟用 autoCommit。

對於事務隔離等級，MyBatis 使用了一個 Java 列舉包裝器來表示，名為 TransactionIsolationLevel，事務隔離等級支援 JDBC 的 5 個隔離等級（NONE、READ_UNCOMMITTED、READ_COMMITTED、REPEATABLE_READ 和 SERIALIZABLE），並且與預期的行為一致。

ExecutorType 列舉類型定義了以下 3 個值。

- SIMPLE：該類型的執行器沒有特別的行為。它為敘述的每次執行都建立一個新的 PreparedStatement。
- REUSE：該類型的執行器會重複使用 PreparedStatement。
- BATCH：該類型的執行器會批次執行所有的更新敘述，如果 SELECT 在多個更新中間執行，則在必要時將多筆更新敘述分隔開來，以方便理解。

如果呼叫無參數的 openSession() 方法，那麼 SqlSessionFactory 建立的 SqlSession 預設具有以下行為。

- 開啟事務作用域（即不自動提交）。
- 將從當前環境設定的 DataSource 實例中獲取 Connection 物件。
- 事務隔離等級將會使用驅動程式或資料來源的預設等級。
- PreparedStatement 不會被重複使用，也不會被批次處理更新。

例 13-4 中，呼叫了無參數的 openSession() 方法來建立 SqlSession 實例，如下所示：

```
try (SqlSession session = sqlSessionFactory.openSession()) {
    ...
}
```

13.3 SqlSession

SqlSession 是 MyBatis 中非常重要的一個介面，它包含了所有執行敘述、提交或導回事務，以及獲取映射器實例的方法。

13.3.1 敘述執行方法

敘述執行方法用於執行 SQL 映射 XML 檔案中定義的 SELECT、INSERT、UPDATE 和 DELETE 敘述。透過方法的名字就可以快速了解它們的作用，每一個方法都接受敘述的 ID 及參數物件，參數可以是原始類型（支援自動裝箱或包裝類別）、JavaBean、POJO 或 Map。

- <T> T selectOne(String statement, Object parameter)
- <E> List<E> selectList(String statement, Object parameter)
- <T> Cursor<T> selectCursor(String statement, Object parameter)
- <K,V> Map<K,V> selectMap(String statement, Object parameter, String mapKey)
- int insert(String statement, Object parameter)
- int update(String statement, Object parameter)
- int delete(String statement, Object parameter)

selectOne 和 selectList 的不同僅僅是 selectOne 必須傳回一個物件或 null 值。如果傳回值多於一個，就會拋出例外。如果不知道傳回物件有多少，則可以直接使用 selectList。如果需要查看某個物件是否存在，最好的辦法就是查詢一個 count 值（0 或 1）。selectMap 稍微特殊一點，它會將傳回物件的其中一個屬性作為 key 值，將物件作為 value 值，從而將多個結果集轉為 Map 類型值。要注意的是，並非所有敘述都需要參數，所以這些方法都有一個不需要參數的多載形式。

游標（Cursor）與串列（List）傳回的結果相同，不同的是，游標借助迭代器實作了資料的惰性載入。

```
try (Cursor<MyEntity> entities = session.selectCursor(statement, param)) {
   for (MyEntity entity : entities) {
      // 處理單一實體
   }
}
```

insert()、update() 及 delete() 方法傳回的值表示受該敘述影響的行數。

select() 方法還有 3 個高級版本，可以限制傳回行數的範圍或者提供自訂結果處理邏輯，通常用於非常大的資料集。方法簽名如下所示：

- <E> List<E> selectList (String statement, Object parameter, RowBounds rowBounds)
- <T> Cursor<T> selectCursor(String statement, Object parameter, RowBounds rowBounds)
- <K,V> Map<K,V> selectMap(String statement, Object parameter, String mapKey, RowBounds rowbounds)
- void select (String statement, Object parameter, ResultHandler<T> handler)
- void select (String statement, Object parameter, RowBounds rowBounds, ResultHandler<T> handler)

限於篇幅，我們就不介紹這些方法及參數的用法了，畢竟在 Spring Boot 中，我們也不會直接去呼叫 SqlSession 介面的方法。

在例 13-3 中，我們在映射器設定檔中映射了一筆查詢敘述，如下所示：

```
<select id="selectBook" resultType="Book">
    select * from books where id = #{id}
</select>
```

敘述名為 selectBook，接受一個 ID 值作為參數，傳回一個 Book 類別的物件。參數符號 #{id} 告訴 MyBatis 建立一個 PreparedStatement 參數，在 JDBC 中，這樣的一個參數在 SQL 中會由一個 "?" 來標識，並被傳遞到一個新的 PreparedStatement 中，類似於如下的 JDBC 程式：

```
// 近似的 JDBC 程式，非 MyBatis 程式
String selectBook = "select * from books where id = ?";
PreparedStatement ps = conn.prepareStatement(selectBook);
ps.setInt(1,id);
```

在例 13-4 中，我們透過敘述的 ID 來執行定義好的查詢敘述並傳入參數，如下所示：

```
Book book = (Book) session.selectOne("selectBook", 1);
```

最終得到一個 Book 類別的物件。

13.3.2 立即批次更新方法

- List<BatchResult> flushStatements()

當你將 ExecutorType 設定為 ExecutorType.BATCH 時，可以使用這個方法隨時更新（執行）快取在 JDBC 驅動類別中的批次更新敘述。

13.3.3 事務控制方法

SqlSession 中有 4 個方法控制事務作用域。當然，如果已經設定了自動提交或使用了外部事務管理器，這些方法就沒有作用了。不過，如果正在使用由 Connection 實例控制的 JDBC 事務管理器，那麼這 4 個方法就會派上用場。這 4 個方法如下所示：

- void commit()
- void commit(boolean force)
- void rollback()
- void rollback(boolean force)

在預設情況下 MyBatis 不會自動提交事務，除非它檢測到資料庫已被 insert()、update() 或 delete() 方法呼叫更改。如果我們在沒有呼叫這些方法的情況下進行了更改，那麼可以在 commit() 和 rollback() 方法參數中傳入 true 值，來保證事務被正常提交或導回（注意，在自動提交模式或者使用了外部事務管理器的情況下，設定 force 值對 session 無效）。在大多數情況下，無須呼叫 rollback() 方法，因為 MyBatis 會在沒有呼叫 commit() 方法時完成導回操作。但是，如果要在一個可能多次提交或導回的 session 中細細微性地控制事務，導回操作就派上用場了。

13.3.4 本地快取

Mybatis 使用了兩種快取：本地快取（Local Cache）和二級快取（Second Level Cache）。

每當建立一個新 session 時，MyBatis 就會建立一個與之相連結的本地快取。任何在 session 中執行過的查詢結果都會被儲存在本地快取中，當再次使用相同的輸入參數執行相同的查詢時，就不需要實際查詢資料庫了。本地快取將會在更新、事務提交或導回，以及關閉 session 時清空。

在預設情況下，本地快取資料的生命週期等於整個 session 的週期。由於快取會被用來解決迴圈引用問題和加快重複嵌套查詢的速度，所以無法將其完全禁用。但可以透過設定 localCacheScope=STATEMENT 將本地快取設定為僅在敘述執行期間使用。

注意，如果 localCacheScope 被設定為 SESSION，那麼對於某個物件，MyBatis 將傳回在本地快取中唯一物件的引用。對傳回的物件做出的任何修改都會影響本地快取的內容，進而影響 session 存活時間內從快取傳回的值。因此，作為最佳實踐，不要修改 MyBatis 傳回的物件。

可以隨時呼叫 void clearCache() 方法來清空本地快取。

13.3.5 確保 SqlSession 被關閉

在使用完 SqlSession 後，要記得將其關閉，可使用 void close() 方法關閉。

要確保 SqlSession 被關閉，可以使用 Java 7 新增的 try-with-resources 敘述，如同例 13-4 中所示的一樣。

```
try (SqlSession session = sqlSessionFactory.openSession()) {
    ...
}
```

13.4 使用映射器

在 13.1 節的例子中，我們是在 SQL 映射 XML 檔案中定義的 SELECT 敘述，然後透過 SqlSession 介面的 selectOne() 方法執行映射敘述，這種執行方式不是類型安全的，並且對 IDE 和單元測試也並不友善。

比較常見的執行映射敘述的方法是使用映射器類別。映射器類別只是一個介面，其方法定義與 SqlSession() 方法相匹配。

我們修改一下 13.1 節的例子，增加一個映射器介面。在 com.sun.persistence 套件下新建 mapper 子套件，在該子套件下新建 BookMapper 介面，介面中只有一個方法，方法名稱與映射敘述的 ID 值相同，程式如例 13-5 所示。

▼ 例 13-5 BookMapper.java

```
package com.sun.persistence.mapper;

import com.sun.persistence.entity.Book;

```

```
public interface BookMapper {
    Book selectBook(int id);
}
```

要注意的是，映射器介面不需要實作，也不需要繼承任何介面，只要方法簽名可用於唯一標識對應的映射敘述就可以了。

要得到映射器類別，可以呼叫 SqlSession 的 getMapper() 方法，該方法的簽名如下所示：

- <T> T getMapper(Class<T> type)

接下來修改測試類別 BookMapperTest，增加一個測試方法 testSelectBook2()，使用映射器介面實作圖書的查詢，程式如例 13-6 所示。

▼ 例 13-6 BookMapperTest.java

```
package com.sun.persistence.mapper;

...

public class BookMapperTest {
    ...

    @Test
    void testSelectBook2() {
        String resource = "mybatis-config.xml";
        InputStream inputStream = null;
        try {
            inputStream = Resources.getResourceAsStream(resource);
            SqlSessionFactory sqlSessionFactory =
                    new SqlSessionFactoryBuilder().build(inputStream);
            try (SqlSession session = sqlSessionFactory.openSession()) {
                BookMapper bookMapper = session.getMapper(BookMapper. class);
                Book book = bookMapper.selectBook(1);
                System.out.println(book);
            }
        } catch (IOException e) {
            e.printStackTrace();
```

```
        }
    }
}
```

13.5 映射器註釋

設計初期的 MyBatis 是一個 XML 驅動的框架，其設定資訊是基於 XML 的，映射敘述也是定義在 XML 中的。而在 MyBatis 3 中舉出了基於 Java 註釋的設定方式，註釋提供了一種簡單且低成本的方式來實作簡單的映射敘述。

MyBatis 中的映射器註釋如表 13-1 所示。

▼ 表 13-1 映射器註釋

註釋	使用物件	XML 等價形式	描述
@Cache Namespace	類	<cache>	為給定的命名空間（例如類別）設定快取。屬性：implemetation、eviction、flushInterval、size、readWrite、blocking、properties
@Property	N/A	<property>	指定屬性值或預留位置（該預留位置能被 mybatis-config.xml 內的設定屬性替換）。屬性：name、value（僅在 MyBatis 3.4.2 版本以上可用）
@CacheNames paceRef	類	<cacheRef>	引用另外一個命名空間的快取以供使用。注意，即使共用相同的全限定類別名稱，在 XML 映射器檔案中宣告的快取也仍被視為一個單獨的命名空間。屬性：value、name。如果使用了這個註釋，則應設定 value 或者 name 屬性的其中一個。value 屬性用於指定能夠表示該命名空間的 Java 類型（命名空間名稱就是該 Java 類型的全限定類別名稱），name 屬性（這個屬性僅在 MyBatis 3.4.2 版本以上可用）則直接指定了命名空間的名字

（續表）

註釋	使用物件	XML 等價形式	描述
@Constructor Args	方法	<constructor>	收集一組結果以傳遞給一個結果物件的建構方法。屬性：value，它是一個 Arg 陣列
@Arg	N/A	<arg> <idArg>	作為 ConstructorArgs 集合的一部分，代表一個建構方法參數。屬性：id、column、javaType、jdbcType、typeHandler、select、resultMap。id 屬性和 XML 元素 <idArg> 相似，它是一個布林值，表示該屬性是否用於唯一標識和比較物件。從 MyBatis 3.5.4 版本開始，該註釋變為可重複註釋
@Type Discriminator	方法	<discriminator>	決定使用何種結果映射的一組取值（case）。屬性：column、javaType、jdbcType、typeHandler、cases。cases 屬性是一個 Case 的陣列
@Case	N/A	<case>	表示某個值的一個取值及該取值對應的映射。屬性：value、type、constructArgs、results。constructArgs 屬性是一個 Arg 陣列；results 屬性是一個 Result 陣列，因此這個註釋類似於實際的 ResultMap，由 @Results 註釋指定
@Results	方法	<resultMap>	Result 映射列表，其中包含如何將特定結果列映射到屬性或欄位的詳細資訊。屬性：value、id。value 屬性是一個 @Result 註釋的陣列；而 id 屬性是結果映射的名稱
@Result	N/A	<result> <id>	在列和屬性或欄位之間的單一結果映射。屬性：id、column、javaType、jdbcType、typeHandler、one、many。id 屬性和 XML 元素 <id> 相似，它是一個布林值，表示該屬性是否用於唯一標識和比較物件。one 屬性用於一方的連結關係映射，類似於 <association>，而 many 屬性則是集合連結，即多方的連結關係映射，與 <collection> 類似。這樣命名是為了避免產生名稱衝突。從 MyBatis 3.5.4 版本開始，該註釋變為可重複註釋

（續表）

註釋	使用物件	XML 等價形式	描述
@One	N/A	<association>	複雜類型的單一屬性映射。屬性：select，指定可載入合適類型實例的映射敘述（即映射器方法）全限定名稱；fetchType，將取代此映射的全域設定參數 LazyLoadInEnabled；resultMap（MyBatis 從 3.5.5 版本開始可用），是從選擇結果映射到單一容器物件的結果映射的全限定名稱；columnPrefix（MyBatis 從 3.5.5 版本開始可用），用於在嵌套的結果映射中將選擇列分組的列首碼。要注意的是，註釋 API 不支援 join 映射，這是由於 Java 註釋不允許產生迴圈引用
@Many	N/A	<collection>	複雜類型的集合屬性映射。屬性：select，指定可載入合適類型實例集合的映射敘述（即映射器方法）全限定名稱；fetchType，將取代此映射的全域設定參數 LazyLoadInEnabled；resultMap（MyBatis 從 3.5.5 版本開始可用），是從選擇結果映射到集合物件的結果映射的全限定名稱；columnPrefix（MyBatis 從 3.5.5 版本開始可用），用於在嵌套的結果映射中將選擇列分組的列首碼。同樣，該註釋也不支援 join 映射
@MapKey	方法		供傳回值為 Map 的方法使用的註釋。它使用物件的某個屬性作為 key，將物件 List 轉化為 Map。屬性：value，指定作為 Map 的 key 值的物件屬性名稱

（續表）

註釋	使用物件	XML 等價形式	描述
@Options	方法	映射敘述的屬性	該註釋允許指定大部分開關和設定選項，它們通常在映射敘述上作為屬性出現。與在註釋上提供大量的屬性相比，@Options 註釋提供了一致、清晰的方式來指定選項。屬性及預設值：useCache=true、flushCache=FlushCachePolicy.DEFAULT、resultSetType=DEFAULT、statementType=PREPARED、fetchSize=-1、timeout=-1、useGeneratedKeys=false、keyProperty=""、keyColumn=""、resultSets="" , databaseId=""。注意，Java 註釋無法指定 null 值。因此，一旦使用了 @Options 註釋，敘述就會被上述屬性的預設值所影響。要注意避免預設值帶來的非預期行為。注意：keyColumn 屬性只在某些資料庫中需要（如 Oracle、PostgreSQL 等）
@Insert @Update @Delete @Select	方法	<insert> <update> <delete> <select>	每個註釋都表示將要執行的實際 SQL，它們都接受一個字串陣列（或單一字串）作為參數。如果傳遞的是字串陣列，則字串陣列會被連接成單一完整的字串，每個字串之間都加入一個空格進行分隔。這有效地避免了用 Java 程式建構 SQL 敘述時出現的「遺失空格」問題。當然，也可以提前手動連接好字串。屬性：value，指定用來組成單一 SQL 敘述的字串陣列
@InsertProvider @UpdateProvider @DeleteProvider @SelectProvider	方法	<insert> <update> <delete> <select>	允許建構動態 SQL。這些備選的 SQL 註釋允許指定傳回 SQL 敘述的類別和方法，以供執行時期執行（從 MyBatis 3.4.6 版本開始，可以使用 CharSequence 代替 String 作為方法傳回類型）。當執行映射敘述時，MyBatis 會實例化註釋指定的類別，並呼叫註釋指定的方法。屬性：value、type、method、databaseId。value 和 type 屬性用於指定類別名稱（type 屬性是 value 的別名，使用其中一個即可）；method 用於指定該類別的方法名稱

（續表）

註釋	使用物件	XML 等價形式	描述
@Param	參數	N/A	如果映射器方法接受多個參數，就可以使用這個註釋自訂每個參數的名字。否則，在預設情況下，除 RowBounds 以外的參數會以"param"加參數位置被命名，例如 #{param1}、#{param2}，如果使用了 @Param("person")，參數就會被命名為 #{person}
@SelectKey	方法	<selectKey>	這個註釋的功能與 <selectKey> 標籤完全一致。該註釋只能在 @Insert、@InsertProvider、@Update 或 @UpdateProvider 標注的方法上使用，否則將會被忽略。如果使用了 @SelectKey 註釋，MyBatis 就會忽略掉由 @Options 註釋或設定屬性設定的生成鍵屬性。屬性：statement，以字串陣列形式指定將會被執行的 SQL 敘述；keyProperty，指定作為參數傳入的物件對應屬性的名稱，該屬性將會更新成新的值；before，可以指定為 true 或 false，以指明 SQL 敘述應在插入敘述之前還是之後執行；resultType，指定 keyProperty 的 Java 類型；statementType，用於指定敘述類型，可以是 STATEMENT、PREPARED 或 CALLABLE，它們分別對應於 Statement、PreparedStatement 和 CallableStatement，預設值是 PREPARED
@ResultMap	方法	N/A	這個註釋為 @Select 或者 @SelectProvider 註釋指定 XML 映射器中 <resultMap> 元素的 id。這使得註釋的 select 可以重複使用已在 XML 中定義的 @ResultMap 註釋。如果標注的 select 註釋中存在 @Results 或者 @ConstructorArgs 註釋，則這兩個註釋將被 @ResultMap 註釋覆蓋

（續表）

註釋	使用物件	XML 等價形式	描述
@ResultType	方法	N/A	在使用了結果處理器的情況下，需要使用此註釋。由於此時的傳回類型為 void，所以 Mybatis 需要有一種方法來判斷每一行傳回的物件類型。如果在 XML 中有對應的結果映射，則使用 @ResultMap 註釋。如果結果類型在 XML 的 <select> 元素中指定了，就不需要使用其他註釋了，否則就需要使用此註釋。例如，如果一個使用 @Select 標注的方法想要使用結果處理器，那麼它的傳回類型必須是 void，並且必須使用這個註釋（或者 @ResultMap 註釋）。這個註釋僅在方法傳回類型是 void 的情況下生效
@Flush	方法	N/A	如果使用了這個註釋，定義在 Mapper 介面中的方法就能夠呼叫 SqlSession 介面的 flushStatements() 方法

13.6 使用註釋實作增、刪、改、查

接下來我們要在 Spring Boot 應用中整合 MyBatis，並透過註釋的方式實作對 books 資料表的增、刪、改、查。實例的開發遵照以下步驟。

Step1：新建一個 Spring Boot 專案

新建一個 Spring Boot 專案，專案名稱為 mybatis-prj，GroupId 為 com.sun，ArtifactId 為 mybatis，增加 Lombok、Spring Web、MyBatis Framework、MySQL Driver 相依性。

Step2：設定資料來源

編輯 application.properties，設定資料來源和 SQL 日誌輸出，程式如例 13-7 所示。

▼ 例 13-7 application.properties

```
# 設定 MySQL 的 JDBC 驅動類別
spring.datasource.driver-class-name=com.mysql.cj.jdbc.Driver
# 設定 MySQL 的連結 URL
spring.datasource.url=jdbc:mysql://localhost:3306/springboot?useSSL=
false&serverTimezone=UTC
# 資料庫使用者名稱
spring.datasource.username=root
# 資料庫使用者密碼
spring.datasource.password=12345678

# 在預設情況下，執行所有 SQL 操作都不會列印日誌。在開發階段，為了便於排除錯誤可以設定日誌輸出
# com.sun.mybatis.persistence.mapper 是包含映射器介面的套件名稱
logging.level.com.sun.mybatis.persistence.mapper=DEBUG

# 啟用底線與駝峰式命名規則的映射（例如，book_concern => bookConcern）
mybatis.configuration.map-underscore-to-camel-case=true
```

如果要對 MyBatis 框架本身進行設定（即 mybatis-config.xml 檔案的作用），則可以在 application.properties 檔案中輸入“mybatis”，即可看到 IDEA 提示的各種設定項，如圖 13-3 所示。

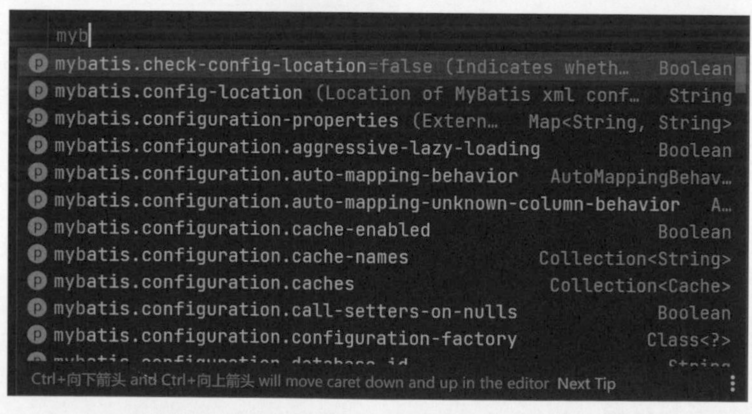

▲ 圖 13-3 IDEA 提示的 MyBatis 的設定屬性

Step3：撰寫實體類別

可參照 13.1 節的 Step4，在 com.sun.mybatis 套件下新建 persistence.entity 套件，在 entity 子套件下新建 Book 類別，程式如例 13-8 所示。

▼ 例 13-8 Book.java

```
package com.sun.mybatis.persistence.entity;

import lombok.Data;
import lombok.ToString;

@Data
@ToString
public class Book {
    private Long id;
    private String title;
    private String author;
    private String bookConcern;
    private java.sql.Date publishDate;
    private Double price;
}
```

Step4：撰寫映射器介面

在 com.sun.mybatis.persistence 套件下新建 mapper 子套件，在該子套件下新建 BookMapper 介面，並使用映射器註釋，撰寫增、刪、改、查敘述。程式如例 13-9 所示。

▼ 例 13-9 BookMapper.java

```
package com.sun.mybatis.persistence.mapper;

import com.sun.mybatis.persistence.entity.Book;
import org.apache.ibatis.annotations.*;

// 標注該介面為 MyBatis 映射器
@Mapper
```

```
public interface BookMapper {
    @Select("select * from books where id = #{id}")
    Book getBookById(int id);

    @Insert("insert into books(title, author, book_concern, publish_date, price)" +
            " values (#{title}, #{author}, #{bookConcern}, #{publishDate}, #{price})")
    // 在插入資料後，獲取自動增加長的主鍵值
    @Options(useGeneratedKeys=true, keyProperty="id")
    int saveBook(Book book);

    @Update("update books set price = #{price} where id = #{id}")
    int updateBook(Book book);

    @Delete("delete from books where id = #{id}")
    int deleteBook(int id);
}
```

Step5：撰寫單元測試

為 BookMapper 介面生成單元測試類別 BookMapperTest，對介面中的 4 個方法進行測試，程式如例 13-10 所示。

▼ 例 13-10 BookMapperTest.java

```
package com.sun.mybatis.persistence.mapper;

...

@SpringBootTest
class BookMapperTest {

    @Autowired
    private BookMapper bookMapper;

    @Test
    void getBookById() {
        Book book = bookMapper.getBookById(1);
        System.out.println(book);
```

```
    }

    @Test
    void saveBook() {
        Book book = new Book();
        book.setTitle("Vue.js 3.0 從入門到實戰 ");
        book.setAuthor(" 孫鑫 ");
        book.setBookConcern(" 中國水利水電出版社 ");
        book.setPublishDate(Date.valueOf("2021-05-01"));
        book.setPrice(99.8);
        bookMapper.saveBook(book);
        System.out.println(book);

    }

    @Test
    void updateBook() {
        Book book = bookMapper.getBookById(1);
        book.setPrice(50.5);
        bookMapper.updateBook(book);
        System.out.println(book);
    }

    @Test
    void deleteBook() {
        bookMapper.deleteBook(1);
    }
}
```

讀者可自行進行測試。

13.7 連結關係映射

本節使用 12.5 節建立的連結資料表，使用 MyBatis 註釋來設定連結關係映射。

13.7.1 一對一連結映射

一對一連結選擇基於主鍵的一對一連結進行設定，即 idcard 資料表與 resident 資料表的一對一連結，實體類別 Idcard 的程式如例 13-11 所示。

▼ 例 13-11 Idcard.java

```
package com.sun.mybatis.persistence.entity;

import lombok.Data;
import lombok.ToString;

import java.sql.Date;

@Data
@ToString
public class Idcard {
    private long id;
    private String number;
    private Date birthday;
    private String homeaddress;
}
```

實體類別 Resident 的程式如例 13-12 所示。

▼ 例 13-12 Resident.java

```
package com.sun.mybatis.persistence.entity;

import lombok.Data;
import lombok.ToString;

@Data
@ToString
public class Resident {
    private long id;
    private String name;
    private String telephone;
```

```
    private Idcard idcard;
}
```

在 com.sun.mybatis.persistence.mapper 套件下新建 ResidentMapper 介面，程式如例 13-13 所示。

▼ 例 13-13 ResidentMapper.java

```
package com.sun.mybatis.persistence.mapper;

import com.sun.mybatis.persistence.entity.Idcard;
import com.sun.mybatis.persistence.entity.Resident;
import org.apache.ibatis.annotations.*;

@Mapper
public interface ResidentMapper {
    @Results({
            @Result(id = true, property = "id", column = "id"),
            @Result(property = "idcard", column="id",
                    javaType = Idcard.class, one = @One(select = "getIdcardById"))
    })
    @Select("select * from resident where id = #{id}")
    Resident getResidentById(int id);

    @Select("select * from idcard where id = #{id}")
    Idcard getIdcardById(int id);
}
```

如果為 Idcard 類別也生成了映射器介面 IdcardMapper，在該介面中已經舉出了 Idcard getIdcardById(int id) 方法，那麼 @One 註釋的 select 屬性值可以直接引用 IdcardMapper 中的 getIdcardById() 方法，如下所示：

```
one = @One(select = "com.sun.mybatis.persistence.mapper.IdcartMapper.getIdcardById")
```

為 ResidentMapper 介面生成測試類別 ResidentMapperTest，測試 getResidentById() 方法即可，程式如例 13-14 所示。

▼ 例 13-14 ResidentMapperTest.java

```
package com.sun.mybatis.persistence.mapper;

...

@SpringBootTest
class ResidentMapperTest {
    @Autowired
    private ResidentMapper residentMapper;

    @Test
    void getResidentById() {
        Resident resident = residentMapper.getResidentById(1);
        System.out.println(resident);
    }
}
```

13.7.2 一對多連結映射

一對多連結映射採用 dept 資料表和 emp 資料表。實體類別 Dept 的程式如例 13-15 所示。

▼ 例 13-15 Dept.java

```
package com.sun.mybatis.persistence.entity;

import lombok.Data;
import lombok.ToString;

import java.util.List;

@Data
@ToString
public class Dept {
    private long id;
    private String name;
    private String loc;
```

```
    private List<Emp> emps;
}
```

實體類別 Emp 的程式如例 13-16 所示。

▼ 例 13-16 Emp.java

```
package com.sun.mybatis.persistence.entity;

import lombok.Data;
import lombok.ToString;

@Data
@ToString
public class Emp {
    private long id;
    private String name;
    private double salary;
    private Dept dept;
}
```

在 com.sun.mybatis.persistence.mapper 套件下新建 DeptMapper 介面，程式如例 13-17 所示。

▼ 例 13-17 DeptMapper.java

```
package com.sun.mybatis.persistence.mapper;
...

@Mapper
public interface DeptMapper {
    @Select("select * from dept where id = #{id}")
    Dept getDeptById(int id);

    @Results({
            @Result(id = true, property = "id", column = "id"),
            @Result(property = "emps", column = "id",
                    many = @Many(select = "com.sun.mybatis.persistence. mapper.
EmpMapper.getAllEmpsByDeptId",
```

```
                                   fetchType = FetchType.EAGER))
    })
    @Select("select * from dept where id = #{id}")
    Dept getDeptAndAllEmpsById(int id);
}
```

在 com.sun.mybatis.persistence.mapper 套件下新建 EmpMapper 介面，程式如例 13-18 所示。

▼ 例 13-18　EmpMapper.java

```
package com.sun.mybatis.persistence.mapper;

...

@Mapper
public interface EmpMapper {
    @Results({
            @Result(id = true, property = "id", column = "id"),
            @Result(property = "dept", column="deptid", javaType = Dept.class,
                    one = @One(select = "com.sun.mybatis.persistence.mapper.
DeptMapper.getDeptById"))
    })
    @Select("select * from emp where id = #{id}")
    Emp getEmpById(int id);

    @Select("select * from emp where deptid = #{deptid}")
    List<Emp> getAllEmpsByDeptId(int deptid);
}
```

分別為 DeptMapper 和 EmpMapper 介面生成測試類別。

DeptMapperTest 類別的程式如例 13-19 所示。

▼ 例 13-19　DeptMapperTest.java

```
package com.sun.mybatis.persistence.mapper;

...
```

```
@SpringBootTest
class DeptMapperTest {
    @Autowired
    private DeptMapper deptMapper;

    @Test
    void getDeptAndAllEmpsById() {
        Dept dept = deptMapper.getDeptAndAllEmpsById(5);
        System.out.println(dept);
    }
}
```

EmpMapperTest 類別的程式如例 13-20 所示。

▼ 例 13-20 EmpMapperTest.java

```
package com.sun.mybatis.persistence.mapper;

...

@SpringBootTest
class EmpMapperTest {
    @Autowired
    private EmpMapper empMapper;

    @Test
    void getEmpById() {
        Emp emp = empMapper.getEmpById(10);
        System.out.println(emp);
    }
}
```

13.7.3 多對多連結映射

多對多連結映射採用 users 資料表和 role 資料表，以及連結資料表 user_role。實體類別 User 的程式如例 13-21 所示。

▼ 例 13-21 User.java

```
package com.sun.mybatis.persistence.entity;

import lombok.Data;
import lombok.ToString;

import java.util.List;

@Data
@ToString
public class User {
    private Long id;
    private String name;
    private List<Role> roles;
}
```

實體類別 Role 的程式如例 13-22 所示。

▼ 例 13-22 Role.java

```
package com.sun.mybatis.persistence.entity;

import lombok.Data;
import lombok.ToString;

import java.util.List;

@Data
@ToString
public class Role {
    private Long id;
    private String name;
    private List<User> users;
}
```

在 com.sun.mybatis.persistence.mapper 套件下新建 UserMapper 介面，程式如例 13-23 所示。

▼ 例 13-23 UserMapper.java

```
package com.sun.mybatis.persistence.mapper;

...

@Mapper
public interface UserMapper {
    @Results({
            @Result(id = true, property = "id", column = "id"),
            @Result(property = "roles", column = "id",
                    many = @Many(select = "getRolesByUserId",
                            fetchType = FetchType.EAGER))
    })
    @Select("select * from users where id = #{id}")
    User getUserById(int id);

    @Select("select * from role r left join user_role ur on r.id = ur.role_id where
ur.user_id = #{userId}")
    List<Role> getRolesByUserId(int userId);
}
```

在 com.sun.mybatis.persistence.mapper 套件下新建 RoleMapper 介面，程式如例 13-24 所示。

▼ 例 13-24 RoleMapper.java

```
package com.sun.mybatis.persistence.mapper;

...

@Mapper
public interface RoleMapper {
    @Results({
            @Result(id = true, property = "id", column = "id"),
            @Result(property = "users", column = "id",
                    many = @Many(select = "getUsersByRoleId",
                            fetchType = FetchType.EAGER))
    })
```

```
    @Select("select * from role where id = #{id}")
    Role getRoleById(int id);

    @Select("select * from users u left join user_role ur on u.id = ur.user_id where
ur.role_id = #{roleId}")
    List<User> getUsersByRoleId(int roleId);
}
```

分別為 UserMapper 和 RoleMapper 介面生成測試類別。

UserMapperTest 類別的程式如例 13-25 所示。

▼ 例 13-25 UserMapperTest.java

```
package com.sun.mybatis.persistence.mapper;

...

@SpringBootTest
class UserMapperTest {

    @Autowired
    private UserMapper userMapper;

    @Test
    void getUserById() {
        User user = userMapper.getUserById(1);
        System.out.println(user);
    }
}
```

RoleMapperTest 類別的程式如例 13-26 所示。

▼ 例 13-26 RoleMapperTest.java

```
package com.sun.mybatis.persistence.mapper;

...
```

```
@SpringBootTest
class RoleMapperTest {

    @Autowired
    private RoleMapper roleMapper;
    @Test
    void getRoleById() {
        Role role = roleMapper.getRoleById(1);
        System.out.println(role);
    }
}
```

13.8 分頁查詢

要實作分頁查詢，可以使用 MyBatis 的分頁外掛程式 PageHelper，該外掛程式使用起來非常簡單，我們先在 POM 檔案中引入該分頁外掛程式的 Spring Boot starter 相依性，如下所示：

```
<dependency>
    <groupId>com.github.pagehelper</groupId>
    <artifactId>pagehelper-spring-boot-starter</artifactId>
    <version>1.4.1</version>
</dependency>
```

這裡一定要注意外掛程式的版本，對於 Spring Boot 2.6.x 版本，需要引入的外掛程式版本是 1.4.1，否則會出現錯誤。如果是 Spring Boot 2.5.x 版本，則可以使用 1.3.1 版本的外掛程式。

不要忘了更新相依性。

在 application.properties 檔案中對該外掛程式進行簡單的設定，如下所示：

```
pagehelper.helperDialect=mysql
# 當啟用合理化時，如果 pageNum < 1，則會查詢第一頁。如果 pageName > pages，則會查詢最後一頁
pagehelper.reasonable=true
pagehelper.supportMethodsArguments=true
pagehelper.params=count=countSql
```

在 BookMapper 中增加根據分類 ID 查詢所有圖書的方法，以分頁形式傳回。查詢方法如下所示：

```
@Select("select id, title, author,  book_concern, publish_date, price from books where
category_id = #{categoryId} ")
// 參數 pageNum 代表查詢的頁數，pageSize 代表每頁的記錄數
List<Book> getCategoryBooksByPage(int categoryId, @Param("pageNum")int pageNum,
@Param("pageSize")int pageSize);
```

在 BookMapperTest 中增加測試方法，對 getCategoryBooksByPage() 方法進行測試，程式如下所示：

```
@Test
void getCategoryBooksByPage() {
    List<Book> books = bookMapper.getCategoryBooksByPage(6, 1, 2);
    System.out.println(books);
}
```

需要提醒讀者的是，這裡傳回的 books 物件其真實類型是 com.github.pagehelper.Page（繼承自 java.util.ArrayList）。

我們繼續完善：增加服務層和控制器，實作一個完整的 Web 呼叫介面。

在 com.sun.mybatis 套件下新建 service 子套件，在該子套件下新建 BookService 介面，程式如例 13-27 所示。

▼ 例 13-27 BookService.java

```
package com.sun.mybatis.service;

import com.sun.mybatis.persistence.entity.Book;

import java.util.List;

public interface BookService {
    List<Book> getCategoryBooksByPage(int catId, int pageNum, int pageSize);
}
```

在 com.sun.mybatis.service 套件下新建 impl 子套件，在該子套件下新建 BookServiceImpl 類別，實作 BookService 介面，程式如例 13-28 所示。

▼ 例 13-28 BookServiceImpl.java

```
package com.sun.mybatis.service.impl;

import com.sun.mybatis.persistence.entity.Book;
import com.sun.mybatis.persistence.mapper.BookMapper;
import com.sun.mybatis.service.BookService;
import org.springframework.stereotype.Service;

import java.util.List;

@Service
public class BookServiceImpl implements BookService {
    @Autowired
    private BookMapper bookMapper;

    @Override
    public List<Book> getCategoryBooksByPage(int catId, int pageNum, int pageSize) {
        return bookMapper.getCategoryBooksByPage(catId, pageNum, pageSize);
    }
}
```

在 com.sun.mybatis 套件下新建 controller 子套件，在該子套件下新建 BookController 類別，程式如例 13-29 所示。

▼ 例 13-29 BookController.java

```
package com.sun.mybatis.controller;

import com.github.pagehelper.Page;
...

@RestController
@RequestMapping("/books")
public class BookController {
    @Autowired
```

```
    private BookService bookService;
    @GetMapping("/page")
    public ResponseEntity<PaginationResult> getCategoryBooksByPage(
            @RequestParam("category") int id, @RequestParam int pageNum, @RequestParam
int pageSize){
        List<Book> books = bookService.getCategoryBooksByPage(id, pageNum, pageSize);
        long total = ((Page)books).getTotal();
        PaginationResult<List<Book>> result = new PaginationResult<List<Book>>();
        result.setCode(200);
        result.setMsg("成功");
        result.setData(books);
        result.setTotal(total);
        return ResponseEntity.ok(result);
    }
}
```

PaginationResult 是封裝響應資料的類別，在 com.sun.mybatis.result 套件中定義，程式如例 13-30 所示。

▼ 例 13-30 PaginationResult.java

```
package com.sun.mybatis.result;

import lombok.AllArgsConstructor;
import lombok.Data;
import lombok.NoArgsConstructor;

@Data
@AllArgsConstructor
@NoArgsConstructor
public class PaginationResult<T> {
    private Integer code;
    private String msg;
    private T data;
    private Long total;
}
```

接下來可以啟動 Spring Boot 應用程式，輸入以下 URL 進行分頁查詢測試：

http://localhost:8080/books/page?category=6&pageNum=1&pageSize=2

讀者可以根據自己資料庫中的分類 ID 對修改頁數和每頁顯示記錄數進行查詢。

13.9 小結

本章介紹了如何使用 MyBatis 存取資料，MyBatis 支援 XML 和註釋兩種設定方式，由於篇幅的限制，我們對 XML 設定方式沒有做過多的講解，而是著重介紹了透過註釋的方式進行的設定。對於不太複雜的應用來說，透過註釋設定效率會比較高，缺點是，當 SQL 有變化的時候需要重新編譯程式。

本章還詳細介紹了 MyBatis 中如何映射連結關係，完整地舉出了一對一、一對多和多對多的映射實作。

最後，本章舉出了如何使用 MyBatis 的分頁外掛程式 PageHelper 來實作分頁查詢，並完整地舉出了從持久層到服務層，再到控制器的分頁查詢實作。

第 14 章 使用 MongoDB 存取資料

MongoDB 是一個用 C++ 語言撰寫的基於分散式檔案儲存的資料庫，旨在為 Web 應用提供可擴充的高性能資料儲存解決方案。

MongoDB 是一個介於關聯式資料庫和非關聯式資料庫之間的產品。MongoDB 是功能最豐富、最像關聯式資料庫的非關聯式資料庫，其支援的資料結構非常鬆散，類似 JSON 的 BSON 格式，因此可以儲存比較複雜的資料型態。Mongo 最大的特點是它支援的查詢語言非常強大，其語法有點類似於物件導向的查詢語言，幾乎可以實作類似關聯式資料庫單資料表查詢的絕大部分功能，而且還支援對資料建立索引。

14.1 下載和安裝 MongoDB

可以去 MongoDB 的官網上下載對應作業系統版本的 MongoDB。以 Windows 作業系統版本的 MongoDB 為例，在下載 msi 安裝套件後，保持預設設定安裝即可，在安裝完畢後，就可以使用 MongoDB 了。

對於 MongoDB 4.0.x 版本，需要指定資料目錄和日誌目錄，並建立 MongoDB 的設定檔 mongod.cfg，還需要將 MongoDB 安裝為 Windows 服務，但對於 MongoDB 5.0.x 版本，這一切都不需要了。

安裝完畢後，在安裝家目錄的 Server\5.0\bin 下可以看到一個名為 mongod.cfg 的檔案，該檔案就是 MongoDB 的設定檔，其中比較重要的設定如下所示：

```
storage:
  dbPath: D:\Program Files\MongoDB\Server\5.0\data
  journal:
    enabled: true
#  engine:
#  wiredTiger:

# where to write logging data.
systemLog:
  destination: file
  logAppend: true
  path:  D:\Program Files\MongoDB\Server\5.0\log\mongod.log

# network interfaces
net:
  port: 27017
  bindIp: 127.0.0.1
```

如果讀者了解早期版本的 MongoDB 的設定，則會知道 MongoDB 5.0.x 版本已經把之前需要設定的項解決了。

在安裝完成後，可以將安裝家目錄的 Server\5.0\bin 子目錄增加到 Windows 的 PATH 環境變數下，以方便在命令提示視窗下存取 MongoDB 資料庫。

接下來可以開啟命令提示視窗，執行 mongo 命令，進入 MongoDB 的 Shell 環境。如圖 14-1 所示。

```
C:\Users\csunx>mongo
MongoDB shell version v5.0.3
connecting to: mongodb://127.0.0.1:27017/?compressors=disabled&gssapiServiceName=mongodb
Implicit session: session { "id" : UUID("f865f1f4-c25d-421b-baca-92f4a8e65fb5") }
MongoDB server version: 5.0.3
================
Warning: the "mongo" shell has been superseded by "mongosh",
which delivers improved usability and compatibility.The "mongo" shell has been deprecated and will be removed in
an upcoming release.
We recommend you begin using "mongosh".
For installation instructions, see
https://docs.mongodb.com/mongodb-shell/install/
================
---
The server generated these startup warnings when booting:
        2021-11-13T13:38:23.094+08:00: Access control is not enabled for the database. Read and write access to d
ata and configuration is unrestricted
---
---
        Enable MongoDB's free cloud-based monitoring service, which will then receive and display
        metrics about your deployment (disk utilization, CPU, operation statistics, etc).

        The monitoring data will be available on a MongoDB website with a unique URL accessible to you
        and anyone you share the URL with. MongoDB may use this information to make product
        improvements and to suggest MongoDB products and deployment options to you.

        To enable free monitoring, run the following command: db.enableFreeMonitoring()
        To permanently disable this reminder, run the following command: db.disableFreeMonitoring()
---
>
```

▲ 圖 14-1 MongoDB 的 Shell 環境

輸入“help”可以參看 MongoDB 的 Shell 環境下支援的命令，如圖 14-2 所示。

```
> help
        db.help()                    help on db methods
        db.mycoll.help()             help on collection methods
        sh.help()                    sharding helpers
        rs.help()                    replica set helpers
        help admin                   administrative help
        help connect                 connecting to a db help
        help keys                    key shortcuts
        help misc                    misc things to know
        help mr                      mapreduce

        show dbs                     show database names
        show collections             show collections in current database
        show users                   show users in current database
        show profile                 show most recent system.profile entries with time >= 1ms
        show logs                    show the accessible logger names
        show log [name]              prints out the last segment of log in memory, 'global' is default
        use <db_name>                set current database
        db.mycoll.find()             list objects in collection mycoll
        db.mycoll.find( { a : 1 } )  list objects in mycoll where a == 1
        it                           result of the last line evaluated; use to further iterate
        DBQuery.shellBatchSize = x   set default number of items to display on shell
        exit                         quit the mongo shell
>
```

▲ 圖 14-2 MongoDB 的 Shell 環境下支援的命令

常用的命令如下所示：

```
use DATABASE_NAME // 如果資料庫不存在，則建立資料庫，否則切換到指定資料庫
show dbs // 查看所有資料庫
show collections // 查看當前資料庫中的集合
```

執行 db 命令可以顯示當前的資料庫，如下所示：

```
> db
test
```

可以看到預設連接的是 test 資料庫。

14.2 MongoDB 與關聯式資料庫的對比

在 MongoDB 中基本的概念是資料庫、集合和文件，MongoDB 與關聯式資料庫的對比如表 14-1 所示。

▼ 表 14-1 MongoDB 與關聯式資料庫的對比

SQL 術語	MongoDB 術語	說明
database	database	資料庫
table	collection	資料庫資料表 / 集合
row	document	資料記錄行 / 文件
column	field	資料列 / 欄位
index	index	索引
table joins	N/A	表連接，MongoDB 不支援
primary key	primary key	主鍵，MongoDB 自動將 _id 欄位設定為主鍵

14.3 增、刪、改、查的實作

在 Spring Boot 中整合 MongoDB 很簡單，為了方便存取資料，spring-boot-starter-data-mongodb 相依性還舉出了 MongoRepository 介面，只要繼承該介面，就可以以類似 JPA 的操作方式來存取資料。接下來我們按照以下步驟，來看看對 MongoDB 的資料庫進行增、刪、改、查的操作有多簡單。

Step1：新建一個 Spring Boot 專案

新建一個 Spring Boot 專案，專案名稱為 ch14，GroupId 為 com.sun，ArtifactId 為 ch14，增加 Lombok 相依性，在 NoSQL 模組下選擇 Spring Data MongoDB 相依性增加到專案中。

Step2：設定連接 URI

這一步不是必需的，如果不設定要連接的資料庫，預設會連接到 test 資料庫。在 application.properties 檔案中，增加如下的設定項，連接到 springboot 資料庫。

```
spring.data.mongodb.uri=mongodb://localhost:27017/springboot
```

springboot 資料庫無須提前建立，在儲存資料時會自動建立該資料庫。

由於我們是在本地安裝的 MongoDB，所以沒有使用者名稱和密碼。需要使用者名稱和密碼的連接 URI 的格式如下所示：

```
mongodb://name:password@localhost:27017/databaseName
```

如果要設定多個資料庫，則以逗點（,）分隔即可，如下所示：

```
mongodb://192.168.0.1:27017,192.168.0.2:27017,192.168.1.10:27017/databaseName
```

Step3：撰寫實體類別

在 com.sun.ch14 套件下新建 model 子套件，在該子套件下新建 Student 類別，程式如例 14-1 所示。

▼ 例 14-1 Student.java

```
package com.sun.ch14.model;

...
import org.springframework.data.annotation.Id;

@Data
@ToString
@AllArgsConstructor
@NoArgsConstructor
public class Student {
    @Id
    private Integer id;
    private String name;
    private Integer age;
}
```

Step4：撰寫 DAO 介面

在 com.sun.ch14 套件下新建 dao 子套件，在該子套件下新建 StudentDao 介面，並繼承 MongoRepository 介面，程式如例 14-2 所示。

▼ 例 14-2 StudentDao.java

```
package com.sun.ch14.dao;

import com.sun.ch14.model.Student;
import org.springframework.data.mongodb.repository.MongoRepository;

public interface StudentDao extends MongoRepository<Student, Integer> {
}
```

Step5：撰寫單元測試

為 StudentDao 介面生成單元測試類別 StudentDaoTest，對增、刪、改、查進行測試，程式如例 14-3 所示。

▼ 例 14-3 StudentDaoTest.java

```
package com.sun.ch14.dao;

...

@SpringBootTest
class StudentDaoTest {
    @Autowired
    private StudentDao studentDao;

    @Test
    void saveStudent() {
        Student student = new Student(1, "張三", 20);
        studentDao.save(student);
    }

    @Test
    void getStudentById() {
        Optional<Student> studentOptional = studentDao.findById(1);
        if(studentOptional.isPresent()) {
            System.out.println(studentOptional.get());
        }
    }

    @Test
    void updateStudent() {
        Optional<Student> studentOptional = studentDao.findById(1);
        if(studentOptional.isPresent()) {
            Student student = studentOptional.get();
            student.setName("李四");
            student.setAge(22);
            studentDao.save(student);
        }
```

```
    }

    @Test
    void deleteStudent() {
        studentDao.deleteById(1);
    }
}
```

14.4 小結

本章簡介了 MongoDB，講解了如何在 Spring Boot 中整合 MongoDB，並舉出了一個簡單的增、刪、改、查案例。

第四篇 企業應用程式開發篇

第 15 章 安全框架 Spring Security

Spring Security 是一個功能強大且高度可訂製的身份驗證和存取控制框架，其提供了針對常見攻擊的保護，是保護基於 Spring 的應用程式的事實標準。Spring Security 的真正強大之處在於它可以很容易地擴充以滿足訂製需求。

應用程式安全可以歸為兩個問題：身份驗證（你是誰？）和授權（你可以做什麼？）。Spring Security 的系統結構旨在將身份驗證與授權分離，並為這兩者提供了策略和擴充點。

（1）身份驗證是確認某個主體在系統中是否合法、可用的過程。這裡的主體可以是登入系統的使用者，也可以是連線的裝置或系統。

（2）授權是當主體透過驗證之後，是否允許其執行某項操作的過程。

15.1 快速開始

新建一個 Spring Boot 專案，專案名稱為 ch15，GroupId 為 com.sun，ArtifactId 為 ch15，增加 Lombok 和 Spring Web 相依性，在 Template Engines 模組下增加 Thymeleaf 相依性，以及在 Security 模組下增加 Spring Security 相依性。

開啟啟動類別 Ch15Application，使用 @RestController 註釋將該類別標注為控制器類別，並增加一個處理器方法，如例 15-1 所示。

▼ 例 15-1 Ch15Application.java

```
package com.sun.ch15;

...

@RestController
@SpringBootApplication
public class Ch15Application {
    @GetMapping("/")
    public String hello() {
        return "Hello Spring Security ! ";
    }

    public static void main(String[] args) {
        SpringApplication.run(Ch15Application.class, args);
    }

}
```

粗體顯示的程式是新增的程式。

接下來啟動應用程式，開啟瀏覽器，存取 http://localhost:8080，會看到一個如圖 15-1 所示的登入表單。

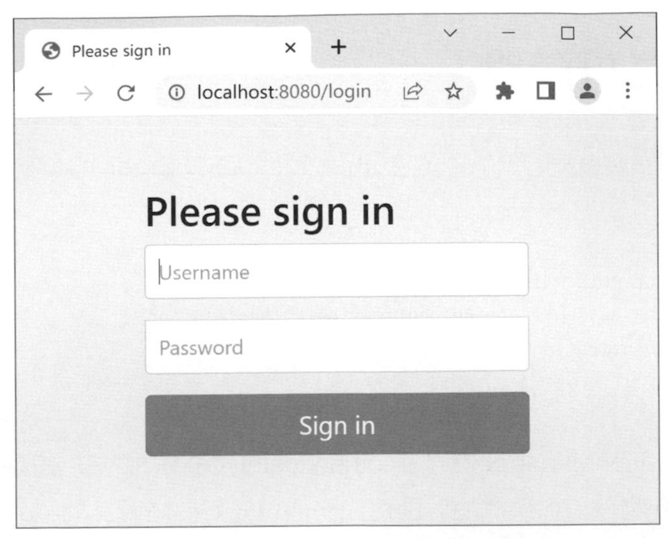

▲ 圖 15-1 登入表單

在引入相依性後就有了登入表單，不過這個使用者名稱和密碼是多少呢？Spring Security 預設使用的使用者名稱是 user；切換到 IDEA 中，在控制台視窗會看到類似下面的一串隨機密碼：

```
Using generated security password: dc58fabc-a3d0-499b-8275-cf2b551d15b3
```

輸入使用者名稱 user 和控制台視窗中列印出來的密碼，就可以看到伺服器傳回的“Hello Spring Security ！”資訊。

在實際應用中，肯定不會採用預設的使用者名稱和隨機密碼，而且使用者名稱和密碼都是可以設定的，最簡單的方式是在 application.properties 中進行設定，編輯該檔案，輸入下面的設定項：

```
spring.security.user.name=lisi
spring.security.user.password=1234
```

重新開機 Spring Boot 應用程式，使用新的使用者名稱和密碼進行測試。

15.2 身份驗證

身份驗證的主要策略介面是 AuthenticationManager，該介面只有一個方法，如下所示：

```
public interface AuthenticationManager {
  Authentication authenticate(Authentication authentication)
    throws AuthenticationException;
}
```

AuthenticationManager 在其 authenticate() 方法中嘗試驗證傳遞的 Authentication 物件，如果成功，則傳回一個填充好驗證資訊的 Authentication 物件作為身份驗證請求或經過身份驗證的主體的權杖，還可以透過 Authentication 物件得到已被授予的許可權。AuthenticationManager 會按照以下的規則來處理例外情況：

- 如果帳戶被禁用，則必須拋出 DisabledException 例外，AuthenticationManager 可以測試這種狀態。
- 如果帳戶被鎖定，則必須拋出 LockedException 例外，AuthenticationManager 可以測試帳戶是否被鎖定。
- 如果提供了不正確的憑據，則必須拋出 BadCredentialsException 例外。雖然這些例外是可選的，但 AuthenticationManager 必須始終測試憑據。

上面說明的 AuthenticationManager.authenticate(authentication) 方法可能拋出的例外均直接或間接繼承自 AuthenticationException。

15.3 表單認證

15.1 節 Spring Security 預設舉出的表單認證行為是在 WebSecurityConfigurer Adapter 抽象類別中實作的，經由 Spring Boot 的自動設定生效。在 WebSecurity ConfigurerAdapter 類別中有一個 configure(HttpSecurity http) 方法，程式如下所示：

```
protected void configure(HttpSecurity http) throws Exception {
        this.logger.debug("Using default configure(HttpSecurity). "
                        + "If subclassed this will potentially override subclass
configure(HttpSecurity).");
        http.authorizeRequests((requests) -> requests.anyRequest().authenticated());
        http.formLogin();
        http.httpBasic();
}
```

HttpSecurity 類別允許為特定 HTTP 請求設定基於 Web 的安全性。configure() 方法的預設安全設定為：

- 驗證所有請求。
- 支援基於表單的身份驗證。如果 FormLoginConfigurer.loginPage (String) 沒有指定，則生成一個預設的登入頁面。
- 支援 HTTP 基本驗證。

如果想更改預設的 Web 安全行為，那麼可以繼承 WebSecurityConfigurer Adapter 類別，並重寫 configure(HttpSecurity http) 方法，對 HttpSecurity 進行設定。

15.3.1 自訂表單登入頁

如果不想使用預設的表單登入頁，那麼也可以撰寫自己的表單登入頁面。

首先在 src/main/resources/static 目錄下新建 login.html 頁面，頁面內容如例 15-2 所示：

▼ 例 15-2 login.html

```
<!DOCTYPE html>
<html lang="zh">
<head>
    <meta charset="UTF-8">
    <title> 登入頁面 </title>
    <style>
        ...
    </style>
</head>
<body>
<div class="login">
    <form action="login.html" method="post">
        <div>
            <input
                    name="username"
                    placeholder=" 請輸入使用者名稱 "
                    type="text"
            />
            <input
                    name="password"
                    placeholder=" 請輸入密碼 "
                    type="password"
            />
        </div>
        <div class="submit">
            <input type="submit" value=" 登入 "/>
        </div>
    </form>
</div>
</body>
</html>
```

上面的程式中省略了 CSS 樣式。在這裡，我們將表單的 action 屬性設定為登入頁面，這是沒有關係的，因為對登入使用者的判斷並不是由我們來編碼實作的，而是交給 Spring Security 安全框架來處理的。

然後在 com.sun.ch15 套件下新建 config 子套件，在該子套件下新建 WebSecurityConfig 類別，該類別繼承自 WebSecurityConfigurerAdapter，並重寫 configure(HttpSecurity http) 方法，程式如例 15-3 所示。

▼ 例 15-3 WebSecurityConfig.java

```
package com.sun.ch15.config;

import org.springframework.security.config.annotation.web.builders.HttpSecurity;
import org.springframework.security.config.annotation.web. configuration.
EnableWebSecurity;
import org.springframework.security.config.annotation.web. configuration.
WebSecurityConfigurerAdapter;

@EnableWebSecurity
public class WebSecurityConfig extends WebSecurityConfigurerAdapter {
    @Override
    protected void configure(HttpSecurity http) throws Exception {
        http.authorizeRequests().anyRequest().authenticated()
                .and()
            .formLogin()
                .loginPage("/login.html")
                .permitAll()
                .and()
            .csrf().disable();

    }
}
```

說明：

(1) @EnableWebSecurity 註釋用於宣告這是一個 Spring Security 安全設定類別，由於該註釋本身也是用 @Configuration 註釋標注的，因此可以不用

額外增加 @Configuration 註釋，Spring Boot 也能將其作為設定類別進行管理。

(2) HttpSecurity 支援方法鏈的呼叫方式，不過，不同的方法傳回的類型並不相同，要根據方法傳回的類型連結呼叫該類型中的方法；如果要回到 HttpSecurity 物件，那麼可以使用 and() 方法，從而進一步在 HttpSecurity 物件上進行安全設定。從 Spring Security 5.5 版本開始新增了一個含參數的多載方法，可以使用 Lambda 運算式來進行安全設定，如本節開頭展示的 WebSecurityConfigurerAdapter 類別中 configure(HttpSecurity http) 方法的原始程式碼那樣，如下所示：

```
http.authorizeRequests((requests) -> requests.anyRequest().authenticated());
```

為了與現有的安全設定習慣保持一致，本章未採用新增的設定方式。

(3) csrf() 方法用於開啟 CSRF 保護。CSRF 全稱是 Cross Site Request Forgery，即跨站請求偽造，當使用 WebSecurityConfigureAdapter 的預設建構函式時，將自動啟動該選項，在這裡，我們先禁用它，以便我們的登入跳躍可以正常執行。

最後執行程式，可以看到自訂的表單登入頁面，如圖 15-2 所示。

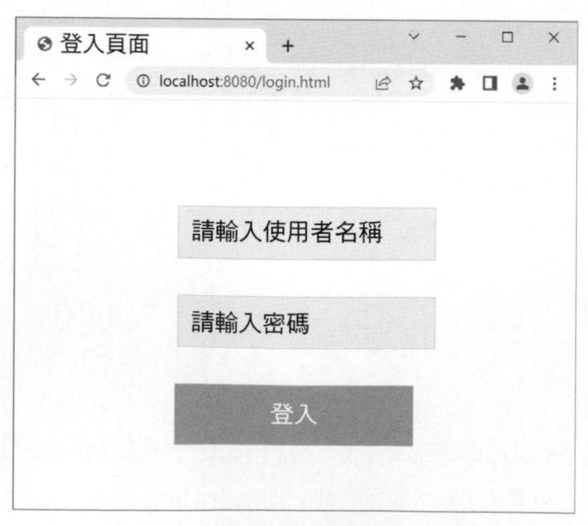

▲ 圖 15-2 自訂的表單登入頁面

15.3.2 對有限資源進行保護

15.3.1 節我們透過自訂表單登入頁面對所有資源進行了保護，這適合於後台登入。在實際應用中，會有一些頁面可以讓匿名使用者存取，如首頁、商品瀏覽頁面等，而還有一些頁面需要使用者登入才能存取，如商品結算頁面、資源下載頁面等。

這一節，我們繼續完善表單登入。為了避免衝突，可以先修改一下 src/main/resources/static 目錄下的 login.html 的副檔名，如改為：login.html11。

首先在 src/main/resources/templates 目錄下新建 login.html、home.html 和 resource.html，login.html 是登入頁面，與前面所撰寫的 login.html 的程式差別不大；home.html 代表首頁，任何使用者都可以存取；resource.html 是受保護的頁面，需要使用者登入後才可以存取。

login.html 的程式如例 15-4 所示。

▼ 例 15-4 login.html

```
<!DOCTYPE html>
<html lang="zh" xmlns:th="http://www.thymeleaf.org">
<head>
    <meta charset="UTF-8">
    <title>登入頁面</title
    <style>
        ...
    </style>
</head>
<body>
<div class="login">
    <div class="error" th:if="${param.error}">使用者名稱或密碼錯誤</div>
    <form th:action="@{/login}" method="post">
        <div>
            <input
                    name="username"
                    placeholder="請輸入使用者名稱"
                    type="text"
```

```
            />
            <input
                    name="password"
                    placeholder=" 請輸入密碼 "
                    type="password"
            />
        </div>
        <div class="submit">
            <input type="submit" value=" 登入 "/>
        </div>
    </form>
</div>
</body>
</html>
```

這與之前登入頁面的程式的區別只是引入了 Thymeleaf，這樣可以使用 Thymeleaf 的自訂屬性。當 Spring Security 驗證失敗時，會在 URL 上附加 error 查詢參數，形式為：http://localhost:8080/login?error。

因此在程式中，可以對 param.error 進行判斷，如果存在，則輸出驗證失敗的錯誤訊息。

home.html 的程式如例 15-5 所示。

▼ 例 15-5 home.html

```
<!DOCTYPE html>
<html lang="zh">
<head>
    <meta charset="UTF-8">
    <title> 首頁 </title>
</head>
<body>
    <h2> 這是首頁 </h2>
</body>
</html>
```

resource.html 的程式如例 15-6 所示。

▼ 例 15-6 resource.html

```
<!DOCTYPE html>
<html lang="zh" xmlns:th="http://www.thymeleaf.org"
      xmlns:sec="http://www.thymeleaf.org/thymeleaf-extras- springsecurity5">
<head>
    <meta charset="UTF-8">
    <title> 資源頁面 </title>
</head>
<body>
  <h2> 歡迎使用者 <span sec:authentication="name"></span></h2>
  <form th:action="@{/logout}" method="post">
    <input type="submit" value=" 退出 "/>
  </form>
</body>
</html>
```

為頁面中引入了 Spring Security 與 Thymeleaf 的整合模組的名稱空間。我們在建立專案的過程中引入 Thymeleaf 相依性和 Spring Security 相依性時，會同時引入兩者的整合模組相依性，如下所示：

```
<dependency>
    <groupId>org.thymeleaf.extras</groupId>
    <artifactId>thymeleaf-extras-springsecurity5</artifactId>
</dependency>
```

sec:authentication 屬性用於列印登入的使用者名稱和角色。如果要列印角色，程式如下所示：

```
Roles: <span sec:authentication="principal.authorities"></span>
```

然後修改 WebSecurityConfig 類別多載的 configure(HttpSecurity http) 方法，程式如下所示：

```
protected void configure(HttpSecurity http) throws Exception {
    http.authorizeRequests()
            .antMatchers("/", "/home", "/login").permitAll()
```

```
                .anyRequest().authenticated()
                .and()
            .formLogin()
                .loginPage("/login").defaultSuccessUrl("/home")
                .and()
            .logout();
}
```

antMatchers() 是一個採用 ANT 模式的 URL 匹配器。ANT 模式使用 ? 匹配任意單一字元，使用 * 匹配 0 或者任意數量的字元，使用 ** 匹配 0 或者更多的目錄。antMatchers("/", "/home", "/login").permitAll() 允許任何人存取 /、/home 和 /login 頁面。

defaultSuccessUrl() 方法指定在身份驗證成功後預設重新導向的頁面。如果使用者因為存取了安全頁面導致需要驗證，則在驗證成功後依然會傳回安全頁面。如果想要使用者在身份驗證成功後，始終傳回預設成功頁面，那麼可以呼叫 defaultSuccessUrl() 方法的另一個多載方法：defaultSuccessUrl(String defaultSuccessUrl, boolean alwaysUse)，給參數 alwaysUse 傳入 true。

除了設定成功頁面外，還可以呼叫 failureUrl(String authenticationFailureUrl) 方法設定失敗頁面，例如：

```
formLogin()
  .loginPage("/login").defaultSuccessUrl("/home")
  .failureUrl("login-error")
```

但要注意，本例並未使用登入錯誤頁面，而是直接在登入頁面中顯示登入失敗的訊息。

logout() 方法開啟登出使用者登入支援。實際上，在預設情況下，存取 URL“/logout”就會讓 HTTP 階段故障，也就是說，這裡即使不呼叫 logout() 方法，預設也支援登出使用者登入。但在本例中，請讀者不要直接在瀏覽器中存取 /logout，因為預設開啟了 CSRF 保護，resource.html 頁面的表單中會自動增加一個隱藏欄位，如下所示：

```
<input type="hidden" name="_csrf" value="51016bc0-66ac-4793-91a5-44b287485e71">
```

因此要退出登入，應該透過提交表單的方式來請求 /logout。

還有一個小問題，就是我們在 configure(HttpSecurity http) 方法中設定的 URL 還沒有映射到頁面。這有兩種解決方法，一種解決方法是撰寫控制器，將每個 URL 都映射到不同的頁面；另一種方式法是撰寫一個實作了 WebMvcConfigurer 介面的設定類別，在設定類別中增加檢視控制器，在本例中我們採取這一種解決方法。

在 config 子套件下新建 WebMvcConfig 類別，實作 WebMvcConfigurer 介面，並重寫 addViewControllers() 方法，程式如例 15-7 所示。

▼ 例 15-7 WebMvcConfig.java

```
package com.sun.ch15.config;

import org.springframework.context.annotation.Configuration;
import org.springframework.web.servlet.config.annotation. ViewControllerRegistry;
import org.springframework.web.servlet.config.annotation. WebMvcConfigurer;

@Configuration
public class WebMvcConfig implements WebMvcConfigurer {
    @Override
    public void addViewControllers(ViewControllerRegistry registry) {
        registry.addViewController("/home").setViewName("home");
        registry.addViewController("/resource").setViewName("resource");
        registry.addViewController("/login").setViewName("login");
    }
}
```

提醒讀者一下，這裡之所以不用增加映射 URL 路徑 “/” 的檢視控制器，是因為在 15.1 節例 15-1 中已經設定了。

最後，啟動應用程式，可以在沒有登入的情況下存取 / 和 /home。當存取 /resource 時，會重新導向到 /login，在登入表單中輸入正確的使用者名稱和密碼，即可看到 resource.html 頁面。資源頁面如圖 15-3 所示。

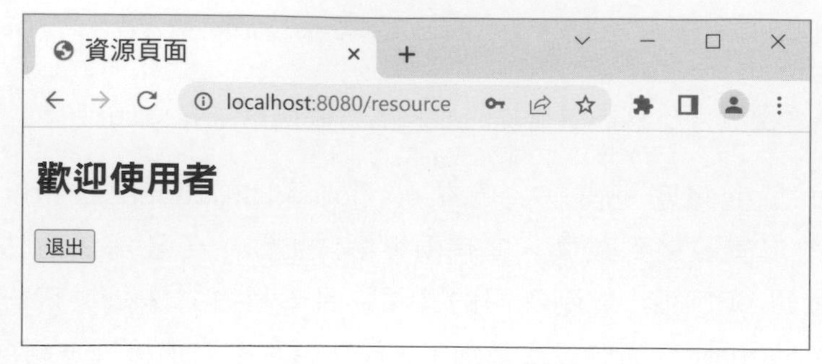

▲ 圖 15-3 資源頁面

可以點擊「退出」按鈕退出登入，此時會重新導向到登入頁面。再次輸入正確的使用者名稱和密碼就會跳躍到首頁。

15.4 前後端分離的登入處理方式

在前後端分離的專案中，後端 API 介面在對使用者身份進行驗證時，傳回的是代表成功與否的 JSON 資料，然後由前端根據傳回結果路由不同的頁面。

Spring Security 舉出了 AuthenticationSuccessHandler 和 AuthenticationFailureHandler 兩個介面，前者的實作用於舉出身份驗證成功後的處理策略，後者的實作用於舉出身份驗證失敗後的處理策略。

表單登入設定模組提供了 successHandler() 和 failureHandler() 兩個方法，分別用於指定驗證成功和驗證失敗的處理器。

在 com.sun.ch15.config 套件下新建 handler 子套件，在該子套件下新建 MyAuthenticationSuccessHandler 類別，實作 AuthenticationSuccessHandler 介面，程式如例 15-8 所示。

▼ 例 15-8 MyAuthenticationSuccessHandler.java

```
package com.sun.ch15.config.handler;

import org.springframework.security.core.Authentication;
```

```
import org.springframework.security.web.authentication.Authentication SuccessHandler;

...

@Component
public class MyAuthenticationSuccessHandler implements AuthenticationSuccessHandler {
    @Override
    public void onAuthenticationSuccess(HttpServletRequest request,
                                        HttpServletResponse response,
                                        Authentication authentication)
            throws IOException, ServletException {
        response.setContentType("application/json;charset=UTF-8");
        PrintWriter out = response.getWriter();
        out.write(" 登入成功 ");
        out.close();
    }
}
```

這裡需要提醒讀者一下，AuthenticationSuccessHandler 介面中有兩個方法，其中一個是預設方法，並不需要被重寫。

在 handler 子套件下新建 MyAuthenticationFailureHandler 類別，實作 AuthenticationFailureHandler 介面，程式如例 15-9 所示。

▼ 例 15-9 MyAuthenticationFailureHandler.java

```
package com.sun.ch15.config.handler;

import org.springframework.security.core.AuthenticationException;
import org.springframework.security.web.authentication. AuthenticationFailureHandler;

...

@Component
public class MyAuthenticationFailureHandler implements Authentication FailureHandler {
    @Override
    public void onAuthenticationFailure(HttpServletRequest request,
                                        HttpServletResponse response,
```

```
                                    AuthenticationException exception)
            throws IOException, ServletException {
        response.setContentType("application/json;charset=UTF-8");
        response.setStatus(HttpServletResponse.SC_UNAUTHORIZED);
        PrintWriter out = response.getWriter();
        out.write(" 使用者名稱或密碼錯誤 ");
        out.close();
    }
}
```

接下來修改 WebSecurityConfig 類別，使用驗證成功和驗證失敗處理器，程式如例 15-10 所示。

▼ 例 15-10 WebSecurityConfig.java

```
package com.sun.ch15.config;

...

@EnableWebSecurity
public class WebSecurityConfig extends WebSecurityConfigurerAdapter {
    @Autowired
    private AuthenticationSuccessHandler authenticationSuccessHandler;
    @Autowired
    private AuthenticationFailureHandler authenticationFailureHandler;
    @Override
    protected void configure(HttpSecurity http) throws Exception {
        http.authorizeRequests()
                .antMatchers("/", "/home", "/login").permitAll()
                .anyRequest().authenticated()
                .and()
            .formLogin()
                .loginPage("/login")
                .successHandler(authenticationSuccessHandler)
                .failureHandler(authenticationFailureHandler)
                .and()
            .logout();
       http.csrf().disable();
```

```
    }
}
```

啟動應用程式，若登入成功，則會看到「登入成功」；若登入失敗，則會看到「使用者名稱或密碼錯誤」。

15.5 多使用者的認證與授權

前面我們介紹的是單使用者的認證，但在實際開發中，絕大多數都是多使用者的認證，並且某些資源還需要授權才能存取。這一節，我們將介紹記憶體使用者和儲存在資料庫中的使用者的認證與授權。

15.5.1 記憶體使用者的認證和授權

記憶體使用者的建立有兩種方式，下面我們分別介紹。

1. 第一種方式

在 WebSecurityConfigurerAdapter 抽象類別中，還有一個 configure (AuthenticationManagerBuilder auth) 方法，AuthenticationManagerBuilder 類別允許輕鬆建構記憶體身份驗證、LDAP 身份驗證、基於 JDBC 的身份驗證，以及增加 UserDetailsService 和 AuthenticationProvider。

下面在 WebSecurityConfig 類別中重寫 configure(AuthenticationManager Builder auth) 方法，在該方法中增加記憶體使用者和對應的角色，程式如下所示：

```
@Override
protected void configure(AuthenticationManagerBuilder auth) throws Exception {
    PasswordEncoder passwordEncoder = passwordEncoder();
    auth.inMemoryAuthentication()
        .withUser("admin")
            .password(passwordEncoder.encode("1234"))
            .roles("USER", "ADMIN")
```

```
            .and()
        .withUser("zhang")
            .password(passwordEncoder.encode("1234"))
            .roles("USER");
}

@Bean
public PasswordEncoder passwordEncoder(){
    return new BCryptPasswordEncoder();
}
```

程式中我們增加了兩個記憶體使用者 zhang 和 admin，zhang 的角色是 USER，admin 的角色是 USER 和 ADMIN。當呼叫 roles 方法設定角色時，會自動在每個角色前都增加首碼 ROLE_，如果不想要首碼，那麼可以呼叫 authorities("USER", "ADMIN")，換句話說，roles("USER","ADMIN") 等價於 authorities("ROLE_USER","ROLE_ADMIN")。

程式中還設定了一個密碼編碼器，可使用 @Bean 註釋讓 Spring Security 能夠發現並使用它，否則在提交表單進行驗證時，會出現如下的例外資訊：

```
java.lang.IllegalArgumentException: There is no PasswordEncoder mapped for the id "null"
```

在後續驗證時，會使用 BCryptPasswordEncoder 對提交的密碼加密後進行驗證，因此在建立記憶體使用者設定密碼時，也需要對原始密碼使用 BCryptPasswordEncoder 進行加密，否則會導致驗證失敗。

注意

在 Spring Security 5.0 版本之前，預設的密碼編碼器是 NoOpPasswordEncoder，該密碼編碼器使用純文字密碼，由於這個密碼編碼器不安全，所以在 5.0 及之後版本中，已經被宣告廢棄了。

還需要在 configure(HttpSecurity http) 方法中對 URL 的存取增加授權，修改後的程式如下所示：

```
http.authorizeRequests()
        .antMatchers("/", "/home", "/login").permitAll()
        .antMatchers("/admin/**").hasRole("ADMIN")
        .anyRequest().hasRole("USER")
        .and()
    .formLogin()
        .loginPage("/login").defaultSuccessUrl("/home")
        .and()
    .logout();
```

存取 /admin/ 下的資源需要使用者具有 ADMIN 角色，除 /、/home 和 /login 以外的資源需要使用者具有 USER 角色。同樣，hasRole() 方法也會自動增加 ROLE_ 首碼，如果不想要首碼，可以使用 hasAuthority(String) 方法。

在 /admin/ 下並未有任何資源，為了範例的完整性，我們在 /admin/ 下增加一個資源，這一次，我們採用控制器的方式對 /admin/index 進行映射。在 com.sun.ch15 套件下新建 controller 子套件，在該子套件下新建 SecurityController 類別，程式如例 15-11 所示。

▼ 例 15-11 SecurityController.java

```
package com.sun.ch15.controller;

import org.springframework.web.bind.annotation.RequestMapping;
import org.springframework.web.bind.annotation.RestController;

@RestController
public class SecurityController {
    @RequestMapping("/admin/index")
    public String admin() {
        return "admin";
    }
}
```

啟動應用程式，開啟瀏覽器，存取 /resource，輸入 zhang 和 1234，可以正常存取 resource.html。接下來存取 /admin/index，會出現 403 錯誤。

關閉瀏覽器，再次開啟並存取 /admin/index，輸入 admin 和 1234，可以看到頁面中的 admin，然後存取 /resource，也可以看到 resource.html 頁面。

2. 第二種方式

在 Spring Security 中有一個 UserDetailsService 介面，該介面是載入使用者資料的核心介面，在該介面中只有一個方法，如下所示：

- UserDetails loadUserByUsername(java.lang.String username) throws UsernameNotFoundException

根據使用者名稱查詢使用者。

第二種實作方式是利用 InMemoryUserDetailsManager 實例來建立記憶體使用者的，由於該類別實作了 UserDetailsService 介面，因此在建立完記憶體使用者後，只需要將其納入 Spring 的 IoC 容器中（使用 @Bean 註釋），Spring Security 就可以使用該實例來管理使用者了。

在 WebSecurityConfig 類別中，增加 userDetailsService() 方法，傳回一個 UserDetailsService 物件，並使用 @Bean 註釋對該方法進行標注。方法程式如下所示：

```
@Bean
public UserDetailsService userDetailsService() {
    InMemoryUserDetailsManager manager = new InMemoryUserDetailsManager();
    PasswordEncoder passwordEncoder = passwordEncoder();
    manager.createUser(User.withUsername("admin")
            .password(passwordEncoder.encode("1234"))
            .roles("USER", "ADMIN").build());
    manager.createUser(User.withUsername("zhang")
            .password(passwordEncoder.encode("1234"))
            .roles("USER").build());
    return manager;
}
```

讀者記得先將第一種方式中撰寫的 configure(AuthenticationManagerBuilder auth) 方法註釋起來。

好了，可以執行程式進行測試了，你會發現第二種方式與第一種方式的實作效果一樣。

15.5.2 預設資料庫模型的使用者認證與授權

記憶體使用者只適合簡單的系統，在需要修改使用者資訊的時候操作會很麻煩，在實際應用中，使用者資訊都是儲存在資料庫中的，Spring Security 自然也支援儲存在資料庫中的使用者認證與授權。

除 InMemoryUserDetailsManager 外，Spring Security 還提供了一個 JdbcUserDetailsManager 類別，該類別也實作了 UserDetailsService 介面。此外，為了幫助使用者快速上手基於資料庫的使用者認證和授權，Spring Security 還舉出了一個預設的資料庫模型，該資料庫模型的指令檔位於 spring-security-core-5.x.x.jar 中，具體位置為：org\springframework\security\core\userdetails\jdbc\users.ddl。

內容如下所示：

```
create table users(username varchar_ignorecase(50) not null primary key,password
varchar_ignorecase(500) not null,enabled boolean not null);
create table authorities (username varchar_ignorecase(50) not null,authority varchar_
ignorecase(50) not null,constraint fk_authorities_users foreign key(username)
references users(username));
create unique index ix_auth_username on authorities (username,authority);
```

總共兩張資料表，即 users 和 authorities，前者儲存使用者的基本資訊，包括使用者名稱、密碼，以及帳戶是否可用；後者儲存使用者的角色。兩張資料表透過 username 欄位建立了主外鍵連結。

這個腳本是為 HSQLDB 資料庫建立的，在使用 MySQL 的時候需要改一下資料型態，將 varchar_ignorecase 改為 varchar 即可。

讀者可以自行在 MySQL 資料庫中建立好這兩張資料表。

提示

在 12.5.4 節說明多對多連結映射的時候，我們建立過 users 資料表，如果你已經建立了，則需要先刪除原先的資料表。

建立好資料表之後，需要在 POM 檔案中引入 Spring Data JDBC 和 MySQL JDBC 驅動的相依性，如下所示：

```
<dependency>
    <groupId>mysql</groupId>
    <artifactId>mysql-connector-java</artifactId>
    <scope>runtime</scope>
</dependency>
<dependency>
    <groupId>org.springframework.boot</groupId>
    <artifactId>spring-boot-starter-data-jdbc</artifactId>
</dependency>
```

編輯 application.properties，設定資料來源，程式如例 15-12 所示。

▼ 例 15-12 application.properties

```
spring.datasource.driver-class-name=com.mysql.cj.jdbc.Driver
spring.datasource.url=jdbc:mysql://localhost:3306/springboot?useSSL=false&server
Timezone=UTC
spring.datasource.username=root
spring.datasource.password=12345678
```

接下來就可以在 WebSecurityConfig 類別中修改 userDetailsService() 方法，使用 JdbcUserDetailsManager 建立使用者，讓 Spring Security 使用資料庫來管理使用者。程式如下所示：

```
@Autowired
private DataSource dataSource;
@Bean
public UserDetailsService userDetailsService() {
    JdbcUserDetailsManager manager = new JdbcUserDetailsManager(dataSource);
```

```
    PasswordEncoder passwordEncoder = passwordEncoder();
    // 因使用者資訊是儲存在資料庫中的，而使用者名稱是主鍵，為避免重複建立使用者導致資料庫拋出例外，這裡需要先判斷一下使用者是否已經存在
    if(!manager.userExists("admin")) {
        manager.createUser(User.withUsername("admin")
                .password(passwordEncoder.encode("1234"))
                .roles("USER", "ADMIN").build());
    }
    if(!manager.userExists("zhang")) {
        manager.createUser(User.withUsername("zhang")
                .password(passwordEncoder.encode("1234"))
                .roles("USER").build());
    }
    return manager;
}
```

執行程式，可以看到 users 資料表中插入了兩個使用者：zhang 和 admin，在 authorities 資料表中也插入了角色，並且角色名稱都增加了 ROLE_ 首碼。

15.5.3 自訂資料庫模型的使用者認證與授權

Spring Security 的預設資料庫模型還是比較簡單的，但不一定適合生產環境，很多時候，資料庫的設計都是單獨進行的，不會去考慮使用哪種技術來存取資料庫。

Spring Security 也支援自訂的資料庫使用者系統，透過上面的例子，我們知道，實際上 Spring Security 需要的只是一個 UserDetailsService 實例，而 UserDetailsService 介面只有一個方法 loadUserByUsername()，該方法傳回一個 UserDetails 物件。也就是說，我們只需要舉出 UserDetailsService 實作，在 loadUserByUsername() 方法中存取自訂資料庫的使用者資料表和角色資料表，然後傳回一個 UserDetails 物件就可以了。

UserDetails 是一個用於提供核心使用者資訊的介面，該介面中的方法如下所示：

- java.util.Collection<? extends GrantedAuthority> getAuthorities()
  傳回授予使用者的許可權。該方法不能傳回 null。

- java.lang.String getPassword()
  傳回用於驗證使用者身份的密碼。

- java.lang.String getUsername()
  傳回用於驗證使用者身份的使用者名稱。該方法不能傳回 null。

- boolean isAccountNonExpired()
  指示使用者帳戶是否已過期。過期的帳戶無法進行身份驗證。

- boolean isAccountNonLocked()
  指示使用者是否被鎖定或解鎖。無法對被鎖定的使用者進行身份驗證。

- boolean isCredentialsNonExpired()
  指示使用者的憑據（密碼）是否已過期。過期的憑據阻止身份驗證。

- boolean isEnabled()
  指示使用者是被啟用還是被禁用。無法對被禁用的使用者進行身份驗證。

在建立使用者資料表的時候，可以參照 UserDetails 介面需要的資訊定義對應的欄位，當然也不是要一一對應，畢竟很多資料庫在設計時還沒想用 Spring Security 呢。比如，在你的系統中，使用者帳戶永遠不會過期，那麼可以讓 isAccountNonExpired() 方法直接傳回 true。

本節使用 MyBatis 來存取資料，讀者也可以使用第 12 章介紹的 JPA 來存取資料。下面我們按照以下步驟來實作自訂資料庫模型的使用者認證與授權。

Step1：準備使用者資料表

在設計自己的使用者資料表時，為了簡單起見，我們將使用者具有的角色以逗點（,）分隔的字串形式儲存到 roles 欄位中，而不再另外單獨建資料表儲存角色資訊了。使用者資料表的資料庫腳本如下所示：

```
create table t_users (
    id          int AUTO_INCREMENT not null,
    username    varchar(50) not null,
    password    varchar(512) not null,
    enabled     tinyint(1) not null default '1',
    locked      tinyint(1) not null default '0',
    mobile      varchar(11) not null,
    roles       varchar(500),
    primary key(id)
);
```

Step2：引入 MyBatis 框架相依性

在 POM 檔案中引入 MyBatis 框架的相依性，如下所示：

```
<dependency>
    <groupId>org.mybatis.spring.boot</groupId>
    <artifactId>mybatis-spring-boot-starter</artifactId>
    <version>2.2.2</version>
</dependency>
```

Step3：撰寫實體類別

在 com.sun.ch15 套件下新建 persistence.entity 套件，在 entity 子套件下新建 User 類別，讓 User 類別實作 UserDetails 介面，程式如例 15-13 所示。

▼ 例 15-13 User.java

```
package com.sun.ch15.persistence.entity;

import lombok.Data;
import org.springframework.security.core.GrantedAuthority;
import org.springframework.security.core.authority.AuthorityUtils;
import org.springframework.security.core.userdetails.UserDetails;

import java.util.Collection;

@Data
public class User implements UserDetails {
```

```
private Long id;
private String username;
private String password;
private Boolean enabled;
private Boolean locked;
private String mobile;
private String roles;

@Override
public Collection<? extends GrantedAuthority> getAuthorities() {
    return AuthorityUtils.commaSeparatedStringToAuthorityList(roles);
}

@Override
public String getPassword() {
    return password;
}

@Override
public String getUsername() {
    return username;
}

@Override
public boolean isAccountNonExpired() {
    return true;
}

@Override
public boolean isAccountNonLocked() {
    return !locked;
}

@Override
public boolean isCredentialsNonExpired() {
    return true;
}

@Override
```

```
    public boolean isEnabled() {
        return enabled;
    }
}
```

AuthorityUtils 是一個工具類別，該類別的靜態方法 commaSeparatedStringToAuthorityList() 可以將以逗點分隔的字串表示形式的許可權轉換為 GrantedAuthority 物件陣列。

Step4：撰寫映射器介面

在 com.sun.ch15.persistence 套件下新建 mapper 子套件，在該子套件下新建 UserMapper 介面，程式如例 15-14 所示。

▼ 例 15-14 UserMapper.java

```
package com.sun.ch15.persistence.mapper;

import com.sun.ch15.persistence.entity.User;
import org.apache.ibatis.annotations.Insert;
import org.apache.ibatis.annotations.Mapper;
import org.apache.ibatis.annotations.Options;
import org.apache.ibatis.annotations.Select;

@Mapper
public interface UserMapper {
    @Select("select * from t_users where username = #{username}")
    User getByUsername(String username);

    @Insert("insert into t_users(username, password, mobile, roles)" +
            " values (#{username}, #{password}, #{mobile}, #{roles})")
    // 在插入資料後，獲取自動增加長的主鍵值
    @Options(useGeneratedKeys=true, keyProperty="id")
    int saveUser(User user);
}
```

由於密碼需要加密儲存，所以在 UserMapper 介面中我們舉出了一個儲存使用者的 saveUser() 方法，以便可以透過單元測試先建立幾個密碼被加密過的使用者。

Step5：建立使用者

為了後續的測試，我們需要先建立幾個使用者，如同前面的範例一樣，建立 zhang 和 admin 使用者。為了簡單起見，我們透過單元測試來建立使用者。

為 UserMapper 介面生成單元測試類別 UserMapperTest，對 saveUser() 方法進行測試。程式如例 15-15 所示。

▼ 例 15-15 UserMapperTest.java

```
package com.sun.ch15.persistence.mapper;

import com.sun.ch15.persistence.entity.User;
import org.junit.jupiter.api.Test;
import org.springframework.beans.factory.annotation.Autowired;
import org.springframework.boot.test.context.SpringBootTest;
import org.springframework.security.crypto.bcrypt. BCryptPasswordEncoder;

@SpringBootTest
class UserMapperTest {
    @Autowired
    private UserMapper userMapper;

    @Test
    void saveUser() {
        User user = new User();
        user.setUsername("zhang");
        user.setPassword(new BCryptPasswordEncoder().encode("1234"));
        user.setMobile("18612345678");
        user.setRoles("ROLE_USER");

        userMapper.saveUser(user);

        user = new User();
```

```
        user.setUsername("admin");
        user.setPassword(new BCryptPasswordEncoder().encode("1234"));
        user.setMobile("18612345678");
        user.setRoles("ROLE_USER,ROLE_ADMIN");
        userMapper.saveUser(user);
    }
}
```

執行該測試方法，建立 zhang 和 admin 使用者。

Step6：撰寫 UserDetailsService 的實作類別

在 com.sun.ch15 套件下新建 service 子套件，在該子套件下新建 UserService 類別，實作 UserDetailsService 介面，程式如例 15-16 所示。

▼ 例 15-16 UserService.java

```
package com.sun.ch15.service;

...

@Service
public class UserService implements UserDetailsService {
    @Autowired
    private UserMapper userMapper;

    @Override
    public UserDetails loadUserByUsername(String username)
            throws UsernameNotFoundException {
        User user = userMapper.getByUsername(username);
        if (user == null) {
            throw new UsernameNotFoundException("使用者不存在！");
        }
        return user;
    }
}
```

程式很簡單，**但是要注意的是，loadUserByUsername() 方法不允許傳回空值，如果沒有找到使用者，或者使用者沒有授予的許可權，那麼應該拋出 UsernameNotFoundException 例外。**

此外，增加了 @Service 註釋，Spring 容器會自動建立並管理 UserService 實例，Spring Security 也可以使用該實例，無須再去撰寫一個標注 @Bean 的方法傳回該實例。

到這一步，我們的程式就撰寫完畢了，讀者可以啟動應用程式，進行使用者認證與授權的測試了。

15.6 JWT

傳統 Web 專案的階段追蹤是採用伺服器端的 Session 來實作的，當客戶初次存取資源時，Web 伺服器為該客戶建立一個 Session 物件，並分配一個唯一的 Session ID，將其作為 Cookie（或者作為 URL 的一部分，利用 URL 重寫機制）發送給瀏覽器，瀏覽器在記憶體中儲存這個階段 Cookie。當客戶再次發送 HTTP 請求時，瀏覽器將 Cookie 隨請求一起發送，伺服器端程式從請求物件中讀取 Session ID，然後根據 Session ID 找到對應的 Session 物件，從而得到客戶的狀態資訊。

傳統 Web 專案的前端和後端是在一起的，所以階段追蹤實作起來很簡單。當我們採用前後端分離的開發方式時，前後端分別部署在不同的伺服器上，由於是跨域存取，所以前端向後端發起的每次請求都是一個新的請求，在這種情況下，如果還想採用 Session 追蹤階段，就需要在前後端都做一些設定。

目前還有一種流行的追蹤使用者階段的方式，就是使用一個自訂的 token，伺服器端根據某種演算法生成一個唯一的 token，在必要的時候可以採用公私密金鑰的方式來加密 token，然後將這個 token 放到響應標頭中並發送到前端，前端在每次請求時都在請求標頭中加上這個 token，以便伺服器端可以獲取該 token 進行許可權驗證以及管理使用者的狀態。

這種基於 token 的認證方式相較於 Session 認證方式的好處如下。

(1) 可以節省伺服器端的銷耗，因為每個認證使用者占一個 Session 物件是需要消耗伺服器記憶體資源的，而 token 是在每次請求時傳遞給伺服器端的。

(2) 當伺服器端做叢集部署時，基於 token 的認證方式也更容易擴充。

(3) 無須考慮 CSRF。由於不再依賴 cookie，所以採用 token 認證方式不會發生 CSRF，所以也就無須考慮 CSRF 的防禦。

(4) 更適合於行動端。當用戶端是非瀏覽器平臺時，cookie 是不被支援的，此時採用 token 認證方式會簡單很多。

JWT 就是 token 的一種實作方式。

15.6.1 什麼是 JWT

JWT（JSON Web Token）是一個開放的標準（RFC 7519），它定義了一種緊湊且自包含的方式，用於在通訊雙方之間以 JSON 物件安全地傳輸資訊。由於有數位簽章，所以傳輸的這些資訊是可以被驗證和信任的。JWT 可以使用金鑰（使用 HMAC 演算法）、RSA 或 ECDSA 的公開金鑰 / 私密金鑰對進行簽名。

提示

在 RFC 7519 文件中，對 JWT 的表述是“JSON Web Token (JWT) is a compact, URL-safe means of representing claims to be transferred between two parties.” JWT 中的宣告被編碼為 JSON 物件，用作 JSON Web Signature（JWS）結構的有效酬載，或者作為 JSON Web Encryption（JWE）結構的明文（Palintext）。這裡出現了 3 個概念：JWS、JWE 和 JWT，可以視為 JWS 和 JWE 是 JWT 的兩種不同實作。在實際應用中，由於 JWS 是最常用的，所以，往往會把 JWT 和 JWS 等同起來。後面我們介紹的 JWT 的結構其實就是 JWS 的結構，在本書中也不嚴格區分 JWT 和 JWS。

JWT 的應用場景如下。

(1) 授權：這是使用 JWT 最常見的場景。一旦使用者登入，每個後續請求就都將包含 JWT，允許使用者存取該權杖允許的路由、服務和資源。單點登入（Single Sign On）是目前被廣泛使用 JWT 的一個功能，因為它的銷耗小，並且能夠輕鬆地跨不同的域。

(2) 資訊交換：JWT 是在各方之間安全傳輸資訊的好方法。因為可以對 JWT 進行簽名（例如，使用公開金鑰 / 私密金鑰對），所以可以確定發送者是特定的人。此外，由於簽名是使用標頭和有效酬載計算的，因此還可以驗證內容是否被篡改。

JWT 的請求流程如下。

(1) 前端提交使用者名稱和密碼，後端認證透過後，生成一個 JWT 發送給前端。

(2) 前端每次請求後端介面時，都在請求標頭中攜帶 JWT。

(3) 後端驗證 JWT 簽名，得到使用者資訊，如果驗證透過，則根據授權規則傳回前端請求的資料。

15.6.2 JWT 的結構

JWT 由三部分組成：Header（標頭）、Payload（有效酬載）和 Signature（簽名），這三部分用點號（.）分隔，其形式為：xxxxx.yyyyy.zzzzz。

1. Header

標頭是一個描述 JWT 中繼資料的 JSON 物件，通常由兩部分組成：權杖的類型（JWT）和正在使用的簽名演算法（如 HMAC SHA256 或者 RSA）。例如：

```
{
  "alg": "HS256",
  "typ": "JWT"
}
```

alg 屬性工作表示簽名使用的演算法，HS256 代表 HMAC SHA256，typ 屬性工作表示權杖的類型，JWT 權杖統一寫為 JWT。然後對這個 JSON 進行 Base64url 編碼，形成 JWT 的第一部分。

2. Payload

有效酬載是 JWT 的主體內容部分，也是一個 JSON 物件，其中包含宣告，宣告是關於使用者和附加資料的陳述。有三種類型的宣告：registered、public 和 private 宣告。

registered 宣告的欄位有 7 個，如下所示：

```
iss (issuer) ：簽發人
sub（subject）：主題
aud (audience)：受眾
exp（expiration time）：過期時間
nbf（not before)：生效時間
iat（issued at)：簽發時間
jti（jwt id)：JWT 的唯一身份標識
```

上述欄位不是強制性的，只是推薦使用的。

public 宣告和 private 宣告可以自己定義。

一個有效酬載的範例如下所示：

```
{
  "sub": "1234567890",
  "name": "John Doe",
  "admin": true
}
```

對有效酬載也使用 Base64url 編碼，形成 JWT 的第二部分。

要注意的是，雖然對於簽名的權杖，資訊受到了防篡改保護，但出於資訊只是簡單地採用了 Base64url 編碼，任何人都可以讀取資訊並透過 Base64url 進行解碼從而得到原始資料，因此，除非經過加密，否則不要將機密資訊放入 JWT 的有效酬載或標頭元素中，例如，使用者的密碼就不應該儲存到 JWT 中。

3. Signature

簽名部分對上面兩部分資料（用點號拼接起來）採用單向雜湊演算法生成一個雜湊碼，以確保資料不會被篡改。

首先，需要指定一個金鑰（secret）。該金鑰只儲存在伺服器中，並且不能向使用者公開。然後，使用標頭中指定的簽名演算法（預設情況下為 HMAC SHA256）根據以下公式生成簽名。

```
HMACSHA256(
  base64UrlEncode(header) + "." +
  base64UrlEncode(payload),
  secret)
```

簽名用於驗證訊息在此過程中是否被更改，並且對於使用私密金鑰簽名的權杖還可以驗證 JWT 的發送者是不是它所聲稱的。

在計算出簽名後，將編碼後的標頭、有效酬載與簽名用點號（.）拼接在一起，就形成了完整的 JWT，最終的形式如下所示：


```
eyJhbGciOiJIUzI1NiIsInR5cCI6IkpXVCJ9.eyJzdWIiOiIxMjM0NTY3ODkwIiwibmFtZSI6IkpvaG4gRG9lI
iwiaWF0IjoxNTE2MjM5MDIyfQ.SflKxwRJSMeKKF2QT4fwpMeJf36POk6yJV_adQssw5c
```


15.6.3 使用 JWT 實作 token 驗證

JWT 只是一個標準，在專案中應用時，還需要選擇符合該標準的 JWT 實作函式庫，在 JWT 官網上推薦了 6 個應用於 Java 的 JWT 開放原始碼函式庫，讀者可以根據實際工作需要選擇其中一個。在這裡，我們選擇 nimbus-jose-jwt 開放原始碼函式庫。

下面我們按照以下的步驟，在本章的實例中使用 JWT 實作 token 驗證。

Step1：引入相依性函式庫

引入 nimbus-jose-jwt 和 Hutool 相依性函式庫，Hutool 是一個小而全的 Java 工具類別庫，它對檔案、串流、加密 / 解密、轉碼、正規表示法、執行緒、XML 等 JDK 方法進行封裝，組成各種 Util 工具類別。

編輯 POM 檔案，增加 nimbus-jose-jwt 和 Hutool 相依性，程式如下所示：

```
<dependency>
    <groupId>com.nimbusds</groupId>
    <artifactId>nimbus-jose-jwt</artifactId>
    <version>9.15.2</version>
</dependency>
<dependency>
    <groupId>cn.hutool</groupId>
    <artifactId>hutool-all</artifactId>
    <version>5.7.17</version>
</dependency>
```

Step2：建立 PayloadDto 類別，用於封裝 JWT 中的有效酬載

在 com.sun.ch15 套件下新建 jwt.dto 子套件，在 dto 子套件下新建 PayloadDto 類別，程式如例 15-17 所示。

▼ 例 15-17 PayloadDto.java

```
package com.sun.ch15.jwt.dto;

import lombok.Builder;
import lombok.Data;
import lombok.EqualsAndHashCode;

import java.util.List;

@Data
@EqualsAndHashCode(callSuper = false)
@Builder
public class PayloadDto {
    // 主題
    private String sub;
    // 簽發時間
    private Long iat;
    // 過期時間
    private Long exp;
    // JWT 的 ID
```

```
    private String jti;
    // 使用者名稱
    private String username;
    // 使用者擁有的許可權
    private List<String> authorities;
}
```

Step3：撰寫 JWTUtil 工具類別，提供生成和驗證 JWT 的方法

在 com.sun.ch15.jwt 套件下新建 util 子套件，在該子套件下新建 JwtUtil 類別，程式如例 15-18 所示。

▼ 例 15-18 JwtUtil.java

```
package com.sun.ch15.jwt.util;

import cn.hutool.json.JSONUtil;
import com.nimbusds.jose.*;
import com.nimbusds.jose.crypto.MACSigner;
import com.nimbusds.jose.crypto.MACVerifier;
import com.sun.ch15.jwt.dto.PayloadDto;

import java.text.ParseException;
import java.util.Date;

public class JwtUtil {
    // 預設金鑰
    public static final String DEFAULT_SECRET = "mySecret";
    /**
     * 使用 HMAC SHA-256
     * @param payloadStr 有效酬載
     * @param secret 金鑰
     * @return JWS 串
     * @throws JOSEException
     */
    public static String generateTokenByHMAC(String payloadStr, String secret) throws
JOSEException {
        // 建立 JWS 標頭，設定簽名演算法和類型
        JWSHeader jwsHeader = new JWSHeader.Builder(JWSAlgorithm.HS256).
```

```
                type(JOSEObjectType.JWT)
                .build();
        // 將酬載資訊封裝到 Payload 中
        Payload payload = new Payload(payloadStr);
        // 建立 JWS 物件
        JWSObject jwsObject = new JWSObject(jwsHeader, payload);
        // 建立 HMAC 簽名器
        JWSSigner jwsSigner = new MACSigner(secret);
        // 簽名
        jwsObject.sign(jwsSigner);
        return jwsObject.serialize();
    }

    /**
     * 驗證簽名，提取有效酬載，以 PayloadDto 物件形式傳回
     * @param token JWS 串
     * @param secret 金鑰
     * @return PayloadDto 物件
     * @throws ParseException
     * @throws JOSEException
     */
    public static PayloadDto verifyTokenByHMAC(String token, String secret) throws
ParseException, JOSEException {
        // 從 token 中解析 JWS 物件
        JWSObject jwsObject = JWSObject.parse(token);
        // 建立 HMAC 驗證器
        JWSVerifier jwsVerifier = new MACVerifier(secret);
        if (!jwsObject.verify(jwsVerifier)) {
            throw new JOSEException("token 簽名不合法！");
        }
        String payload = jwsObject.getPayload().toString();
        PayloadDto payloadDto =  JSONUtil.toBean(payload, PayloadDto.class);
        if (payloadDto.getExp() < new Date().getTime()) {
            throw new JOSEException("token 已過期！");
        }
        return payloadDto;
    }
}
```

Step4：修改驗證成功處理器，使用者成功登入後，在響應標頭中發送 token

編輯 MyAuthenticationSuccessHandler 類別，使用者成功登入後，在響應標頭中發送 token，程式如例 15-19 所示。

▼ 例 15-19 MyAuthenticationSuccessHandler.java

```
package com.sun.ch15.config.handler;

...

@Component
public class MyAuthenticationSuccessHandler implements AuthenticationSuccessHandler {
    @Override
    public void onAuthenticationSuccess(HttpServletRequest request,
                                    HttpServletResponse response,
                                    Authentication authentication)
            throws IOException, ServletException {
        Object principal = authentication.getPrincipal();
        if(principal instanceof UserDetails){
            UserDetails user = (UserDetails) principal;
            Collection<? extends GrantedAuthority> authorities =
                    authentication.getAuthorities();
            List<String> authoritiesList= new ArrayList<>(authorities.size());
            authorities.forEach(authority -> {
                authoritiesList.add(authority.getAuthority());
            });

            Date now = new Date();
            Date exp = DateUtil.offsetSecond(now, 60*60);
            PayloadDto payloadDto= PayloadDto.builder()
                    .sub(user.getUsername())
                    .iat(now.getTime())
                    .exp(exp.getTime())
                    .jti(UUID.randomUUID().toString())
                    .username(user.getUsername())
                    .authorities(authoritiesList)
                    .build();
            String token = null;
```

```
            try {
                token = JwtUtil.generateTokenByHMAC(
                        // nimbus-jose-jwt 所使用的 HMAC SHA256 演算法
                        // 所需金鑰長度至少要 256 位元（32 位元組），因此先用 md5 加密
                        JSONUtil.toJsonStr(payloadDto),
                        SecureUtil.md5(JwtUtil.DEFAULT_SECRET));
                response.setHeader("Authorization", token);
                response.setContentType("application/json; charset=UTF-8");
                PrintWriter out = response.getWriter();
                out.write(" 登入成功 ");
                out.close();
            } catch (JOSEException e) {
                e.printStackTrace();
            }
        }
    }
}
```

15.2 節介紹過，身份驗證成功後傳回的 Authentication 物件包含所有的使用者驗證資訊，如主體（Principal）、已授予的許可權等。

Step5：撰寫篩檢程式，攔截使用者請求，驗證 token

當使用者驗證透過後，後端將 token 放到響應標頭中發送給前端，前端在隨後的請求中需要將 token 放到請求標頭中傳回後端。然後後端對該 token 進行驗證，以確認使用者是否有許可權存取請求的資源，而這個驗證透過篩檢程式來實作是比較合適的。

在 com.sun.ch15.jwt 套件下新建 filter 子套件，在該子套件下新建 JwtAuthenticationFilter 類別，該類別繼承自 OncePerRequestFilter 類別。OncePerRequestFilter 是 Spring Web 框架中舉出的一個篩檢程式抽象基礎類別，目的是保證在任何 servlet 容器上每次請求排程都能執行一次。

JwtAuthenticationFilter 類別的程式如例 15-20 所示。

▼ 例 15-20 JwtAuthenticationFilter.java

```
package com.sun.ch15.jwt.filter;

...

public class JwtAuthenticationFilter extends OncePerRequestFilter {
    @Override
    protected void doFilterInternal(HttpServletRequest request,
                                    HttpServletResponse response,
                                    FilterChain filterChain)
            throws ServletException, IOException {
        String token = request.getHeader("Authorization");
        if(token == null){
            filterChain.doFilter(request, response);
            return;
        }
        // 如果請求標頭中有 token，則進行解析，並且設定認證資訊
        try {
            SecurityContextHolder.getContext()
                    .setAuthentication(getAuthentication(token));
            filterChain.doFilter(request, response);
        } catch (ParseException | JOSEException e) {
            e.printStackTrace();
        }
    }
    // 驗證 token，並解析 token，傳回以使用者名稱和密碼所表示的經過身份驗證的主體的權杖
    private UsernamePasswordAuthenticationToken getAuthentication(String token)
            throws ParseException, JOSEException {
        PayloadDto payloadDto  = JwtUtil.verifyTokenByHMAC(
                token, SecureUtil.md5(JwtUtil.DEFAULT_SECRET));
        String username = payloadDto.getUsername();
        List<String> roles = payloadDto.getAuthorities();
        Collection<SimpleGrantedAuthority> authorities = new ArrayList<>();

        roles.forEach(role -> authorities.add(new SimpleGrantedAuthority(role)));
        if (username != null){
            return new UsernamePasswordAuthenticationToken(username, null,
                    authorities);
```

```
        }
        return null;
    }
}
```

Step6：修改 WebSecurityConfig 的 configure(HttpSecurity http) 方法，設定篩檢程式

我們自己撰寫的篩檢程式需要設定在 Spring Security 所使用的 UsernamePasswordAuthenticationFilter 之前，同時也需要設定驗證成功處理器和驗證失敗處理器，並禁用 CSRF 保護，程式如例 15-21 所示。

▼ 例 15-21 WebSecurityConfig.java

```
package com.sun.ch15.config;

...

@EnableWebSecurity
public class WebSecurityConfig extends WebSecurityConfigurerAdapter {
    @Autowired
    private AuthenticationSuccessHandler authenticationSuccessHandler;
    @Autowired
    private AuthenticationFailureHandler authenticationFailureHandler;
    @Override
    protected void configure(HttpSecurity http) throws Exception {
        http.authorizeRequests()
                .antMatchers("/", "/home", "/login").permitAll()
                .antMatchers("/admin/**").hasRole("ADMIN")
                .anyRequest().hasRole("USER")
                .and()
            .formLogin()
                .loginPage("/login")
                .successHandler(authenticationSuccessHandler)
                .failureHandler(authenticationFailureHandler)
                .and()
            .logout()
                .and()
            .addFilterBefore(new JwtAuthenticationFilter(),
```

```
                UsernamePasswordAuthenticationFilter.class);
        http.csrf().disable();
    }

    @Bean
    public PasswordEncoder passwordEncoder(){
        return new BCryptPasswordEncoder();
    }
}
```

Step7：使用 Postman 進行測試

接下來可以使用 Postman 進行測試了，首先使用 POST 請求，存取 http://localhost:8080/login，在 Body 標籤頁下選中 form-data，輸入 username：zhang，password：1234。使用者登入頁面如圖 15-4 所示。

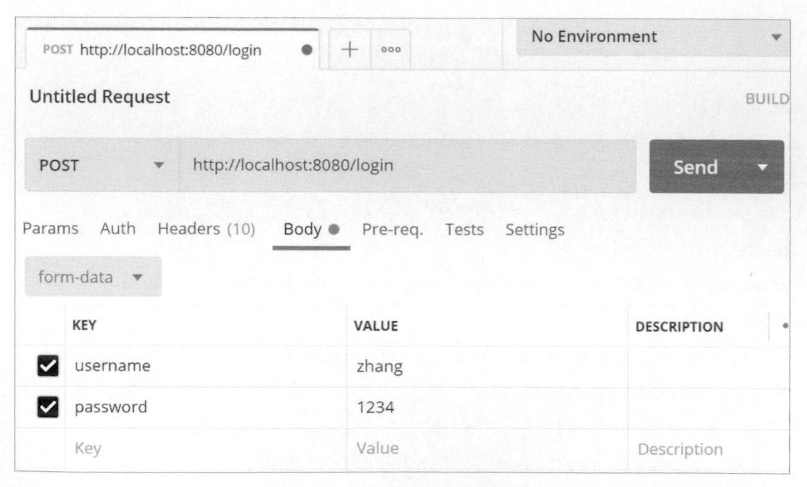

▲ 圖 15-4 使用者登入

在看到使用者登入成功後，開啟下方的 Headers 標籤頁，可以看到 Authorization 中的 token，如圖 15-5 所示。

▲ 圖 15-5 後端發回的 token

複製這個 token，在請求標頭中設定 Authorization 標頭，值就是這個 token，然後以 GET 方法向 http://localhost:8080/resource 進行請求，如圖 15-6 所示。

▲ 圖 15-6 攜帶 token 存取受保護資源

點擊"Send"按鈕後，可以看到成功發回的 resource.html 頁面內容，如圖 15-7 所示。

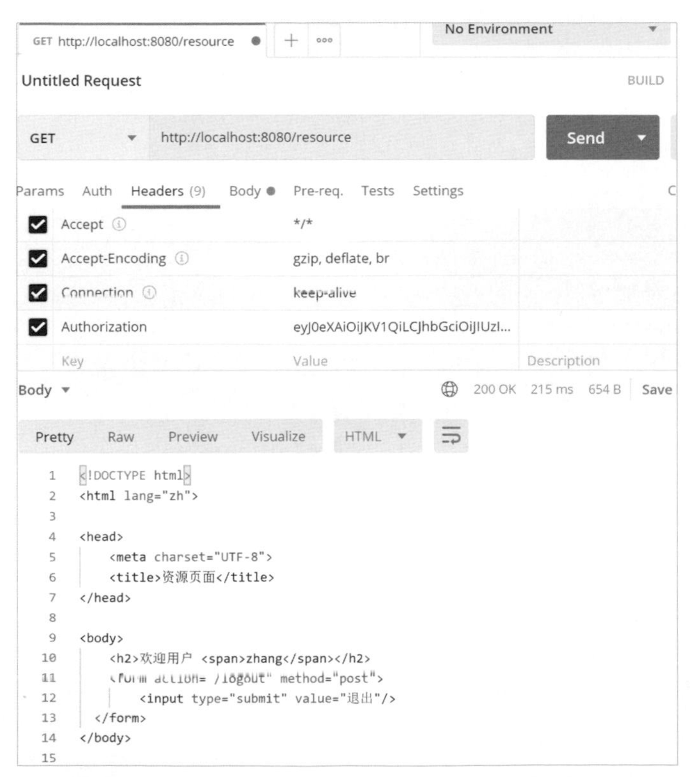

▲ 圖 15-7 後端發回的 resource.html 頁面內容

繼續攜帶 token 存取 http://localhost:8080/admin/index，後端傳回 403 錯誤，如圖 15-8 所示。

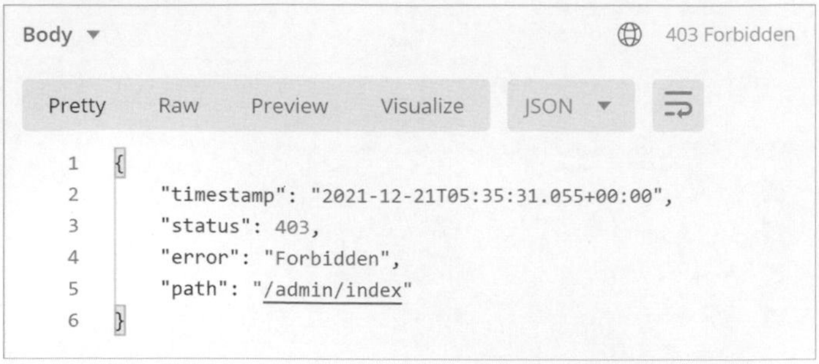

Body ▾ 403 Forbidden

Pretty Raw Preview Visualize JSON ▾

```
{
    "timestamp": "2021-12-21T05:35:31.055+00:00",
    "status": 403,
    "error": "Forbidden",
    "path": "/admin/index"
}
```

▲ 圖 15-8 後端傳回 403 錯誤

讀者可以再次按照測試的第一步，以使用者名稱 admin、密碼 1234 來登入，然後分別存取 /admin/index 和 /resource。要注意的是，需要在請求標頭中取消 Authorization 標頭，如圖 15-9 所示。

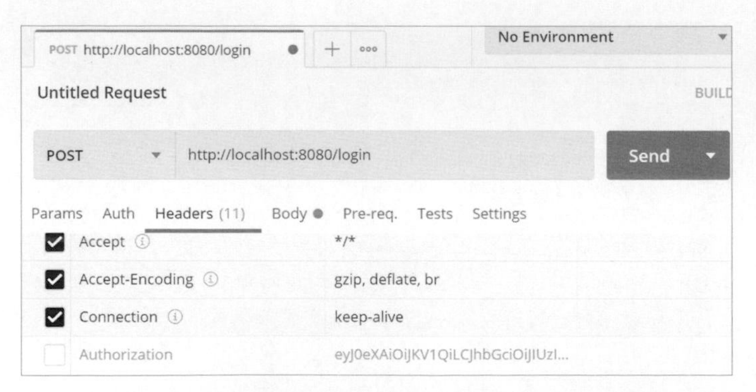

▲ 圖 15-9 重新登入時取消 Authorization 標頭

15.7 小結

本章詳細介紹了 Spring Security 框架的使用，並結合 JWT 實作了權杖的驗證與授權。

第 16 章

Spring Boot 與快取

資料庫存取是比較耗時的，一筆完整的 SQL 敘述執行包括資料庫連接、SQL 敘述詞法分析、編譯、執行、傳回結果等，即使採用連接池技術，也只是避免了連接的耗時，因此在實際應用中，為了提高資料的查詢效率，通常會採用快取技術。

16.1 Spring 的快取抽象

從 Spring 3.1 開始，Spring 框架為現有的 Spring 應用程式提供了透明的快取支援。在 Spring 4.1 中進一步擴充了快取抽象，支援 JSR-107 註釋和更多的訂製選項。

Spring 的快取抽象是作用於方法等級的，在每次呼叫一個目標方法時，快取抽象都會應用一個快取行為來檢查是否已經為給定參數呼叫了該方法。如果已經呼叫該方法，則傳回快取的結果，而不會再呼叫實際的方法；如果還沒有呼叫該方法，則會呼叫目標方法，並將方法傳回的結果快取，同時向使用者傳回該結果。這種快取機制適用於對給定參數始終傳回相同結果的方法。

與 Spring 框架的其他服務一樣，快取服務是一種抽象的而非具體的快取實作。這個抽象是由 org.springframework.cache.Cache 和 org.springframework.cache.CacheManager 介面實作的。

Spring 提供了快取抽象的一些實作：JDK 基於 java.util.concurrent.ConcurrentMap 的快取、Gemfire 快取、Caffeine 和 JSR-107 相容的快取（如 Ehcache 3.x）。

Spring Boot 因為其架構的原因（自動設定），支援的快取實作就更多了，如 Hazelcast、Infinispan、Couchbase、Redis 等。

16.2 Spring 的快取註釋

對於快取宣告，Spring 的快取抽象提供了以下 5 個快取註釋。

- @Cacheable：根據方法參數將方法結果儲存到快取中。
- @CachePut：執行方法，同時更新快取。
- @CacheEvict：清空快取。
- @Caching：重新組合要應用於某個方法的多個快取操作。
- @CacheConfig：在類別等級共用一些共同的快取相關設定。

16.2.1 @Cacheable 註釋

@Cacheable 註釋應用在方法上，根據方法的參數將方法的結果儲存到快取中。在後續使用相同參數呼叫方法時，會直接傳回快取中的值，而不再呼叫目標方法。

1. 預設鍵生成

因為快取本質上是鍵 - 值儲存，所以每次呼叫快取的方法都需要轉換成合適的鍵來進行快取存取。預設的鍵生成策略為：如果快取方法沒有參數，則使用 SimpleKey.EMPTY 作為鍵；如果只有一個參數，則直接以該參數為鍵；如果有多個參數，則傳回包含所有參數的 SimpleKey。這種鍵生成方式適用於大多數使用案例，只要參數具有自然鍵並實作有效的 hashCode() 和 equals() 方法即可。

2. 自訂鍵生成

假設目標方法有多個參數，其中只有一些參數適合快取（其餘參數僅用於方法邏輯），例如：

```
@Cacheable("books")
public Book findBook(ISBN isbn, boolean checkWarehouse, boolean includeUsed)
```

上面兩個布林參數雖然會影響圖書的查詢方式，但它們對快取沒有任何用處，在這種情況下，可以透過註釋的 key 元素來生成鍵，key 元素的值是 SpEL（Spring Expression Language，Spring 運算式語言），可以透過 SpEL 來選擇感興趣的參數（或參數的嵌套屬性）、執行操作，甚至呼叫任意方法，而無須撰寫任何程式或實作任何介面。例如：

```
@Cacheable(cacheNames="books", key="#isbn")
public Book findBook(ISBN isbn, boolean checkWarehouse, boolean includeUsed)

@Cacheable(cacheNames="books", key="#isbn.rawNumber")
public Book findBook(ISBN isbn, boolean checkWarehouse, boolean includeUsed)

@Cacheable(cacheNames="books", key="T(someType).hash(#isbn)")
public Book findBook(ISBN isbn, boolean checkWarehouse, boolean includeUsed)
```

3. 同步快取

在多執行緒環境下，可能會以同一個參數平行呼叫某個方法（通常是在啟動時），在預設情況下，快取抽象並不會對方法呼叫進行加鎖，相同的值可能會被計算多次，這違背了快取的目的。對於這種特殊情況，可以使用 sync 屬性指示底層快取提供程式以在計算值時鎖定快取項，這樣就只有一個執行緒計算值，而其他執行緒則被阻塞，直到要被快取的項在快取中被更新。例如：

```
@Cacheable(cacheNames="foos", sync=true)
public Foo executeExpensiveOperation(String id) {...}
```

4. 條件快取

有時候，某個方法可能不適合一直快取，當參數值滿足某個條件時，才將方法的結果進行快取。在這種情況下，可以使用 condition 參數來設定條件。condition 參數接受一個 SpEL 運算式，該運算式的值要麼為 true，要麼為 false。如果為 true，則快取該方法；如果為 false，則呼叫目標方法。例如，下面的範例中只有當參數名稱的長度小於 32 時，方法才會被快取。

```
@Cacheable(cacheNames="book", condition="#name.length() < 32")
public Book findBook(String name)
```

除使用 condition 參數以外，還可以使用 unless 參數來否決向快取中增加值。與使用 condition 參數不同的是，unless 運算式在方法呼叫之後才計算。例如：

```
@Cacheable(cacheNames="book", condition="#name.length() < 32",
    unless="#result.hardback")
public Book findBook(String name)
```

5. 在快取 SpEL 運算式計算中可用的中繼資料

每個 SpEL 運算式都根據一個專用上下文進行計算。除內建參數外，框架還提供了專用的與快取相關的中繼資料，比如參數名稱。表 16-1 列出了上下文可用的中繼資料。

▼ 表 16-1 快取 SpEL 上下文可用的中繼資料

名字	位置	描述	範例
methodName	Root object	當前被呼叫的方法名稱	#root.methodName
method	Root object	當前被呼叫的方法	#root.method.name
target	Root object	當前被呼叫的目標物件	#root.target
targetClass	Root object	當前被呼叫的目標物件類	#root.targetClass

（續表）

名字	位置	描述	範例
args	Root object	當前被呼叫的方法的參數清單（作為陣列）	#root.args[0]
caches	Root object	當前方法呼叫使用的快取列表	#root.caches[0].name
Argument name	Evaluation context	方法參數的名稱。如果名稱不可用（可能是因為沒有偵錯資訊），則參數名稱也可以在 #a<#arg> 或 #p<#arg> 下使用，其中 #arg 表示參數索引（從 0 開始）	#iban、#a0、#p0
result	Evaluation context	方法呼叫的結果（要快取的值）	#result

6. @Cacheable 註釋的主要參數

@Cacheable 註釋的主要參數如表 16-2 所示。

▼ 表 16-2 @Cacheable 註釋的主要參數

參數	類型	描述	範例
cacheNames	String[]	儲存方法呼叫結果的快取的名稱	@Cacheable(cacheNames="book")
value	String[]	cacheNames 的別名	@Cacheable("book")
key	String	快取的 key，其值為 SpEL 運算式	@Cacheable(value="books", key="#isbn")
condition	String	快取的條件，其值為 SpEL 運算式	@Cacheable(cacheNames="book", condition="#name.length() < 32")
unless	String	用於否決快取，其值為 SpEL 運算式	@Cacheable(cacheNames="book", unless="#result.hardback")
sync	boolean	如果多個執行緒試圖載入同一個鍵的值，則同步底層方法的呼叫	@Cacheable(cacheNames="foos", sync=true)

16.2.2 @CachePut 註釋

當需要在不干擾方法執行的情況下更新快取時，可以使用 @CachePut 註釋。也就是説，該方法總是被呼叫的，其結果被放置到快取中。@CachePut 註釋支援與 @Cacheable 註釋相同的選項，通常用於修改操作。

我們看下面的例子：

```
@CachePut(cacheNames="book", key="#isbn")
public Book updateBook(ISBN isbn, BookDescriptor descriptor)
```

注意，不要在同一個方法上同時使用 @CachePut 和 @Cacheable 註釋，這兩個註釋的行為是不同的，前者強制呼叫方法以更新快取，後者使用快取跳過方法呼叫。

16.2.3 @CacheEvict 註釋

當需要從快取中刪除過時或未使用的資料時，使用 @CacheEvict 註釋，該註釋除有與 @Cacheable 註釋相似的參數（如 cacheNames、value、key、condition）以外，還有一個主要的參數是 allEntries，該參數是 boolean 類型，指定是否刪除快取中的所有快取項。例如：

```
@CacheEvict(cacheNames="books", allEntries=true)
public void loadBooks(InputStream batch)
```

另外，還有一個 beforeInvocation 參數，該參數類型也是 boolean，可以用於指定清除快取的操作是在方法呼叫之前還是之後發生。在 beforeInvocation=false 時，一旦方法執行成功，就會刪除指定的快取項，如果方法因為有快取而沒有執行或者拋出了例外，則不會清除快取項。在 beforeInvocation=true 時，由於是在方法執行之前清除快取項，因此快取項總會被清除，當清除快取不需要與方法執行的結果連結時，應該將 beforeInvocation 參數設定為 true。

16.2.4 @Caching 註釋

有時候需要指定同一類型的多個註釋（例如 @CacheEvict 或 @CachePut 註釋），例如，因為 condition 或 key 運算式在不同的快取之間是不同的。@Caching 註釋讓多個嵌套的 @Cacheable、@CachePut 和 @CacheEvict 註釋可以在同一個方法上使用。下面的範例使用了兩個 @CacheEvict 註釋：

```
@Caching(evict = { @CacheEvict("primary"),
    @CacheEvict(cacheNames="secondary", key="#p0") })
public Book importBooks(String deposit, Date date)
```

16.2.5 @CacheConfig 註釋

如果某些快取選項要應用於類別的所有操作，那麼為每個操作都設定一遍相同的選項顯然就不是什麼好主意，這時就可以使用 @CacheConfig 註釋在類別上定義每個操作共用的快取選項。

下面的範例使用 @CacheConfig 註釋設定快取的名稱：

```
@CacheConfig("books")
public class BookRepositoryImpl implements BookRepository {

    @Cacheable
    public Book findBook(ISBN isbn) {...}
}
```

16.2.6 啟用快取

要注意的是，即使宣告了快取註釋，也不會自動觸發它們的操作，還需要使用 @EnableCaching 註釋來啟用快取。在 Spring Boot 應用程式中，可以將 @EnableCaching 註釋放到啟動類別上。

16.3 實例：在 Spring Boot 專案中應用快取

這一節我們撰寫一個實例，具體看一看在專案中如何應用快取。實例按照以下的步驟進行開發。

Step1：準備專案

新建一個 Spring Boot 專案，專案名稱為 ch16，引入 Lombok、Spring Web、Spring Data JPA 和 MySQL Driver 相依性，在 I/O 模組下，引入 Spring cache abstraction 相依性。

專案建立成功後，在啟動類別 Ch16Application 上增加 @EnableCaching 註釋以啟用快取。

Step2：設定資料來源

編輯 application.properties，設定資料來源和 SQL 日誌輸出，程式如例 16-1 所示。

▼ 例 16-1 application.properties

```
spring.datasource.driver-class-name=com.mysql.cj.jdbc.Driver
spring.datasource.url=jdbc:mysql://localhost:3306/springboot?useSSL=false&server
Timezone=UTC
spring.datasource.username=root
spring.datasource.password=12345678

# 將執行期生成的 SQL 敘述輸出到日誌以供偵錯
spring.jpa.show-sql=true
# hibernate 設定屬性，格式化 SQL 敘述
spring.jpa.properties.hibernate.format_sql=true
```

Step3：撰寫實體類別

在 com.sun.ch16 套件下新建 persistence.entity 子套件，在 entity 子套件下新建 Book 類別，程式如例 16-2 所示。

▼ 例 16-2 Book.java

```
package com.sun.ch16.persistence.entity;

import lombok.Data;
import lombok.ToString;

import javax.persistence.*;
import java.time.LocalDate;

@Data
@ToString
@Entity
@Table(name = "books")
public class Book {
    @Id
    @GeneratedValue(strategy = GenerationType.IDENTITY)
    private Integer id; // 主鍵
    private String title; // 書名
    private String author; // 作者
    private String bookConcern; // 出版社
    private LocalDate publishDate;  // 出版日期
    private Float price; // 價格
}
```

Book 實體類別映射的 books 資料表是在 11.2 節建立的。

Step4：撰寫 DAO 介面

在 persistence 套件下新建 repository 子套件，在該子套件下新建 BookRepository 介面，繼承自 JpaRepository，程式如例 16-3 所示。

▼ 例 16-3 BookRepository.java

```
package com.sun.ch16.persistence.repository;

import com.sun.ch16.persistence.entity.Book;
import org.springframework.data.jpa.repository.JpaRepository;
```

```
public interface BookRepository extends JpaRepository<Book, Integer> {
}
```

Step5：撰寫服務類別

設定快取也要考慮細微性的問題，前面講過，對於 DAO 類別來說，通常是一個方法完成一次 SQL 存取操作，細微性比較細，對於一次前端請求來說，可能需要呼叫多個 DAO 類別方法來得到結果，而服務層就是負責組合這些 DAO 方法的，因此，在服務層的類別方法上快取結果是比較合適的。

在 com.sun.ch16 套件下新建 service 子套件，在該子套件下新建 BookService 類別，程式如例 16-4 所示。

▼ 例 16-4 BookService.java

```
package com.sun.ch16.service;

...

@Service
@CacheConfig(cacheNames = "book")
public class BookService {
    @Autowired
    private BookRepository bookRepository;

    @Cacheable
    public Book getBookById(Integer id) {
        System.out.println("getBookById: " + id);
        return bookRepository.getById(id);
    }

    @CachePut(key = "#result.id")
    public Book saveBook(Book book) {
        System.out.println("saveBook: " + book);
        book = bookRepository.save(book);
        return book;
    }
    @CachePut(key = "#result.id")
```

```
    public Book updateBook(Book book) {
        System.out.println("updateBook：" + book);
        book = bookRepository.save(book);
        return book;
    }

    @CacheEvict(beforeInvocation = true)
    public void deleteBook(Integer id){
        System.out.println("deleteBook: " + id);
        bookRepository.deleteById(id);
    }
}
```

各個註釋的作用已經在前面詳細說明了，這裡就不再贅述。

Step6：撰寫控制器

為了方便測試，我們再撰寫一個控制器。在 com.sun.ch16 套件下新建 controller 子套件，在該子套件下新建 BookController 類別，程式如例 16-5 所示。

▼ 例 16-5 BookController.java

```
package com.sun.ch16.controller;

...

@RestController
@RequestMapping("/book")
public class BookController {
    @Autowired
    private BookService bookService;

    @PostMapping
    public String saveBook(@RequestBody Book book) {
        Book resultBook = bookService.saveBook(book);
        return resultBook.toString();
    }
```

```
    @GetMapping("/{id}")
    public String getBookById(@PathVariable Integer id){
        Book resultBook = bookService.getBookById(id);
        return resultBook.toString();
    }

    @PutMapping
    public String updateBook(@RequestBody Book book) {
        Book resultBook = bookService.updateBook(book);
        return resultBook.toString();
    }

    @DeleteMapping("/{id}")
    public String deleteBook(@PathVariable Integer id) {
        bookService.deleteBook(id);
        return " 刪除成功 ";
    }
}
```

Step7：使用 Postman 進行測試

啟動應用程式，使用 Postman 進行測試。讀者可以向 /book/1 發起兩次 GET 請求，然後在 IDEA 的控制台視窗中可以看到第二次請求並沒有執行 SQL 敘述，表明第二次請求使用的是快取中的圖書資料。

讀者可以建構一個如下所示的 JSON 資料，發起 POST 請求，增加新的圖書，然後根據傳回的圖書 ID 向 /book/{id} 發起 GET 請求。可以看到 IDEA 的控制台視窗中沒有輸出任何 SQL 敘述資訊，說明 GET 請求獲取的是快取中新增加的圖書資訊。

```
{
    "title": "Vue.js 從入門到實戰 ",
    "author": " 孫鑫 ",
    "bookConcern": " 電子工業出版社 ",
    "publishDate": "2020-04-01",
    "price": 89.80
}
```

如果要修改圖書資訊，那麼可以給上述的 JSON 資料增加 id 屬性，然後發起 PUT 請求，同樣，在修改成功後，繼續發起 GET 請求，驗證快取是否有效。

當發起 DELETE 請求時，會清除快取，此時再存取刪除的圖書，就會因為沒有快取項了所以直接呼叫方法，由於找不到指定 ID 的圖書，伺服器會傳回 500 錯誤。

提示

如果不增加任何特定的快取函式庫，則 Spring Boot 會自動設定一個簡單的提供程式，該提供程式在記憶體中使用平行映射，即 JDK 基於 java.util.concurrent.ConcurrentMap 的快取。在生產環境下，不推薦使用簡單的提供程式，最好選擇一種成熟的快取實作函式庫。

16.4 自訂鍵的生成策略

Spring 的快取抽象預設採用的鍵生成策略比較簡單，為了避免出現重複的鍵，我們還可以自訂鍵的生成策略。撰寫一個設定類別，從 CachingConfigurerSupport 繼承，並重寫 keyGenerator() 方法。

在 com.sun.ch16 套件下新建 config 子套件，在該子套件下新建 CacheConfig 類別，該類別繼承 CachingConfigurerSupport 類別，並重寫 keyGenerator() 方法，程式如例 16-6 所示。

▼ 例 16-6 CacheConfig.java

```
package com.sun.ch16.config;

import org.springframework.cache.annotation.CachingConfigurerSupport;
import org.springframework.cache.interceptor.KeyGenerator;
import org.springframework.context.annotation.Bean;
import org.springframework.context.annotation.Configuration;
```

```
import java.lang.reflect.Method;
import java.util.Arrays;

@Configuration
public class CacheConfig extends CachingConfigurerSupport {
    @Bean
    @Override
    public KeyGenerator keyGenerator() {
        return new KeyGenerator() {
            public Object generate(Object target, Method method, Object... objects) {
                StringBuilder sb = new StringBuilder();
                sb.append(target.getClass().getName())
                        .append(".")
                        .append(method.getName())
                        .append(Arrays.toString(objects));
                return sb.toString();
            }
        };
    }
}
```

16.5 JCache（JSR-107）註釋

從 Spring 4.1 版本開始，Spring 的快取抽象完全支援 JCache（JSR-107）註釋：@CacheResult、@CachePut、@CacheRemove、@CacheRemoveAll、@CacheDefaults、@CacheKey 和 @CacheValue。

表 16-3 列出了 Spring 快取註釋與 JSR-107 註釋的主要區別。

▼ 表 16-3 Spring 快取註釋與 JSR-107 註釋的區別

Spring	JSR-107	異同
@Cacheable	@CacheResult	兩者類似，不同的是 @CacheResult 註釋可以快取特定的例外，並強制執行方法，而不管快取的內容是什麼

（續表）

Spring	JSR-107	異同
@CachePut	@CachePut	當 Spring 用方法呼叫的結果更新快取時，JCache 要求將其作為一個含 @CacheValue 註釋的參數傳遞。由於這種差異，JCache 允許在實際的方法呼叫之前或之後更新快取
@CacheEvict	@CacheRemove	兩者類似，不同的是，當方法呼叫出現例外時，@CacheRemove 註釋支援條件清除快取
@CacheEvict(allEntries=true)	@CacheRemoveAll	參看 @CacheEvict 與 @CacheRemove 註釋的異同
@CacheConfig	@CacheDefaults	允許以類似的方式設定相同的共用快取設定

Spring 的快取抽象透明地支援 JCache 註釋，只要類別路徑上存在符合 JSR-107 規範的快取函式庫就可以。EhCache 3 就是一個實作了 JSR-107 規範的快取函式庫。

如果有多個提供程式，則在 Spring 設定檔中需要明確指定使用 EhCache 3，設定程式如下所示：

```
spring.cache.jcache.provider=org.ehcache.jsr107.EhcacheCachingProvider
spring.cache.jcache.config=classpath:ehcache.xml
```

此外，如果在啟動時要建立快取，則可以透過 spring.cache.cache-names 屬性來設定，如下所示：

```
spring.cache.cache-names=book,category
```

16.6 小結

本章詳細介紹了 Spring 的快取抽象和 Spring 提供的快取註釋，並舉出了一個應用實例。同時，我們還簡介了 Spring 的快取註釋與 JCache 註釋的區別。在生產環境中，不推薦使用 Spring 附帶的平行映射快取實作，而是選擇一個功能更為強大的、成熟的快取實作。

第 17 章 Spring Boot 整合 Redis

Redis 是網際網路技術領域使用最廣泛的儲存中介軟體。本章將介紹 Redis，以及如何在 Spring Boot 專案中整合 Redis。

17.1 Redis 簡介

Redis 是一個開放原始碼的記憶體資料結構儲存，可用作資料庫、快取和訊息代理。

Redis 支援 5 種資料型態：string（字串）、hash（雜湊）、list（串列）、set（集合）及 zset（sorted set，有序集合）。對於這些資料型態，可以執行不可部分完成操作，例如，對字串進行附加操作（append），遞增雜湊中的值，向串列中增加元素，計算集合的交集、聯集與差集等。

為了獲得優異的性能，Redis 採用了記憶體中（in-memory）資料集（dataset）的方式。同時，Redis 支援資料的持久化，可以每隔一段時間就將資料集轉存到磁碟上（snapshot），或者在日誌尾部追加每一筆操作命令（AOF，Append Only File）。

Redis 同樣支援主從複製（master-slave replication），並且具有非常快速的非阻塞第一次同步（non-blocking first synchronization）、網路斷開自動重連等功能。同時 Redis 還具有其他一些特性，其中包括簡單的事務支援、發佈訂閱（pub/sub）、管道（pipeline）和虛擬記憶體（vm）等 。

Redis 具有豐富的用戶端，支援現階段流行的大多數程式設計語言。

Redis 具有以下優勢。

- 性能極高：Redis 讀取的速度是 110000 次 /s，寫入的速度是 81000 次 /s，其讀寫速度遠超資料庫。如果存入一些常用的資料，就能有效提高系統的性能。
- 豐富的資料型態：Redis 支援 string、hash、list、set 及 sorted set 等資料型態操作。
- 具有不可部分完成性：Redis 的所有操作都是不可部分完成性的，意思就是要麼成功執行，要麼失敗完全不執行。單一操作是不可部分完成性的。多個操作也支援事務，即不可部分完成性，透過 MULTI 和 EXEC 指令包裹。
- 豐富的特性：Redis 還支援 publish/subscribe、通知、key 過期等特性。

17.2 Redis 的應用場景

Redis 的常見應用場景如下。

（1）對熱點資料快取

經常需要被查詢，但是具有很少修改或被刪除的熱點資料可以使用 Redis 來快取。Redis 不僅存取速度快，而支援多種資料型態。

（2）計數器

例如統計按讚數、評論數、點擊數等應用。採用單執行緒存取快取資料避免了平行問題。

（3）佇列

由於 Redis 有 list push 和 list pop 這樣的命令，所以能夠很方便地執行佇列操作，可以作為簡單的訊息系統來使用，如支付應用。

(4) 最新列表

例如最新的新聞列表、商品列表、評論列表等應用。

(5) 排行榜

關聯式資料庫在排行榜方面查詢速度普遍較慢，所以可以借助 Redis 的 sorted set 進行熱點資料的排序。

(6) 分散式鎖

例如商品限時搶購系統、全域增量 ID 生成等應用。

17.3 Redis 的安裝

Redis 一般安裝在 Linux 或者 Mac 系統下，主要有以下 3 種安裝方式。

(1) 使用 Docker 安裝。

(2) 透過 Github 原始程式編譯安裝。

(3) 直接安裝 apt-get install（Ubuntu）、yum install（RedHat）或者 brew install（Mac）。

例如，在 CentOS 中，以管理員身份登入，安裝命令如下：

```
# 安裝 Redis
[root@localhost lisi]# yum install redis
# 啟動 Redis 伺服器
[root@localhost lisi]# redis-server
# 開啟新的終端，執行用戶端
[lisi@localhost ~]$ redis-cli
```

如果要在 Windows 系統下安裝 Redis，則在官網下載 Redis ZIP 壓縮檔並解壓縮。解壓縮後的目錄結構如圖 17-1 所示。

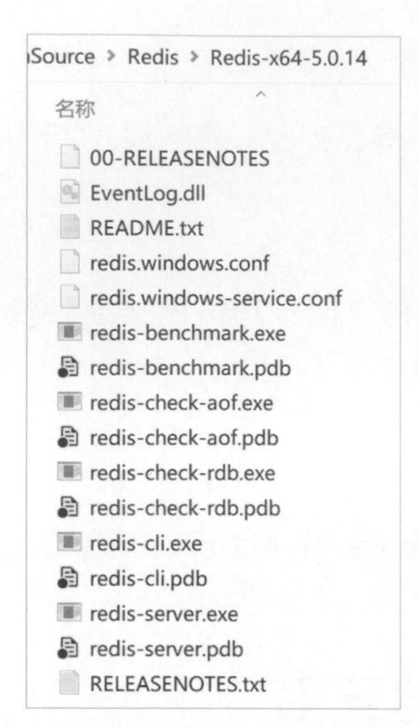

▲ 圖 17-1 Windows 版本的 Redis 解壓縮後的目錄結構

開啟命令提示視窗，執行下面的命令，啟動 Redis 伺服器。

```
redis-server redis.windows.conf
```

參數 redis.windows.conf 可以省略，如果省略則啟用預設的設定。在執行命令後，會看到如圖 17-2 所示的啟動資訊。

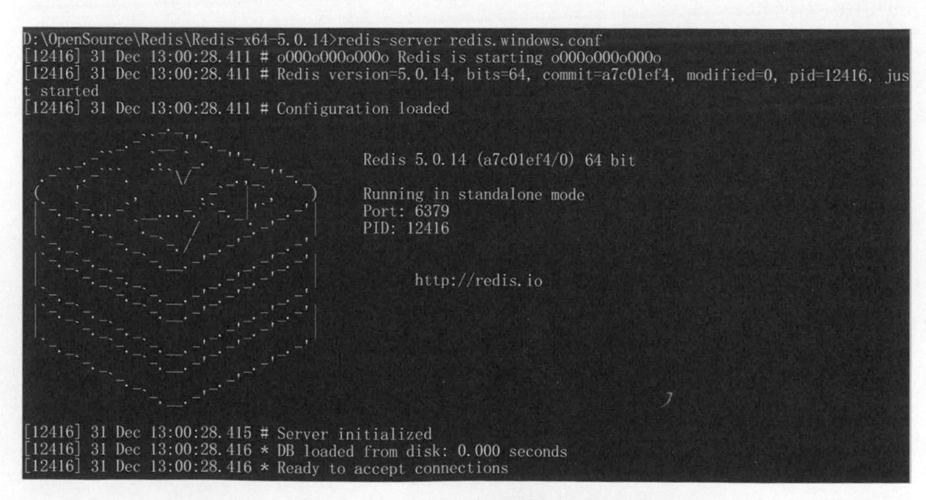

▲ 圖 17-2 Redis 伺服器的啟動資訊

Redis 伺服器預設監聽的通訊埠編號是 6379，可以在 redis.windows.conf 設定檔中進行修改。

開啟一個命令提示視窗，原來的視窗不要關閉，否則就連不上伺服器了。在 Redis 的安裝目錄下執行下面的命令啟動用戶端，連接到伺服器端。

```
redis-cli -h 127.0.0.1 -p 6379
```

-h 參數和 -p 參數可以省略。-h 參數指定伺服器的主機名稱，預設是 127.0.0.1；-p 參數指定伺服器的通訊埠編號，預設是 6379。

提示

為了方便執行命令，可以將 Redis 的安裝目錄設定到 Windows 的 PATH 環境變數下。

在啟動用戶端後，就可以在用戶端視窗中執行 Redis 的各種命令了，例如，可以嘗試透過 set 命令設定鍵 - 值（key-value）對，get 命令獲取鍵的值，如下所示：

```
127.0.0.1:6379> set greeting "Hello Redis"
OK
127.0.0.1:6379> get greeting
"Hello Redis"
127.0.0.1:6379>
```

17.4 Redis 資料型態

Redis 支援 5 種資料型態：string、hash、list、set 及 zset。

Redis 採用鍵 - 值對來儲存資料，儲存的資料都綁定到一個唯一的 key 上，key 是非二進位安全的字串，value 可以是上述 5 種資料型態中的任意一種。

17.4.1 string

string 是 Redis 最基本的類型。string 類型是二進位安全的，即 string 可以包含任何資料，比如 jpg 圖片或者序列化的物件。string 類型的值最大容量為 512MB。

在 Redis 的用戶端視窗中，可以透過 set 命令來設定字串值，如下所示：

```
127.0.0.1:6379> set greeting "Hello Redis"
OK
127.0.0.1:6379> get greeting
"Hello Redis"
127.0.0.1:6379>
```

17.4.2 hash

hash 類似於 Java 語言中的 HashMap，是一個鍵 - 值對的集合。與 HashMap 不同的是，hash 的鍵只能是字串類型。

在 Redis 的用戶端視窗中，可以透過 hset 命令來設定 hash 值，如下所示：

```
127.0.0.1:6379> hset myhash name "zhangsan" age "18"
(integer) 2
127.0.0.1:6379> hget myhash name
"zhangsan"
127.0.0.1:6379> hdel myhash age
(integer) 1
127.0.0.1:6379> hget myhash age
(nil)
127.0.0.1:6379>
```

17.4.3 list

list 是簡單的字串串列，按照插入的順序排序。可以增加一個元素到串列的頭部（左側）或者尾部（右側）。Redis 中的串列類似於 Java 語言中的 LinkedList，也就是說，其內部實作不是陣列而是鏈結串列，這意味著 list 的插入和刪除操作非常快。

Redis 的串列常用來做非同步佇列使用，將需要延遲時間處理的任務序列化為字串，放到 Redis 的串列中，另一個執行緒從這個串列中輪詢任務進行處理。

在 Redis 的用戶端視窗中，可以透過 lpush 或者 rpush 命令將元素增加到串列中，如下所示：

```
127.0.0.1:6379> lpush mylist "one"
(integer) 1
127.0.0.1:6379> lpush mylist "two"
(integer) 2
127.0.0.1:6379> lpop mylist
"two"
127.0.0.1:6379> lpop mylist
"one"
127.0.0.1:6379>
```

17.4.4 set

set 是 string 類型的無序集合，類似於 Java 語言中的 HashSet，不允許有重複的元素。

在 Redis 的用戶端視窗中，可以透過 sadd 命令將元素增加到集合中，如下所示：

```
127.0.0.1:6379> sadd myset "Hello"
(integer) 1
127.0.0.1:6379> sadd myset "World"
(integer) 1
127.0.0.1:6379> smembers myset
1) "World"
2) "Hello"
127.0.0.1:6379>
```

set 可以用於儲存需要去重的資料，例如中獎使用者的 ID，可以保證同一個使用者不會中獎兩次。

17.4.5 zset

zset 和 set 一樣也是 string 類型元素的集合，且不允許重複的成員。不同的是每個元素都會連結一個 double 類型的分數（score）。Redis 正是透過分數來為集合中的成員進行從小到大的排序的。

zset 中的元素是唯一的，但分數卻可以重複。

在 Redis 的用戶端視窗中，可以透過 zadd 命令將元素增加到有序集合中，如下所示：

```
127.0.0.1:6379> zadd students 98 "zhangsan"
(integer) 1
127.0.0.1:6379> zadd students 83 "lisi"
(integer) 1
127.0.0.1:6379> zadd students 70 "wangwu"
(integer) 1
127.0.0.1:6379> zadd students 55 "zhaoliu"
(integer) 1
127.0.0.1:6379> zrange students 0 -1
1) "zhaoliu"
2) "wangwu"
3) "lisi"
4) "zhangsan"
127.0.0.1:6379> zrevrange students 0 -1
1) "zhangsan"
2) "lisi"
3) "wangwu"
4) "zhaoliu"
127.0.0.1:6379>
```

17.5 將 Redis 用作快取

Spring Boot 透過 spring-boot-starter-data-redis 相依性套件提供了對 Redis 的支援，該套件提供了自動設定的 RedisConnectionFactory、StringRedisTemplate 和 RedisTemplate 實例。如果沒有提供訂製設定，則預

設連接 localhost:6379 伺服器。StringRedisTemplate 繼承自 RedisTemplate，預設採用 StringRedisSerializer 類別進行序列化，而 RedisTemplate 預設採用 JdkSerializationRedisSerializer 類別進行序列化。

連接 Redis 可以使用 Lettuce 或 Jedis 用戶端。Spring Boot 預設使用 Lettuce 用戶端。Lettuce 的連接是基於 Netty 的，連接實例可以在多個執行緒之間共用，不會存在執行緒安全的問題，因而一個連接實例就可以滿足多執行緒環境下的平行存取。當然，如果一個連接實例不夠，那麼也可以根據需要增加連接實例。Jedis 在實作上是直接連接 Redis 伺服器的，在多執行緒環境下是非執行緒安全的。在多執行緒場景下，可以使用連接池為每個 Jedis 實例增加物理連接。

要將 Redis 用作快取實作是很簡單的。在預設設定下，只需要引入 spring-boot-starter-data-redis 相依性套件就可以了，Spring Boot 會自動設定 RedisCacheManager 實例。透過設定 spring.cache.cache-names 屬性可以在啟動時建立額外的快取，並且可以使用 spring.cache.redis.* 屬性設定快取預設值。例如，下面的設定建立 cache1 和 cache2 快取，存活時間為 10 分鐘：

```
spring.cache.cache-names=cache1,cache2
spring.cache.redis.time-to-live=10m
```

下面按照以下步驟撰寫一個實例，使用 Redis 作為圖書資料的快取實作。

Step1：準備專案

新建一個 Spring Boot 專案，專案名稱為 ch17，引入 Lombok 和 Spring Web 相依性；在 SQL 模組中引入 MyBatis Framework 和 MySQL Driver 相依性；在 NoSQL 模組中，引入 Spring Data Redis (Access+Driver) 相依性；在 I/O 模組中，引入 Spring cache abstraction 相依性。

為了與第 16 章的實例有所區分，本章實例採用 MyBatis 框架存取資料庫。

專案建立成功後，在啟動類別 Ch17Application 上增加 @EnableCaching 註釋以啟用快取。

Step2：設定資料來源和 Redis 連接屬性

編輯 application.properties，設定資料來源和 Redis 連接屬性，程式如例 17-1 所示。

▼ 例 17-1 application.properties

```
spring.datasource.driver-class-name=com.mysql.cj.jdbc.Driver
spring.datasource.url=jdbc:mysql://localhost:3306/springboot?useSSL=false&server
Timezone=UTC
spring.datasource.username=root
spring.datasource.password=12345678

# 在預設情況下，執行所有 SQL 操作都不會列印日誌。開發階段，為了便於排除錯誤，可以設定日誌輸出
# com.sun.ch17.persistence.mapper 是包含映射器介面的套件名稱
logging.level.com.sun.ch17.persistence.mapper=DEBUG

# 啟用底線與駝峰式命名規則的映射（例如，book_concern => bookConcern）
mybatis.configuration.map-underscore-to-camel-case=true

# 快取存活時間 60 分鐘
spring.cache.redis.time-to-live=60m

# Redis 連接設定
spring.redis.host=127.0.0.1
spring.redis.port=6379
# Redis 伺服器連接密碼（預設為空）
spring.redis.password=
spring.redis.database=0
```

要說明的是：

（1）Redis 預設提供了 16 個資料庫．每個資料庫都以數位編號命名：從 0 到 15，在不同的資料庫中資料隔離儲存。Redis 不支援自訂資料庫的名稱，也不支援為每個資料庫都設定不同的存取密碼。可以透過修改 Redis 的設定檔來修改資料庫的數量。

```
database 32
```

在 Redis 用戶端視窗中，可以執行 select <ID> 命令切換資料庫，例如：

```
127.0.0.1:6379> select 1
OK
127.0.0.1:6379[1]>
```

(2) 上述 Redis 的連接設定本身用的也是預設值，因此對於本例來說，這些連接設定可以刪除。

Step3：撰寫實體類別

在 com.sun.ch17 套件下新建 persistence.entity 子套件，在 entity 子套件下新建 Book 類別，程式如例 17-2 所示。

▼ 例 17-2 Book.java

```java
package com.sun.ch17.persistence.entity;

import lombok.Data;
import lombok.ToString;

import java.io.Serializable;
import java.sql.Date;

@Data
@ToString
public class Book implements Serializable {
    private static final long serialVersionUID = -3683048489314021339L;
    private Long id; // 主鍵
    private String title; // 書名
    private String author; // 作者
    private String bookConcern; // 出版社
    private Date publishDate;  // 出版日期
    private Double price; // 價格
}
```

這裡需要注意的是，實體類別需要實作 Serializable 介面，Redis 在儲存值的時候會進行序列化。

Step4：撰寫映射器介面

在 persistence 套件下新建 mapper 子套件，在該子套件下新建 BookMapper 介面，程式如例 17-3 所示。

▼ 例 17-3 BookMapper.java

```
package com.sun.ch17.persistence.mapper;

import com.sun.ch17.persistence.entity.Book;
import org.apache.ibatis.annotations.*;

@Mapper
public interface BookMapper {
    @Select("select * from books where id = #{id}")
    Book getBookById(int id);

    @Insert("insert into books(title, author, book_concern, publish_date, price)" +
            " values (#{title}, #{author}, #{bookConcern}, #{publishDate}, #{price})")
    // 在插入資料後，獲取自動增加長的主鍵值
    @Options(useGeneratedKeys=true, keyProperty="id")
    int saveBook(Book book);

    @Update("update books set price = #{price} where id = #{id}")
    int updateBook(Book book);

    @Delete("delete from books where id = #{id}")
    int deleteBook(int id);
}
```

Step5：撰寫服務類別

在 com.sun.ch17 套件下新建 service 子套件，在該子套件下新建 BookService 類別，程式例 17-4 所示。

▼ 例 17-4 BookService.java

```
package com.sun.ch17.service;

...

@Service
@CacheConfig(cacheNames = "book")
public class BookService {
    @Autowired
    private BookMapper bookMapper;

    @Cacheable
    public Book getBookById(Integer id) {
        System.out.println("getBookById: " + id);
        return bookMapper.getBookById(id);
    }

    @CachePut(key = "#result.id")
    public Book saveBook(Book book) {
        System.out.println("saveBook: " + book);
        bookMapper.saveBook(book);
        return book;
    }
    @CachePut(key = "#result.id")
    public Book updateBook(Book book) {
        System.out.println("updateBook：" + book);
        bookMapper.updateBook(book);
        return book;
    }

    @CacheEvict(beforeInvocation = true)
    public void deleteBook(Integer id){
        System.out.println("deleteBook: " + id);
        bookMapper.deleteBook(id);
    }
}
```

Step6：撰寫控制器

在 com.sun.ch17 套件下新建 controller 子套件，在該子套件下新建 BookController 類別，程式同 16.3 節的 Step6。為了節省篇幅，這裡我們就不重複舉出程式了。

Step7：使用 Postman 進行測試

讀者可以按照 16.3 節的 Step7 所示步驟進行測試，注意觀察 IDEA 控制台視窗中的輸出。**記得啟動 Redis 伺服器**。

17.6 掌握 RedisTemplate

Spring 在對資料存取框架提供支援的時候，通常會提供一個範本類別來封裝相關的資料存取操作。與此類似，在 Spring Boot 中要儲存和存取 Redis 中的資料，可以使用 RedisTemplate 和 StringRedisTemplate 範本類別。StringRedisTemplate 是 RedisTemplate 的子類別，專用於儲存和讀取字串類型態資料。

RedisTemplate 提供了以下 5 種資料結構的操作方法。

- opsForValue：操作字串類型。
- opsForHash：操作雜湊類型。
- opsForList：操作串列類型。
- opsForSet：操作集合類型。
- opsForZSet：操作有序集合類型。

17.6.1 操作字串

操作字串是呼叫 redisTemplate.opsForValue() 方法傳回的 ValueOperations <K,V> 物件中的方法來完成的，ValueOperations 介面中常用的方法如下所示。

- void set(K key, V value)
  設定鍵的值。
- default void set(K key, V value, Duration timeout)
  設定鍵的值和過期逾時時間。
- void set(K key, V value, long timeout, TimeUnit unit)
  設定鍵的值和過期逾時時間。
- V get(Object key)
  獲取鍵的值。
- V getAndSet(K key, V value)
  設定鍵的值並傳回其舊值。
- V getAndDelete(K key)
  傳回鍵的值並刪除該鍵。
- V getAndExpire(K key, Duration timeout)
  傳回鍵的值，並給該鍵設定逾時值。
- V getAndExpire(K key, long timeout, TimeUnit unit)
  傳回鍵的值，並給該鍵設定逾時值。
- Long increment(K key)
  將鍵下以字串形式儲存的整數值增加 1。
- Long increment(K key, long delta)
  將鍵下以字串形式儲存的整數值增加 delta。
- Double increment(K key, double delta)
  將鍵下以字串形式儲存的浮點數值增加 delta。
- Long decrement(K key)
  將鍵下儲存為字串值的整數值遞減 1。
- Long decrement(K key, long delta)
  將鍵下儲存為字串值的整數值遞減 delta。

- Integer append(K key, String value)
  將值附加到鍵。如果鍵已經存在，且是一個字串，則該方法將值附加到字串的尾端。如果鍵不存在，則此方法類似於 set() 方法。

- Long size(K key)
  獲取儲存在鍵下的值的長度。

17.6.2 操作雜湊

操作雜湊是呼叫 redisTemplate.opsForHash() 方法傳回的 HashOperations <H,HK,HV> 物件中的方法來完成的，HashOperations 介面中常用的方法如下所示。

- void put(H key, HK hashKey, HV value)
  設定 hashKey 的值。

- void putAll(H key, Map<? extends HK,? extends HV> m)
  將 m 中的所有資料儲存到 key 下的雜湊表中。

- HV get(H key, Object hashKey)
  從 key 下的雜湊表中獲取 hashKey 的值。

- List<HV> multiGet(H key, Collection<HK> hashKeys)
  從 key 下的雜湊表中獲取 hashKeys 中所有 hashKey 的值。

- Map<HK,HV> entries(H key)
  得到儲存在 key 下的整個雜湊儲存。

- Set<HK> keys(H key)
  得到 key 下的雜湊表中所有 hashKey。

- List<HV> values(H key)
  得到 key 下的雜湊表中所有的值。

- Boolean hasKey(H key, Object hashKey)
  確定 key 下的雜湊表中是否存在 hashKey。

- Long delete(H key, Object... hashKeys)
  從 key 下的雜湊表中刪除指定的 hashKeys。

- Long size(H key)
  獲取 key 下的雜湊表的大小。

17.6.3 操作串列

操作串列是呼叫 redisTemplate.opsForList() 方法傳回的 ListOperations <K,V> 物件中的方法來完成的，ListOperations 介面中常用的方法如下所示。

- Long leftPush(K key, V value)
  將 value 插入 key 下的串列的頭部（左側）。

- Long leftPushAll(K key, V... values)
  將 values 插入 key 下的串列的頭部（左側）。

- Long leftPushAll(K key, Collection<V> values)
  將集合 values 中的所有元素插入 key 下的串列的頭部（左側）。

- V leftPop(K key)
  刪除並傳回 key 下的串列中的第一個元素，即類似於堆疊的操作，從佇列頭部彈出元素並刪除。

- List<V> leftPop(K key, long count)
  刪除並傳回 key 下的串列頭部指定 count 數量的元素。

- default V leftPop(K key, Duration timeout)
  刪除並傳回 key 下的串列中的第一個元素。該操作將阻塞連接，直到元素可用或者指定的逾時值發生。

- V leftPop(K key, long timeout, TimeUnit unit)
  刪除並傳回 key 下的串列中的第一個元素。該操作將阻塞連接，直到元素可用或者指定的逾時值發生。

除 leftXxx 系列方法外，還有 rightXxx 系列方法，只不過 rightXxx 系列方法在串列的尾部（右側）進行操作，用法都是類似的，這裡就不再贅述了。

ListOperations 介面中其他常用的方法如下所示。

- void set(K key, long index, V value)
  在串列指定 index 處設定值。
- V index(K key, long index)
  獲取串列指定 index 處的元素。
- List<V> range(K key, long start, long end)
  獲取串列從 start 到 end 位置處的所有元素。偏移量 start 和 end 是基於 0 的索引，0 是串列中的第一個元素（串列的頭部），1 是下一個元素，依此類推。偏移量可以是負數，表示從串列尾部開始的偏移量，例如，-1 是串列的最後一個元素，-2 是倒數第二個元素，依此類推。另外，與 Java 中資料結構類別常使用的半開半閉區間不同的是，range() 方法使用閉區間，例如，有 0 到 100 的數字串列，range(key, 0, 10) 將傳回 11 個元素。
- Long remove(K key, long count, Object value)
  從串列中刪除等於 value 的元素。count 參數按照以下方式影響刪除操作。
  - count = 0：刪除等於 value 的所有元素。
  - count > 0：從頭到尾刪除等於 value 的元素，刪除個數由 count 決定。
  - count < 0：從尾到頭刪除等於 value 的元素，刪除個數由 -count 決定。
- Long size(K key)
  獲取 key 下的串列的大小。

17.6.4 操作集合

操作集合是呼叫 redisTemplate.opsForSet() 方法傳回的 SetOperations <K,V> 物件中的方法來完成的，SetOperations 介面中常用的方法如下所示。

- Long add(K key, V... values)
  向 key 下的集合增加元素。
- V pop(K key)
  從 key 下的集合中刪除並傳回一個隨機的元素。
- List<V> pop(K key, long count)
  從 key 下的集合中刪除並傳回 count 數量的隨機元素。
- Boolean move(K key, V value, K destKey)
  將 value 從 key 下的集合移動到 destKye 下的集合。
- Long remove(K key, Object... values)
  從 key 下的集合中刪除 values 元素，並傳回刪除的元質數。
- Set<V> members(K key)
  獲取集合中的所有元素。
- Boolean isMember(K key, Object o)
  檢查集合中是否包含值 o。
- Map<Object,Boolean> isMember (K key, Object... objects)
  檢查集合中是否包含一個或多個值。
- Long size(K key)
  獲取集合的大小。

17.6.5 操作有序集合

操作有序集合是呼叫 redisTemplate.opsForZSet() 方法傳回的 ZSetOperations <K,V> 物件中的方法來完成的，ZSetOperations 介面中常用的方法如下所示。

- Boolean add(K key, V value, double score)
  向有序集合增加值，如果該值已經存在，則更新其分數。
- Long add(K key, Set<ZSetOperations.TypedTuple<V>> tuples)
  向有序集合增加一個元組，如果該元組已經存在，則更新其分數。TypedTuple 是 ZSetOperations 中定義的一個靜態介面，主要的方法有 getScore() 和 getValue()，該介面有一個預設的實作類別 DefaultTypedTuple。
- ZSetOperations.TypedTuple<V> popMax(K key)
  刪除並以元組形式傳回有序集合中分數最高的值。
- Set<ZSetOperations.TypedTuple<V>> popMax(K key, long count)
  刪除並傳回有序集合中分數最高的 count 數量的值。
- default ZSetOperations.TypedTuple<V> popMax(K key, Duration timeout)
  刪除並以元組形式傳回有序集合中分數最高的值。該操作將阻塞連接，直到元素可用或者指定的逾時值發生。
- ZSetOperations.TypedTuple<V> popMax(K key, long timeout, TimeUnit unit)
  刪除並以元組形式傳回有序集合中分數最高的值。該操作將阻塞連接，直到元素可用或者指定的逾時值發生。

ZSetOperations 介面中還有一組 popMin 方法，該方法刪除並傳回有序集合中分數最低的值，其用法是類似的，這裡就不再贅述。

ZSetOperations 介面中其他常用的方法如下所示。

- Set<V> range(K key, long start, long end)
  從有序集合中獲取從 start 到 end 位置處的所有元素。
- Set<V> rangeByScore(K key, double min, double max)
  從有序集合中獲取分數在最小值和最大值之間的所有元素（包括分數等於最小值或最大值的元素）。傳回的元素按分數從低到高排列。

- Long rank(K key, Object o)
  傳回一個有序集合中具有值 o 的元素的排名，分數從低到高排列。排名（或索引）是從 0 開始的，也就是說，得分最低的元素排名為 0。

- Long reverseRank(K key, Object o)
  傳回一個有序集合中具有值 o 的元素的排名，分數從高到低排列。

- Double score(K key, Object o)
  獲取具有值 o 的元素的分數。

- List<Double> score(K key, Object... o)
  獲取一個或多個元素的分數。

- Long remove(K key, Object... values)
  從有序集合中刪除一個或多個元素，傳回已刪除元素的數目。

- Long removeRange(K key, long start, long end)
  從有序集合中刪除從 start 到 end 位置處的所有元素。

- Long count(K key, double min, double max)
  統計在最低和最高分數之間元素的數量。

- Long size(K key)
  傳回有序集合中元素的數目。

17.7 撰寫工具類別封裝 Redis 存取操作

當透過 RedisTemplate 存取 Redis 伺服器中儲存的資料時，需要先呼叫對應資料型態的 opsForXxx() 方法，再存取資料，這不是很方便，為此，我們可以撰寫一個工具類別，來簡化對資料的存取操作。

在 com.sun.ch17 套件下新建 utils 子套件，在該子套件下新建 RedisUtil 類別，程式如例 17-5 所示。

▼ 例 17-5 RedisUtil.java

```
package com.sun.ch17.utils;

import org.springframework.beans.factory.annotation.Autowired;
import org.springframework.data.redis.core.*;
import org.springframework.stereotype.Component;

import java.io.Serializable;
import java.util.Collection;
import java.util.List;
import java.util.Map;
import java.util.Set;
import java.util.concurrent.TimeUnit;

@Component
public final class RedisUtil {
    @Autowired
    private RedisTemplate redisTemplate;

    // ========================= 通用 =========================
    /**
     * 設定快取存活時間
     *
     * @param key  鍵
     * @param timeout 時間(秒)
     * @return
     */
    public boolean expire(String key, long timeout) {
        if (timeout > 0) {
            redisTemplate.expire(key, timeout, TimeUnit.SECONDS);
            return true;
        } else {
            return false;
        }
    }

    /**
     * 根據 key 獲取快取的存活時間
```

```
     *
     * @param key 鍵，不能為 null
     * @return 時間（秒），傳回 0 則代表永久有效
     */
    public long getExpire(String key) {
        return redisTemplate.getExpire(key, TimeUnit.SECONDS);
    }

    /**
     * 判斷 key 是否存在
     *
     * @param key 鍵
     * @return 如果存在，則傳回 true，否則，傳回 false
     */
    public boolean hasKey(String key) {
        return redisTemplate.hasKey(key);
    }

    /**
     * 刪除快取
     * @param key
     */
    public boolean remove(String key) {
        if (hasKey(key)) {
            return redisTemplate.delete(key);
        } else {
            return false;
        }
    }

    /**
     * 批次刪除快取
     */
    public void remove(String... keys) {
        for (String key : keys) {
            remove(key);
        }
    }
```

```
    /**
     * 批次刪除模式匹配的 key
     * @param pattern
     */
    public void removePattern(String pattern) {
        Set<Serializable> keys = redisTemplate.keys(pattern);
        if (keys.size() > 0) {
            redisTemplate.delete(keys);
        }
    }


    // ========================string========================
    /**
     * 寫入快取
     *
     * @param key   鍵
     * @param value 值
     */
    public void set(String key, Object value) {
        ValueOperations<Serializable, Object> operations = redisTemplate.
opsForValue();
        operations.set(key, value);
    }

    /**
     * 寫入快取並設定過期時間
     *
     * @param value 值
     * @param timeout 時間（秒）， 如果timeout小於或等於0，則設定無限期
     */
    public void set(String key, Object value, long timeout) {
        ValueOperations<Serializable, Object> operations = redisTemplate.
opsForValue();
        if (timeout > 0)
            operations.set(key, value, timeout, TimeUnit.SECONDS);
        else
            operations.set(key, value);
    }
```

```
/**
 * 讀取快取
 * @param key 鍵
 * @return 值
 */
public Object get(final String key) {
    return key==null ? null : redisTemplate.opsForValue().get(key);
}

/**
 * 遞增 1
 *
 * @param key 鍵
 * @return 遞增後的值
 */
public long incr(String key) {
    return redisTemplate.opsForValue().increment(key);
}

/**
 * 遞增指定的增量
 *
 * @param key   鍵
 * @param delta 要增加的數，必須大於 0
 * @return 遞增後的值
 */
public long incr(String key, long delta) {
    if (delta < 0) {
        throw new RuntimeException("遞增的數必須大於 0");
    }
    return redisTemplate.opsForValue().increment(key, delta);
}

/**
 * 遞減 1
 * @param key 鍵
 * @return 遞減後的值
 */
```

```
public long decr(String key) {
    return redisTemplate.opsForValue().decrement(key);
}

/**
 * 遞減指定的數
 * @param key   鍵
 * @param delta 要減少的數，必須大於 0
 * @return 遞減後的值
 */
public long decr(String key, long delta) {
    if (delta < 0) {
        throw new RuntimeException("遞減的數必須大於 0");
    }
    return redisTemplate.opsForValue().decrement(key, delta);
}


// =========================hash=========================
/**
 * 向雜湊表中存入資料
 * @param key 鍵
 * @param hashKey 雜湊表中的 key
 * @param value 值
 */
public void hPut(String key, Object hashKey, Object value) {
    redisTemplate.opsForHash().put(key, hashKey, value);
}

/**
 * 向雜湊表中存入資料，並設定雜湊表的過期時間
 * @param key 鍵
 * @param hashKey 雜湊表中的 key
 * @param value 值
 * @param timeout 時間（秒）
 */
public void hPut(String key, Object hashKey, Object value, long timeout) {
    redisTemplate.opsForHash().put(key, hashKey, value);
    if(timeout > 0) {
```

```
            expire(key, timeout);
        }
    }

    /**
     * 向雜湊表中存入多個資料
     * @param key 鍵
     * @param map Map 物件
     */
    public void hPutAll(String key, Map<Object, Object> map){
        redisTemplate.opsForHash().putAll(key, map);
    }

    /**
     * 向雜湊表中存入多個資料，並設定雜湊表的過期時間
     * @param key 鍵
     * @param map Map 物件
     */
    public void hPutAll(String key, Map<Object, Object> map, long timeout){
        redisTemplate.opsForHash().putAll(key, map);
        if(timeout > 0) {
            expire(key, timeout);
        }
    }


    /**
     * 從雜湊表中獲取值
     * @param key 鍵
     * @param hashKey 雜湊表中的 key
     * @return 值
     */
    public Object hGet(String key, Object hashKey) {
        return redisTemplate.opsForHash().get(key, hashKey);
    }

    /**
     *
     * @param key 鍵
```

```
     * @return 整個雜湊儲存
     */
    public Map<Object, Object> hGetAll(String key) {
        return redisTemplate.opsForHash().entries(key);
    }

    /**
     * 刪除 hash 資料表中的值
     * @param key 鍵，不能為 null
     * @param hashKeys 雜湊表中的 key，可以有多個，不能為 null
     */
    public void hDel(String key, Object... hashKeys){
        redisTemplate.opsForHash().delete(key, hashKeys);
    }

    /**
     * 判斷雜湊中是否存在指定的 key
     * @param key 鍵，不能為 null
     * @param hashKey 雜湊表中的 key，不能為 null
     * @return 如果存在，則傳回 true，否則，傳回 false
     */
    public boolean hHasKey(String key, String hashKey){
        return redisTemplate.opsForHash().hasKey(key, hashKey);
    }

    // =========================list==========================
    /**
     * 向串列中增加元素
     * @param key 鍵
     * @param value 值 urn
     */
    public void lAdd(String key, Object value) {
        redisTemplate.opsForList().rightPush(key, value);
    }

    /**
     * 向串列中增加元素，並設定串列的過期時間
     * @param key 鍵
     * @param value 值 urn
```

```
    */
   public void lAdd(String key, Object value, long timeout) {
       redisTemplate.opsForList().rightPush(key, value);
       if(timeout > 0) {
           expire(key, timeout);
       }
   }

   /**
    * 將集合中的所有元素插入串列中
    * @param key 鍵
    * @param values 值
    */
   public void lAddAll(String key, Collection<Object> values) {
       redisTemplate.opsForList().rightPushAll(key, values);
   }

   /**
    * 將集合中的所有元素插入串列中，並設定串列的過期時間
    * @param key 鍵
    * @param values 值
    * @param timeout 時間（秒）
    */
   public void lAddAll(String key, Collection<Object> values, long timeout) {
       redisTemplate.opsForList().rightPushAll(key, values);
       if(timeout > 0) {
           expire(key, timeout);
       }
   }

   /**
    * 透過索引獲取串列中的值
    * @param key 鍵
    * @param index 索引。index>=0 時， 0 是標頭，1 是第二個元素，依此類推；index<0 時，-1 是
資料表尾，-2 是倒數第二個元素，依此類推
    * @return 值
    */
   public Object lGet(String key, long index) {
       return redisTemplate.opsForList().index(key, index);
```

```
}

/**
 * 根據區間獲取串列的元素
 * @param key 鍵
 * @param start 開始位置
 * @param end 結束位置，0 到 -1 代表所有值
 * @return 元素串列
 */
public List<Object> lGetRange(String key, long start, long end) {
    return redisTemplate.opsForList().range(key, start, end);
}

/**
 * 移除所有等於 value 元素
 * @param key 鍵
 * @param value 值
 * @return 刪除元素的數目
 */
public long lRemove(String key, Object value) {
    return redisTemplate.opsForList().remove(key,0, value);
}


/**
 * 獲取串列的大小
 * @param key 鍵
 * @return 串列的大小
 */
public long lSize(String key){
    return redisTemplate.opsForList().size(key);
}

// ========================set========================
/**
 * 向集合中增加元素
 * @param key 鍵
 * @param values 值
 */
```

```
public void sAdd(String key, Object... values) {
    redisTemplate.opsForSet().add(key, values);
}

/**
 * 向集合中增加元素，並設定集合的過期時間
 * @param key 鍵
 * @param values 值
 * @param timeout 時間（秒）
 */
public void sAdd(String key,  long timeout, Object... values) {
    redisTemplate.opsForSet().add(key, values);
    if(timeout > 0) {
        expire(key, timeout);
    }
}

/**
 * 根據 key 獲取集合中的所有值
 * @param key 鍵
 * @return Set
 */
public Set<Object> sGet(String key){
    return redisTemplate.opsForSet().members(key);
}

/**
 * 從集合中刪除元素
 * @param key 鍵
 * @param values 值，可以是多個
 * @return 刪除的元素數目
 */
public long sRemove(String key, Object ...values) {
    return redisTemplate.opsForSet().remove(key, values);
}

/**
 * 從集合中查詢 value 是否存在
 * @param key 鍵
```

```
 * @param value 值
 * @return 如果存在，則傳回 true，否則，傳回 false
 */
public boolean sExist(String key, Object value){
    return redisTemplate.opsForSet().isMember(key, value);
}

/**
 * 獲取集合的大小
 * @param key 鍵
 * @return
 */
public long sSize(String key){
    return redisTemplate.opsForSet().size(key);
}

// ==========================zset==========================
/**
 * 向有序集合增加值
 *
 * @param key 鍵
 * @param value 值
 * @param score 分數
 */
public void zAdd(String key, Object value, double score) {
    redisTemplate.opsForZSet().add(key, value, score);
}

/**
 * 從有序集合中獲取分數區間的元素
 * @param key 鍵
 * @param min 最小分數
 * @param max 最大分數
 * @return Set
 */
public Set<Object> zRangeByScore(String key, double min, double max) {
    return redisTemplate.opsForZSet().rangeByScore(key, min, max);
}
```

```
    /**
     * 從有序集合中刪除一個或多個元素，傳回已刪除元素的數目
     * @param key 鍵
     * @param values 值，可以是多個
     */
    public long zRemove(String key, Object... values) {
        return redisTemplate.opsForZSet().remove(key, values);
    }

    /**
     * 傳回有序集合中元素的數目
     * @param key 鍵
     * @return
     */
    public long zSize(String key) {
        return redisTemplate.opsForZSet().size(key);
    }
}
```

程式中有詳細的註釋，這裡就不再贅述了。讀者可以根據實際專案的需要，增加或減少工具類別中的封裝方法。

17.8 自訂 RedisTemplate 序列化方式

在儲存資料的時候，RedisTemplate 預設使用 JdkSerializationRedisSerializer 來進行序列化，這會將資料序列化為位元組陣列然後存入 Redis 資料庫中，如果直接查看 Redis 中的資料，則看到的是不可讀的資料，如圖 17-3 所示。

▲ 圖 17-3 Book 物件的資料不可讀

當然，這並不影響對程式中資料的讀取。如果需要自訂序列化的方式，比如，將物件序列化為 JSON 格式，那麼可以自訂一個工廠方法，傳回一個名為 redisTempate 的 RedisTemplate 實例。

Redis 的自動設定類別 RedisAutoConfiguration 中有如下程式：

```
public class RedisAutoConfiguration {
    @Bean
    @ConditionalOnMissingBean(
        name = {"redisTemplate"}
    )
    @ConditionalOnSingleCandidate(RedisConnectionFactory.class)
    public RedisTemplate<Object, Object> redisTemplate(RedisConnection
Factory redisConnectionFactory) {
        RedisTemplate<Object, Object> template = new RedisTemplate();
        template.setConnectionFactory(redisConnectionFactory);
        return template;
    }
      ...
}
```

此處條件註釋 @ConditionalOnMissingBean 的意思是，如果在 Bean 容器中不存在名為 redisTemplate 的 Bean，則使用預設傳回的 RedisTemplate <Object, Object> 實例。

此外，我們也看到預設傳回的 RedisTemplate 使用的泛型是 <Object, Object>，而在大多數情況下，我們想要的泛型是 <String, Object>，因此在自訂工廠傳回 RedisTemplate 實例時，可以將泛型修改為 <String, Object>，當然不改也不會影響使用。

接下來在 com.sun.ch17 套件下新建 config 子套件，在該子套件下新建 RedisConfig 類別，程式如例 17-6 所示。

▼ 例 17-6 RedisConfig.java

```
package com.sun.ch17.config;

...

@Configuration
public class RedisConfig {
    @Bean
    public RedisTemplate<String, Object> redisTemplate(
            RedisConnectionFactory redisConnectionFactory) {
        RedisTemplate<String, Object> template = new RedisTemplate<String, Object>();
        template.setConnectionFactory(redisConnectionFactory);
        GenericJackson2JsonRedisSerializer serializer =
                new GenericJackson2JsonRedisSerializer();
        template.setDefaultSerializer(serializer);
        return template;
    }
}
```

GenericJackson2JsonRedisSerializer 是 Spring Data Redis 相依性套件中附帶的一個 JSON 格式的序列化類別。@Bean 註釋預設使用標注的方法名稱作為 Bean 的名字。

另外需要提醒讀者的是，若採用註釋的方式自動快取，則上述設定並不會生效，所看到的物件快取依然是不可讀的資料，而若採用 RedisTemplate 手動快取，那麼上述設定才會生效。

17.9 手動實作 Redis 資料儲存與讀取

在實際應用中，經常需要自己手動去儲存一些快取資料，而非透過快取註釋去儲存。Redis 工具類別我們已經有了，自訂序列化策略也有了，下面我們嘗試手動儲存和讀取快取的圖書資料。

在 com.sun.ch17.service 套件下新建 BookService2 類別，程式如例 17-7 所示。

▼ 例 17-7 BookService2.java

```
package com.sun.ch17.service;

...

@Service
public class BookService2 {
    @Autowired
    private BookMapper bookMapper;
    @Autowired
    private RedisUtil redisUtil;

    private static final String KEY_PREFIX = "book::";

    public Book getBookById(Integer id) {
        if(redisUtil.hasKey(KEY_PREFIX + id)) {
            return (Book)redisUtil.get(KEY_PREFIX + id);
        } else {
            Book book = bookMapper.getBookById(id);
            redisUtil.set(KEY_PREFIX + id, book);
            return book;
        }
    }

    public Book saveBook(Book book) {
        bookMapper.saveBook(book);
        redisUtil.set(KEY_PREFIX + book.getId(), book);
        return book;
    }

    public Book updateBook(Book book) {
        bookMapper.updateBook(book);
        redisUtil.set(KEY_PREFIX + book.getId(), book);
        return book;
    }
```

```
    public void deleteBook(Integer id){
        redisUtil.remove(KEY_PREFIX + id);
        bookMapper.deleteBook(id);
    }
}
```

讀者可自行測試，使用自訂序列化策略後儲存的資料形式如圖 17-4 所示。

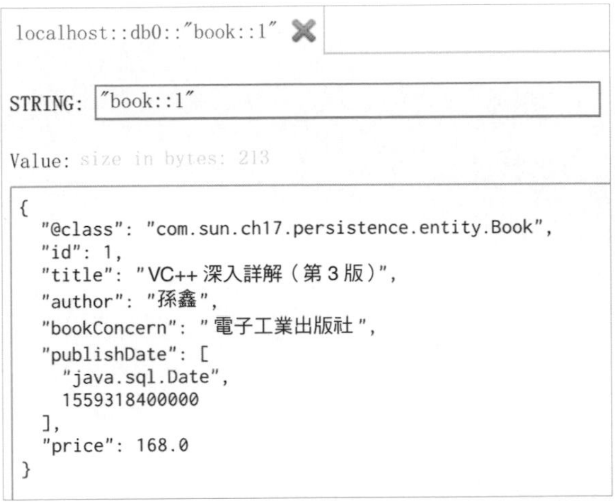

```
localhost::db0::"book::1"

STRING: "book::1"

Value: size in bytes: 213

{
  "@class": "com.sun.ch17.persistence.entity.Book",
  "id": 1,
  "title": "VC++ 深入詳解（第 3 版）",
  "author": "孫鑫",
  "bookConcern": "電子工業出版社",
  "publishDate": [
    "java.sql.Date",
    1559318400000
  ],
  "price": 168.0
}
```

▲ 圖 17-4 JSON 格式儲存的 Book 物件

17.10 小結

本章介紹了 Redis 這一記憶體資料結構儲存，簡介了 Redis 的 5 種資料型態，以及 Spring Boot 對 Redis 的支援，並舉出了將 Redis 用作快取的實例。我們還舉出了封裝 Redis 存取操作的工具類別，可以進一步簡化 Redis 資料存取操作。最後舉出了自訂 RedisTemplate 序列化方式，並手動實作了 Redis 資料的儲存與讀取。

第 18 章 Spring Boot 整合 RabbitMQ

RabbitMQ 是目前非常熱門的一款訊息中介軟體，在各個行業都獲得了廣泛的應用。RabbitMQ 憑藉其高可靠性、易擴充、高可用及豐富的功能特性受到越來越多企業的青睞。

18.1 面向訊息的中介軟體

訊息是指在應用程式間傳遞的資料。訊息可以非常簡單，如字串資料；也可以很複雜，如物件的序列化資料。

面向訊息的中介軟體（Message Oriented Middleware，MOM）提供了以鬆散耦合、靈活的方式來整合應用程式的機制，在儲存和轉發的基礎上支援應用程式間資料的非同步傳遞，也就是說，每個應用程式彼此不直接通訊，而是與作為仲介的 MOM 通訊。

MOM 保證了訊息的可靠傳輸，開發人員無須了解遠端程序呼叫（RPC）和網路通訊協定的細節。

透過 MOM 傳遞訊息是非常靈活的，通訊過程如圖 18-1 所示。

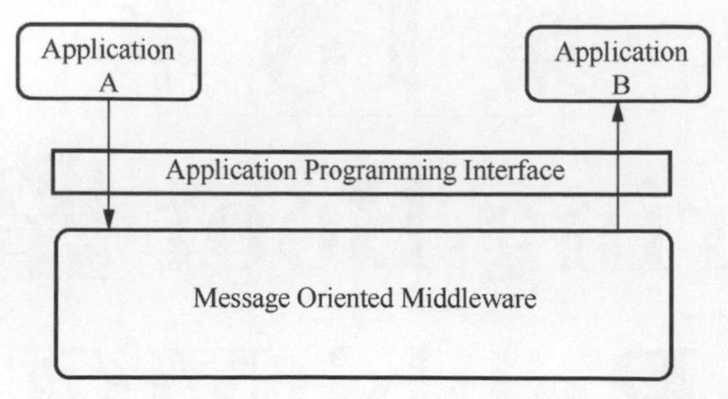

▲ 圖 18-1 應用程式透過訊息中介軟體進行通訊

在圖 18-1 中，透過 MOM 路由訊息給應用程式 B（可能位於完全不同的電腦上）；MOM 對網路通訊進行處理。如果沒有網路連接，MOM 將一直儲存訊息直到獲得網路連接，然後將訊息轉發給應用程式 B。靈活性的另一個方面是在應用程式 A 發送訊息時，應用程式 B 甚至可以不處於執行狀態。MOM 會一直保留訊息到應用程式 B 開始執行並試圖取回訊息為止，這還可以避免應用程式 A 在等待應用程式 B 接收訊息時的阻塞。

除了靈活性之外，MOM 真正的力量在於應用程式的鬆散耦合。在圖 18-1 所示的通訊過程中，應用程式 A 將訊息發送給某個特定目標，例如，訂單處理常式，我們可以隨時用不同的訂單處理常式代替應用程式 B，而應用程式 A 不會察覺到這一點，它會繼續發送訊息給「訂單處理」，而訊息也會繼續被處理。

同樣，我們也可以替換應用程式 A，只要替代者繼續為「訂單處理」發送訊息，訂單處理常式就不必知道有一個新的應用程式正在發送訂單。

MOM 一般有兩種訊息傳遞模型：點對點（Point-to-Point，PTP）模型和發佈 / 訂閱（Publish and Subscribe，Pub/Sub）模型。

點對點模型使用佇列來儲存和傳輸訊息，應用程式 A 生成訊息並發送到訊息佇列，應用程式 B 從訊息佇列中接收訊息並處理。由於有佇列的存在，使得非同步傳輸成為可能。

發佈 / 訂閱模型使用稱作主題（topic）的內容的層次結構代替 PTP 模型中的單一目標。發送應用程式發佈它們的訊息，指示訊息代表層次結構中某個主題的資訊，想要接收這些訊息的應用程式訂閱（Subscribe）那個主題。

圖 18-2 展示了發佈 / 訂閱模型的工作機制。

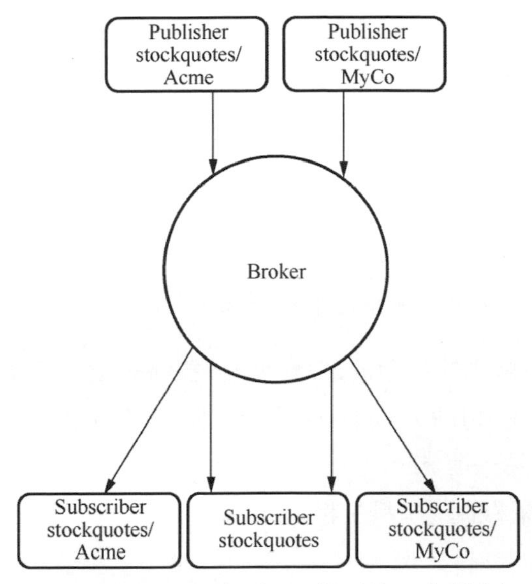

▲ 圖 18-2 發佈 / 訂閱模型的工作機制

目前市面上 MOM 的開放原始碼產品也比較多，比如 RabbitMQ、Kafka、ActiveMQ、ZeroMQ 和阿里巴巴捐獻給 Apache 的 RocketMQ 等。本章主要介紹 RabbitMQ。

18.2 RabbitMQ 簡介

RabbitMQ 是一個開放原始碼的訊息代理和佇列伺服器，其透過普通協定在不同的應用之間共用資料（跨平臺、跨語言）。RabbitMQ 使用 Erlang 語言撰寫，並且實作了 AMQP 協定。

18.2.1 AMQP

AMQP 全稱是 Advanced Message Queuing Protocol，即高級訊息佇列協定。AMQP 是一個提供統一訊息服務的應用層標準高級訊息佇列協定，也是應用層協定的一個開放標準，為面向訊息的中介軟體設計。基於此協定的用戶端與訊息中介軟體可傳遞訊息，並且不受用戶端和中介軟體不同的產品、不同的開發語言等條件的限制。

我們先來了解一下 AMQP 中的一些重要概念。

- Server（也稱為 Broker）：接收用戶端的連接，實作 AMQP 訊息佇列和路由功能的處理程序，也稱之為「訊息代理」。
- Client：AMQP 連接或者階段的發起者。AMQP 是非對稱的，用戶端生產和消費訊息，伺服器端儲存和路由這些訊息。
- Virtual Host：虛擬主機，用於邏輯隔離，標識一批交換器、訊息佇列和相關物件。虛擬主機是共用相同的身份認證和加密環境的獨立伺服器域。一個虛擬主機本質上就是一個 mini 版的 RabbitMQ 伺服器，擁有自己的交換器、佇列、綁定和許可權機制。虛擬主機是 AMQP 概念的基礎，必須在連接時指定，RabbitMQ 預設的虛擬主機是 /。
- Connection：一個網路連接，比如 TCP/IP 通訊端連接。
- Channel：通道，多工連接中的一條獨立的雙向資料流通道，為階段提供物理傳輸媒體。訊息讀 / 寫等操作在通道中進行，每個連接都可以建立多個通道。由於 TCP 連接的建立與銷毀銷耗較大，所以引入通道的概念，以重複使用一條 TCP 連接。
- Exchange：交換器，伺服器中的實體，用來接收生產者發送的訊息，按照路由規則將訊息路由到一個或者多個佇列。如果路由不到，則要麼傳回給生產者，要麼直接捨棄。
- Queue：訊息佇列，用來儲存訊息直到發送給消費者，是訊息的容器，也是訊息的終點。一個訊息可投入一個或多個佇列。訊息一直在佇列裡面，等待消費者連接到這個佇列並將其取走。
- Message：訊息，應用程式和伺服器之間傳送的資料。訊息可以非常簡單，也可以很複雜。訊息由訊息標頭和訊息本體組成，訊息本體是不透明的，而訊息標頭則由一系列的可選屬性組成，這些屬性包括訊息的優先順序、延遲等。

- Binding：綁定，交換器和訊息佇列之間的連結。綁定是基於路由鍵（Routing Key）將交換器和訊息佇列連接起來的路由規則，所以可以將交換器理解成一個由綁定組成的路由表。
- Binding Key：綁定鍵，在綁定佇列的時候一般會指定一個綁定鍵，這樣 RabbitMQ 就知道如何正確地將訊息路由到佇列了。生產者將訊息發送給交換器時，需要一個路由鍵，當綁定鍵與路由鍵相匹配時，訊息會被路由到對應的佇列中。綁定鍵其實也屬於路由鍵的一種，可以視為在綁定的時候使用的路由鍵。讀者不用刻意區分綁定鍵和路由鍵，RabbitMQ 本身也沒有嚴格區分，可以將兩者都看作路由鍵。
- Routing Key：路由鍵，生產者將訊息發送給交換器的時候會發送一個 Routing Key，用來指定路由規則，這樣交換器就知道把訊息發送到哪個佇列。路由鍵通常為一個“.”分割的字串，例如“com.rabbitmq”。

AMQP 的模型如圖 18-3 所示。

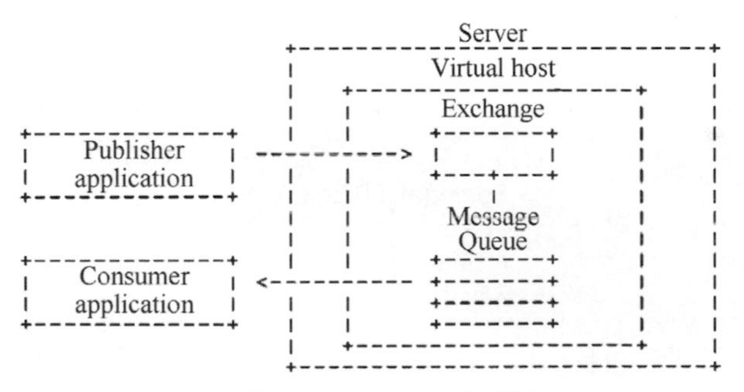

▲ 圖 18-3 AMQP 的模型

如圖 18-3 所示，AMQP 模型由三部分組成：生產者、消費者和伺服器。

生產者是投遞訊息的一方，首先連接到伺服器，建立一個連接，開啟一個通道；然後生產者宣告交換器和佇列，設定相關屬性，並透過路由鍵將交換器和佇列進行綁定。同理，消費者也需要建立連接，開啟通道等操作，使於接收訊息。

接著生產者就可以發送訊息，將訊息發送到伺服器中的虛擬主機，虛擬主機中的交換器根據路由鍵選擇路由規則，然後發送到不同的訊息佇列中，這樣訂閱了訊息佇列的消費者就可以獲取到訊息並進行消費。

最後關閉通道和連接。

RabbitMQ 是基於 AMQP 實作的，其整體結構與 AMQP 模型是類似的，如圖 18-4 所示。

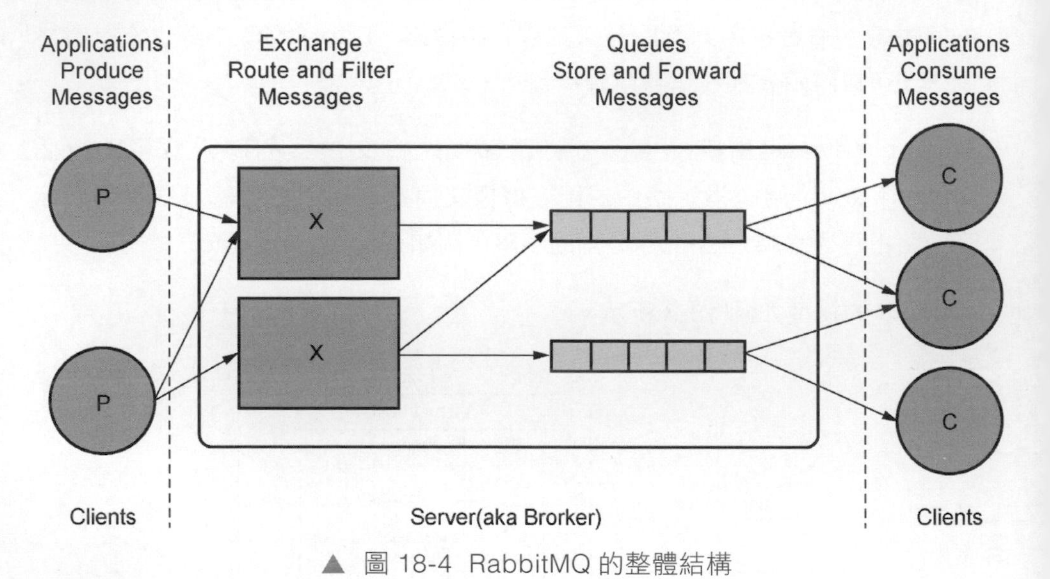

▲ 圖 18-4 RabbitMQ 的整體結構

18.2.2 常用交換器

RabbitMQ 常用的交換器類型有 direct、fanout、topic、headers 四種。

1. direct 交換器

direct 交換器根據訊息路由鍵將訊息傳遞到佇列中，其工作原理為：佇列使用路由鍵 K 綁定到交換器上，當一個含有路由鍵 R 的新訊息到達 direct 交換器時，如果 K = R，則交換器將訊息路由到佇列中。圖 18-5 展示了 direct 交換器的工作方式。

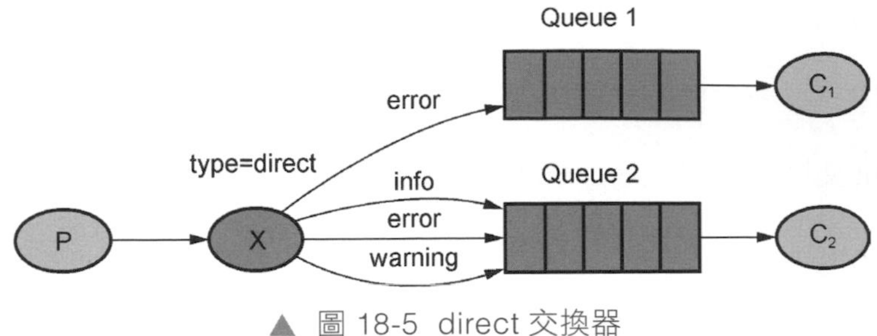

▲ 圖 18-5 direct 交換器

圖 18-5 中含有路由鍵“error”的訊息被路由到 Queue1 和 Queue2 中，而含有“info”或者“warning”路由鍵的訊息則只被路由到 Queue2 中。

direct 交換器預設預先宣告的名稱為 amq.direct。

2. fanout 交換器

fanout 交換器將訊息路由到綁定到它的所有佇列，並且忽略路由鍵。如果有 N 個佇列綁定到 fanout 交換器，當一個新訊息發佈到該交換器時，該訊息的副本將被發送到所有佇列。fanout 交換器是訊息廣播路由的理想選擇。

圖 18-6 展示了 fanout 交換器的工作方式。

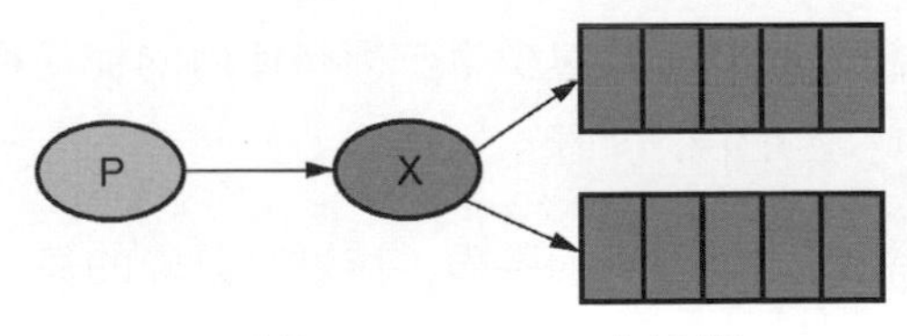

▲ 圖 18-6 fanout 交換器

fanout 交換器的使用場景如下：

- 大型多人線上（MMO）遊戲可以將 fanout 交換器用於排行榜更新或其他全球性的活動中。
- 體育新聞網站可以使用 fanout 交換器，以近乎即時的方式向行動用戶端發佈更新的資料。

- 分散式系統可以廣播各種狀態和設定更新。
- 在群組聊天時可以使用 fanout 交換器在參與者之間分發訊息。

fanout 交換器預設預先宣告的名稱為 amq.fanout。

3. topic 交換器

topic 交換器根據訊息路由鍵和用於將佇列綁定到交換機的模式之間的匹配，將訊息路由到一個或多個佇列。topic 交換器通常用於實作各種發佈 / 訂閱模式變形。

圖 18-7 展示了 topic 交換器的工作方式。

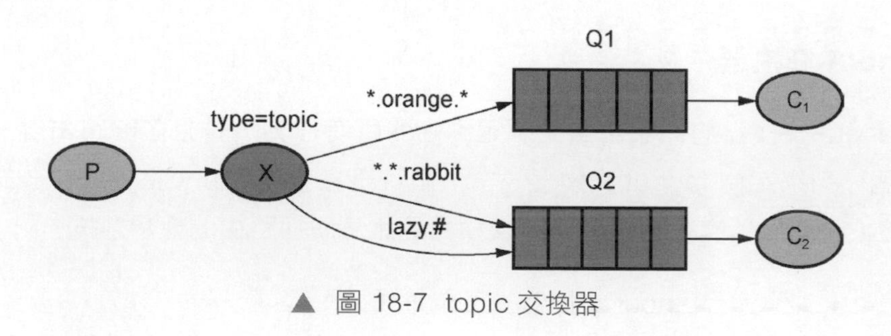

▲ 圖 18-7 topic 交換器

topic 交換器將訊息的路由鍵與綁定佇列時使用的模式進行匹配，來決定訊息路由到哪個佇列中。匹配規則如下：

- 路由鍵必須是由點號（.）分隔的字串，被點號分隔的每一個獨立的子字串被稱為單字。
- 可以使用兩個特殊的萬用字元：* 和 #，* 用於匹配一個單字，# 用於匹配 0 或多個單字。

在圖 18-7 中，路由鍵為 com.orange.news 的訊息會被路由到 Q1 中，路由鍵為 com.orange.rabbit 的訊息會被路由到 Q1 和 Q2 中，路由鍵為 lazy.news、lazy.weacher、lazy.rabbit.sport 等的訊息會被路由到 Q2 中。

要注意的是：

(1) 當佇列使用 # 綁定鍵與 topic 交換器綁定時，它將接收所有訊息，而不管路由鍵是什麼。

(2) 當綁定鍵不使用特殊字元 * 和 # 時，topic 交換器的行為將與 direct 交換器一樣。

topic 交換器的使用場景如下：

- 分發與特定地理位置（例如銷售點）相關的資料。
- 幕後工作處理由多個 worker 完成，每個 worker 都能夠處理特定的一組任務。
- 股票價格更新（以及其他金融資料的更新）。
- 涉及分類或標記的新聞更新。
- 分散式系統結構 / 特定於作業系統的軟體建構或打包，其中每個建構器都只能處理一個系統結構或作業系統。

topic 交換器預設預先宣告的名稱為 amq.topic。

4. headers 交換器

headers 交換器不依賴路由鍵的匹配規則來路由訊息，而是根據發送的訊息內容中的 headers 屬性進行匹配。headers 類型交換器性能差，在實際中並不被常用。

headers 交換器預設預先宣告的名稱為 amq.match 和 amq.headers。

5. 預設交換器

預設交換器是一個沒有名稱（空字串）的 direct 交換器，由 broker 預先宣告。預設交換器有一個特殊的屬性，這使得它對於簡單的應用程式非常有用：每一個被建立的佇列都會被一個與佇列名稱相同的路由鍵綁定。

例如，當你宣告一個名為“search-indexing-online”的佇列時，broker 將使用“search-indexing-online”作為路由鍵（在這種情況下也稱為綁定鍵）將其綁定到預設交換器，因此，發佈到預設交換器的含有路由鍵“search-indexing-online”的訊息將被路由到佇列“search-indexing-online”。

18.3 RabbitMQ 的下載與安裝

18.3.1 安裝 Erlang/OTP 軟體函式庫

RabbitMQ 使用 Erlang 語言撰寫，因此需要先安裝 Erlang/OTP 軟體函式庫（讀者可自行下載）。在後續安裝 RabbitMQ 時需要對應的 Erlang 版本。

若在 Windows 系統下安裝，則下載後的檔案形式為：otp_win64_24.3.2.exe，按兩下自行安裝即可。

18.3.2 安裝 RabbitMQ

接下來下載並安裝 RabbitMQ（讀者可自行下載）。Windows 版本的 RabbitMQ 下載後的檔案形式為：rabbitmq-server-3.9.14.exe，按兩下自行安裝即可。

在 Erlang 和 RabbitMQ 同時安裝完成後，RabbitMQ 節點會作為 Windows 的服務自啟動。

18.3.3 增加視覺化外掛程式

開啟命令提示視窗，進入 RabbitMQ 安裝目錄下的 sbin 子目錄，執行下面的命令增加視覺化外掛程式。

```
rabbitmq-plugins enable rabbitmq_management
```

在增加視覺化外掛程式後，就可以使用圖形化的管理介面了。

18.3.4 管理介面

在 Windows 系統下透過安裝程式安裝完 RabbitMQ 後，RabbitMQ 節點預設會以 Windows 服務的方式啟動，所以無須再透過命令列方式啟動 RabbitMQ 伺服器。命令列啟動伺服器的命令如下所示：

```
rabbitmq-server start
```

RabbitMQ 伺服器預設監聽的通訊埠編號是 15672，開啟瀏覽器，存取 localhost:15672，可以看到如圖 18-8 所示的登入頁面。

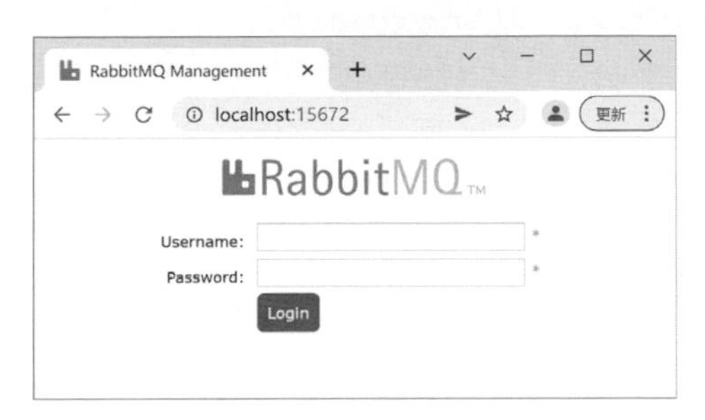

▲ 圖 18-8 RabbitMQ 管理程式的登入介面

使用者名稱和密碼都是 guest，登入後可以看到如圖 18-9 所示的管理介面。

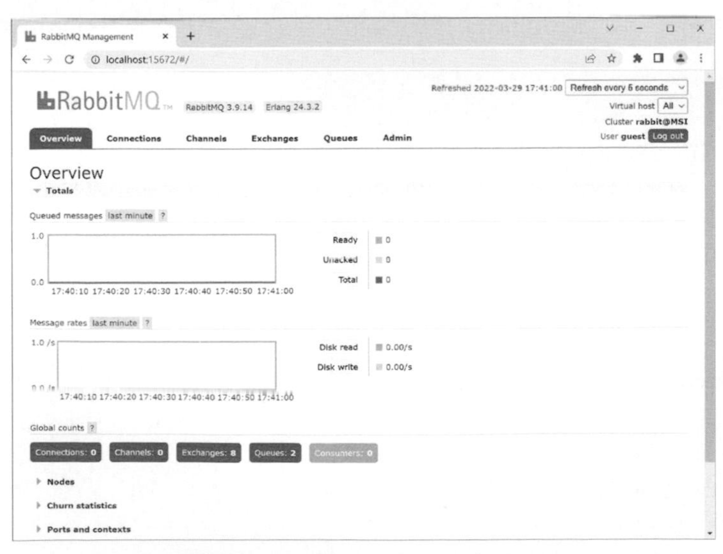

▲ 圖 18-9 RabbitMQ 的管理介面

在管理介面中，可以查看連接和通道，查看和新建交換器、佇列，以及設定管理員等。

18.4 RabbitMQ 用戶端 API 介紹

要使用 RabbitMQ Java 用戶端 API，在 Spring Boot 專案中，引入下面的相依性即可。

```
<dependency>
    <groupId>org.springframework.boot</groupId>
    <artifactId>spring-boot-starter-amqp</artifactId>
</dependency>
```

如果透過 Spring Initializr 精靈建立，則可以選擇 Messaging 模組下 Spring for RabbitMQ 相依性引入。

主要的幾個類別和介面是：ConnectionFactory、Connection、Channel、Comsumer 等，它們都位於 com.rabbitmq.client 套件下。AMQP 協定層面的操作透過 Channel 介面實作。Connection 用於開啟通道，一個連接可以建立多個通道，通道是非執行緒安全的，應為每個執行緒都單獨建立通道，通道和連接可以單獨關閉。與 RabbitMQ 相關的開發工作基本上是圍繞 Connection 和通道展開的。

18.4.1 連接 RabbitMQ 伺服器

下面的程式透過指定參數（伺服器 IP、虛擬主機、通訊埠、使用者名稱、密碼）連接到 RabbitMQ 伺服器。

```
// 建立連接工廠
ConnectionFactory factory = new ConnectionFactory();
// 設定連接工廠
factory.setHost("localhost");
factory.setPort(15672);
factory.setVirtualHost("/");
factory.setUsername("guest");
```

```
factory.setPassword("guest");
// 從工廠獲取連接
Connection conn=factory.newConnection();
```

在預設本機設定的情況下，上述程式可以簡化為：

```
// 建立連接工廠
ConnectionFactory factory = new ConnectionFactory();
// 設定連接工廠
factory.setHost("localhost");
// 從工廠獲取連接
Connection conn=factory.newConnection();
```

18.4.2 建立通道

建立通道很簡單，呼叫 Connection 介面的 createChannel() 方法即可，如下所示：

```
Channel channel = connection.createChannel()
```

18.4.3 宣告交換器

宣告交換器是呼叫 Channel 介面的 exchangeDeclare() 方法來完成的，該方法有多個多載形式，如下所示。

- AMQP.Exchange.DeclareOk exchangeDeclare(String exchange, String type) throws IOException
  宣告一個非自動刪除的、非持久化的交換器，不含額外參數。
- AMQP.Exchange.DeclareOk exchangeDeclare(String exchange, String type, boolean durable) throws IOException
  宣告一個非自動刪除的交換器，不含額外參數。
- AMQP.Exchange.DeclareOk exchangeDeclare(String exchange, String type, boolean durable, boolean autoDelete, Map<String,Object> arguments) throws IOException

▶ AMQP.Exchange.DeclareOk exchangeDeclare(String exchange, String type, boolean durable, boolean autoDelete, boolean internal, Map<String,Object> arguments) throws IOException

我們只需要關注最後一個參數最多的方法即可，其他方法都是透過參數的預設值呼叫的。各個參數的含義如下所示。

☆ exchange

交換器的名字。

☆ type

交換器的類型，如 direct、topic、fanout 等。

☆ durable

設定是否持久化。如果為 true，則為持久化，交換器將在伺服器重新啟動後繼續執行。

☆ autodelete

設定是否自動刪除。如果為 true，則當交換器不再被使用時，會被自動刪除。交換器被自動刪除的前提是至少有一個佇列或者交換器與這個交換器綁定，之後所有與這個交換器綁定的佇列或者交換器都與它解綁。不要錯誤地理解為：當與這個交換器連接的用戶端斷開時，RabbitMQ 會自動刪除該交換器。

☆ internal

設定交換器是不是內建的。如果為 true，則表示交換器是內建的，用戶端無法直接發送訊息到這個交換器，只能透過交換器路由到交換器這種方式。

☆ arguments

交換器的其他屬性。

下面的程式宣告了一個 topic 類型的交換器。

```
channel.exchangeDeclare("topic_logs", "topic");
```

如果使用預設的 direct 交換器，那麼可以不用宣告交換器。

18.4.4 宣告佇列

宣告佇列是呼叫 Channel 介面的 queueDeclare() 方法來完成的，該方法有兩個多載形式，如下所示。

- AMQP.Queue.DeclareOk queueDeclare() throws IOException
- AMQP.Queue.DeclareOk queueDeclare(String queue, boolean durable, boolean exclusive, boolean autoDelete, Map<String,Object> arguments) throws IOException

無參數的 queueDeclare() 方法宣告一個由伺服器命名的獨佔的、自動刪除的、非持久化的佇列。新佇列的名稱儲存在 AMQP.Queue.DeclareOk 物件的 "queue" 欄位中，可呼叫 DeclareOk 物件的 getQueue() 方法得到建立的佇列的名稱。

含參數的 queueDeclare() 方法的各個參數的含義如下所示。

☆ queue
佇列的名稱。

☆ durable
設定是否持久化。如果為 true，則宣告的是持久化佇列，該佇列將在伺服器重新開機後繼續存在。

☆ exclusive
設定是不是獨佔的。如果為 true，則宣告的是獨佔佇列。要注意的是，獨佔佇列僅對第一次宣告它的連接可見，並在連接斷開時自動刪除，即使該佇列是持久化的。同一個連接下的不同通道可以同時存取該連接宣告的獨佔佇列，而其他連接不允許建立名稱相同的獨佔佇列。這種佇列適用於一個用戶端同時發送和讀取訊息的應用場景。

☆ autodelete

設定是否自動刪除。如果為 true，則佇列不再被使用時會被自動刪除。佇列被自動刪除的前提是：至少有一個消費者連接到這個佇列，之後所有與這個佇列連接的消費者都斷開。當生產者建立這個佇列，但沒有消費者連接到這個佇列時，不會自動刪除這個佇列。

☆ arguments

設定佇列的其他一些參數，如 x-message-ttl、x-expires、x-max-length、x-max-priority 等。

下面的程式宣告了一個名為 “hello” 的非持久化的、非獨占的、非自動刪除的佇列。

```
channel.queueDeclare("hello", false, false, false, null);
```

18.4.5 綁定佇列

如果使用預設的 direct 交換器，則可以不用綁定佇列。

綁定佇列是呼叫 Channel 介面的 queueBind() 方法來完成的，該方法有兩個多載形式，如下所示。

- AMQP.Queue.BindOk queueBind(String queue, String exchange, String routingKey) throws IOException
- AMQP.Queue.BindOk queueBind(String queue, String exchange, String routingKey, Map<String,Object> arguments) throws IOException

方法中的各個參數含義如下所示。

☆ queue

佇列的名稱。

☆ exchange

交換器的名稱。

☆ routingKey

用於綁定佇列和交換器的路由鍵。

☆ arguments

綁定的一些參數。

如果要將佇列與交換器解綁，則可以呼叫 Channel 介面的 queueUnBind() 方法，該方法也有兩個多載形式，如下所示：

- AMQP.Queue.UnbindOk queueUnbind(String queue, String exchange, String routingKey) throws IOException
- AMQP.Queue.UnbindOk queueUnbind(String queue, String exchange, String routingKey, Map<String,Object> arguments) throws IOException

各個參數的含義參看 queueBind() 方法。

下面的程式使用路由鍵 "info" 將佇列 "direct01" 與交換器 "direct_logs" 進行綁定。

```
chan.queueBind("direct01", "direct_logs", "info");
```

18.4.6 發佈訊息

發佈訊息是呼叫 Channel 介面的 basicPublish() 方法來完成的，該方法有三個多載形式，如下所示：

- void basicPublish(String exchange, String routingKey, AMQP.BasicProperties props, byte[] body) throws IOException
- void basicPublish(String exchange, String routingKey, boolean mandatory, AMQP.BasicProperties props, byte[] body) throws IOException

- void basicPublish(String exchange, String routingKey, boolean mandatory, boolean immediate, AMQP.BasicProperties props, byte[] body) throws IOException

方法中各個參數的含義如下所示。

☆ exchange

要將訊息發佈到的交換器的名稱。如果設定為空字串，則訊息會被發佈到預設的交換器中。

☆ routingKey

路由鍵。交換器根據路由鍵將訊息路由到對應的佇列中。

☆ mandatory

如果該參數為 true，那麼當交換器無法根據自身的類型和路由鍵找到一個符合條件的佇列時，RabbitMQ 就會呼叫 Basic.Return 命令將訊息傳回給生產者。如果該參數為 false，那麼在出現上述情形時，訊息將被直接捨棄。生產者要獲取沒有被正確路由到佇列的訊息，需要呼叫 Channel 介面的 addReturnListener() 方法增加一個監聽器或回呼物件來實作。

☆ immediate

從 RabbitMQ 3.0 版本開始已不再支援該參數。

☆ props

訊息的基本屬性集。AMQP 預先定義了一組與訊息相關的 14 個屬性，常用的有以下 4 個屬性。

- deliveryMode

  將訊息標記為持久的（值為 2）或暫時的（任何其他值）。

- contentType

  用於描述編碼的 MIME 類型。例如，對於經常使用的 JSON 編碼，將此屬性設定為：application/JSON。

- replyTo

  通常用於命名回呼佇列。

- correlationId

  用於將 RPC 響應與請求連結起來。

☆ body

訊息本體，實際的訊息內容。

下面的程式使用路由鍵“hello”將訊息“Hello World!”發佈到預設的交換器中。

```
channel.basicPublish("", "hello", null, "Hello World!".getBytes());
```

18.4.7 消費訊息

消費訊息是呼叫 Channel 介面的 basicConsume () 方法來完成的，該方法的多載形式很多，這裡我們將其分為兩組分別進行介紹。第一組方法形式如下所示。

- String basicConsume(String queue, Consumer callback) throws IOException

  使用顯性的確認和伺服器生成的消費者標籤啟動一個非本地的、非獨占的消費者。

- String basicConsume(String queue, boolean autoAck, Consumer callback) throws IOException

  使用伺服器生成的消費者標籤啟動一個非本地的、非獨占的消費者。

- String basicConsume(String queue, boolean autoAck, String consumerTag, Consumer callback) throws IOException

  啟動一個非本地的、非獨占的消費者。

- String basicConsume(String queue, boolean autoAck, Map<String,Object> arguments, Consumer callback) throws IOException
  使用伺服器生成的消費者標籤和指定的參數啟動一個非本地的、非獨占的消費者。

- String basicConsume(String queue, boolean autoAck, String consumerTag, boolean noLocal, boolean exclusive, Map<String,Object> arguments, Consumer callback) throws IOException
  啟動一個消費者。呼叫消費者的 Consumer.handleConsumeOk(java.lang.String) 方法。

方法參數的含義如下所示。

☆ queue
佇列的名稱。

☆ autoAck
設定是否自動確認。如果為 true，那麼訊息一旦被發送出去，伺服器就會自動確認訊息，然後從記憶體（或磁碟）中刪除訊息，而不管消費者是否真正獲取到這些訊息。如果為 false，那麼伺服器會等待消費者顯性地回復確認訊號後才從記憶體（或磁碟）中刪除訊息。

☆ consumerTag
消費者標籤，用來區分多個消費者，在同一個通道中的消費者也需要透過唯一的消費者標籤來區分。

☆ noLocal
如果設定為 true，則表示在此通道的連接上發佈的訊息不能傳遞給同一個連接的消費者。目前版本的 RabbitMQ 伺服器不支援這個標識。

☆ exclusive
如果為 true，則是獨佔的消費者。

☆ arguments

設定消費者的其他參數。

☆ callback

消費者物件的介面。需要傳遞實作 Consumer 介面的物件，在介面的方法中處理 RabbitMQ 推送過來的訊息。可使用 DefaultConsumer 類別來簡化介面的實作。

這些方法傳回的都是與新消費者連結的消費者標籤，不含 consumerTag 參數的方法傳回的是伺服器生成的消費者標籤。

下面的程式使用自動確認和伺服器生成的消費者標籤啟動一個非本地的、非獨占的消費者。

```
channel.basicConsume("hello", true, new DefaultConsumer(channel) {
    @Override
    public void handleDelivery(String consumerTag,
                               Envelope envelope,
                               AMQP.BasicProperties properties,
                               byte[] body) throws IOException {
        String message = new String(body, "UTF-8");
        System.out.println(" [x] Received '" + message + "'");
    }
});
```

第二組方法的形式如下所示。

- String basicConsume(String queue, DeliverCallback deliverCallback, CancelCallback cancelCallback) throws IOException
- String basicConsume(String queue, boolean autoAck, DeliverCallback deliverCallback, CancelCallback cancelCallback) throws IOException
- String basicConsume(String queue, boolean autoAck, String consumerTag, DeliverCallback deliverCallback, CancelCallback cancelCallback) throws IOException

- String basicConsume(String queue, boolean autoAck, Map<String,Object> arguments, DeliverCallback deliverCallback, CancelCallback cancelCallback) throws IOException
- String basicConsume(String queue, boolean autoAck, String consumerTag, boolean noLocal, boolean exclusive, Map<String,Object> arguments, DeliverCallback deliverCallback, CancelCallback cancelCallback) throws IOException

這一組方法的參數與上一組方法的名稱相同參數含義相同，不同的是，這一組方法採用了 DeliverCallback 和 CancelCallback 回呼介面來分別處理訊息的傳遞和取消。這兩個介面是函式介面，因而可以使用 Lambda 運算式，簡化了對訊息的處理。

DeliverCallback 介面中的方法如下所示。

- void handle(String consumerTag, Delivery message) throws IOException

CancelCallback 介面中的方法如下所示。

- void handle(String consumerTag) throws IOException

下面的程式使用回呼介面實作了與上述程式相同的功能，可以看到，使用回呼介面程式更為簡化。

```
DeliverCallback deliverCallback = (consumerTag, delivery) -> {
    String message = new String(delivery.getBody(), "UTF-8");
    System.out.println(" [x] Received '" + message + "'");
};
channel.basicConsume(QUEUE_NAME, true, deliverCallback, consumerTag -> { });
```

18.4.8 訊息確認與拒絕

為了保證訊息從佇列可靠地到達消費者，RabbitMQ 提供了訊息確認機制（message acknowledgment）。消費者在訂閱佇列時，可以指定 autoAck 參數，如果為 false，那麼伺服器會等待消費者顯性地回復確認訊號後才從記憶體（或磁碟）中刪除訊息，這可以保證消費者有足夠的時間處理訊息（任務），且不會因為消費者出現狀況（通道關閉、連接關閉、TCP 連接遺失或者處理程序崩潰）而導致訊息遺失的問題。

將 autoAck 參數設定為 flase 後，需要呼叫 Channel 介面的 basicAck() 方法進行手動確認，該方法的簽名如下所示。

- void basicAck(long deliveryTag, boolean multiple) throws IOException

確認一筆或多筆收到的訊息。

該方法的參數含義如下所示。

☆ deliveryTag
訊息的標籤，是一個 64 位元的長整數。

☆ multiple
如果為 true，則表示確認 deliveryTag 標記的訊息及之前的所有訊息；如果為 false，則只確認 deliveryTag 標記的訊息。

下面的程式演示了如何進行訊息確認。

```
DeliverCallback deliverCallback = (consumerTag, delivery) -> {
    String message = new String(delivery.getBody(), "UTF-8");
    System.out.println(" [x] Received '" + message + "'");
    channel.basicAck(delivery.getEnvelope().getDeliveryTag(), true);
};
channel.basicConsume(QUEUE_NAME, false, deliverCallback, consumerTag -> { });
```

可以從 RabbitMQ 的 Web 管理平臺上查看佇列中“Ready”狀態和“Unacked”狀態的訊息數，這兩種狀態的訊息數分別表示等待投遞給消費者的訊息數和已經投遞給消費者但還沒有收到確認訊號的訊息數。如圖 18-10 所示。

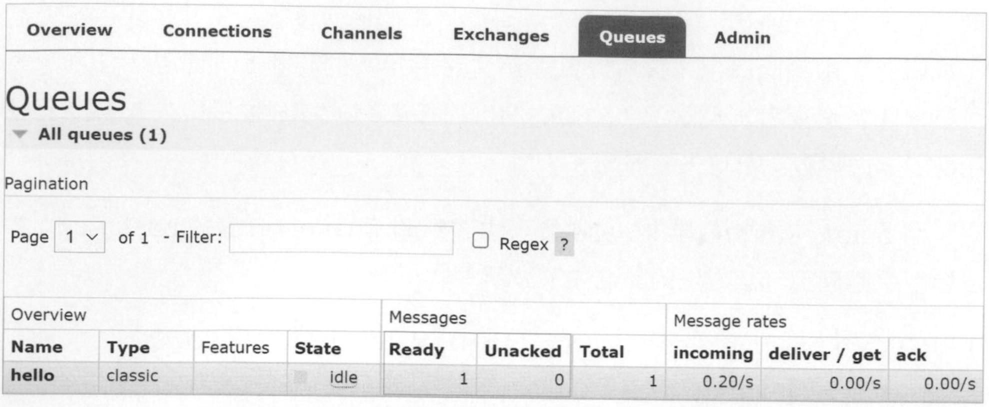

Overview | Connections | Channels | Exchanges | Queues | Admin

Queues

▼ All queues (1)

Pagination

Page 1 of 1 - Filter: ☐ Regex ?

Overview				Messages			Message rates		
Name	Type	Features	State	Ready	Unacked	Total	incoming	deliver / get	ack
hello	classic		idle	1	0	1	0.20/s	0.00/s	0.00/s

▲ 圖 18-10 在 RabbitMQ 的管理平臺上查看佇列

要注意的是，將 autoAck 參數設定為 flase 後，伺服器只有在收到確認訊號後才會刪除訊息（預設有 30 分鐘的強制逾時值）；如果伺服器未收到確認訊號，而消費者連接斷開，則訊息會被轉給其他消費者。因此，不要忘了進行訊息確認，否則會導致訊息堆積，使得業務被重複處理。

將 autoAck 參數設定為 true，可以提升佇列的處理效率。可以根據實際業務場景，決定是採用自動確認還是手動確認訊號。

如果消費者在接收到訊息後，想拒絕當前的訊息，則可以呼叫 Channel 介面的 basicReject() 和 basicNack() 這兩個方法，這兩個方法的簽名如下所示。

- void basicReject(long deliveryTag, boolean requeue) throws IOException
  拒絕一筆訊息。

- void basicNack(long deliveryTag, boolean multiple, boolean requeue) throws IOException
  拒絕收到的一筆或多筆訊息。

方法中的參數含義如下所示。

☆ deliveryTag
訊息的標籤，是一個 64 位元的長整數。

☆ multiple

如果為 true，則表示拒絕 deliveryTag 標記的訊息及之前的所有訊息；如果為 false，則只拒絕 deliveryTag 標記的訊息。

☆ requeue

如果為 true，則訊息會被重新放入佇列，以便可以發送給下一個訂閱的消費者。如果為 false，則訊息從佇列中被刪除；如果為佇列增加了死信交換器（Dead-Letter-Exchange，DLX），那麼被拒絕的訊息會變成死信而被發送到 DLX 中。

18.4.9 關閉連接

通道與連接都是一種資源，在使用完畢後，都要關閉。通道與連接的關閉呼叫各自的 close() 方法即可，在程式中可以使用 Java 7 新增的 try-with-resources 敘述來自動關閉通道和連接。但要注意，在關閉連接時通道也會自動關閉，但顯性地關閉通道是一個好的習慣。

18.5 六種應用模式

RabbitMQ 官方文件舉出了六種應用模式：Simple、工作佇列、發佈 / 訂閱、路由、主題、RPC 下面我們分別進行介紹。

18.5.1 Simple

Simple 是一個簡單的應用模式，生產者將訊息發佈到佇列，消費者從佇列中獲取訊息，訊息被消費後將自動刪除。在這個模式中，只有一個生產者、一個消費者和一個佇列，如圖 18-11 所示。

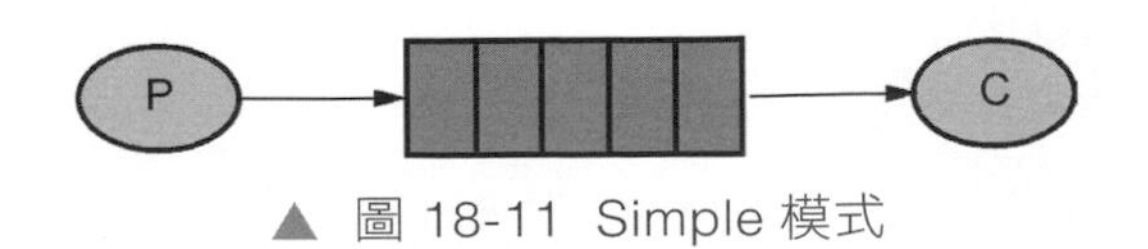

▲ 圖 18-11 Simple 模式

Simple 模式的應用場景包括點對點通訊和群聊，只需要讓通訊兩端既是生產者，又是消費者，並訂閱同一個佇列即可。

生產者的程式如例 18-1 所示。

▼ 例 18-1 Send.java

```java
package com.sun.ch18.amqp.simple;

import com.rabbitmq.client.Channel;
import com.rabbitmq.client.Connection;
import com.rabbitmq.client.ConnectionFactory;

import java.io.IOException;
import java.util.concurrent.TimeoutException;

public class Send {
    private final static String QUEUE_NAME = "hello";
    public static void main(String[] args) {
        // 建立連接工廠
        ConnectionFactory factory = new ConnectionFactory();
        // 設定連接工廠
        factory.setHost("localhost");
        // 從工廠獲取連接
        try (Connection connection = factory.newConnection();
             Channel channel = connection.createChannel()) {
            // 宣告一個非持久化的、非獨占的、非自動刪除的佇列
            channel.queueDeclare(QUEUE_NAME, false, false, false, null);
            String message = "Hello World!";
            // 發佈訊息
            channel.basicPublish("", QUEUE_NAME, null, message.getBytes());
            System.out.println(" [x] Sent '" + message + "'");
        } catch (IOException | TimeoutException e) {
            e.printStackTrace();
        }
    }
}
```

消費者的程式如例 18-2 所示。

▼ 例 18-2 Recv.java

```
package com.sun.ch18.amqp.simple;

import com.rabbitmq.client.Channel;
import com.rabbitmq.client.Connection;
import com.rabbitmq.client.ConnectionFactory;
import com.rabbitmq.client.DeliverCallback;

public class Recv {
    private final static String QUEUE_NAME = "hello";
    public static void main(String[] argv) throws Exception {
        ConnectionFactory factory = new ConnectionFactory();
        factory.setHost("localhost");
        Connection connection = factory.newConnection();
        Channel channel = connection.createChannel();

        channel.queueDeclare(QUEUE_NAME, false, false, false, null);
        System.out.println(" [*] Waiting for messages. To exit press CTRL+C");
        DeliverCallback deliverCallback = (consumerTag, delivery) -> {
            String message = new String(delivery.getBody(), "UTF-8");
            System.out.println(" [x] Received '" + message + "'");
        };
        channel.basicConsume(QUEUE_NAME, true, deliverCallback, consumerTag -> { });
    }
}
```

18.5.2 工作佇列

在工作佇列模式中，將建立一個用於在多個工作者之間分配耗時的任務的工作佇列。工作佇列（又名任務佇列）背後的主要思想是避免立即執行資源密集型任務，而是把任務安排在以後完成。將任務封裝為訊息，並將其發送到佇列，在後台執行的輔助處理程序將彈出這些任務並執行。當執行多個工作者時，任務將在它們之間共用。

圖 18-12 展示了工作佇列模式。

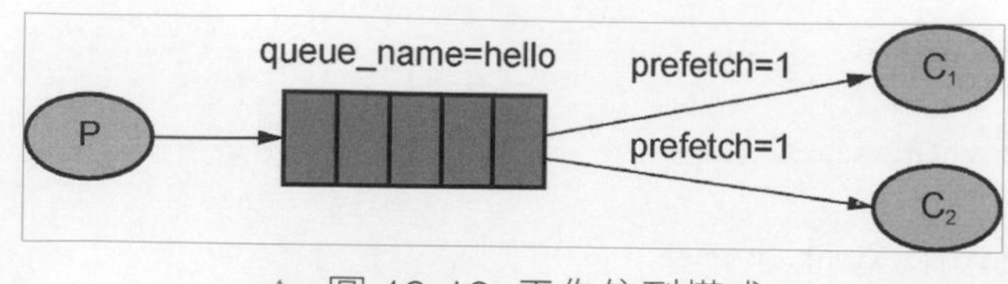

▲ 圖 18-12 工作佇列模式

工作佇列模式的應用場景包括：紅包、專案中的資源排程（由空閒的工作者爭搶到資源任務並進行處理）。

生產者的程式如例 18-3 所示。

▼ 例 18-3 NewTask.java

```
package com.sun.ch18.amqp.workqueue;

import com.rabbitmq.client.Channel;
import com.rabbitmq.client.Connection;
import com.rabbitmq.client.ConnectionFactory;
import com.rabbitmq.client.MessageProperties;

public class NewTask {
    private static final String TASK_QUEUE_NAME = "task_queue";

    public static void main(String[] argv) throws Exception {
        ConnectionFactory factory = new ConnectionFactory();
        factory.setHost("localhost");
        try (Connection connection = factory.newConnection();
             Channel channel = connection.createChannel()) {
            // 宣告一個持久化的、非獨占的、非自動刪除的佇列
            channel.queueDeclare(TASK_QUEUE_NAME, true, false, false, null);

            for(int i = 0; i < 10; i ++) {
                String message = "hello " + i;
                //  MessageProperties.PERSISTENT_TEXT_PLAIN 將訊息標記為持久化的
                channel.basicPublish("", TASK_QUEUE_NAME,
                        MessageProperties.PERSISTENT_TEXT_PLAIN,
```

```
                    message.getBytes("UTF-8"));
            System.out.println(" [x] Sent '" + message + "'");
        }
    }
  }
}
```

消費者的程式如例 18-4 所示。

▼ 例 18-4 Worker.java

```
package com.sun.ch18.amqp.workqueue;

import com.rabbitmq.client.Channel;
import com.rabbitmq.client.Connection;
import com.rabbitmq.client.ConnectionFactory;
import com.rabbitmq.client.DeliverCallback;

public class Worker {
    private static final String TASK_QUEUE_NAME = "task_queue";

    public static void main(String[] argv) throws Exception {
        ConnectionFactory factory = new ConnectionFactory();
        factory.setHost("localhost");
        final Connection connection = factory.newConnection();
        final Channel channel = connection.createChannel();

        channel.queueDeclare(TASK_QUEUE_NAME, true, false, false, null);
        System.out.println(" [*] Waiting for messages. To exit press CTRL+C");

        // 服務品質保證
        // 告知伺服器，不要一次給一個工作者發送多筆訊息
        // 在工作者確認前一筆訊息前，不要向它發送新訊息，而是發送給一個空閒的工作者
        channel.basicQos(1);

        DeliverCallback deliverCallback = (consumerTag, delivery) -> {
            String message = new String(delivery.getBody(), "UTF-8");

            System.out.println(" [x] Received '" + message + "'");
```

```
            try {
                // 模擬耗時操作
                Thread.sleep(1000);
            } catch (InterruptedException e) {
                e.printStackTrace();
            } finally {
                System.out.println(" [x] Done");
                channel.basicAck(delivery.getEnvelope().getDeliveryTag(), false);
            }
        };
        channel.basicConsume(TASK_QUEUE_NAME, false, deliverCallback, consumerTag -> { });
    }
}
```

在測試時，可以先啟動消費者，即先執行 Worker 類別。在 IDEA 中，預設無法開啟同一個執行類別的多個處理程序，如果換到命令提示視窗下執行，則又需要設定 RabbitMQ 的 Java 用戶端函式庫，這會比較麻煩。我們可以按照下面的步驟開啟「允許多實例」開關。

1. 在 Worker 類別上點擊滑鼠右鍵，從彈出的選單中選擇【More Run/Debug】→【Modify Run Configuration⋯】，如圖 18-13 所示。

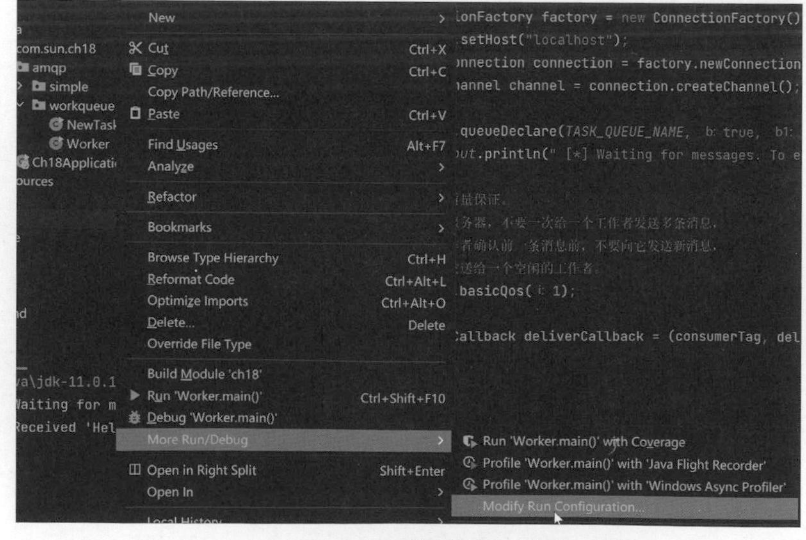

▲ 圖 18-13 修改執行設定

2. 在出現的“Create Run Configurations:’Worker’”對話方塊視窗中點擊“Modify options”連結，如圖 18-14 所示。

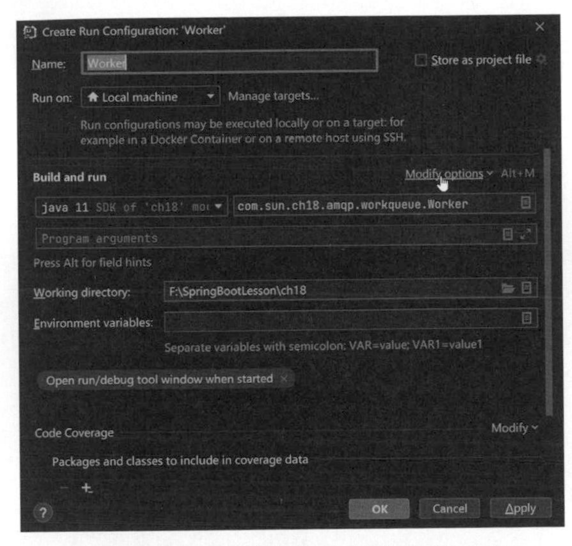

▲ 圖 18-14 建立執行設定對話方塊

3. 在彈出的選單中選中“Allow multiple instances”選單項，如圖 18-15 所示。

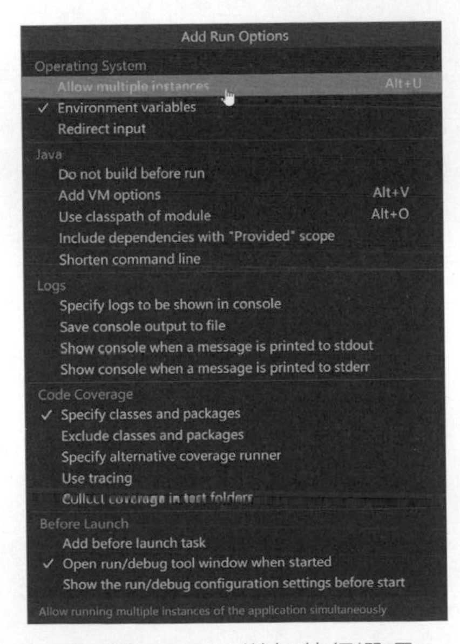

▲ 圖 18-15 增加執行選項

點擊“OK”按鈕結束設定。

之後讀者可以先執行多個 Worker 實例，再執行 NewTask 進行測試。

18.5.3 發佈 / 訂閱

工作佇列模式是每個任務都只交付給一個工作者，而發佈 / 訂閱模式則是向多個消費者傳遞一筆訊息。

發佈 / 訂閱模式使用的交換器類型是 fanout。圖 18-16 展示了發佈 / 訂閱模式。

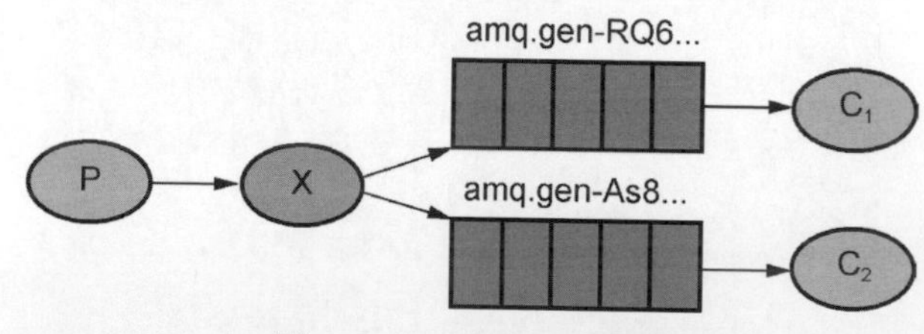

▲ 圖 18-16 發佈 / 訂閱模式

發佈 / 訂閱模式的應用場景包括：群聊天、廣告等。

在這個案例中，建構一個簡單的日誌系統，生產者發出日誌訊息，消費者接收並列印訊息。在這個日誌系統中，每個執行的消費者實例都將獲得日誌訊息，透過這種方式，一個消費者可以接收日誌訊息並定向到磁碟上，另一個消費者可以接收日誌訊息並在螢幕上列印輸出。實際上，生產者發佈的日誌訊息將被廣播到所有的消費者。

生產者的程式如例 18-5 所示。

▼ 例 18-5 EmitLog.java

```
package com.sun.ch18.amqp.pubsub;

import com.rabbitmq.client.Channel;
import com.rabbitmq.client.Connection;
```

```
import com.rabbitmq.client.ConnectionFactory;

public class EmitLog {
    private static final String EXCHANGE_NAME = "logs";

    public static void main(String[] argv) throws Exception {
        ConnectionFactory factory = new ConnectionFactory();
        factory.setHost("localhost");
        try (Connection connection = factory.newConnection();
             Channel channel = connection.createChannel()) {
            // 宣告一個 fanout 類型的非自動刪除的、非持久化的交換器
            channel.exchangeDeclare(EXCHANGE_NAME, "fanout");

            String message = "info: Hello World!";
            // fanout 交換器將訊息路由到綁定到它的所有佇列，並且忽略路由鍵
            // 因此方法中不需要指定路由鍵
            channel.basicPublish(EXCHANGE_NAME, "",
                    null, message.getBytes("UTF-8"));
            System.out.println(" [x] Sent '" + message + "'");
        }
    }
}
```

消費者的程式如例 18-6 所示。

▼ 例 18-6 ReceiveLogs.java

```
package com.sun.ch18.amqp.pubsub;

import com.rabbitmq.client.Channel;
import com.rabbitmq.client.Connection;
import com.rabbitmq.client.ConnectionFactory;
import com.rabbitmq.client.DeliverCallback;

public class ReceiveLogs {
    private static final String EXCHANGE_NAME = "logs";

    public static void main(String[] argv) throws Exception {
```

```
        ConnectionFactory factory = new ConnectionFactory();
        factory.setHost("localhost");
        Connection connection = factory.newConnection();
        Channel channel = connection.createChannel();

        channel.exchangeDeclare(EXCHANGE_NAME, "fanout");
        // 建立一個非持久的、獨佔的、自動刪除的佇列，並自動生成一個佇列名稱
        // 在使用廣播路由時，通常會使用臨時佇列
        String queueName = channel.queueDeclare().getQueue();
        // 將佇列與 fanout 交換器綁定
        channel.queueBind(queueName, EXCHANGE_NAME, "");

        System.out.println(" [*] Waiting for messages. To exit press CTRL+C");

        DeliverCallback deliverCallback = (consumerTag, delivery) -> {
            String message = new String(delivery.getBody(), "UTF-8");
            System.out.println(" [x] Received '" + message + "'");
        };
        channel.basicConsume(queueName, true, deliverCallback, consumerTag -> { });
    }
}
```

讀者可以先執行 ReceiveLogs 的幾個實例，再執行 EmitLog，可以看到所有消費者都收到了訊息。

18.5.4 路由

上一個案例是將日誌訊息廣播給所有的接收者，下面仍以日誌系統為例，在路由模式下，根據日誌等級將日誌訊息發送給不同的接收者。

在這個案例中，使用的是 direct 類型的交換器，將路由鍵與綁定鍵完全匹配的訊息發送到對應的佇列。

圖 18-17 展示了路由模式。

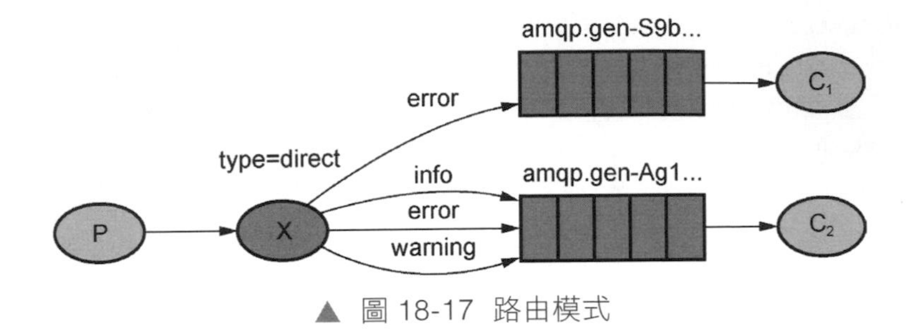

▲ 圖 18-17 路由模式

生產者的程式如例 18-7 所示。

▼ 例 18-7 EmitLogDirect.java

```
package com.sun.ch18.amqp.routing;

import com.rabbitmq.client.Channel;
import com.rabbitmq.client.Connection;
import com.rabbitmq.client.ConnectionFactory;

public class EmitLogDirect {
    private static final String EXCHANGE_NAME = "direct_logs";

    public static void main(String[] argv) throws Exception {
        ConnectionFactory factory = new ConnectionFactory();
        factory.setHost("localhost");
        try (Connection connection = factory.newConnection();
             Channel channel = connection.createChannel()) {
            // 宣告一個非自動刪除的、非持久化的 direct 類型的交換器
            channel.exchangeDeclare(EXCHANGE_NAME, "direct");

            String severity = getSeverity(argv);
            String message = getMessage(argv);

            channel.basicPublish(EXCHANGE_NAME, severity,
                    null, message.getBytes("UTF-8"));
            System.out.println(" [x] Sent '" + severity + "':'" + message + "'");
        }
    }
```

```
    private static String getSeverity(String[] strings) {
        if (strings.length < 1)
            return "info";
        return strings[0];
    }

    private static String getMessage(String[] strings) {
        if (strings.length < 2)
            return "Hello World!";
        return joinStrings(strings, " ", 1);
    }

    private static String joinStrings(String[] strings, String delimiter, int
startIndex) {
        int length = strings.length;
        if (length == 0) return "";
        if (length <= startIndex) return "";
        StringBuilder words = new StringBuilder(strings[startIndex]);
        for (int i = startIndex + 1; i < length; i++) {
            words.append(delimiter).append(strings[i]);
        }
        return words.toString();
    }
}
```

提醒讀者一下，可以在執行設定中增加程式參數。

消費者的程式如例 18-8 所示。

▼ 例 18-8 ReceiveLogsDirect.java

```
package com.sun.ch18.amqp.routing;

import com.rabbitmq.client.Channel;
import com.rabbitmq.client.Connection;
import com.rabbitmq.client.ConnectionFactory;
import com.rabbitmq.client.DeliverCallback;

public class ReceiveLogsDirect {
```

```
    private static final String EXCHANGE_NAME = "direct_logs";

    public static void main(String[] argv) throws Exception {
        ConnectionFactory factory = new ConnectionFactory();
        factory.setHost("localhost");
        Connection connection = factory.newConnection();
        Channel channel = connection.createChannel();

        channel.exchangeDeclare(EXCHANGE_NAME, "direct");
        String queueName = channel.queueDeclare().getQueue();

        if (argv.length < 1) {
            System.err.println("Usage: ReceiveLogsDirect [info] [warning] [error]");
            System.exit(1);
        }

        for (String severity : argv) {
            channel.queueBind(queueName, EXCHANGE_NAME, severity);
        }
        System.out.println(" [*] Waiting for messages. To exit press CTRL+C");

        DeliverCallback deliverCallback = (consumerTag, delivery) -> {
            String message = new String(delivery.getBody(), "UTF-8");
            System.out.println(" [x] Received '" +
                    delivery.getEnvelope().getRoutingKey() + "':'" + message + "'");
        };
        channel.basicConsume(queueName, true, deliverCallback, consumerTag -> { });
    }
}
```

提醒讀者一下，在執行消費者實例前，需要在執行設定中增加程式參數。

18.5.5 主題

主題模式使用 topic 交換器，由於 topic 交換器使用的路由鍵是由點號（.）分隔的單字清單，且可以使用兩個萬用字元（* 和 #），因此在需要根據多個條件進行路由時，topic 交換器能提供更多的靈活性。

下面繼續改進日誌系統。現在我們不僅想根據日誌等級訂閱日誌，還想根據發出日誌的裝置來訂閱日誌，日誌的路由鍵由兩個單字組成：<facility>.<severity>。

生產者的程式如例 18-9 所示。

▼ 例 18-9 EmitLogTopic.java

```
package com.sun.ch18.amqp.topic;

import com.rabbitmq.client.Channel;
import com.rabbitmq.client.Connection;
import com.rabbitmq.client.ConnectionFactory;

public class EmitLogTopic {
    private static final String EXCHANGE_NAME = "topic_logs";

    public static void main(String[] argv) throws Exception {
        ConnectionFactory factory = new ConnectionFactory();
        factory.setHost("localhost");
        try (Connection connection = factory.newConnection();
             Channel channel = connection.createChannel()) {
            // 宣告一個 topic 交換器
            channel.exchangeDeclare(EXCHANGE_NAME, "topic");

            String routingKey = getRouting(argv);
            String message = getMessage(argv);

            channel.basicPublish(EXCHANGE_NAME, routingKey, null, message.
getBytes("UTF-8"));
            System.out.println(" [x] Sent '" + routingKey + "':'" + message + "'");
        }
    }
    private static String getRouting(String[] strings) {
        if (strings.length < 1)
            return "anonymous.info";
        return strings[0];
    }
```

```
    private static String getMessage(String[] strings) {
        if (strings.length < 2)
            return "Hello World!";
        return joinStrings(strings, " ", 1);
    }

    private static String joinStrings(String[] strings, String delimiter, int
startIndex) {
        int length = strings.length;
        if (length == 0) return "";
        if (length < startIndex) return "";
        StringBuilder words = new StringBuilder(strings[startIndex]);
        for (int i = startIndex + 1; i < length; i++) {
            words.append(delimiter).append(strings[i]);
        }
        return words.toString();
    }
}
```

消費者的程式如例 18-10 所示。

▼ 例 18-10 ReceiveLogsTopic.java

```
package com.sun.ch18.amqp.topic;

import com.rabbitmq.client.Channel;
import com.rabbitmq.client.Connection;
import com.rabbitmq.client.ConnectionFactory;
import com.rabbitmq.client.DeliverCallback;

public class ReceiveLogsTopic {
    private static final String EXCHANGE_NAME = "topic_logs";

    public static void main(String[] argv) throws Exception {
        ConnectionFactory factory = new ConnectionFactory();
        factory.setHost("localhost");
        Connection connection = factory.newConnection();
        Channel channel = connection.createChannel();
```

```
        channel.exchangeDeclare(EXCHANGE_NAME, "topic");
        String queueName = channel.queueDeclare().getQueue();

        if (argv.length < 1) {
            System.err.println("Usage: ReceiveLogsTopic [binding_key]...");
            System.exit(1);
        }

        for (String bindingKey : argv) {
            channel.queueBind(queueName, EXCHANGE_NAME, bindingKey);
        }

        System.out.println(" [*] Waiting for messages. To exit press CTRL+C");

        DeliverCallback deliverCallback = (consumerTag, delivery) -> {
            String message = new String(delivery.getBody(), "UTF-8");
            System.out.println(" [x] Received '" +
                    delivery.getEnvelope().getRoutingKey() + "':'" + message + "'");
        };
        channel.basicConsume(queueName, true, deliverCallback, consumerTag -> { });
    }
}
```

讀者可以設定一些綁定鍵參數來啟動 ReceiveLogsTopic，例如，kern.*、*.critical。同樣，在啟動 EmitLogTopic 時，可以設定路由鍵參數和日誌訊息，例如，kern.critical、A critical kernel error。

18.5.6 RPC

RPC 的全稱是 Remote Procedure Call，即遠端程序呼叫，可以簡單理解為在遠端電腦上執行一個函式並等待結果。

在這個案例中，我們使用 RabbitMQ 建構一個 RPC 系統：一個用戶端和可伸縮的 RPC 伺服器，RPC 伺服器透過傳回費氏數列的計算結果來模擬一個虛擬的 RPC 服務。

1. 用戶端介面

在本例中，我們建立一個簡單的用戶端類別，它公開一個 call() 方法，該方法發送一個 RPC 請求並阻塞，直到收到 RPC 伺服器的響應。程式如下所示：

```
FibonacciRpcClient fibonacciRpc = new FibonacciRpcClient();
String result = fibonacciRpc.call("4");
System.out.println( "fib(4) is " + result);
```

2. 回呼佇列

一般來説，在 RabbitMQ 上實作 RPC 是很容易的。用戶端發送請求訊息，伺服器用響應訊息進行響應。為了接收響應，我們需要在請求中發送一個“回呼”佇列位址。在本例中，我們直接使用預設的獨佔佇列，程式如下所示：

```
callbackQueueName = channel.queueDeclare().getQueue();

BasicProperties props = new BasicProperties
                            .Builder()
                            .replyTo(callbackQueueName)
                            .build();

channel.basicPublish("", "rpc_queue", props, message.getBytes());
```

3. 連結 ID

如果為每個 RPC 請求都建立一個回呼佇列，這會非常低效。我們可以為每個用戶端都建立一個單獨的回呼佇列，但這也會出現一個問題，即在佇列收到響應時，如何區分響應屬於哪個請求。這可以透過使用 correlationId 屬性來解決，我們為每個請求都設定一個唯一的值，當在回呼佇列中接收到訊息時，查看該屬性，並與之前儲存的唯一值進行比較，就能確定接收到的響應是不是該請求的響應。

程式如下所示：

```
final String corrId = UUID.randomUUID().toString();

String replyQueueName = channel.queueDeclare().getQueue();
AMQP.BasicProperties props = new AMQP.BasicProperties
        .Builder()
        .correlationId(corrId)
        .replyTo(replyQueueName)
        .build();

// 發送訊息（向 RPC 伺服器請求遠端呼叫）
channel.basicPublish("", requestQueueName, props, message.getBytes("UTF-8"));

// 啟動一個消費者，等待接收 RPC 伺服器發回的響應訊息
String ctag = channel.basicConsume(replyQueueName, true, (consumerTag, delivery) -> {
    if (delivery.getProperties().getCorrelationId().equals(corrId)) {
        ...
    }
}, consumerTag -> {
});
```

4. 複習

本例的 RPC 模式如圖 18-18 所示。

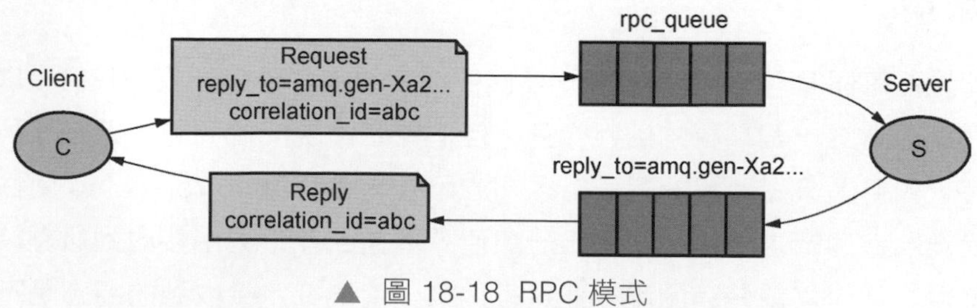

▲ 圖 18-18 RPC 模式

(1) 對於 RPC 請求，用戶端發送含有 replyTo 和 correlationId 兩個屬性的訊息，前者設定為專門為請求建立的匿名的獨佔佇列，後者設定為每個請求的唯一值。

(2) 請求被發送到 rpc_queue 佇列。

(3) RPC 伺服器等待佇列上的請求。當一個請求到來時，該伺服器執行工作任務（計算費氏數列），並使用 replyTo 欄位中的佇列將結果傳回用戶端。

(4) 用戶端等待應答佇列上的資料。當響應訊息到來時，用戶端檢查 correlationId 屬性，如果該屬性的值與請求中的值匹配，則將響應傳回給應用程式。

5. 完整程式

RPC 伺服器的程式如例 18-11 所示。

▼ 例 18-11 RPCServer.java

```
package com.sun.ch18.amqp.rpc;

import com.rabbitmq.client.*;

public class RPCServer {
    private static final String RPC_QUEUE_NAME = "rpc_queue";

    private static int fib(int n) {
        if (n == 0) return 0;
        if (n == 1) return 1;
        return fib(n - 1) + fib(n - 2);
    }

    public static void main(String[] argv) throws Exception {
        ConnectionFactory factory = new ConnectionFactory();
        factory.setHost("localhost");

        try (Connection connection = factory.newConnection();
             Channel channel = connection.createChannel()) {
            // 宣告一個非持久化的、非獨占的、非自動刪除的佇列
            channel.queueDeclare(RPC_QUEUE_NAME, false, false, false, null);
            // 清除指定佇列的內容
            channel.queuePurge(RPC_QUEUE_NAME);
```

```
// 平均分配負載
channel.basicQos(1);

System.out.println(" [x] Awaiting RPC requests");

Object monitor = new Object();
DeliverCallback deliverCallback = (consumerTag, delivery) -> {
    AMQP.BasicProperties replyProps = new AMQP.BasicProperties
            .Builder()
            .correlationId(delivery.getProperties().getCorrelationId())
            .build();

    String response = "";

    try {
        String message = new String(delivery.getBody(), "UTF-8");
        // 解析 RPC 用戶端發來的字串訊息
        int n = Integer.parseInt(message);

        System.out.println(" [.] fib(" + message + ")");
        // 計算費氏數列
        response += fib(n);
    } catch (RuntimeException e) {
        System.out.println(" [.] " + e.toString());
    } finally {
        // 向 RPC 用戶端發回響應
        channel.basicPublish("",
                delivery.getProperties().getReplyTo(),
                replyProps,
                response.getBytes("UTF-8"));
        channel.basicAck(delivery.getEnvelope().getDeliveryTag(), false);
        // RabbitMq consumer worker thread notifies the RPC server owner
thread
        synchronized (monitor) {
            monitor.notify();
        }
    }
};
// 啟動一個消費者，等待接收 RPC 用戶端發來的訊息（等待遠端呼叫）
```

```
            channel.basicConsume(RPC_QUEUE_NAME, false, deliverCallback, (consumerTag
-> { }));
            // Wait and be prepared to consume the message from RPC client.
            while (true) {
                synchronized (monitor) {
                    try {
                        monitor.wait();
                    } catch (InterruptedException e) {
                        e.printStackTrace();
                    }
                }
            }
        }
    }
}
```

RPC 用戶端的程式如例 18-12 所示。

▼ 例 18-12 RPCClient.java

```
package com.sun.ch18.amqp.rpc;

import com.rabbitmq.client.AMQP;
import com.rabbitmq.client.Channel;
import com.rabbitmq.client.Connection;
import com.rabbitmq.client.ConnectionFactory;

import java.io.IOException;
import java.util.UUID;
import java.util.concurrent.ArrayBlockingQueue;
import java.util.concurrent.BlockingQueue;
import java.util.concurrent.TimeoutException;

public class RPCClient implements AutoCloseable {
    private Connection connection;
    private Channel channel;
    private String requestQueueName = "rpc_queue";

    public RPCClient() throws IOException, TimeoutException {
```

```
        ConnectionFactory factory = new ConnectionFactory();
        factory.setHost("localhost");

        connection = factory.newConnection();
        channel = connection.createChannel();
    }

    public static void main(String[] argv) {
        try (RPCClient fibonacciRpc = new RPCClient()) {
            for (int i = 0; i < 32; i++) {
                String i_str = Integer.toString(i);
                System.out.println(" [x] Requesting fib(" + i_str + ")");
                String response = fibonacciRpc.call(i_str);
                System.out.println(" [.] Got '" + response + "'");
            }
        } catch (IOException | TimeoutException | InterruptedException e) {
            e.printStackTrace();
        }
    }

    public String call(String message) throws IOException, InterruptedException {
        final String corrId = UUID.randomUUID().toString();

        String replyQueueName = channel.queueDeclare().getQueue();
        AMQP.BasicProperties props = new AMQP.BasicProperties
                .Builder()
                .correlationId(corrId)
                .replyTo(replyQueueName)
                .build();

        // 發送訊息（向 RPC 伺服器請求遠端呼叫）
        channel.basicPublish("", requestQueueName, props, message.getBytes("UTF-8"));

        final BlockingQueue<String> response = new ArrayBlockingQueue<>(1);

        // 啟動一個消費者，等待接收 RPC 伺服器發回的響應訊息
        String ctag = channel.basicConsume(replyQueueName, true, (consumerTag,
delivery) -> {
            if (delivery.getProperties().getCorrelationId().equals(corrId)) {
```

```
                response.offer(new String(delivery.getBody(), "UTF-8"));
            }
        }, consumerTag -> {
        });

        String result = response.take();
        channel.basicCancel(ctag);
        return result;
    }

    public void close() throws IOException {
        connection.close();
    }
}
```

18.6 Spring Boot 對 RabbitMQ 的支援

Spring AMQP 專案將核心 Spring 概念應用於基於 AMQP 的訊息傳遞解決方案的開發。與很多的資料存取專案類似，Spring AMQP 專案也提供了一個範本，作為發送和接收訊息的高級抽象。此外，Spring AMQP 專案支援訊息驅動的 POJO。

Spring AMQP 由兩個模組組成：spring-amqp 和 spring-rabbit。spring-amqp 模組套件含 org.springframework.amqp.core 套件，在這個套件中，舉出了代表核心 AMQP 模型的介面與類別，其目的是提供不依賴於任何特定 AMQP 代理（broker）實作或用戶端函式庫的通用抽象。spring-rabbit 模組舉出了這些抽象的特定實作，即 RabbitMQ 實作。AMQP 是在協定層執行的，原則上，可以將 RabbitMQ 用戶端與支援相同協定版本的任何代理一起使用。

在 org.springframework.amqp.core 套件中舉出了 AmqpTemplate 介面，該介面定義了一組基本的 AMQP 操作方法，包括同步發送和接收方法。在 org.springframework.amqp.rabbit.core 套件中，舉出了 RabbitTemplate 類別，該類別實作了 AmqpTemplate 介面，用於簡化同步的 RabbitMQ 存取（發送和接收訊息）。

18.6.1 發送訊息

AmqpTemplate 介面中定義的發送訊息的方法如下。

- void send(Message message) throws AmqpException

  使用預設路由鍵向預設交換器發送訊息。

- void send(String routingKey, Message message) throws AmqpException

  使用指定的路由鍵向預設交換器發送訊息。

- void send(String exchange, String routingKey, Message message) throws AmqpException

  使用指定的路由鍵向指定的交換器發送訊息。

18.6.2 接收訊息

有兩種方式接收訊息，一種方式是使用輪詢方法呼叫，一次輪詢一筆訊息；另一種方式是使用 @RabbitListener 註釋註冊一個監聽器，以非同步方式接收訊息。

AmqpTemplate 介面中定義了接收訊息的方法 receive()，在預設情況下，如果沒有可用的訊息，則立即傳回 null，不會阻塞。在呼叫 receive() 方法時，可以設定一個逾時值（以毫秒為單位）以指定等待訊息的最長時間；小於零的值意味著無限期阻塞（或者至少直到與代理的連接遺失）。

receive() 方法有多個多載形式，如下所示。

- Message receive() throws AmqpException
- Message receive(String queueName) throws AmqpException
- Message receive(long timeoutMillis) throws AmqpException
- Message receive(String queueName, long timeoutMillis) throws AmqpException

在 AmqpTemplate 介面中還定義了 convertAndSend(Object) 和 receiveAndConvert() 方法，允許發送和接收 POJO 物件。

18.6.3 使用 Spring AMQP 實作六種應用模式

這一節，我們使用 Spring Boot 對 RabbitMQ 的支援來實作 18.5 節所介紹的六種應用模式，如果讀者還沒有建立專案，則可以新建一個 ch18 專案，在 Messaging 模組下引入 Spring for RabbitMQ 相依性。

接下來在設定檔 application.properties 中設定 RabbitMQ 的連接資訊，程式如例 18-13 所示。

▼ 例 18-13 application.properties

```
spring.rabbitmq.host=localhost
spring.rabbitmq.port=5672
spring.rabbitmq.username=guest
spring.rabbitmq.password=guest
```

要注意的是，當我們使用瀏覽器存取 RabbitMQ 伺服器時，使用的通訊埠編號是 15672，但在 Spring Boot 程式中連接 RabbitMQ 伺服器時，是透過 Java 訊息服務（Java Message Service，JMS）和 AMQP 進行發送和接收訊息的，所以連接的通訊埠編號是 5672。

接下來，我們開始實作六種應用模式，程式均在 com.sun.ch18.sb 套件下。

1. Simple

前面提到過，spring-amqp 模組舉出了代表核心 AMQP 模型的介面與類別，如 Exchange 介面、Queue 類別等，在 Spring Boot 程式中，可以透過設定類別的方式來建立交換器和佇列實例，並透過 @Bean 註釋將它們納入 Spring 容器管理中。

由於本例的 Simple 模式使用的是預設的 direct 交換器，因此只需要在設定類別中建立一個佇列就可以了。

在 com.sun.ch18.sb 套件下新建 config 子套件，在該子套件下新建 SimpleRabbitConfig 類別，程式如例 18-14 所示。

▼ 例 18-14 SimpleRabbitConfig.java

```
package com.sun.ch18.sb.config;

import org.springframework.amqp.core.Queue;
import org.springframework.context.annotation.Bean;
import org.springframework.context.annotation.Configuration;

@Configuration
public class SimpleRabbitConfig {
    private final static String QUEUE_NAME = "hello";

    @Bean
    public Queue helloQueue() {
        // 非持久化的、非獨占的、非自動刪除的佇列
        return new Queue(QUEUE_NAME, false);
    }
}
```

在 com.sun.ch18.sb 套件下新建 simple 子套件，在該子套件下新建 Sender 和 Recv 類別。Sender 類別的程式如例 18-15 所示。

▼ 例 18-15 Sender.java

```
package com.sun.ch18.sb.simple;

import org.springframework.amqp.core.AmqpTemplate;
import org.springframework.beans.factory.annotation.Autowired;
import org.springframework.stereotype.Component;

@Component
public class Sender {
    @Autowired
    private AmqpTemplate rabbitTemplate;

    public void send(String message) {
```

```
        rabbitTemplate.convertAndSend("hello", message);
        System.out.println(" [x] Sent '" + message + "'");
    }
}
```

Recv 類別採用非同步方式接收訊息，程式如例 18-16 所示。

▼ 例 18-16 Recv.java

```
package com.sun.ch18.sb.simple;

import org.springframework.amqp.rabbit.annotation.RabbitHandler;
import org.springframework.amqp.rabbit.annotation.RabbitListener;
import org.springframework.stereotype.Component;

@Component
@RabbitListener(queues = "hello")
public class Recv {
    @RabbitHandler
    public void process(String message) {
        System.out.println(" [x] Received '" + message + "'");
    }
}
```

在使用 @RabbitListener 註釋標注的類別中，透過使用 @RabbitHandler 註釋將一個方法標注為 Rabbit 訊息監聽器的目標。

最後可以撰寫一個測試類別 RabbitMQTest，測試訊息的發送和接收，程式如例 18-17 所示。

▼ 例 18-17 RabbitMQTest.java

```
package com.sun.ch18;

import com.sun.ch18.sb.simple.Sender;
import org.junit.jupiter.api.Test;
import org.springframework.beans.factory.annotation.Autowired;
import org.springframework.boot.test.context.SpringBootTest;
```

```
@SpringBootTest
public class RabbitMQTest {
    @Autowired
    private Sender sender;
    @Test
    public void simpleTest() {
        sender.send("Hello World!");
    }
}
```

可以看到，使用 Spring Boot 對 RabbitMQ 的支援來撰寫訊息發送和接收程式是非常簡單的。

2. 工作佇列

在工作佇列模式中，為了更有效地利用空閒的工作者（消費者），需要設定服務品質保證，讓代理在一個請求中向工作者發送一筆訊息。

從 Spring AMQP 2.0 版本開始，預設的 prefetch 值是 250，這將使消費者在大多數常見場景中保持忙碌狀態，從而提高輸送量，但這對於本例不適合。

設定 prefetch 的值有兩種方式，第一種方式是在 Spring Boot 的設定檔 application.properties 中進行設定，如下所示：

```
spring.rabbitmq.listener.simple.prefetch=1
```

第二種方式是設定一個名為 rabbitListenerContainerFactory 的 Bean，使用 SimpleRabbitListenerContainerFactory 來進行設定。

在 com.sun.ch18.sb.config 套件下新建 WorkQueueRabbitConfig 類別，設定名為 rabbitListenerContainerFactory 的 Bean，同時也設定佇列，程式如例 18-18 所示。

▼ 例 18-18 WorkQueueRabbitConfig.java

```
package com.sun.ch18.sb.config;

import org.springframework.amqp.core.Queue;
```

```
import org.springframework.amqp.rabbit.config.SimpleRabbitListener ContainerFactory;
import org.springframework.amqp.rabbit.connection.ConnectionFactory;
import org.springframework.context.annotation.Bean;
import org.springframework.context.annotation.Configuration;

@Configuration
public class WorkQueueRabbitConfig {
    private static final String TASK_QUEUE_NAME = "task_queue";

    @Bean
    public SimpleRabbitListenerContainerFactory rabbitListenerContainerFactory(
            ConnectionFactory connectionFactory) {
        SimpleRabbitListenerContainerFactory factory =
                new SimpleRabbitListenerContainerFactory();
        factory.setConnectionFactory(connectionFactory);
        factory.setPrefetchCount(1);
        return factory;
    }

    @Bean
    public Queue taskQueue() {
        // 持久化的、非獨占的、非自動刪除的佇列
        return new Queue(TASK_QUEUE_NAME);
    }
}
```

在 com.sun.ch18.sb 套件下新建 workqueue 子套件，在該子套件下新建 NewTask 和 Worker 類別。NewTask 類別的程式如例 18-19 所示。

▼ 例 18-19 NewTask.java

```
package com.sun.ch18.sb.workqueue;

import org.springframework.amqp.core.AmqpTemplate;
import org.springframework.amqp.core.MessageDeliveryMode;
import org.springframework.beans.factory.annotation.Autowired;
import org.springframework.stereotype.Component;
```

```
@Component
public class NewTask {
    @Autowired
    private AmqpTemplate rabbitTemplate;

    public void send(String message) {
        rabbitTemplate.convertAndSend("task_queue", message, msg -> {
            // 將訊息標記為持久的
            msg.getMessageProperties().setDeliveryMode (MessageDeliveryMode.
PERSISTENT);
            return msg;
        });
        System.out.println(" [x] Sent '" + message + "'");
    }
}
```

Worker 類別的程式如例 18-20 所示。

▼ 例 18-20 Worker.java

```
package com.sun.ch18.sb.workqueue;

import com.rabbitmq.client.Channel;
import org.springframework.amqp.core.Message;
import org.springframework.amqp.rabbit.annotation.RabbitListener;
import org.springframework.amqp.support.AmqpHeaders;
import org.springframework.messaging.handler.annotation.Header;
import org.springframework.stereotype.Component;

import java.io.IOException;

@Component
public class Worker {
    // @RabbitListenerh 註釋可直接用於方法，被標注的方法可以含有 Channel 類型的參數
    // concurrency = "3"，將啟動三個消費者（多執行緒方式），
    // concurrency 的值還可以是 "m-n" 形式的字串，
    // m 表示最少的消費者數量，n 表示最大的消費者數量
    // ackMode = "MANUAL"，設定手動確認訊息
```

```
    @RabbitListener(queues = "task_queue", concurrency = "3", ackMode = "MANUAL")
    public void process(Message message,
                        @Header(AmqpHeaders.DELIVERY_TAG) long deliveryTag,
                        Channel channel) throws IOException {
        String msg = new String(message.getBody());
        System.out.println(" [x] Received '" + msg + "'");
        try {
            // 模擬耗時操作
            Thread.sleep(500);
        } catch (InterruptedException e) {
            e.printStackTrace();
        } finally {
            System.out.println(" [x] Done");
            channel.basicAck(deliveryTag, false);
            // 如果不使用 @Header 註釋將 AmqpHeaders.DELIVERY_TAG 綁定到 deliveryTag 參數，
            // 也可以使用 message.getMessageProperties().getDeliveryTag() 來得到訊息的標籤
            //channel.basicAck(message.getMessageProperties(). getDeliveryTag(),
false);
        }
    }
}
```

最後，在 RabbitMQTest 類別中撰寫測試方法，測試工作佇列模式，程式如下所示。

```
@Autowired
private NewTask newTask;
@Test
public void workQueueTest() throws InterruptedException {
    for(int i = 0; i < 10; i ++) {
        String message = "hello " + i;
        newTask.send(message);
    }
    // 睡眠 10 秒鐘，讓消費者有充足的時間處理訊息
    Thread.sleep(10000);
}
```

3. 發佈 / 訂閱

發佈 / 訂閱模式使用的交換器類型是 fanout，我們先在設定類別中建立一個 fanout 類型的交換器。

在 com.sun.ch18.sb.config 套件下新建 PubSubRabbitConfig 類別，程式如例 18-21 所示。

▼ 例 18-21 PubSubRabbitConfig.java

```
package com.sun.ch18.sb.config;

import org.springframework.amqp.core.Exchange;
import org.springframework.amqp.core.FanoutExchange;
import org.springframework.context.annotation.Bean;
import org.springframework.context.annotation.Configuration;

@Configuration
public class PubSubRabbitConfig {
    private static final String EXCHANGE_NAME = "logs";

    @Bean
    public Exchange fanoutExchange() {
        // fanout 類型的非持久化的、非自動刪除的交換器
        return new FanoutExchange(EXCHANGE_NAME, false, false);
    }
}
```

不用建立佇列，使用臨時佇列即可。

在 com.sun.ch18.sb 套件下新建 pubsub 子套件，在該子套件下新建 EmitLog 和 ReceiveLogs 類別。EmitLog 類別的程式如例 18-22 所示。

▼ 例 18-22 EmitLog.java

```
package com.sun.ch18.sb.pubsub;

import org.springframework.amqp.core.AmqpTemplate;
```

```
import org.springframework.beans.factory.annotation.Autowired;
import org.springframework.stereotype.Component;

@Component
public class EmitLog {
    private static final String EXCHANGE_NAME = "logs";
    @Autowired
    private AmqpTemplate rabbitTemplate;
    public void send(String message) {
        rabbitTemplate.convertAndSend(EXCHANGE_NAME, "", message);
        System.out.println(" [x] Sent '" + message + "'");
    }
}
```

ReceiveLogs 類別的程式如例 18-23 所示。

▼ 例 18-23 ReceiveLogs.java

```
package com.sun.ch18.sb.pubsub;

import org.springframework.amqp.rabbit.annotation.Exchange;
import org.springframework.amqp.rabbit.annotation.Queue;
import org.springframework.amqp.rabbit.annotation.QueueBinding;
import org.springframework.amqp.rabbit.annotation.RabbitListener;
import org.springframework.stereotype.Component;

@Component
public class ReceiveLogs {
    private static final String EXCHANGE_NAME = "logs";

    @RabbitListener(bindings = {
            // 將臨時佇列綁定到 fanout 交換器
            @QueueBinding(
                // 建立一個非持久的、獨佔的、自動刪除的佇列，並自動生成一個佇列名稱。
                value = @Queue(durable = "false", exclusive = "true", autoDelete =
"true"),
                exchange = @Exchange(value = EXCHANGE_NAME, type = "fanout", durable =
"false"))})
    public void process1(String message) {
```

```
        System.out.printf(" [%s] Received '%s'%n",
                Thread.currentThread().getName(), message);
    }

    @RabbitListener(bindings = {
            @QueueBinding(
                value = @Queue(durable = "false", exclusive = "true", autoDelete =
"true"),
                exchange = @Exchange(value = EXCHANGE_NAME, type = "fanout", durable =
"false"))})
    public void process2(String message) {
        System.out.printf(" [%s] Received '%s'%n",
                Thread.currentThread().getName(), message);
    }
}
```

程式中使用兩次 @RabbitListener 註釋是為了生成兩個臨時佇列，將其都綁定到 fanout 交換器以便更好地觀察發佈 / 訂閱模式的效果。

最後，在 RabbitMQTest 類別中撰寫測試方法，測試發佈 / 訂閱模式，程式如下所示。

```
@Autowired
private EmitLog emitLog;
@Test
public void pubSubTest() {
    emitLog.send("Hello World!");
}
```

4. 路由

在路由模式中，使用的是 direct 類型的交換器，將路由鍵與綁定鍵完全匹配的訊息發送到對應的佇列。

我們先在設定類別中建立一個 direct 類型的交換器。在 com.sun.ch18.sb.config 套件下新建 RoutingRabbitConfig 類別，程式如例 18-24 所示。

▼ 例 18-24 RoutingRabbitConfig.java

```
package com.sun.ch18.sb.config;

import org.springframework.amqp.core.DirectExchange;
import org.springframework.amqp.core.Exchange;
import org.springframework.context.annotation.Bean;
import org.springframework.context.annotation.Configuration;

@Configuration
public class RoutingRabbitConfig {
    private static final String EXCHANGE_NAME = "direct_logs";

    @Bean
    public Exchange directExchange() {
        // direct 類型的非持久化的、非自動刪除的交換器
        return new DirectExchange(EXCHANGE_NAME, false, false);
    }
}
```

不用建立佇列，使用臨時佇列即可。

在 com.sun.ch18.sb 套件下新建 routing 子套件，在該子套件下新建 EmitLogDirect 和 ReceiveLogsDirect 類別。EmitLogDirect 類別的程式如例 18-25 所示。

▼ 例 18-25 EmitLogDirect.java

```
package com.sun.ch18.sb.routing;

import org.springframework.amqp.core.AmqpTemplate;
import org.springframework.beans.factory.annotation.Autowired;
import org.springframework.stereotype.Component;

@Component
public class EmitLogDirect {
    private static final String EXCHANGE_NAME = "direct_logs";

    @Autowired
```

```
    private AmqpTemplate rabbitTemplate;
    public void send(String severity, String message) {
        rabbitTemplate.convertAndSend(EXCHANGE_NAME, severity, message);
        System.out.println(" [x] Sent '" + severity + "':'" + message + "'");
    }
}
```

ReceiveLogsDirect 類別的程式如例 18-26 所示。

▼ 例 18-26 ReceiveLogsDirect.java

```
package com.sun.ch18.sb.routing;

import org.springframework.amqp.core.Message;
import org.springframework.amqp.rabbit.annotation.Exchange;
import org.springframework.amqp.rabbit.annotation.Queue;
import org.springframework.amqp.rabbit.annotation.QueueBinding;
import org.springframework.amqp.rabbit.annotation.RabbitListener;
import org.springframework.stereotype.Component;

@Component
public class ReceiveLogsDirect {
    private static final String EXCHANGE_NAME = "direct_logs";

    @RabbitListener(bindings = {
            // 將臨時佇列綁定到 direct 交換器
            @QueueBinding(
                // 建立一個非持久的、獨佔的、自動刪除的佇列，並自動生成一個佇列名稱
                value = @Queue(durable = "false", exclusive = "true", autoDelete =
"true"),
                // 預設是 direct 交換器
                exchange = @Exchange(value = EXCHANGE_NAME, durable = "false"),
                // 用於綁定的路由鍵
                key = "info")})
    public void process1(Message message) {
        String msg = new String(message.getBody());
        System.out.println(" [x] Received '" +
                message.getMessageProperties().getReceivedRoutingKey() + "':'" + msg
+ "'");
```

```
    }

    @RabbitListener(bindings = {
            @QueueBinding(
                value = @Queue(durable = "false", exclusive = "true", autoDelete =
"true"),
                exchange = @Exchange(value = EXCHANGE_NAME, durable = "false"),
                key = "error")})
    public void process2(Message message) {
        String msg = new String(message.getBody());
        System.out.println(" [x] Received '" +
                message.getMessageProperties().getReceivedRoutingKey() + "':'" + msg
+ "'");
    }
}
```

使用不同的路由鍵將兩個佇列綁定到 direct 交換器。

最後，在 RabbitMQTest 類別中撰寫測試方法，測試路由模式，程式如下所示。

```
@Autowired
private EmitLogDirect emitLogDirect;
@Test
public void routingTest() {
    emitLogDirect.send("info", "Hello World!");
    emitLogDirect.send("error", "A fatal error has occurred!");
}
```

5. 主題

主題模式使用 topic 交換器，路由鍵是由點號（.）分隔的單字清單，可以使用兩個特殊的萬用字元（* 和 #）。

在 18.5.5 節的主題模式案例中，宣告的佇列是伺服器命名的佇列。在這裡，我們修改一下，在設定類別中建立自己命名的佇列，並將它們與 topic 交換器進行綁定，而不再使用 @RabbitListener 註釋的 bindings 元素進行綁定。

在 com.sun.ch18.sb.config 套件下新建 TopicRabbitConfig 類別，程式如例 18-27 所示。

▼ 例 18-27 TopicRabbitConfig.java

```
package com.sun.ch18.sb.config;

import org.springframework.amqp.core.*;
import org.springframework.context.annotation.Bean;
import org.springframework.stereotype.Component;

@Component
public class TopicRabbitConfig {
    private static final String EXCHANGE_NAME = "topic_logs";
    private static final String QUEUE_NAME_A = "queue_a";
    private static final String QUEUE_NAME_B = "queue_b";

    @Bean
    public Queue queueA() {
        // 非持久化的、獨佔的、自動刪除的佇列
        return new Queue(QUEUE_NAME_A, false, true, true);
    }

    @Bean
    public Queue queueB() {
        // 非持久化的、獨佔的、自動刪除的佇列
        return new Queue(QUEUE_NAME_B, false, true, true);
    }

    @Bean
    public TopicExchange topicExchange() {
        // topic 類型的非持久化的、非自動刪除的交換器
        return new TopicExchange(EXCHANGE_NAME, false, false);
    }

    @Bean
    public Binding topicBinding1() {
        return new Binding(QUEUE_NAME_A,
                Binding.DestinationType.QUEUE,
```

```
                EXCHANGE_NAME,
                "kern.*",
                null);
    }

    @Bean
    public Binding topicBinding2() {
        return new Binding(QUEUE_NAME_B,
                Binding.DestinationType.QUEUE,
                EXCHANGE_NAME,
                "*.critical",
                null);
    }
}
```

在 com.sun.ch18.sb 套件下新建 topic 子套件，在該子套件下新建 EmitLogTopic 和 ReceiveLogsTopic 類別。EmitLogDirect 類別的程式如例 18-28 所示。

▼ 例 18-28 EmitLogDirect.java

```
package com.sun.ch18.sb.topic;

import org.springframework.amqp.core.AmqpTemplate;
import org.springframework.beans.factory.annotation.Autowired;
import org.springframework.stereotype.Component;

@Component
public class EmitLogTopic {
    private static final String EXCHANGE_NAME = "topic_logs";
    @Autowired
    private AmqpTemplate rabbitTemplate;

    public void send(String routingKey, String message) {
        rabbitTemplate.convertAndSend(EXCHANGE_NAME, routingKey, message);
        System.out.println(" [x] Sent '" + routingKey + "':'" + message + "'");
    }
}
```

ReceiveLogsToppic 類別的程式如例 18-29 所示。

▼ 例 18-29 ReceiveLogsToppic.java

```
package com.sun.ch18.sb.topic;

import org.springframework.amqp.core.Message;
import org.springframework.amqp.rabbit.annotation.RabbitListener;
import org.springframework.stereotype.Component;

@Component
public class ReceiveLogsTopic {
    private static final String QUEUE_NAME_A = "queue_a";
    private static final String QUEUE_NAME_B = "queue_b";

    @RabbitListener(queues = QUEUE_NAME_A)
    public void process1(Message message) {
        String msg = new String(message.getBody());
        System.out.println(" [x] Received '" +
                message.getMessageProperties().getReceivedRoutingKey() + "':'" + msg
+ "'");
    }

    @RabbitListener(queues = QUEUE_NAME_B)
    public void process2(Message message) {
        String msg = new String(message.getBody());
        System.out.println(" [x] Received '" +
                message.getMessageProperties().getReceivedRoutingKey() + "':'" + msg
+ "'");
    }
}
```

最後，在 RabbitMQTest 類別中撰寫測試方法，測試主題模式，程式如下所示。

```
@Autowired
private EmitLogTopic emitLogTopic;
@Test
```

```
public void topicTest() throws InterruptedException {
    emitLogTopic.send("kern.error","A kernel error");
    emitLogTopic.send("cron.critical","A cron error");
    Thread.sleep(2000);
}
```

6. RPC

在 RPC 模式中需要兩個佇列，一個是用戶端發送 RPC 請求使用的佇列，另一個是伺服器傳回響應使用的回呼佇列，我們在設定類別中建立這兩個佇列。

在 com.sun.ch18.sb.config 套件下新建 RPCRabbitConfig 類別，程式如例 18-30 所示。

▼ 例 18-30 RPCRabbitConfig.java

```
package com.sun.ch18.sb.config;

import org.springframework.amqp.core.Queue;
import org.springframework.context.annotation.Bean;
import org.springframework.context.annotation.Configuration;

@Configuration
public class RPCRabbitConfig {
    private static final String RPC_QUEUE_NAME = "rpc_queue";
    private static final String REPLY_QUEUE_NAME = "reply_queue";

    @Bean
    public Queue rpcQueue() {
        // 非持久化的、非獨占的、非自動刪除的佇列
        return new Queue(RPC_QUEUE_NAME, false, false, false);
    }

    public Queue replyQueue() {
        // 非持久化的、獨佔的、自動刪除的佇列
        return new Queue(RPC_QUEUE_NAME, false, true, true);
    }
}
```

本例使用預設的交換器，因此就不用設定了。

在 com.sun.ch18.sb 套件下新建 rpc 子套件，在該子套件下新建 RPCServer 和 RPCClient 類別。RPCServer 類別的程式如例 18-31 所示。

▼ 例 18-31 RPCServer.java

```
package com.sun.ch18.sb.rpc;

import com.rabbitmq.client.Channel;
import org.springframework.amqp.core.AmqpTemplate;
import org.springframework.amqp.core.Message;
import org.springframework.amqp.rabbit.annotation.RabbitListener;
import org.springframework.beans.factory.annotation.Autowired;
import org.springframework.stereotype.Component;

import java.io.IOException;

@Component
public class RPCServer {
    private static final String RPC_QUEUE_NAME = "rpc_queue";
    @Autowired
    private AmqpTemplate amqpTemplate;

    private int fib(int n) {
        if (n == 0) return 0;
        if (n == 1) return 1;
        return fib(n - 1) + fib(n - 2);
    }

    @RabbitListener(queues = RPC_QUEUE_NAME, ackMode = "MANUAL")
    public void process(Message message, Channel channel) throws IOException {
        // 清除指定佇列的內容
        channel.queuePurge(RPC_QUEUE_NAME);
        String response = "";
        try {
            String msg = new String(message.getBody());
            int n = Integer.parseInt(msg);
            //System.out.println(" [.] fib(" + msg + ")");
```

```
            response += fib(n);
        } catch (RuntimeException e) {
            System.out.println(" [.] " + e.toString());
        } finally {
            String correlationId = message.getMessageProperties(). getCorrelationId();
            // 向 RPC 用戶端發回響應
            amqpTemplate.convertAndSend(
                    message.getMessageProperties().getReplyTo(),
                    response, msg -> {
                        msg.getMessageProperties().setCorrelationId (correlationId);
                        return msg;
                    });
            channel.basicAck(message.getMessageProperties(). getDeliveryTag(), false);
        }
    }
}
```

RPCClient 類別的程式如例 18-32 所示。

▼ 例 18-32 RPCClient.java

```
package com.sun.ch18.sb.rpc;

import org.springframework.amqp.core.AmqpTemplate;
import org.springframework.amqp.core.Message;
import org.springframework.amqp.core.MessageBuilder;
import org.springframework.beans.factory.annotation.Autowired;
import org.springframework.stereotype.Component;

...

@Component
public class RPCClient {
    private static final String RPC_QUEUE_NAME = "rpc_queue";
    private static final String REPLY_QUEUE_NAME = "reply_queue";

    @Autowired
    private AmqpTemplate amqpTemplate;
```

```
    public String call(String msg) throws UnsupportedEncodingException,
InterruptedException {
        final String corrId = UUID.randomUUID().toString();
        Message message =
                MessageBuilder.withBody(msg.getBytes(StandardCharsets. UTF_8)).
build();
        message.getMessageProperties().setReplyTo(REPLY_QUEUE_NAME);
        message.getMessageProperties().setCorrelationId(corrId);
        Message result = amqpTemplate.sendAndReceive("", RPC_QUEUE_NAME, message);
        final BlockingQueue<String> response = new ArrayBlockingQueue<>(1);
        if(result.getMessageProperties().getCorrelationId(). equals(corrId)) {
            response.offer(new String(result.getBody(), "UTF-8"));
        }
        return response.take();
    }
}
```

最後，在 RabbitMQTest 類別中撰寫測試方法，測試 RPC 模式，程式如下所示。

```
@Autowired
private RPCClient rpcClient;
@Test
public void rpcTest() {
    for (int i = 0; i < 32; i++) {
        String i_str = Integer.toString(i);
        System.out.println(" [x] Requesting fib(" + i_str + ")");
        String response = null;
        try {
            response = rpcClient.call(i_str);
        } catch (UnsupportedEncodingException | InterruptedException e) {
            e.printStackTrace();
        }
        System.out.println(" [.] Got '" + response + "'");
    }
}
```

至此，使用 Spring AMOP 實作的六種應用模式就全部介紹完畢了，讀者可以和 18.5 節對照著學習。

18.7 延遲訊息佇列

購買商品需要提交訂單，在大多數場景下，訂單支付都有時間限制，如果到了時間還沒有支付，那麼該訂單就會被取消。這可以透過延遲訊息來實作，將訂單作為訊息延遲發佈，例如 15 分鐘才發佈，即將訂單訊息發佈到延遲訊息佇列，延遲佇列監聽器在 15 分鐘後收到訊息，判斷訂單是否已經支付，如果沒有支付，則取消訂單。

早期的 RabbitMQ 實作延遲訊息是透過混合使用 TTL 和死信交換器來實作的，當前較新版本的 RabbitMQ 提供了一個延遲訊息外掛程式，可以很方便地實作延遲訊息。

18.7.1 安裝延遲訊息外掛程式

讀者可自行下載延遲訊息外掛程式。

在延遲訊息外掛程式下載頁面找到 rabbitmq_delayed_message_exchange 進行下載，下載的檔案是一個副檔名為 .ez 的檔案，將該檔案放到 RabbitMQ 安裝目錄的 plugins 子目錄下，然後在命令提示視窗中進入 sbin 子目錄，執行下面的命令安裝延遲訊息外掛程式。

```
rabbitmq-plugins enable rabbitmq_delayed_message_exchange
```

可以透過 rabbitmq-plugins list 命令來查看所有已安裝的外掛程式。

18.7.2 訂單支付逾時處理案例

我們先撰寫一個訂單類別 Order，在 com.sun.ch18.sb 套件下新建 pojo 子套件，在該子套件下新建 Order 類別，程式如例 18-33 所示。

▼ 例 18-33 Order.java

```
package com.sun.ch18.sb.pojo;

import java.io.Serializable;

public class Order implements Serializable {
    private static final long serialVersionUID = 2283687342970765132L;
    private Integer id; // 訂單 ID
    private String name; // 訂單名稱
    private Boolean paid; // 支付狀態

    // 省略 getter() 和 setter() 方法，以及 toString() 方法
}
```

接下來新建一個設定類別，設定延遲訊息交換器和佇列。在 com.sun.ch18.sb.config 子套件下新建 DelayedRabbitConfig 類別，程式如例 18-34 所示。

▼ 例 18-34 DelayedRabbitConfig.java

```
package com.sun.ch18.sb.config;

import org.springframework.amqp.core.Binding;
import org.springframework.amqp.core.BindingBuilder;
import org.springframework.amqp.core.DirectExchange;
import org.springframework.amqp.core.Queue;
import org.springframework.context.annotation.Bean;
import org.springframework.context.annotation.Configuration;

import java.util.HashMap;
import java.util.Map;

@Configuration
public class DelayedRabbitConfig {
    private static final String DELAY_EXCHANGE_NAME = "delay_exchange";
    private static final String DELAY_QUEUE_NAME = "delay_queue";

    @Bean
```

```
    public Queue delayQueue() {
        // 持久化的、非獨占的、非自動刪除的佇列
        return new Queue(DELAY_QUEUE_NAME, true);
    }
    // 定義 direct 類型的延遲交換器
    @Bean
    DirectExchange delayExchange(){
        Map<String, Object> args = new HashMap<String, Object>();
        args.put("x-delayed-type", "direct");
        DirectExchange directExchange =
                new DirectExchange(DELAY_EXCHANGE_NAME, true, false, args);
        directExchange.setDelayed(true);
        return directExchange;
    }

    // 綁定延遲佇列與交換器
    @Bean
    public Binding delayBind() {
        return BindingBuilder.bind(
                delayQueue()).to(delayExchange()).with(DELAY_QUEUE_ NAME);
    }
}
```

在 com.sun.ch18.sb 套件下新建 delay 子套件，在該子套件下新建 OrderSender 類別和 PayTimeOutConsumer 類別，OrderSender 發送延遲訂單訊息，PayTimeOutConsumer 對支付逾時的訂單進行處理。

OrderSender 類別的程式如例 18-35 所示。

▼ 例 18-35 OrderSender.java

```
package com.sun.ch18.sb.delay;

import com.sun.ch18.sb.pojo.Order;
import org.springframework.amqp.core.AmqpTemplate;
import org.springframework.amqp.core.MessageDeliveryMode;
import org.springframework.beans.factory.annotation.Autowired;
import org.springframework.stereotype.Component;
```

```
import java.util.Date;

@Component
public class OrderSender {
    private static final String DELAY_EXCHANGE_NAME = "delay_exchange";
    private static final String DELAY_QUEUE_NAME = "delay_queue";

    @Autowired
    private AmqpTemplate rabbitTemplate;
    public void send(Order order) {
        rabbitTemplate.convertAndSend(
                DELAY_EXCHANGE_NAME, DELAY_QUEUE_NAME, order, message -> {
            message.getMessageProperties()
                    .setDeliveryMode(MessageDeliveryMode.PERSISTENT);
            // 指定訊息延遲的時長為 3 秒，以毫秒為單位
            message.getMessageProperties().setDelay(3000);
            return message;
        });
        System.out.println(" 當前時間是：" + new Date());
        System.out.println(" [x] Sent '" + order + "'");
    }
}
```

PayTimeOutConsumer 類別的程式如例 18-36 所示。

▼ 例 18-36 PayTimeOutConsumer.java

```
package com.sun.ch18.sb.delay;

import com.rabbitmq.client.Channel;
import com.sun.ch18.sb.pojo.Order;
import org.springframework.amqp.core.Message;
import org.springframework.amqp.rabbit.annotation.RabbitListener;
import org.springframework.stereotype.Component;

import java.io.IOException;
import java.util.Date;
```

```
@Component
public class PayTimeOutConsumer {
    private static final String DELAY_QUEUE_NAME = "delay_queue";
    @RabbitListener(queues = DELAY_QUEUE_NAME, ackMode = "MANUAL")
    public void process(Order order, Message message, Channel channel) throws
IOException {
        System.out.println("[consumer] 當前時間是：" + new Date());
        if(!order.getPaid()) {
            try {
                System.out.printf("訂單 [%d] 支付逾時 %n", order.getId());
                System.out.println("開始取消訂單 ......");
                channel.basicAck(message.getMessageProperties(). getDeliveryTag(),
false);
                System.out.println("訂單取消完畢 ");
            } catch (Exception e) {
                System.out.println("逾時訂單取消失敗：" + e.getMessage());
                channel.basicReject(message.getMessageProperties(). getDeliveryTag(),
false);
            }
        }
    }
}
```

最後，在 RabbitMQTest 類別中撰寫測試方法，測試逾時訂單訊息的接收與取消，程式如下所示。

```
@Autowired
private OrderSender orderSender;
@Test
public void delayedMessageTest() throws InterruptedException {
    Order order = new Order();
    order.setId(888);
    order.setName("《Java 無難事》訂單 ");
    order.setPaid(false);

    orderSender.send(order);
    Thread.sleep(5000);
}
```

執行測試方法後，在控制台視窗中查看相差的秒數，可以看到訂單訊息是在發送 3 秒後被接收並處理的。

18.8 小結

本章介紹了 AMOP 協定與 RabbitMQ 中介軟體，在開發中可以直接使用 RabbitMQ 的 Java 用戶端 API，也可以使用 Spring Boot 為 AMOP 和 RabbitMQ 提供的增強 API，以簡化訊息系統的開發。當然，作為一個訊息中介軟體，無論是 RabbitMQ 的 Java 用戶端 API，還是 Spring AMQP，內容都不僅限於本章介紹的這些知識，在實際專案開發中，還要根據具體的應用場景進一步學習。

第 19 章

整合 Elasticsearch，提供搜尋服務

Elasticsearch 是一個基於 Lucene 的搜尋伺服器，它提供了一個分散式多使用者能力的全文檢索搜尋引擎，基於 RESTful Web 介面。Elasticsearch 是用 Java 語言開發的，並作為 Apache 許可條款下的開放原始程式發佈，是一種流行的企業級搜尋引擎。Elasticsearch 用於雲端運算中，能夠即時搜尋，具有穩定、可靠、安裝快速和使用方便的特點。

19.1 Elasticsearch 的下載與安裝

這一節，我們將安裝 Elasticsearch 搜尋伺服器，以及 Elasticsearch 叢集的 Web 前端。

19.1.1 安裝 Elasticsearch

可以去 Elasticsearch 的官網下載 Elasticsearch，在寫作本書時，Elasticsearch 的最新版本是 8.1.1，從 8.0 版本開始，Elasticsearch 就加強了安全性，目前的 Spring Boot 版本（2.6.x）還不支援 Elasticsearch 8.x 版本，因此需要下載 Elasticsearch 8.0 以下的版本，本書使用的是 Elasticsearch 7.16.3 版本。

我們下載的是 Windows 版本的 Elasticsearch，在下載完畢後，進入安裝目錄的 bin 子目錄，執行 elasticsearch.bat 檔案，在啟動成功後開啟瀏覽器，存取 http://localhost:9200/，如果看到如下所示的 JSON 腳本，就代表啟動成功了。

```
{
  "name" : "MSI",
  "cluster_name" : "elasticsearch",
  "cluster_uuid" : "4XfxSj70TeuItMZEv-CIUQ",
  "version" : {
    "number" : "7.16.3",
    "build_flavor" : "default",
    "build_type" : "zip",
    "build_hash" : "4e6e4eab2297e949ec994e688dad46290d018022",
    "build_date" : "2022-01-06T23:43:02.825887787Z",
    "build_snapshot" : false,
    "lucene_version" : "8.10.1",
    "minimum_wire_compatibility_version" : "6.8.0",
    "minimum_index_compatibility_version" : "6.0.0-beta1"
  },
  "tagline" : "You Know, for Search"
}
```

19.1.2 安裝 Web 前端 elasticsearch-head

如果只安裝了 Elasticsearch，則只能透過介面去查詢資料，這不是很方便，為此我們安裝一個 Elasticsearch 叢集的 Web 前端，這樣可以透過圖形化的方式去查詢資料。

讀者可自行下載 Web 前端 elasticsearch-head。我們選擇以前端程式的方式執行 elasticsearch-head，安裝步驟如下所示：

```
git clone git://github.com/mobz/elasticsearch-head.git #下載前端程式
cd elasticsearch-head
npm install  # 安裝相依性函式庫
npm run start # 執行伺服器
```

執行完上述命令後，可以開啟瀏覽器存取 http://localhost:9100。

要注意的是，這上述步驟中，需要讀者的電腦上有 Git 工具、Node.js 環境和 npm 工具（Node.js 已經整合了 npm，只要安裝了 Node.js，也就一併安裝好 npm 了）。

可透過下面的命令查看是否正確安裝 Git、Node.js 和 npm

```
git --version
node -v
npm -v
```

19.1.3 設定允許跨域

由於前端程式 elasticsearch-head 執行在獨立的內建伺服器上，當存取 Elasticsearch 時存在跨域問題，所以需要在 Elasticsearch 的設定檔中設定允許跨域。Elasticsearch 位於安裝目錄的 config 子目錄下，檔案名稱為 elasticsearch.yml，編輯該檔案，在檔案尾端增加下面的允許跨域設定命令。

```
http.cors.enabled: true
http.cors.allow-origin: "*"
```

分別啟動 Elasticsearch 和 elasticsearch-head 前端程式，開啟瀏覽器，存取 http://localhost:9100，可以看到如圖 19-1 所示的介面。

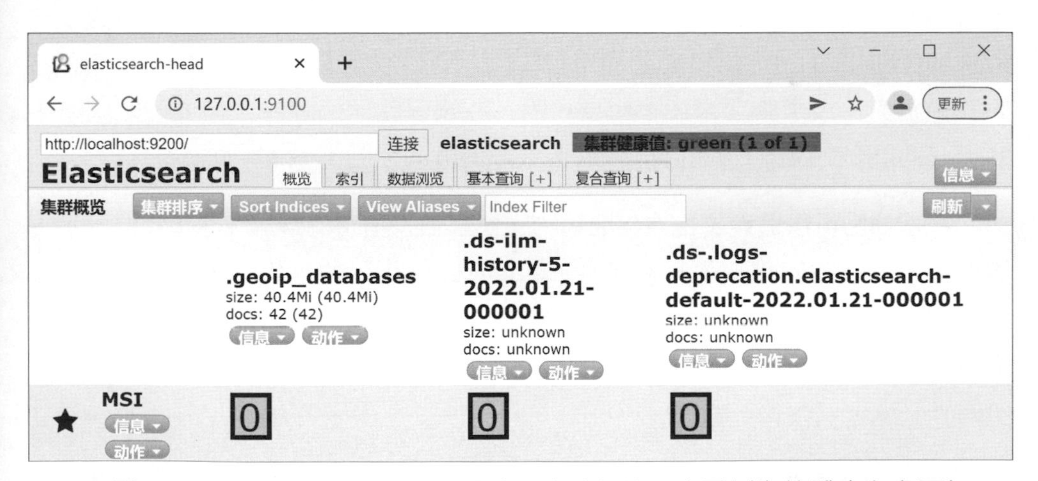

▲ 圖 19-1 elasticsearch-head 前端程式（編按：本圖例為簡體中文介面）

19.2 Elasticsearch 的基本概念

掌握 Elasticsearch 的基本概念，有助於更好地學習和掌握 Elasticsearch。

1. 叢集（cluster）

一個叢集由一個或多個節點組織在一起，這些節點共同持有整個的資料，並一起提供索引和搜尋功能。一個叢集有一個唯一的名稱標識，預設的名稱是“elasticsearch”。叢集的名稱是很重要的，因為一個節點只能透過指定某個叢集的名稱，來加入這個叢集。在開發與測試時可以直接使用預設值，而在產品環境中顯性地設定名稱是一個好的習慣。

2. 節點（node）

一個節點是一個 Elasticsearch 的執行實例，作為叢集的一部分。節點儲存資料，並參與叢集的索引、搜尋和分析功能。與叢集類似，節點也是透過名稱來標識的，在預設情況下，節點名稱是在啟動時隨機分配給節點的通用的唯一識別碼（UUID）。如果不希望使用預設值，則可以定義所需的所有節點名稱。節點名稱對於叢集管理來説很重要，因為在這個管理過程中，需要確定網路中的哪些伺服器對應於 Elasticsearch 叢集中的哪些節點。

一個節點可以透過設定叢集名稱的方式來加入指定的叢集。在預設情況下，每個節點都會被安排加入一個名為“elasticsearch”的叢集中，這意味著，如果在網路中啟動了若干個節點，並假設它們能夠彼此發現，那麼它們將會自動形成並加入一個名為“elasticsearch”的叢集中。

在單一叢集中，可以有任意多個節點。如果在當前網路中沒有任何 Elasticsearch 節點執行，這時啟動一個節點，會預設建立並加入一個名為“elasticsearch”的新的單節點叢集。

注意：在一台伺服器上可以執行多個 Elasticsearch 實例，節點並不等於伺服器。

3. 索引（index）

索引是擁有相似特徵的文件的集合，例如，可以有一個客戶資料的索引，一個產品目錄的索引，以及一個訂單資料的索引。一個索引由一個名稱來標識（必須全部是小寫字母），當我們對索引中的文件進行索引、搜尋、更新和刪除的時候，都要使用到這個名稱。索引類似於關聯式資料庫中 Database 的概念。在一個叢集中，可以定義任意多的索引。

4. 文件（document）

文件是可被索引的基礎資訊單元，當一個文件被儲存時，也會被編入索引。文件以 JSON（Javascript Object Notation）格式來表示。

索引可以看作文件的最佳化集合，每個文件都是欄位的集合，欄位是包含資料的鍵 - 值對。

文件類似於關聯式資料庫中 Record 的概念。實際上一個文件除了使用者定義的資料外，還包括 _index、_type 和 _id 欄位。

5. 分片（shards）

實際上，Elasticsearch 索引只是一個或多個物理分片的邏輯分組，其中每個分片都是一個自包含的索引。透過將索引中的文件分佈在多個分片中，並將這些分片分佈在多個節點上，來確保 Elasticsearch 的容錯，這既可以防止硬體故障，又可以在節點增加到叢集時增加查詢容量。隨著叢集的增長（或收縮），Elasticsearch 會自動遷移分片以重新平衡叢集。

分片的數量只能在索引建立前指定，在索引建立後不能更改。

6. 副本（replicas）

有兩種類型的分片：主分片和副本分片，索引中的每個文件都屬於一個主分片，副本分片是主分片的拷貝。副本分片提供了資料的容錯拷貝，以防止硬體故障，並增加了服務讀取請求（如搜尋或檢索文件）的容量。

索引中主分片的數量在建立索引時是固定的，但副本分片的數量可以隨時更改，且不會中斷索引或查詢操作。

副本分片的作用：一是提高了系統的容錯性，當某個節點某個分片損壞或遺失時可以從副本中恢復；二是提高了 Elasticsearch 的查詢效率，Elasticsearch 會自動對搜尋請求進行負載平衡。

19.3 Spring Boot 對 Elasticsearch 的支援

Spring Boot 透過 Spring Data Elasticsearch 專案將 Spring 的核心概念應用到使用 Elasticsearch 搜尋引擎的解決方案開發中，該專案提供了範本和儲存庫，具體如下。

- 範本

範本作為儲存、搜尋、排序文件和建構聚合的高級抽象，在 Spring Data Elasticsearch 4.0 之前使用的是 ElasticsearchTemplate 類別，而該類別在 4.0 版本中被廢棄了，取而代之的是 ElasticsearchRestTemplate 類別。

- 儲存庫

允許使用者透過定義具有自訂方法名稱的介面來表達查詢。Spring Data Elasticsearch 中舉出了一個 ElasticsearchRepository 介面，該介面繼承自 PagingAndSortingRepository 介面，也就是說，存取索引資料可以如同使用 JPA 存取資料庫一樣便利。

19.3.1 映射註釋

可以使用註釋將物件映射到文件。

1. @Document 註釋

@Document 註釋應用於類別等級，可標識要持久化到 Elasticsearch 的域物件。該註釋主要的元素如下所示。

- indexName

  在儲存實體的索引的名稱時該元素是必需的，其值可以是 SpEL 範本運算式，例如，log-#{T(java.time.LocalDate).now().toString()}" 。

- createIndex

  設定是否在儲存庫啟動時建立索引，預設值為 true。

- versionType

  版本管理設定，預設值為 Document.VersionType.EXTERNAL。

2. @Setting 註釋

@Setting 註釋應用於類別等級上，可設定索引的詳細資訊。該註釋的主要元素如下所示。

- indexStoreType

  索引的儲存類型，預設值是“fs” 。

- replicas

  索引的副本數量，預設值是 1。

- settingPath

  設定檔的路徑。可以使用 JSON 檔案對 Elasticsearch 進行一些設定，然後在這裡舉出檔案路徑。

- shards

  索引的分片數量，預設值是 1。

3. @Id 註釋

@Id 註釋應用於欄位等級，標記用於標識目的的欄位，是由 Spring Data Commons 專案舉出的。

4. @Transient 註釋

在預設情況下儲存或檢索文件時，實體的所有欄位都映射到文件，可以使用 @Transient 註釋來排除某個欄位。@Transient 註釋是由 Spring Data Commons 專案舉出的。

5. @Field 註釋

@Field 註釋應用於欄位等級並定義欄位的屬性。該註釋主要的元素如下所示。

- name

  在文件中儲存欄位的名稱。如果沒有指定該元素，則使用 Java 欄位名稱。

- type

  欄位類型。該元素的值是 FieldType 列舉值，如 FieldType.Text、FieldType.Keyword、FieldType.Long、FieldType.Integer、FieldType.Date、FieldType.Binary 等。該元素的預設值是 FieldType.Auto。

- format

  一個或多個內建日期格式。預設值為 DateFormat.date_optional_time（yyyy-MM-dd’T’HH:mm:ss.SSSZ）和 DateFormat.epoch_millis（自紀元以來的毫秒數）。

- pattern

  一個或多個自訂日期格式。

- store

  原始欄位值是否應該儲存在 Elasticsearch 中的標識，預設值是 false。

- analyzer

  建立索引時使用的分詞器的名稱。

- searchAnalyzer

  在預設情況下，建立索引和搜尋使用的是同一個分詞器，可以透過該元素來設定搜尋時用的分詞器。

6. @ValueConverter 註釋

@ValueConverter 註釋用於實體的屬性上，定義一個值轉換器，該轉換器可以將實體屬性轉換為 Elasticsearch 可以理解並傳回的類型。與註冊的 Spring Converter 不同，@ValueConverter 註釋只轉換被標注的屬性，而非給定類型的所有屬性。

19.3.2 ElasticsearchRestTemplate

Spring Data Elasticsearch 使用多個介面來定義針對 Elasticsearch 索引呼叫的操作，如下所示。

- IndexOperations

  定義了索引等級上的操作，比如建立或刪除索引。

- DocumentOperations

  定義了基於實體 ID 儲存、更新和檢索實體的操作。

- SearchOperations

  定義了使用查詢搜尋多個實體的操作。

- ElasticsearchOperations

  繼承自 DocumentOperations 和 SearchOperations 介面。

假設有如下的實體類別：

```
@Data
@ToString
public class Book {
    private Long id; // 主鍵
    private String title; // 書名
```

```
    private String author; // 作者
    private String bookConcern; // 出版社
    private Date publishDate;  // 出版日期
    private Float price; // 價格
}
```

要將實體儲存到某個索引中，程式如下所示：

```
@Autowired
private DocumentOperations documentOperations;

@Test
public void saveBook() throws ParseException {
    Book book = new Book();
    book.setId(1L);
    book.setTitle("Vue.js 3.0 從入門到實戰 ");
    book.setBookConcern(" 中國水利水電出版社 ");
    book.setAuthor(" 孫鑫 ");
    book.setPrice(98.80f);
    SimpleDateFormat sdf= new SimpleDateFormat("yyyy-MM-dd");
    book.setPublishDate(sdf.parse("2021-05-01"));
    documentOperations.save(article, IndexCoordinates.of("book"));
}
```

如果在實體類別 Book 上使用了 @Document 註釋，程式如下所示：

```
@Document(indexName = "book")
public class Book {
  ...
}
```

那麼在儲存實體時，無須舉出 IndexCoordinates 參數，程式如下所示：

```
documentOperations.save(book);
```

另一種建立索引並儲存物件的方式為：

```
Book book = new Book();
...
```

```
IndexQuery indexQuery = new IndexQueryBuilder()
        .withId(book.getId().toString())
        .withObject(book)
        .build();
documentOperations.index(indexQuery, IndexCoordinates.of("book"));
```

若根據 ID 值來查詢索引的物件，則可以使用下面的程式：

```
@Test
public void findById() {
    Long id = 1L;
    Book book = documentOperations
                .get(id.toString(), Book.class, IndexCoordinates.of("book"));
    System.out.println(book);
}
```

當使用 DocumentOperations 介面的方法檢索文件時，只傳回找到的實體；當使用 SearchOperations 介面的方法檢索文件時，還可以傳回實體的附加資訊。為了傳回實體的附加資訊，每個實體都被包裝在一個 SearchHit 物件中，該物件包含與該實體相關的附加資訊。這些 SearchHit 物件本身在一個 SearchHits 集合物件中傳回，該物件還包含關於整個搜尋的資訊，比如 maxScore 或請求的聚合。

在 SearchOperations 介面中幾乎所有方法都接受一個 Query 參數，該參數定義了要執行的搜尋查詢。Query 是一個介面，Spring Data Elasticsearch 為該介面舉出了三種實作：CriteriaQuery、StringQuery 和 NativeSearchQuery。

1. CriteriaQuery

基於 CriteriaQuery 的查詢允許建立查詢來搜尋資料，而不需要了解 Elasticsearch 查詢的語法或基礎知識，同時允許使用者透過簡單地連接和組合 Criteria 物件來建構查詢，這些物件指定搜尋文件必須滿足的條件。

我們看以下幾個案例。

(1) 查詢指定價格的圖書

```
@Autowired
private SearchOperations searchOperations ;
@Test
public void findByThePrice() {
    Criteria criteria = new Criteria("price").is(98.8);
    Query query = new CriteriaQuery(criteria);
    SearchHits<Book> searchHits = searchOperations
            .search(query, Book.class, IndexCoordinates.of("book"));
    searchHits.forEach(System.out::println);
}
```

(2) 查詢價格範圍內的圖書

```
@Test
public void findByPriceRange() {
    Criteria criteria = new Criteria("price").greaterThan(50.0).lessThan(200.0);
    Query query = new CriteriaQuery(criteria);
    SearchHits<Book> searchHits = searchOperations
            .search(query, Book.class, IndexCoordinates.of("book"));
    List<SearchHit<Book>> shList = searchHits.toList();
    for(SearchHit<Book> searchHit: shList) {
        System.out.println(searchHit.getContent());
    }
}
```

(3) 透過 and() 方法連接多個條件

```
@Test
public void findByTitleAndAuthor() {
    Criteria criteria = new Criteria("title").is("Vue.js 3.0 從入門到實戰 ")
            .and("author").is(" 孫鑫 ");
    Query query = new CriteriaQuery(criteria);
    SearchHits<Book> searchHits = searchOperations
            .search(query, Book.class, IndexCoordinates.of("book"));
    List<SearchHit<Book>> shList = searchHits.toList();
    for(SearchHit<Book> searchHit: shList) {
        System.out.println(searchHit.getContent());
```

```
    }
}
```

and() 方法建立一個新的 Criteria，並將其連接到第一個 Criteria。

(4) 嵌套子查詢

```
@Test
public void findSomeBooksByAuthor() {
    Criteria criteria = new Criteria("author").is(" 孫鑫 ")
            .subCriteria(
                    new Criteria().or("title").contains("vue")
                            .or("title").contains("VC")
            );
    Query query = new CriteriaQuery(criteria);
    SearchHits<Book> searchHits = searchOperations
            .search(query, Book.class, IndexCoordinates.of("book"));
    List<SearchHit<Book>> shList = searchHits.toList();
    for(SearchHit<Book> searchHit: shList) {
        System.out.println(searchHit.getContent());
    }
}
```

上述程式實作了查詢作者是“孫鑫”且圖書標題包含“vue”或者“VC”的所有圖書。

在實際應用中，我們通常使用 ElasticsearchRestTemplate 範本類別，該類別實作了 ElasticsearchOperations 介面。在 Spring Data Elasticsearch 4.0 之前使用的是 ElasticsearchTemplate，而在 4.0 版本中，該類別已被廢棄。

2. StringQuery

StringQuery 類別接受一個 Elasticsearch JSON 查詢字串作為參數。例如，下面的程式展示了搜尋作者為“孫鑫”的所有圖書的查詢。

```
@Test
public void findAllBooksByAuthor() {
    Query query = new StringQuery(
```

```
            "{ \"match\": { \"author\": { \"query\": \" 孫鑫 \" } } } ");
    SearchHits<Book> searchHits = searchOperations
            .search(query, Book.class, IndexCoordinates.of("book"));
    List<SearchHit<Book>> shList = searchHits.toList();
    for(SearchHit<Book> searchHit: shList) {
        System.out.println(searchHit.getContent());
    }
}
```

如果讀者熟悉 Elasticsearch 本身的搜尋查詢語法，且正好有 Elasticsearch 查詢可以使用，那麼使用 StringQuery 會比較合適。否則，不建議使用 StringQuery 類別。

3. NativeSearchQuery

當查詢比較複雜或者無法使用 Criteria API 來表達查詢時（例如在建構查詢和使用聚合時），那麼可以使用 NativeSearchQuery 類別，該類別允許使用來自 Elasticsearch 函式庫的所有不同的 QueryBuilder 實作，因此其被命名為 “native” 。

下面的程式展示了如何搜尋具有指定名字的人員，以及使用 terms() 方法對欄位進行分組來計算這些人員名字出現的次數。

```
NativeSearchQuery query = new NativeSearchQueryBuilder()
        .withAggregations(terms("lastnames").field("lastname").size(10))
        .withQuery(QueryBuilders.matchQuery("firstname", firstName))
        .build();

SearchHits<Person> searchHits = operations.search(query, Person.class);
```

19.3.3 ElasticsearchRepository

當使用 Spring Data Elasticsearch 儲存庫時，支援自動建立索引和撰寫映射。

@Document 註釋有一個參數 createIndex，如果將這個參數設定為 true（預設值就為 true），則 Spring Data Elasticsearch 在應用程式啟動時開啟儲存庫支援，以檢查是否存在由 @Document 註釋定義的索引。如果索引不存在，則建立索引，並且從實體的註釋衍生的映射將被寫入新建立的索引。要建立的索引的詳細資訊可以透過使用 @Setting 註釋來設定。

ElasticsearchRepository 介面繼承自 PagingAndSortingRepository 介面，其根介面 Repository 是一個標記介面，約定了根據方法名稱自動生成查詢的方式（參看 12.4.1 節），因此 ElasticsearchRepository 介面自然就獲得了根據方法名稱進行查詢的功能。

如果從方法名稱衍生的查詢不能滿足需求，則還可以使用 @Query 註釋訂製查詢，例如：

```
interface BookRepository extends ElasticsearchRepository<Book, String> {
    @Query("{\"match\": {\"title\": {\"query\": \"?0\"}}}")
    Page<Book> findByTitle(String title,Pageable pageable);
}
```

要注意，@Query 註釋參數的字串必須是有效的 Elasticsearch JSON 查詢。

儲存庫方法的傳回類型可以是以下類型，用於傳回多個元素。

- List<T>
- Stream<T>
- SearchHits<T>
- List<SearchHit<T>>
- Stream<SearchHit<T>>
- SearchPage<T>

下面按照以下步驟，撰寫一個實例，使用 Spring Data Elasticsearch 儲存庫實作文件索引的建立、查詢、更改和刪除。

Step1：準備專案

新建一個 Spring Boot 專案，專案名稱為 ch19，引入 Lombok 相依性和 Spring Web 相依性，在 NoSQL 模組中引入 Spring Data ElasticSearch (Access+ Driver) 相依性。

Step2：撰寫實體類別

在 com.sun.ch19 套件下新建 persistence.entity 子套件，在 entity 子套件下新建 Book 類別，程式如例 19-1 所示。

▼ 例 19-1　Book.java

```
package com.sun.ch19.persistence.entity;

import lombok.Data;
import lombok.ToString;
import org.springframework.data.annotation.Id;
import org.springframework.data.elasticsearch.annotations.Document;

import java.util.Date;

@Data
@ToString
@Document(indexName = "book")
public class Book {
    @Id
    private String id;
    private String title;
    private String author;
    private String bookConcern;
    private Date publishDate;
    private Float price;
}
```

要注意，id 屬性的類型必須是 String，也可以不增加 @Id 註釋。

Step3：撰寫持久層介面

在 persistence 套件下新建 repository 子套件，在該子套件下新建 BookRepository 介面，該介面從 ElasticsearchRepository 繼承，並增加兩個自訂查詢方法，程式如例 19-2 所示。

▼ 例 19-2 BookRepository.java

```
package com.sun.ch19.persistence.repository;

import com.sun.ch19.persistence.entity.Book;
import org.springframework.data.domain.Page;
import org.springframework.data.domain.Pageable;
import org.springframework.data.elasticsearch.annotations.Query;
import org.springframework.data.elasticsearch.repository.ElasticsearchRepository;

import java.util.List;

public interface BookRepository extends ElasticsearchRepository<Book, String> {
    /**
     * 透過圖書標題關鍵字模糊查詢圖書
     * @param title
     * @return
     */
    List<Book> findByTitleLike(String title);

    /**
     * 使用 @Query 註釋自訂分頁查詢
     * @param title
     * @return
     */
    @Query("{\"match\": {\"title\": {\"query\": \"?0\"}}}")
    Page<Book> findByTitleCustom(String title, Pageable pageable);
}
```

Step4：撰寫控制器

在 com.sun.ch19 套件下新建 controller 子套件，在該子套件下新建 BookController 類別，程式如例 19-3 所示。

▼ 例 19-3 BookController.java

```
package com.sun.ch19.controller;

...

@RestController
@RequestMapping("/book")
public class BookController {
    @Autowired
    private BookRepository bookRepository;

    @PostMapping
    public String saveBook(@RequestBody Book book) {
        Book resultBook = bookRepository.save(book);
        return resultBook.toString();
    }

    @PostMapping("/batch")
    public String saveBookBatch(@RequestBody List<Book> books) {
        bookRepository.saveAll(books);
        return "success";
    }

    @GetMapping("/{id}")
    public String getBookById(@PathVariable String id){
        Optional<Book> bookOptional = bookRepository.findById(id);
        if(bookOptional.isPresent())
            return bookOptional.get().toString();
        else
            return "參數錯誤";

    }

    @PutMapping
    public String updateBook(@RequestBody Book book) {
        Book resultBook = bookRepository.save(book);
        return resultBook.toString();
    }
```

```
    @DeleteMapping("/{id}")
    public String deleteBook(@PathVariable String id) {
        bookRepository.deleteById(id);
        return " 刪除成功 ";
    }

    @GetMapping("/search")
    public Object searchByTitle(String keyword){
        List<Book> students = bookRepository.findByTitleLike(keyword);
        return students;
    }

    @GetMapping("/search/custom")
    public Object searchByTitleCustom(@RequestParam String keyword){
        Pageable pageable = PageRequest.of(0, 5);
        Page<Book> page = bookRepository.findByTitleCustom(keyword, pageable);
        return page;
    }
}
```

Step5：使用 Postman 進行測試

啟動應用程式，使用 Postman 進行測試。提交圖書資訊，可以使用形如下面的資料：

```
{
    "title": "Vue.js 從入門到實戰 ",
    "author": " 孫鑫 ",
    "bookConcern": " 水利水電出版社 ",
    "publishDate": "2020-04-01",
    "price": 89.80
}
```

如果批次提交，可以使用形如下面的資料：

```
[
    {
        "title": "Vue.js 3.0 從入門到實戰 ",
```

```
        "author": " 孫鑫 ",
        "bookConcern": " 中國水利水電出版社 ",
        "publishDate": "2021-05-01",
        "price": 98.80
    },
    {
        "title": "Spring Boot 無難事 ",
        "author": " 孫鑫 ",
        "bookConcern": " 電子工業出版社 ",
        "publishDate": "2022-05-01",
        "price": 128.00
    }
]
```

圖書在建立索引時會自動生成類似“RunnRH8BihSXwKdKDl3j”這樣的字串 ID 值，因此在根據 ID 值查詢圖書時需要建構如下形式的 URL：

```
http://localhost:8080/book/R-nnRH8BihSXwKdKDl3j
```

當測試圖書更新時需要加上 ID 值，建構形如下面的資料：

```
{
    "id": "RunnRH8BihSXwKdKDl3j",
    "title": "Vue.js 從入門到實戰 ",
    "author": " 孫鑫 ",
    "bookConcern": " 中國水利水電出版社 ",
    "publishDate": "2020-05-01",
    "price": 68.80
}
```

根據關鍵字查詢圖書分別是如下兩個 URL：

```
http://localhost:8080/book/search?keyword=vue
http://localhost:8080/book/search/custom?keyword=spring
```

我們是根據 ID 來刪除圖書資訊的，因此測試刪除功能要建構如下形式的 URL：

```
http://localhost:8080/book/R-nnRH8BihSXwKdKDl3j
```

19.4 小結

本章簡介了流行的全文檢索搜尋引擎 Elasticsearch，並介紹了 Spring Boot 對 Elasticsearch 的支援。

第五篇 專案實戰篇

第 20 章 電子商場專案實戰

本章將以前後端分離的方式開發圖書電子商場的後端程式，後端程式分為分類別模組、圖書模組、評論模組和使用者模組。資料存取使用 MyBatis 框架，介面採用 RESTful 風格設計，安全性原則採用 Spring Security 來實作。專案並不複雜，但基本功能都有，可以幫助讀者更好地掌握 Spring Boot 的開發。

（編按：本章原始程式為簡體中文撰寫，為維持程式執行結果正確，本章圖例維持原書簡體中文介面）

20.1 資料庫設計

本章專案的資料庫資料表有圖書資料表、圖書分類資料表、評論資料表和使用者資料表，資料表結構如例 20-1 所示。

▼ 例 20-1 bookstore.sql

```
CREATE DATABASE IF NOT EXISTS 'sb_bookstore' DEFAULT CHARACTER SET utf8mb4 COLLATE
utf8mb4_0900_ai_ci,

USE 'sb_bookstore';

/* 'category' 資料表的結構 */
```

```
DROP TABLE IF EXISTS 'category';
CREATE TABLE 'category' (
  'id' smallint(6) NOT NULL AUTO_INCREMENT,
  'name' varchar(50) NOT NULL,
  'root' tinyint(1) DEFAULT NULL,
  'parent_id' smallint(6) DEFAULT NULL,
  PRIMARY KEY ('id'),
  KEY 'CATEGORY_PARENT_ID' ('parent_id'),
  CONSTRAINT 'CATEGORY_PARENT_ID' FOREIGN KEY ('parent_id') REFERENCES 'category'
('id')
) ENGINE=InnoDB;

/* 'books' 資料表的結構 */
DROP TABLE IF EXISTS 'books';
CREATE TABLE 'books' (
  'id' int(11) NOT NULL AUTO_INCREMENT,
  'title' varchar(50) NOT NULL,
  'author' varchar(50) NOT NULL,
  'book_concern' varchar(100)  NOT NULL COMMENT '出版社',
  'publish_date' date NOT NULL COMMENT '出版日期',
  'price' float(6,2) NOT NULL,
  'discount' float(3,2) DEFAULT NULL,
  'inventory' int(11) NOT NULL COMMENT '庫存',
  'brief' varchar(500) DEFAULT NULL COMMENT '簡介',
  'detail' text COMMENT '詳情',
  'category_id' smallint(6) DEFAULT NULL COMMENT '圖書分類，外鍵',
  'is_new' tinyint(1) DEFAULT NULL COMMENT '是否新書',
  'is_hot' tinyint(1) DEFAULT NULL COMMENT '是否熱門書',
  'is_special_offer' tinyint(1) DEFAULT NULL COMMENT '是否特價',
  'img' varchar(250) DEFAULT NULL COMMENT '圖書小圖片',
  'img_big' varchar(250) DEFAULT NULL COMMENT '圖書大圖片',
  'slogan' varchar(300) DEFAULT NULL COMMENT '圖書宣傳語',
  PRIMARY KEY ('id'),
  KEY 'FK_CATEGORY_ID' ('category_id'),
  KEY 'INDEX_TITLE' ('title'),
  CONSTRAINT 'FK_CATEGORY_ID' FOREIGN KEY ('category_id') REFERENCES 'category' ('id')
) ENGINE=InnoDB;
```

```
/* 'comment' 資料表的結構 */
DROP TABLE IF EXISTS 'comment';

CREATE TABLE 'comment' (
  'id' int(11) NOT NULL AUTO_INCREMENT,
  'content' varchar(1000) NOT NULL,
  'comment_date' datetime NOT NULL,
  'book_id' int(11) DEFAULT NULL,
  'username' varchar(50) NOT NULL,
  PRIMARY KEY ('id'),
  KEY 'FK_BOOK_ID' ('book_id'),
  CONSTRAINT 'FK_BOOK_ID' FOREIGN KEY ('book_id') REFERENCES 'books' ('id')
) ENGINE=InnoDB;



/* 'users' 資料表的結構 */
DROP TABLE IF EXISTS 'users';
CREATE TABLE 'users' (
  'id' int(11) NOT NULL AUTO_INCREMENT,
  'username' varchar(50) NOT NULL,
  'password' varchar(512) NOT NULL,
  'mobile' varchar(20) NOT NULL,
  'enabled'     tinyint(1) not null default '1',
  'locked'      tinyint(1) not null default '0',
  'roles'       varchar(500),
  PRIMARY KEY ('id'),
  UNIQUE KEY 'INDEX_USERNAME' ('username'),
  UNIQUE KEY 'INDEX_MOBILE' ('mobile')
) ENGINE=InnoDB;
```

該 SQL 指令檔位於本書原始程式碼目錄的 SQLScript 子目錄下，此外，也為讀者準備了一些樣本資料，檔案名稱為 bookstore_data.sql。

20.2 建立專案

新建一個 Spring Boot 專案，專案名稱為 ch20，在 Developer Tools 模組下引入 Spring Boot DevTools 和 Lombok 相依性；在 Web 模組下引入 Spring Web 相依性；在 Security 目錄下引入 Spring Security 相依性；在 SQL 模組下引入 MyBatis Framework 和 MySQL Driver 相依性。

讀者可以先在 POM 檔案中將 Spring Security 相依性註釋起來，等後面實作使用者模組時再應用該相依性，或者參照第 15 章做如下的安全設定。

```
package com.sun.ch20.config;

...

@EnableWebSecurity
public class WebSecurityConfig extends WebSecurityConfigurerAdapter {
    protected void configure(HttpSecurity http) throws Exception {
        http.authorizeRequests()
                .anyRequest().permitAll()
                .and()
                .csrf().disable();
    }
}
```

20.3 專案結構

本專案的專案結構如圖 20-1 所示。

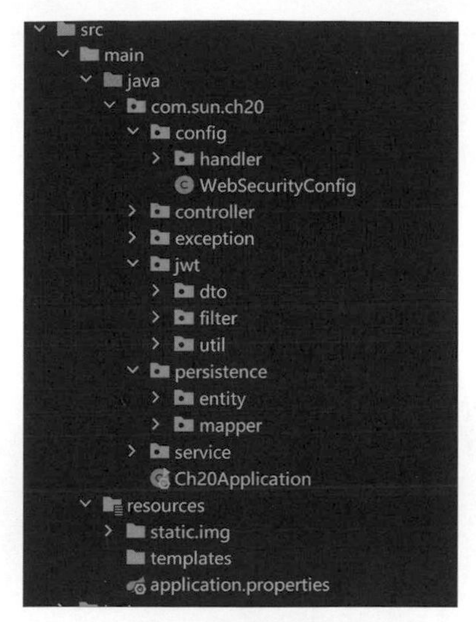

▲ 圖 20-1 專案結構

20.4 專案設定

編輯 application.properties 檔案，設定內容如例 20-2 所示。

▼ 例 20-2 application.properties

```
# 關閉啟動時的 Banner
spring.main.banner-mode=off

# 設定 MySQL 的 JDBC 驅動類別
spring.datasource.driver-class-name=com.mysql.cj.jdbc.Driver
# 設定 MySQL 的連接 URL
spring.datasource.url=jdbc:mysql://localhost:3306/sb_bookstore?useSSL=false&serverTime
zone=UTC
# 資料庫使用者名稱
spring.datasource.username=root
# 資料庫使用者密碼
spring.datasource.password=12345678

# 在預設情況下，執行所有 SQL 操作都不會列印日誌。在開發階段，為了便於排除錯誤可以設定日誌輸出
```

```
# com.sun.mybatis.persistence.mapper 是包含映射器介面的套件名稱
logging.level.com.sun.mybatis.persistence.mapper=DEBUG

# 啟用底線與駝峰式命名規則的映射（例如，book_concern => bookConcern）
mybatis.configuration.map-underscore-to-camel-case=true
```

專案中還有一些設定項，我們一步步來，在需要的時候再增加。

20.5 分類別模組

圖書分類別模組的前端頁面展示效果如圖 20-2 所示。

图书分类

Java EE

Servlet/JSP 应用服务器 MVC框架

程序设计

C/C++ Java C#

▲ 圖 20-2 圖書分類

分類查詢有一個不可避免的問題，就是後代分類的遞迴查詢問題。在前端顯示分類清單的時候，通常都是以樹狀或者層次的形式顯示的，所有根分類排在頂層，其次是二級分類、三級分類等。試想一下，若要一級一級地進行分類查詢將是多麼繁瑣的事情，當然我們也不能直接查詢出所有分類，然後再根據分類之間的父子關係去嵌套，這樣實作也很麻煩。資料庫分類資料表一般都採用自連接的形式，主外鍵在一張資料表中，因此需要設計一種查詢方式：在只查詢根分類的同時，所有根分類的後代分類也能被查詢出來，傳回給前端的是根分類的列表。

下面按照以下步驟開始實作分類別模組。

Step1：撰寫實體類別

在 com.sun.ch20 套件下新建 persistence.entity 子套件，在 entity 子套件下新建實體類別 Category，程式如例 20-3 所示。

▼ 例 20-3 Category.java

```
package com.sun.ch20.persistence.entity;

...

@Data
@ToString
@NoArgsConstructor
public class Category {
    private Integer id;              // 分類 ID
    private String name;             // 分類名字
    private Boolean root;            // 是否根分類
    private Integer parentId;        // 父分類 ID
    private List<Category> children; // 子分類列表
}
```

Step2：撰寫映射器

在 com.sun.ch20.persistence 套件下新建 mapper 子套件，在該子套件下新建 CategoryMapper 介面，程式如例 20-4 所示。

▼ 例 20-4 CategoryMapper.java

```
package com.sun.ch20.persistence.mapper;

...

@Mapper
public interface CategoryMapper {
    /**
     * 找到所有根分類及其後代分類
     * @return 根分類的列表
```

```
     */
    @Results(id="categoryMap", value = {
            @Result(id = true, property = "id", column="id"),
            @Result(property = "parentId", column="parent_id"),
            @Result(property = "children", column="id",
                    many = @Many(select = "findChildrenByParentId", fetchType =
FetchType.EAGER))
    })
    @Select("select * from category where root = 1")
    List<Category> findAll();

    /**
     * 查詢某個分類的所有子分類
     * @param parentId 父分類的 ID
     * @return 子分類列表
     */
    @ResultMap("categoryMap")
    @Select("select * from category where parent_id = #{parentId}")
    List<Category> findChildrenByParentId(int parentId);

    /**
     * 根據 ID 查詢某個分類
     * @param id 分類 ID
     * @return
     */
    @Results({
            @Result(id = true, property = "id", column="id"),
            @Result(property = "parentId", column="parent_id")
    })
    @Select("select id, name, root,  parent_id from category where id = #{id}")
    Category findById(int id);
}
```

Step3：撰寫服務層

在 com.sun.ch20 套件下新建 service 子套件，在該子套件下新建 CategoryService，程式如例 20-5 所示。

▼ 例 20-5 CategoryService.java

```
package com.sun.ch20.service;

...

@Service
public class CategoryService {
    @Autowired
    private CategoryMapper categoryMapper;

    public List<Category> getAllCategories() {
        return categoryMapper.findAll();
    }

    public List<Category> getChildrenByParent(int parentId){
        return categoryMapper.findChildrenByParentId(parentId);
    }

    public Category getCategoryById(int id) {
        return categoryMapper.findById(id);
    }
}
```

由於本專案中的分類別模組沒有更複雜的功能，所以服務層的程式具有重複工作的嫌疑，但這是一個良好的程式設計架構所需要的，對於後期擴充會很方便。

Step4：撰寫控制器

在 com.sun.ch20 套件下新建 controller 子套件，在該子套件下新建 CategoryController 類別，程式如例 20-6 所示。

▼ 例 20-6 CategoryController.java

```
package com.sun.ch20.controller;

...
```

```
@RestController
@RequestMapping("/category")
public class CategoryController {
    @Autowired
    private CategoryService categoryService;

    @GetMapping
    public ResponseEntity<BaseResult> getAllCategories(){
        List<Category> categories = categoryService.getAllCategories();
        DataResult<List<Category>> result = new DataResult<>();
        result.setCode(HttpStatus.OK.value());
        result.setMsg(" 成功 ");
        result.setData(categories);
        return ResponseEntity.ok(result);
    }

    @GetMapping("/{id}")
    public ResponseEntity<BaseResult> getCategoryById(@PathVariable int id){
        Category category = categoryService.getCategoryById(id);
        if(category != null) {
            DataResult<Category> result = new DataResult<>();
            result.setCode(HttpStatus.OK.value());
            result.setMsg(" 成功 ");
            result.setData(category);
            return ResponseEntity.ok(result);
        } else {
            BaseResult result = new BaseResult(HttpStatus.BAD_REQUEST.value(), " 參數不
合法 ");
            return ResponseEntity.status(HttpStatus.BAD_REQUEST).body(result);
        }
    }

    @GetMapping("/parent/{id}")
    public ResponseEntity<BaseResult> getChildrenByParent(@PathVariable int id){
        List<Category> categories = categoryService.getChildrenByParent(id);
        if(categories.size() > 0) {
            DataResult<List<Category>> result = new DataResult<>();
            result.setCode(HttpStatus.OK.value());
            result.setMsg(" 成功 ");
            result.setData(categories);
```

```
            return ResponseEntity.ok(result);
        } else {
            BaseResult result = new BaseResult(HttpStatus.BAD_REQUEST.value(), " 參數不
合法 ");
            return ResponseEntity.status(HttpStatus.BAD_REQUEST).body(result);
        }
    }
}
```

上述程式涉及的基礎知識在前面章節中均有說明，這裡就不再贅述了。

Step5：測試分類別模組

本專案是一個商場的後端程式，並沒有頁面，因此測試介面可以選擇 Postman 工具，讀者可以用 GET 請求存取以下 URL 進行測試：

```
http://localhost:8080/category
http://localhost:8080/category/1
http://localhost:8080/category/parent/1
```

20.6 圖書模組與評論模組

圖書需要提取熱門圖書、新書、查詢圖書等資訊。電子商場的商品數量很多，不適合一次性全部查詢，因此在查詢多本圖書時需要採用分頁查詢，主要有查詢某個分類下的所有圖書，以及透過關鍵字查詢圖書。

前端頁面的展示效果如圖 20-3 ～圖 20-7 所示。

热门推荐

VC++深入详解（第3版）￥150.60
Java编程思想 ￥54.00
C Primer Plus 第6版 ￥44.50
Servlet/JSP深入详解 ￥125.10

▲ 圖 20-3 熱門推薦

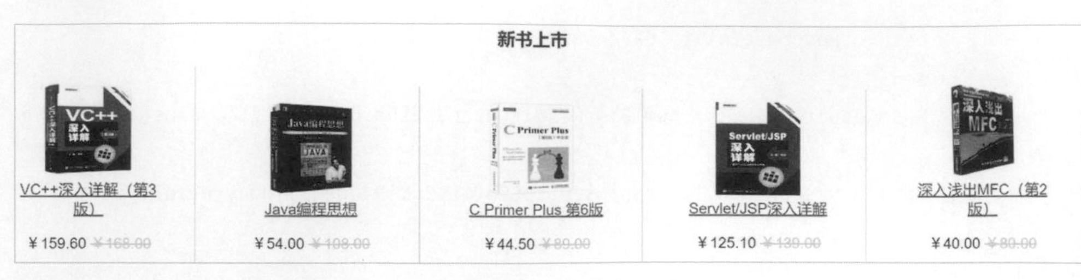

▲ 圖 20-4 新書上市

▲ 圖 20-5 圖書分類

▲ 圖 20-6 搜尋圖書

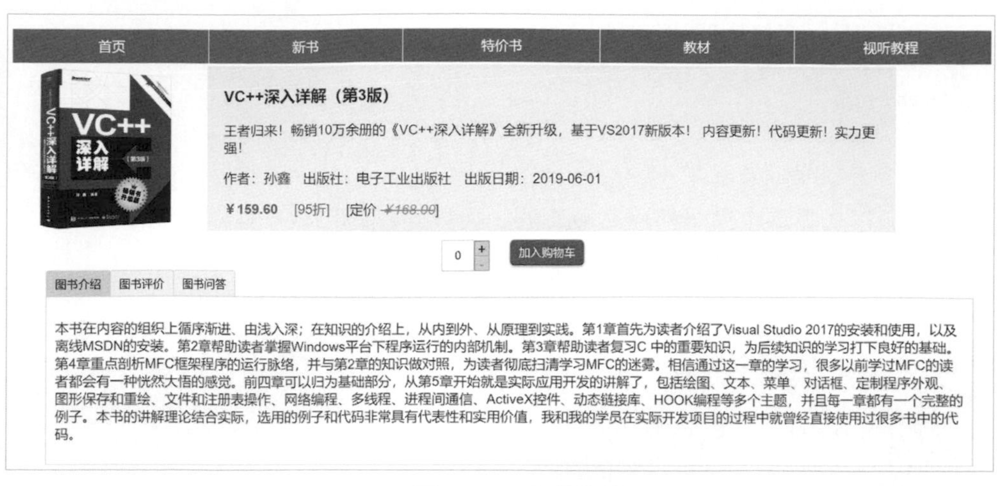

▲ 圖 20-7 圖書詳情

本專案中的評論模組基本上只有演示作用且功能很簡單，因此將其和圖書模組放在一起講解。前端頁面展示效果如圖 20-8 所示。

▲ 圖 20-8 圖書評論

下面按照以下步驟實作圖書模組和評論模組。

Step1：設定 MyBatis 分頁外掛程式

編輯 POM 檔案，增加以下相依性項：

```
<dependency>
    <groupId>com.github.pagehelper</groupId>
```

```
    <artifactId>pagehelper-spring-boot-starter</artifactId>
    <version>1.4.1</version>
</dependency>
```

這裡要提醒讀者的是，當選用最新的 Spring Boot 版本時，MyBatis 版本和分頁外掛程式版本也最好都選用最新的，否則可能會出現一些問題。

編輯 application.properties 檔案，為分頁外掛程式增加如下設定：

```
pagehelper.helperDialect=mysql
# 當啟用合理化時，如果 pageNum < 1，則會查詢第一頁。如果 pageName > pages，則會查詢最後一頁
pagehelper.reasonable=true
pagehelper.supportMethodsArguments=true
pagehelper.params=count=countSql
```

Step2：撰寫實體類別

圖書的資訊量很大，但是在很多場景中並不需要圖書的完整資訊，比如圖書列表、首頁圖書展示等。單本圖書的所有資訊展示頻率其實並不高，為了節省傳輸量，在設計實體類別的時候，可以設計一個包含基本資訊的 Book，再設計一個子類別 BookDetail，包含圖書的所有資訊，根據不同的場景，選擇傳回不同的圖書物件。

在 com.sun.ch20.persistence.entity 套件下新建 Book 類別，程式如例 20-7 所示。

▼ 例 20-7 Book.java

```
package com.sun.ch20.persistence.entity;

...

@Data
@ToString
@EqualsAndHashCode
@NoArgsConstructor
public class Book {
```

```
    private Integer id;              // 圖書 ID
    private String title;            // 圖書標題
    private String author;           // 圖書作者
    private Float price;             // 圖書價格
    private Float discount;          // 圖書折扣
    private String bookConcern;      // 出版社
    private String imgUrl;           // 圖書封面小圖 URL
    private String imgBigUrl;        // 圖書封面大圖 URL
    private LocalDate publishDate;   // 出版日期
    private String brief;            // 圖書簡介
    private Integer inventory;       // 圖書庫存
}
```

在 com.sun.ch20.persistence.entity 套件下新建 BookDetail 類別，從 Book 類別繼承，程式如例 20-8 所示。

▼ 例 20-8 BookDetail.java

```
package com.sun.ch20.persistence.entity;

...

@Data
@ToString
@EqualsAndHashCode
@NoArgsConstructor
public class BookDetail extends Book {
    private String detail;            // 圖書詳細介紹
    private Boolean newness;          // 是否新書
    private Boolean hot;              // 是否熱門圖書
    private Boolean specialOffer;    // 是否特價
    private String slogan;            // 圖書宣傳語
    private Category category;        // 圖書所屬分類
}
```

在實際專案中，讀者可以根據場景需要調整兩個類別的欄位。

在 com.sun.ch20.persistence.entity 套件下新建 Comment 類別，程式如例 20-9 所示。

▼ 例 20-9 Comment.java

```
package com.sun.ch20.persistence.entity;

...

@Data
@ToString
@NoArgsConstructor
public class Comment {
    private Integer id;                    // 評論 ID
    private String content;                // 評論內容
    private LocalDateTime commentDate;     // 評論時間
    private Book book;                     // 所屬圖書
    private String username;               // 評論使用者名稱
}
```

Step3：撰寫映射器

在 com.sun.ch20.persistence.mapper 套件下新建 BookMapper 介面，程式如例 20-10 所示。

▼ 例 20-10 BookMapper.java

```
package com.sun.ch20.persistence.mapper;

...

@Mapper
public interface BookMapper {
    /**
     * 獲取熱門圖書
     * @return 熱門圖書列表
     */
    @Results(id = "bookMap", value = {
            @Result(id = true, property = "id", column="id"),
            @Result(property = "imgUrl", column="img"),
            @Result(property = "imgBigUrl", column="img_big")
    })
```

```
    @Select("select id, title, author, price, discount, img, img_big, inventory from
books where is_hot = 1 ")
    List<Book> findBooksByHot();

    /**
     * 獲取所有新書
     * @return 新書列表
     */
    @ResultMap("bookMap")
    @Select("select id, title, author, price, discount, img, img_big, inventory from
books where is_new = 1 ")
    List<Book> findBooksByNew();

    /**
     * 根據圖書 ID 查詢圖書
     * @param id
     * @return 詳細的圖書物件
     */
    @Results(id = "bookDetailMap", value = {
            @Result(id = true, property = "id", column="id"),
            @Result(property = "imgUrl", column="img"),
            @Result(property = "imgBigUrl", column="img_big"),
            @Result(property = "newness", column="is_new"),
            @Result(property = "hot", column="is_hot"),
            @Result(property = "specialOffer", column="is_special_offer"),
            @Result(property = "category", column="category_id", one = @One(select
= "com.sun.ch20.persistence.mapper.CategoryMapper.findById", fetchType = FetchType.
EAGER))
    })
    @Select("select * from books where id = #{id}")
    BookDetail findById(int id);

    /**
     * 分頁查詢某個分類下的圖書
     * @param categoryId 分類 ID
     * @param pageNum 第幾頁
     * @param pageSize 每頁大小
     * @return 圖書列表
     */
```

```
    @ResultMap("bookMap")
    @Select("select id, title, author, price, discount, img, img_big, inventory, 
publish_date, book_concern, brief from books where category_id = #{categoryId} ")
    List<Book> findCategoryBooksByPage(int categoryId, @Param("pageNum")int pageNum, 
@Param("pageSize")int pageSize);

    /**
     * 根據搜尋關鍵字分頁查詢圖書
     * @param keyword 關鍵字
     * @param pageNum 第幾頁
     * @param pageSize 每頁大小
     * @return 圖書列表
     */
    @ResultMap("bookMap")
    @Select("select id, title, author, price, discount, img, img_big, inventory, 
publish_date, book_concern, brief from books where title like '%${keyword}%' ")
    List<Book> findKeywordBooksByPage(String keyword, @Param("pageNum")int pageNum, 
@Param("pageSize")int pageSize);

    /**
     * 獲取某個分類下的所有圖書
     * @param categoryId 分類 ID
     * @return 某個分類下的圖書列表
     */
    /*@ResultMap("bookMap")
    @Select("select id, title, author, price, discount, img, img_big, inventory, 
publish_date, book_concern, brief from books where category_id = #{categoryId} ")
    List<Book> findBooksByCategory(int categoryId);*/

    /**
     * 根據關鍵字模糊查詢所有圖書
     * @param keyword 關鍵字
     * @return 圖書列表
     */
    /*@ResultMap("bookMap")
    @Select("select id, title, author, price, discount, img, img_big, inventory, 
publish_date, book_concern, brief from books where title like '%${keyword}%' ")
    List<Book> findBooksByKeyword(String keyword);*/
}
```

在 com.sun.ch20.persistence.mapper 套件下新建 CommentMapper 介面，程式如例 20-11 所示。

▼ 例 20-11 CommentMapper.java

```
package com.sun.ch20.persistence.mapper;

...

@Mapper
public interface CommentMapper {
    @Select("select id, content, comment_date, username from comment where book_id =
#{bookId}")
    List<Comment> findByBookId(int bookId);
}
```

在演示專案中只是展示了某本圖書的評論，且對評論也未進行分頁處理，在實際專案中，應該採用分頁查詢。

Step4：撰寫服務層

評論模組的功能很單一，所以這裡就不為評論模組單獨撰寫服務層程式了，而是將其與圖書模組合併到 BookService 中。

在 com.sun.ch20.service 套件下新建 BookService 類別，程式如例 20-12 所示。

▼ 例 20-12 BookService.java

```
package com.sun.ch20.service;

...

@Service
public class BookService {
    @Autowired
    private BookMapper bookMapper;
    @Autowired
```

```
    private CommentMapper commentMapper;

    public Book getBookById(int id) {
        return bookMapper.findById(id);
    }

    public List<Book> getBooksByHot() {
        return bookMapper.findBooksByHot();
    }

    public List<Book> getBooksByNew() {
        return bookMapper.findBooksByNew();
    }

    public BookDetail getBook(int id) {
        return bookMapper.findById(id);
    }

    public List<Book> getCategoryBooksByPage(int categoryId, int pageNum, int
pageSize) {
        return bookMapper.findCategoryBooksByPage(categoryId, pageNum, pageSize);
    }

    public List<Book> getKeywordBooksByPage(String keyword, int pageNum, int pageSize) {
        return bookMapper.findKeywordBooksByPage(keyword, pageNum, pageSize);
    }

    public List<Comment> getCommentsByBookId(int bookId) {
        return commentMapper.findByBookId(bookId);
    }
}
```

Step5：撰寫控制器

在 com.sun.ch20.controller 套件下新建 BookController 類別，程式如例 20-13 所示。

▼ 例 20-13 BookController.java

```
package com.sun.ch20.controller;

...

@RestController
@RequestMapping("/book")
public class BookController {
    @Autowired
    private BookService bookService;

    @GetMapping("/{id}")
    public ResponseEntity<BaseResult> getBook(@PathVariable int id) {
        Book book = bookService.getBook(id);
        if(book != null) {
            List<Book> books = new ArrayList<>();
            books.add(book);
            translateBookImgUrl(books);
            DataResult<Book> result = new DataResult<>();
            result.setCode(HttpStatus.OK.value());
            result.setMsg(" 成功 ");
            result.setData(book);
            return ResponseEntity.ok(result);
        } else {
            BaseResult result = new BaseResult(HttpStatus.BAD_REQUEST.value(), " 參數不
合法 ");
            return ResponseEntity.status(HttpStatus. BAD_REQUEST).body(result);
        }
    }

    @GetMapping("/hot")
    public ResponseEntity<BaseResult> getHotBooks() {
        List<Book> books = bookService.getBooksByHot();
        translateBookImgUrl(books);
        DataResult<List<Book>> result = new DataResult<>();
        result.setCode(HttpStatus.OK.value());
        result.setMsg(" 成功 ");
        result.setData(books);
```

```
        return ResponseEntity.ok(result);
    }

    @GetMapping("/new")
    public ResponseEntity<BaseResult> getNewBooks() {
        List<Book> books = bookService.getBooksByNew();
        translateBookImgUrl(books);
        DataResult<List<Book>> result = new DataResult<>();
        result.setCode(HttpStatus.OK.value());
        result.setMsg(" 成功 ");
        result.setData(books);
        return ResponseEntity.ok(result);
    }

    @GetMapping("/category/{id}")
    public ResponseEntity<BaseResult> getCategoryBooks(
            @PathVariable int id, @RequestParam int pageNum, @RequestParam int
pageSize) {
        List<Book> books = bookService.getCategoryBooksByPage(id, pageNum, pageSize);
        return getPaginationResult(books);
    }

    @GetMapping("/search")
    public ResponseEntity<BaseResult> searchBooks(
            String wd, @RequestParam int pageNum, @RequestParam int pageSize) {
        List<Book> books = bookService.getKeywordBooksByPage(wd, pageNum, pageSize);
        return getPaginationResult(books);
    }

    @GetMapping("/{id}/comment")
    public ResponseEntity<BaseResult> getBookComments(@PathVariable int id) {
        List<Comment> comments = bookService.getCommentsByBookId(id);

        DataResult result = new DataResult();
        result.setCode(HttpStatus.OK.value());
        result.setMsg(" 成功 ");
        result.setData(comments);
        return ResponseEntity.ok(result);
    }
```

```
    /**
     * 建構分頁資料物件
     * @param books 圖書列表
     * @return ResponseEntity 物件
     */
    private ResponseEntity<BaseResult> getPaginationResult(List<Book> books) {
        long total = ((Page) books).getTotal();
        translateBookImgUrl(books);
        PaginationResult<List<Book>> result = new PaginationResult<List<Book>>();
        result.setCode(HttpStatus.OK.value());
        result.setMsg(" 成功 ");
        result.setData(books);
        result.setTotal(total);
        return ResponseEntity.ok(result);
    }
    /**
     * 對圖書封面小圖和大圖的 URL 進行轉換
     * @param books 圖書列表
     */
    private void translateBookImgUrl(List<Book> books){
        for(Book book : books) {
            book.setImgUrl(getServerInfo() + "/img/" + book.getImgUrl());
            book.setImgBigUrl(getServerInfo() + "/img/"  + book.getImgBigUrl());
        }
    }

    /**
     * 得到後端程式的上下文路徑
     * @return 上下文路徑
     */
    private String getServerInfo(){
        ServletRequestAttributes attrs = (ServletRequestAttributes)
RequestContextHolder.getRequestAttributes();
        StringBuffer sb = new StringBuffer();
        HttpServletRequest request = attrs.getRequest();
        sb.append(request.getContextPath());
        return sb.toString();
    }
```

```
}
```

這裡需要說明的是，在資料庫中圖書封面只是儲存了檔案名稱（如 vc++.jpg），並不包含路徑，所有圖書封面的圖片都存放在專案的 resources/static/img 目錄下，路徑是在控制器中動態建構的，增加了後端程式的上下文路徑，最終建構的 URL 類似於 /img/vc++.jpg。讀者無須擔心 URL 中沒有伺服器的名字和通訊埠，因為前端程式存取後端程式，自然是知道伺服器的域名和通訊埠的。

Step6：測試圖書和評論模組

開啟 Postman，按照表 20-1 進行測試。

▼ 表 20-1 測試使用案例

測試功能	請求方法	請求 URL
熱門推薦	GET	http://localhost:8080/book/hot
新書上市	GET	http://localhost:8080/book/new
分類下的圖書（分頁顯示）	GET	http://localhost:8080/book/category/6?pageNum=1&pageSize=2
圖書搜尋（分頁顯示）	GET	http://localhost:8080/book/search?wd=c&pageNum=1&pageSize=2
圖書詳情	GET	http://localhost:8080/book/1
圖書評論	GET	http://localhost:8080/book/1/comment

20.7 使用者模組

使用者模組必然牽涉到存取權限的問題，在本專案中，採用了 Spring Security 框架來輔助我們實作專案的許可權控制。下面按照以下步驟實作使用者模組。

Step1：撰寫實體類別

在 com.sun.ch20.persistence.entity 套件下新建 User 類別，讓該類別實作 UserDetails 介面，程式如例 20-14 所示。

▼ 例 20-14 User.java

```
package com.sun.ch20.persistence.entity;

...

@Data
@ToString
@NoArgsConstructor
public class User implements UserDetails {
    private Long id;
    private String username;
    private String password;
    private String mobile;
    private Boolean enabled;
    private Boolean locked;
    private String roles;

    @Override
    public Collection<? extends GrantedAuthority> getAuthorities() {
        return AuthorityUtils.commaSeparatedStringToAuthorityList(roles);
    }

    @Override
    public boolean isAccountNonExpired() {
        return true;
    }

    @Override
    public boolean isAccountNonLocked() {
        return !locked;
    }

    @Override
```

```
    public boolean isCredentialsNonExpired() {
        return true;
    }

    @Override
    public boolean isEnabled() {
        return enabled;
    }
}
```

Step2：撰寫映射器

在 com.sun.ch20.persistence.mapper 套件下新建 UserMapper 介面，程式如例 20-15 所示。

▼ 例 20-15 UserMapper.java

```
package com.sun.ch20.persistence.mapper;

import com.sun.ch20.persistence.entity.User;
import org.apache.ibatis.annotations.Insert;
import org.apache.ibatis.annotations.Mapper;
import org.apache.ibatis.annotations.Options;
import org.apache.ibatis.annotations.Select;

@Mapper
public interface UserMapper {
    @Insert("insert into users(username, password, mobile, roles)" +
            " values (#{username}, #{password}, #{mobile}, #{roles})")
    // 在插入資料後，獲取自動增加長的主鍵值
    @Options(useGeneratedKeys=true, keyProperty="id")
    int saveUser(User user);

    @Select("select * from users where username = #{username}")
    User findByUsername(String username);

    @Select("select * from users where mobile = #{mobile}")
    User findByMobile(String mobile);
}
```

Step3：撰寫服務層

在 com.sun.ch20.service 套件下新建 UserService 類別，程式如例 20-16 所示。

▼ 例 20-16 UserService.java

```
package com.sun.ch20.service;

...

@Service
public class UserService implements UserDetailsService {
    @Autowired
    private UserMapper userMapper;

    @Override
    public UserDetails loadUserByUsername(String token)
            throws UsernameNotFoundException {
        User user = userMapper.findByUsername(token);
        if (user == null) {
            user = userMapper.findByMobile(token);
            if(user == null)
                throw new UsernameNotFoundException("使用者不存在！");
        }
        return user;
    }

    public User register(User user) {
        userMapper.saveUser(user);
        return user;
    }
}
```

Step4：撰寫控制層

在 com.sun.ch20.controller 套件下新建 UserController 類別，程式如例 20-17 所示。

▼ 例 20-17 UserController.java

```
package com.sun.ch20.controller;

...

@RestController
@RequestMapping("/user")
public class UserController {

    private static final String DEFAULT_ROLE = "ROLE_USER";

    @Autowired
    private UserService userService;

    @PostMapping
    public ResponseEntity<BaseResult> register(@RequestBody User user) {
        user.setRoles(DEFAULT_ROLE);
        user.setPassword(new BCryptPasswordEncoder().encode(user.getPassword()));
        userService.register(user);
        BaseResult result = new BaseResult();
        result.setCode(HttpStatus.OK.value());
        result.setMsg(" 註冊成功 ");
        return ResponseEntity.ok(result);
    }
}
```

這裡我們先不進行測試，統一放到下一節一起測試。

20.8 安全實作

我們這個專案是前後端分離的，因此 Spring Security 的一些預設行為就會讓程式執行出現問題，其中的一個問題就是我們在 15.4 節說明的使用者登入成功或失敗後應該傳回 JSON 結果。另外還有一個問題，即當存取受保護資源時，對於沒有獲得授權的請求，Spring Security 會發送一個重新導向響應，以重新導向到登入頁面，顯然在前後端分離的專案中這並不合適，而應該傳回一個告知使用者「沒有存取權限」的 JSON 結果。

下面我們先模擬一個受保護的資源，在 com.sun.ch20.controller 套件下新建 ResourceController 類別，程式如例 20-18 所示。

▼ 例 20-18 ResourceController.java

```
package com.sun.ch20.controller;

...

@RestController
@RequestMapping("/resource")
public class ResourceController {
    @GetMapping
    public ResponseEntity<BaseResult> resource() {
        DataResult<String> result = new DataResult<>();
        result.setCode(HttpStatus.OK.value());
        result.setMsg(" 成功 ");
        result.setData(" 受保護資源 ");
        return ResponseEntity.ok(result);
    }
}
```

接下來按 15.4 節說明的知識解決使用者登入成功和失敗後的問題。在 com.sun.ch20 目錄下新建 config.handler 子套件，在 handler 子套件下新建 MyAuthenticationSuccessHandler 類別，實作 AuthenticationSuccessHandler 介面，程式如例 20-19 所示。

▼ 例 20-19 MyAuthenticationSuccessHandler.java

```
package com.sun.ch20.config.handler;

...

@Component
public class MyAuthenticationSuccessHandler implements AuthenticationSuccessHandler {
```

```
    @Override
    public void onAuthenticationSuccess(HttpServletRequest request,
                                        HttpServletResponse response,
                                        Authentication authentication)
            throws IOException, ServletException {
        response.setContentType("application/json;charset=UTF-8");
        BaseResult result = new BaseResult(HttpServletResponse.SC_OK,"登入成功" );
        response.setStatus(HttpServletResponse.SC_OK);
        PrintWriter out = response.getWriter();
        // 使用 Spring Boot 預設使用的 Jackson JSON 函式庫中的 ObjectMapper 類別將物件轉換為
JSON 字串
        ObjectMapper mapper = new ObjectMapper();
        String json = mapper.writeValueAsString(result);
        out.write(json);
        out.close();
    }
}
```

在 com.sun.ch20.config.handler 套件下新建 MyAuthenticationFailureHandler 類別，實作 AuthenticationFailureHandler 介面，程式如例 20-20 所示。

▼ 例 20-20 MyAuthenticationFailureHandler.java

```
package com.sun.ch20.config.handler;

...

@Component
public class MyAuthenticationFailureHandler implements AuthenticationFailureHandler {
    @Override
    public void onAuthenticationFailure(HttpServletRequest request,
                                        HttpServletResponse response,
                                        AuthenticationException exception)
            throws IOException, ServletException {

        response.setContentType("application/json;charset=UTF-8");
        response.setStatus(HttpServletResponse.SC_UNAUTHORIZED);
        PrintWriter out = response.getWriter();
        BaseResult result = new BaseResult(HttpServletResponse.SC_UNAUTHORIZED,
```

```
                "使用者名稱或密碼錯誤" );
        ObjectMapper mapper = new ObjectMapper();
        String json = mapper.writeValueAsString(result);
        out.write(json);
        out.close();
    }
}
```

當未經授權的請求存取受保護資源時，Spring Security 預設會重新導向到登入頁面，而這個行為是由 LoginUrlAuthenticationEntryPoint 類別的 commence() 方法來完成的，該類別實作了 AuthenticationEntryPoint 介面。我們的解決辦法就是實作 AuthenticationEntryPoint 介面，舉出自己的 commence() 方法實作，在方法中傳回 JSON 結果，然後用我們的類別替換預設的 LoginUrlAuthenticationEntryPoint 類別。

這裡我們不再新建類別了，而是將 LoginUrlAuthenticationEntryPoint 類別作為 WebSecurityConfig 類別內部的靜態類別，當然讀者也可以以匿名內部類別的方式舉出 AuthenticationEntryPoint 介面的實作。

在 com.sun.ch20.config 套件下新建 WebSecurityConfig 類別，該類別繼承 WebSecurityConfigurerAdapter 類別，程式如例 20-21 所示。

▼ 例 20-21 WebSecurityConfig.java

```
package com.sun.ch20.config;

import com.fasterxml.jackson.databind.ObjectMapper;
import com.sun.ch20.controller.result.BaseResult;
import org.springframework.beans.factory.annotation.Autowired;
import org.springframework.context.annotation.Bean;
import org.springframework.security.config.annotation.web. builders.HttpSecurity;
import org.springframework.security.config.annotation.web. configuration.
EnableWebSecurity;
import org.springframework.security.config.annotation.web. configuration.
WebSecurityConfigurerAdapter;
import org.springframework.security.core.AuthenticationException;
import org.springframework.security.crypto.bcrypt. BCryptPasswordEncoder;
```

```
import org.springframework.security.crypto.password.PasswordEncoder;
import org.springframework.security.web.AuthenticationEntryPoint;
import org.springframework.security.web.authentication. AuthenticationFailureHandler;
import org.springframework.security.web.authentication. AuthenticationSuccessHandler;

import javax.servlet.ServletException;
import javax.servlet.http.HttpServletRequest;
import javax.servlet.http.HttpServletResponse;
import java.io.IOException;
import java.io.PrintWriter;

@EnableWebSecurity
public class WebSecurityConfig extends WebSecurityConfigurerAdapter {
    @Autowired
    private AuthenticationSuccessHandler authenticationSuccessHandler;
    @Autowired
    private AuthenticationFailureHandler authenticationFailureHandler;

    @Override
    protected void configure(HttpSecurity http) throws Exception {
        http.authorizeRequests()
                .antMatchers("/resource/**").hasRole("USER")
                .anyRequest().permitAll()
                .and()
                .formLogin()
                .loginProcessingUrl("/login")
                .successHandler(authenticationSuccessHandler)
                .failureHandler(authenticationFailureHandler)
                .and()
                .logout()
                .and()
                .csrf().disable()
                .exceptionHandling()
                .authenticationEntryPoint(new MyLoginUrlAuthenticationEntryPoint());
    }

    @Bean
    public PasswordEncoder passwordEncoder() {
        return new BCryptPasswordEncoder();
```

```
    }

    /**
     * 以私有靜態類別的方式實作 AuthenticationEntryPoint 介面
     */
    private static class MyLoginUrlAuthenticationEntryPoint implements
AuthenticationEntryPoint {
        @Override
        public void commence(HttpServletRequest request, HttpServletResponse response,
AuthenticationException authException) throws IOException, ServletException {
            response.setContentType("application/json;charset=UTF-8");
            response.setStatus(HttpServletResponse.SC_FORBIDDEN);
            PrintWriter out = response.getWriter();
            BaseResult result = new BaseResult(HttpServletResponse.SC_FORBIDDEN, "未登
入，無權存取");
            ObjectMapper mapper = new ObjectMapper();
            String json = mapper.writeValueAsString(result);
            out.write(json);
            out.close();
        }
    }
}
```

接下來就可以進行測試了。首先註冊一個使用者，需要攜帶 JSON 資料以 POST 方法向 http://localhost:8080/user 發起請求，如圖 20-9 所示。

▲ 圖 20-9 使用者註冊

然後存取 http://localhost:8080/resource，可以看到圖 20-10 所示的響應結果。

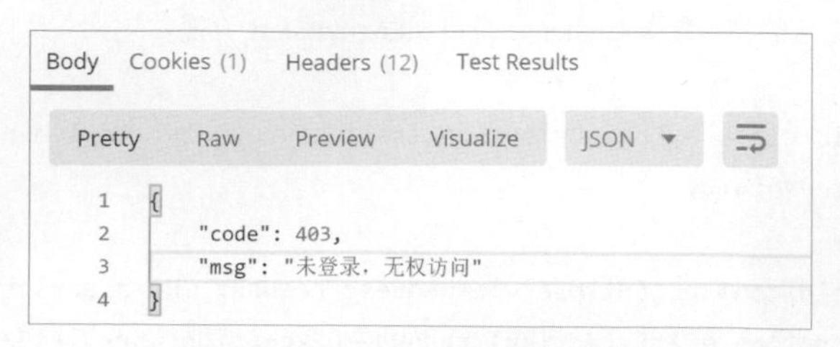

▲ 圖 20-10 存取受保護資源被拒絕

現在開始登入，以 POST 方法請求 http://localhost:8080/login，同時設定表單資料，如圖 20-11 所示。

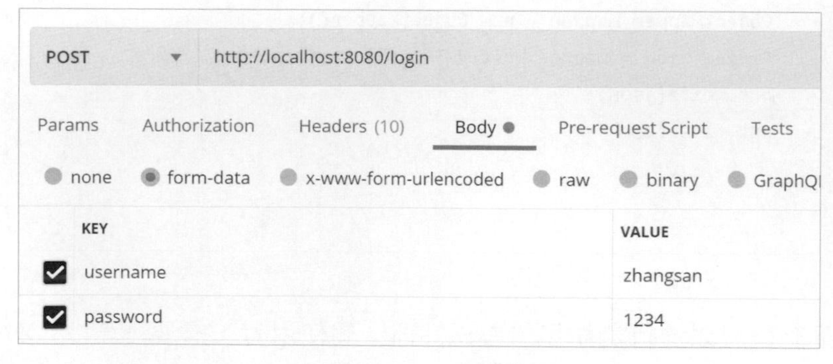

▲ 圖 20-11 測試登入

在看到登入成功的訊息後，再次存取 http://localhost:8080/resource，可以看到資源存取成功。

20.9 使用 JWT 實作 token 驗證

在前後端分離專案中，前端程式通常被單獨部署在一台伺服器上，這會存在跨域存取的問題，所以傳統的使用 Session 追蹤階段的方式就不可行了，因此我們按照 15.6 節介紹的知識來使用 JWT 實作 token 驗證。

讀者可以按照 15.6.3 節的步驟自己增加 token 驗證，修改後的 MyAuthenticationSuccessHandler 類別的程式如例 20-22 所示。

▼ 例 20-22 MyAuthenticationSuccessHandler.java

```
package com.sun.ch20.config.handler;

...

@Component
public class MyAuthenticationSuccessHandler implements AuthenticationSuccessHandler {
    @Override
    public void onAuthenticationSuccess(HttpServletRequest request,
                                        HttpServletResponse response,
                                        Authentication authentication)
            throws IOException, ServletException {
        Object principal = authentication.getPrincipal();
        if(principal instanceof UserDetails){
            UserDetails user = (UserDetails) principal;
            Collection<? extends GrantedAuthority> authorities =
                    authentication.getAuthorities();
            List<String> authoritiesList= new ArrayList<>(authorities.size());
            authorities.forEach(authority -> {
                authoritiesList.add(authority.getAuthority());
            });

            Date now = new Date();
            Date exp = DateUtil.offsetSecond(now, 60*60);
            PayloadDto payloadDto= PayloadDto.builder()
                    .sub(user.getUsername())
                    .iat(now.getTime())
                    .exp(exp.getTime())
                    .jti(UUID.randomUUID().toString())
                    .username(user.getUsername())
                    .authorities(authoritiesList)
                    .build();
            String token = null;
            try {
                token = JwtUtil.generateTokenByHMAC(
```

```
                    // nimbus-jose-jwt 所使用的 HMAC SHA256 演算法
                    // 所需金鑰長度至少要 256 位元（32 位元組），因此先用 md5 加密一下
                    JSONUtil.toJsonStr(payloadDto),
                    SecureUtil.md5(JwtUtil.DEFAULT_SECRET));
                response.setHeader("Authorization", token);

                response.setContentType("application/json;charset=UTF-8");
                BaseResult result = new BaseResult(HttpServletResponse.SC_OK,"登入成功" );
                response.setStatus(HttpServletResponse.SC_OK);
                PrintWriter out = response.getWriter();
                // 使用 Spring Boot 預設的 Jackson JSON 函式庫中的 ObjectMapper 類別將物件轉
換為 JSON 字串
                ObjectMapper mapper = new ObjectMapper();
                String json = mapper.writeValueAsString(result);
                out.write(json);
                out.close();
            } catch (JOSEException e) {
                e.printStackTrace();
            }
        }
    }
}
```

修改後的 WebSecurityConfig 類別的 configure() 方法如例 20-23 所示。

▼ 例 20-23 WebSecurityConfig.java

```
package com.sun.ch20.config;

...

@EnableWebSecurity
public class WebSecurityConfig extends WebSecurityConfigurerAdapter {
    @Autowired
    private AuthenticationSuccessHandler authenticationSuccessHandler;
    @Autowired
    private AuthenticationFailureHandler authenticationFailureHandler;

    @Override
```

```
    protected void configure(HttpSecurity http) throws Exception {
        http.authorizeRequests()
                .antMatchers("/resource/**").hasRole("USER")
                .anyRequest().permitAll()
                .and()
                .formLogin()
                .loginProcessingUrl("/login")
                .successHandler(authenticationSuccessHandler)
                .failureHandler(authenticationFailureHandler)
                .and()
                .logout()
                .and()
                .addFilterBefore(new JwtAuthenticationFilter(),
                        UsernamePasswordAuthenticationFilter.class)
                .csrf().disable()
                .exceptionHandling()
                .authenticationEntryPoint(new MyLoginUrlAuthenticationEntryPoint());
    }

    ...
}
```

按照 15.6.3 節的步驟實作 token 驗證後，可以按照 Step7 進行測試，讀者可以自行完成。

20.10 全域錯誤處理器

在第 9.7 節我們已經説明過如何撰寫全域錯誤處理器，其實作方式簡單又清晰，是首選的方式。不過，本節介紹另外一種實作方式，即透過全域錯誤處理器來處理例外與 404 錯誤。在預設情況下，@ExceptionHandler 註釋是無法攔截 404 錯誤的，我們需要在 application.properties 檔案中增加如下的設定資訊，指定當發生 404 錯誤時將 NoHandlerFoundException 例外拋出，以便全域錯誤處理器能夠捕捉並處理，設定程式如下所示：

```
# 在出現 404 錯誤時直接拋出例外
spring.mvc.throw-exception-if-no-handler-found=true
# 設定靜態資源映射存取路徑
spring.mvc.static-path-pattern=/**
spring.web.resources.static-locations= classpath:/templates/,classpath:/static/
```

在 com.sun.ch20 目錄下新建 exception 子套件，在該子套件下新建 GlobalExceptionHandler 類別，程式如例 20-24 所示。

▼ 例 20-24 GlobalExceptionHandler.java

```
package com.sun.ch20.exception;

import com.sun.ch20.controller.result.BaseResult;
import org.springframework.http.HttpStatus;
import org.springframework.web.bind.MissingServletRequestParameterException;
import org.springframework.web.bind.annotation.ExceptionHandler;
import org.springframework.web.bind.annotation.ResponseStatus;
import org.springframework.web.bind.annotation.RestControllerAdvice;
import org.springframework.web.servlet.NoHandlerFoundException;

@RestControllerAdvice
public class GlobalExceptionHandler {
    /**
     * 處理前端請求參數錯誤例外
     * @param e 例外物件
     * @return BaseResult 物件
     */
    @ExceptionHandler(MissingServletRequestParameterException.class)
    @ResponseStatus(HttpStatus.BAD_REQUEST)
    public BaseResult handleAllExceptions(MissingServletRequestParameterException e) {
        BaseResult result = new BaseResult();
        result.setCode(HttpStatus.BAD_REQUEST.value());
        result.setMsg(e.getMessage());
        return result;
    }

    /**
```

```
     * 處理 404 錯誤
     * @param e 例外物件
     * @return BaseResult 物件
     */
    @ExceptionHandler(NoHandlerFoundException.class)
    @ResponseStatus(HttpStatus.NOT_FOUND)
    public BaseResult handleNoHandlerError(NoHandlerFoundException e) {
        BaseResult result = new BaseResult();
        result.setCode(HttpStatus.NOT_FOUND.value());
        result.setMsg("您請求的資源不存在，或者已經移動到其他位置，請確認存取的 URL");
        return result;
    }

    /**
     * 處理伺服器內部錯誤
     * @param e 例外物件
     * @return BaseResult 物件
     */
    @ExceptionHandler(Exception.class)
    @ResponseStatus(HttpStatus.INTERNAL_SERVER_ERROR)
    public BaseResult handleInternalServerExceptions(Exception e) {
        BaseResult result = new BaseResult();
        result.setCode(HttpStatus.INTERNAL_SERVER_ERROR.value());
        result.setMsg("伺服器暫時不能為您服務，請聯繫管理員");
        return result;
    }
}
```

這裡需要提醒讀者的是，全域錯誤處理器傳回的結果攜帶的 HTTP 狀態碼是 200，要修改預設的狀態碼可以使用 @ResponseStatus 註釋。也正是因為 HTTP 狀態碼已經由 @ResponseStatus 註釋設定了，因此就不再需要使用 ResponseEntity 來封裝結果物件了。

20.11 小結

本章是一個專案實戰，雖然專案並不複雜，但基本功能都有，基於本章的專案可以做很多工作，比如對前端提交的請求資料的驗證、對使用者名稱已經存在的判斷、商品購物車功能的實作、後台管理程式的實作等，這些功能就交給讀者進一步去完善了。

第 21 章 商品限時搶購系統

本章將實作一個商品限時搶購系統，限時搶購系統的典型特點就是在集中的時間段會出現高平行的存取，於是會出現存取效率和資源競爭的問題，我們可以使用 Redis 來快取限時搶購的商品，而由於 Redis 的所有操作都是不可部分完成性的，所以可以極佳地解決資源競爭的問題。由於還要將商品和訂單儲存到資料庫中，所以在業務層面上，我們採用 Spring 的事務管理來避免出現資料不一致的情況。當使用者限時搶購了商品後，需要在規定的時間內進行支付，如果未進行支付就需要取消逾時訂單，而這個取消訂單功能採用 RabbitMQ 的延遲訊息佇列來實作是比較合適的。

在技術選型上，資料存取使用 JPA，頁面採用 Thymeleaf 範本撰寫。

（編按：本章原始程式為簡體中文撰寫，為維持程式執行結果正確，本章圖例維持原書簡體中文介面）

21.1 功能描述

使用者瀏覽限時搶購商品，當商品列表頁第一次載入時，會將所有限時搶購商品儲存到 Redis 中，當商品列表頁再次載入時，就會直接從 Redis 中讀取商品資訊。

商品清單頁面如圖 21-1 所示。

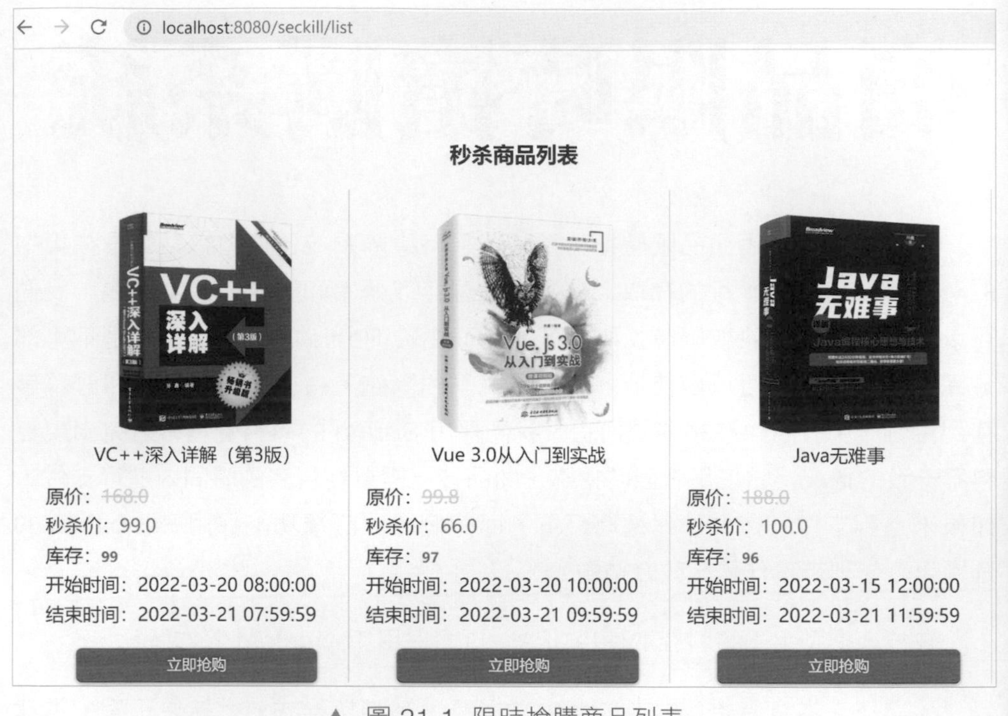

▲ 圖 21-1 限時搶購商品列表

為了簡單起見，我們並沒有實作使用者系統，當使用者點擊「立即搶購」時，會彈出一個訊息方塊，讓使用者輸入手機號，系統會用手機號和商品 ID 作為聯合主鍵來區分每個使用者購買的唯一商品。訊息方塊如圖 21-2 所示。

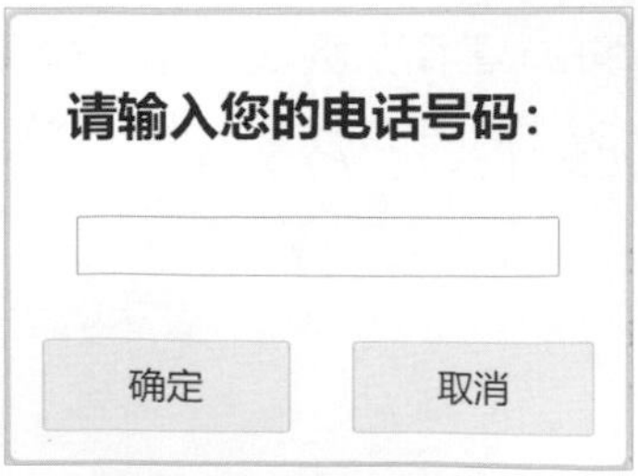

请输入您的电话号码：

确定 取消

▲ 圖 21-2 訊息方塊

使用者輸入手機號後，系統會判斷該手機使用者是否已經購買過這個商品，如果沒有購買，則會進入商品詳情頁面，以便使用者搶購，如圖 21-3 所示。

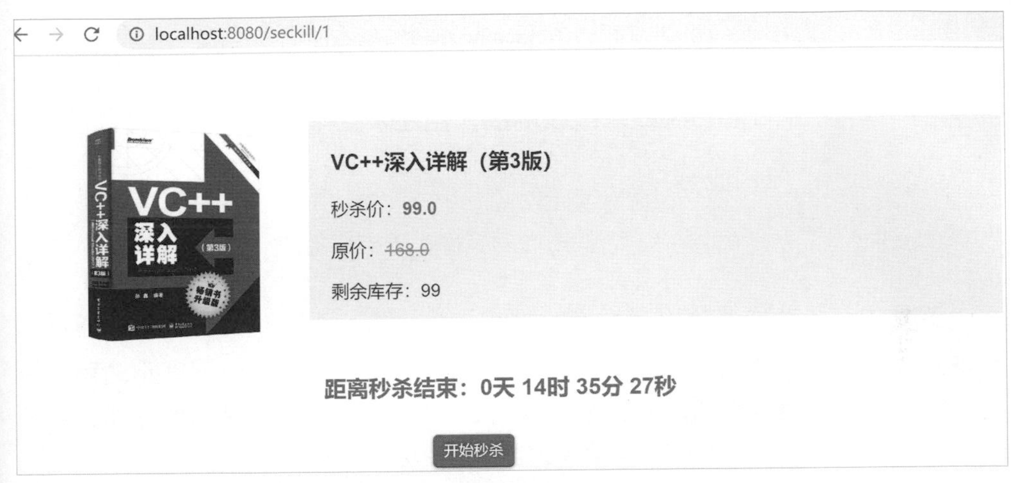

▲ 圖 21-3 限時搶購商品詳情頁

使用者點擊「開始限時搶購」按鈕，此時系統會在資料庫中儲存一個訂單項，訂單的主鍵由商品 ID 和使用者手機號共同組成，同時遞減商品庫存。要判斷使用者是否已經購買過某個商品，也是透過查詢訂單資料表來實作的。之後系統會轉到讓使用者支付的頁面，如圖 21-4 所示。

▲ 圖 21-4 使用者支付頁面

如果使用者一直沒有支付，那麼過期的訂單是需要處理的，這就輪到 RabbitMQ 的延遲訊息佇列登場了。當使用者限時搶購商品後，會以 10 分鐘作為時長發送延遲訊息到延遲訊息佇列中，訊息監聽器在延遲時長到達後會接收到訊息，將訂單狀態設定為無效，同時恢復庫存。

當使用者購買某個商品後未即時支付，又購買了相同商品，系統會提示使用者「您已經限時搶購過該商品，但還未支付」，如圖 21-5 所示。

▲ 圖 21-5 使用者購買商品未支付提醒

其他的一些功能就是邏輯細節的實作了，比如，使用者已完成商品購買，再次購買相同商品的提示；在商品限時搶購結束後系統舉出提示資訊；為了保證 Redis 與資料庫中資訊的一致性，採用 Spring 的事務管理來隔離操作。關於這些細節功能，讀者可在操作專案時再研究與完善。

21.2 資料庫設計

本章專案的資料庫資料表有限時搶購商品資料表和訂單資料表，資料表結構如例 21-1 所示。

▼ 例 21-1 seckill.sql

```
/* 'seckill_item' 資料表的結構 */
DROP TABLE IF EXISTS 'seckill_item';
CREATE TABLE 'seckill_item' (
  'id' int(11) NOT NULL AUTO_INCREMENT,
  'title' varchar(50) NOT NULL,
  'price' float(6,2) NOT NULL COMMENT '原價',
  'seckill_price' float(6,2) NOT NULL COMMENT '限時搶購價格',
  'inventory' int(11) NOT NULL COMMENT '庫存',
  'img' varchar(250) DEFAULT NULL COMMENT '商品圖片',
       'start_time' datetime DEFAULT NULL COMMENT '限時搶購開始時間',
       'end_time' datetime DEFAULT NULL COMMENT '限時搶購結束時間',
```

```
        'create_time' datetime NOT NULL DEFAULT NOW(0) COMMENT '商品建立時間',
    PRIMARY KEY ('id'),
    KEY 'INDEX_TITLE' ('title'),
    INDEX 'INDEX_START_TIME'('start_time'),
    INDEX 'INDEX_END_TIME'('end_time')
) ENGINE=InnoDB;

/* 'seckill_order' 資料表的結構 */
DROP TABLE IF EXISTS 'seckill_order';
CREATE TABLE 'seckill_order' (
    'item_id' int(11) NOT NULL COMMENT '商品 ID',
    'mobile' varchar(20) NOT NULL COMMENT '使用者手機號',
    'money' float(6,2) NULL COMMENT '支付金額',
        'create_time' datetime(3) DEFAULT NOW(3) COMMENT '訂單建立時間',
        'payment_time' datetime(3) DEFAULT NULL ON UPDATE NOW(3) COMMENT '訂單支付時間',
        'state' tinyint NOT NULL DEFAULT 0 COMMENT '訂單狀態：-1 無效，0 未支付，1 已支付',
    PRIMARY KEY ('item_id', 'mobile')
) ENGINE=InnoDB;
```

該 SQL 指令檔位於本書原始程式碼目錄的 SQLScript 子目錄下，此外，也為讀者準備了一些樣本資料，檔案名稱為 seckill_data.sql。

21.3 建立專案

新建一個 Spring Boot 專案，專案名稱為 ch21，在 Developer Tools 模組下引入 Spring Boot DevTools 和 Lombok 相依性；在 Web 模組下引入 Spring Web 相依性；在 Template Engines 模組下引入 Thymeleaf 相依性；在 SQL 模組下引入 Spring Data JPA 和 MySQL Driver 相依性；在 NoSQL 模組下引入 Spring Data Redis (Access+Driver) 相依性；在 Messaging 模組下引入 Spring for RabbitMQ 相依性。

21.4 專案結構

本專案的結構如圖 21-6 所示。

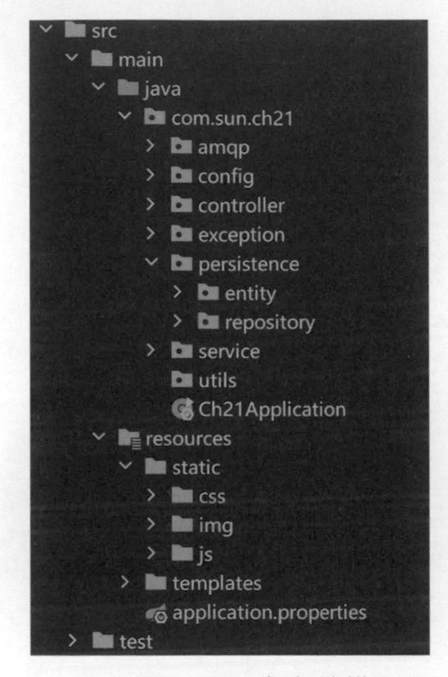

▲ 圖 21-6 專案結構

21.5 專案設定

編輯 application.properties 檔案，設定內容如例 21-2 所示。

▼ 例 21-2 application.properties

```
# 關閉啟動時的 Banner
spring.main.banner-mode=off

# 設定 MySQL 的 JDBC 驅動類別
spring.datasource.driver-class-name=com.mysql.cj.jdbc.Driver
# 設定 MySQL 的連接 URL
```

```
spring.datasource.url=jdbc:mysql://localhost:3306/sb_bookstore?useSSL=false&serverTime
zone=GMT%2b8
# 資料庫使用者名稱
spring.datasource.username=root
# 資料庫使用者密碼
spring.datasource.password=12345678

# 將執行期生成的 SQL 敘述輸出到日誌以供偵錯
spring.jpa.show-sql=true
# hibernate 設定屬性，格式化 SQL 敘述
spring.jpa.properties.hibernate.format_sql=true
# hibernate 設定屬性，指出是什麼操作生成了 SQL 敘述
spring.jpa.properties.hibernate.use_sql_comments=true

spring.thymeleaf.cache=false

# Redis 連接設定
spring.redis.host=127.0.0.1
spring.redis.port=6379
# Redis 伺服器連接密碼（預設為空）
spring.redis.password=
spring.redis.database=0

# RabbitMQ 連接設定
spring.rabbitmq.host=localhost
spring.rabbitmq.port=5672
spring.rabbitmq.username=guest
spring.rabbitmq.password=guest
```

這裡提醒一下讀者，本專案中實體類別使用的是 JDK 8 新增的日期和時間類型，相較傳統的 java.util.Date 類別，日期的格式化處理稍顯麻煩，為了簡便，在連接資料庫時，直接指定時區為 GMT+8，而不在程式中處理時區了。

21.6 設定 Redis 和 RabbitMQ

Redis 主要設定序列化（參看 17.8 節），讓 Redis 中儲存的資料可讀。

在 com.sun.ch21 套件下新建 config 子套件，在該子套件下新建 RedisConfig 類別，程式如例 21-3 所示。

▼ 例 21-3 RedisConfig.java

```
package com.sun.ch21.config;

...

@Configuration
public class RedisConfig {
    public static final String ITEM_KEY = "seckill::item";
    @Bean
    public RedisTemplate<String, Object> redisTemplate(
            RedisConnectionFactory redisConnectionFactory) {
        RedisTemplate<String, Object> template = new RedisTemplate<String, Object>();
        template.setConnectionFactory(redisConnectionFactory);
        GenericJackson2JsonRedisSerializer serializer =
                new GenericJackson2JsonRedisSerializer();
        template.setDefaultSerializer(serializer);
        return template;
    }
}
```

RabbitMQ 主要設定延遲訊息佇列和延遲交換器，並綁定延遲佇列與交換器（參看 18.7 節）。

在 com.sun.ch21.config 套件下新建 DelayedRabbitConfig 類別，程式如例 21-4 所示。

▼ 例 21-4 DelayedRabbitConfig.java

```
package com.sun.ch21.config;

import org.springframework.amqp.core.Binding;
import org.springframework.amqp.core.BindingBuilder;
import org.springframework.amqp.core.DirectExchange;
import org.springframework.amqp.core.Queue;
```

```
import org.springframework.context.annotation.Bean;
import org.springframework.context.annotation.Configuration;

import java.util.HashMap;
import java.util.Map;

@Configuration
public class DelayedRabbitConfig {
    public static final String DELAY_EXCHANGE_NAME = "delay_exchange";
    public static final String DELAY_QUEUE_NAME = "delay_queue";

    @Bean
    public Queue delayQueue() {
        // 持久化的、非獨占的、非自動刪除的佇列
        return new Queue(DELAY_QUEUE_NAME, true);
    }
    // 定義 direct 類型的延遲交換器
    @Bean
    DirectExchange delayExchange(){
        Map<String, Object> args = new HashMap<String, Object>();
        args.put("x-delayed-type", "direct");
        DirectExchange directExchange =
                new DirectExchange(DELAY_EXCHANGE_NAME, true, false, args);
        directExchange.setDelayed(true);
        return directExchange;
    }

    // 綁定延遲佇列與交換機
    @Bean
    public Binding delayBind() {
        return BindingBuilder.bind(delayQueue()).to(delayExchange()). with(DELAY_
QUEUE_NAME);
    }
}
```

21.7 資料存取層

21.7.1 實體類別

實體類別有兩個，限時搶購商品實體類別 SeckillItem 和商品訂單實體類別 SeckillOrder，不過由於 seckill_order 資料表是聯合主鍵，在主鍵映射時建立了一個主鍵類別 SeckillOrderPK，並透過 @IdClass 註釋指明該主鍵類別，這也是使用 JPA 存取資料庫時對資料表的聯合主鍵做映射的一種處理方式。

在 com.sun.ch21 套件下新建 persistence.entity 子套件，在 entity 子套件下建立實體類別。

SeckillItem 類別的程式如例 21-5 所示。

▼ 例 21-5 SeckillItem.java

```
package com.sun.ch21.persistence.entity;

...

@Data
@ToString
@NoArgsConstructor
@Entity
@Table(name = "seckill_item")
public class SeckillItem implements Serializable {
    private static final long serialVersionUID = 3074398177059694330L;
    @Id
    @GeneratedValue(strategy = GenerationType.IDENTITY)
    private Integer id;                  // 商品 ID
    private String title;                // 商品名稱
    private Float price;                 // 商品原價
    private Float seckillPrice;          // 限時搶購價格
    private Integer inventory;           // 商品庫存
    @Column(name = "img")
    private String imgUrl;               // 商品圖片 URL
```

```
    // @JsonDeserialize 和 @JsonSerialize 註釋用於解決 Redis 序列化 Java 8 日期類型的例外
    @JsonDeserialize(using = LocalDateTimeDeserializer.class)
    @JsonSerialize(using = LocalDateTimeSerializer.class)
    private LocalDateTime startTime;   // 限時搶購開始時間
    @JsonDeserialize(using = LocalDateTimeDeserializer.class)
    @JsonSerialize(using = LocalDateTimeSerializer.class)
    private LocalDateTime endTime;     // 限時搶購結束時間
    @JsonDeserialize(using = LocalDateTimeDeserializer.class)
    @JsonSerialize(using = LocalDateTimeSerializer.class)
    private LocalDateTime createTime;  // 商品建立時間
}
```

前面提到過，JDK 8 新增的日期和時間類型在序列化時的處理過程稍微有些麻煩，專案中之所以沒有改成使用傳統的 java.util.Date 類別，也是為了給讀者以後遇到需要使用新的日期和時間類型時提供一個解決方案。

另外再次提醒讀者，Redis 在儲存物件時會進行序列化，因此實體類別需要實作 Serializable 介面。當然，我們可以養成一個良好的習慣，即在撰寫實體類別的時候讓實體類別都實作 Serializable 介面。

SeckillOrder 類別的程式如例 21-6 所示。

▼ 例 21-6 SeckillOrder.java

```
package com.sun.ch21.persistence.entity;

...

@Data
@ToString
@NoArgsConstructor
@Entity
@IdClass(SeckillOrderPK.class)
@Table(name = "seckill_order")
public class SeckillOrder implements Serializable {
    private static final long serialVersionUID = 1580657924475702411L;

    @Id
```

```
    @Column(name = "item_id")
    private Integer itemId;             // 商品 ID
    @Id
    @Column(name = "mobile")
    private String mobile;              // 手機號

    private Float money;                // 支付金額
    @JsonDeserialize(using = LocalDateTimeDeserializer.class)
    @JsonSerialize(using = LocalDateTimeSerializer.class)
    private LocalDateTime createTime;   // 訂單建立時間
    @JsonDeserialize(using = LocalDateTimeDeserializer.class)
    @JsonSerialize(using = LocalDateTimeSerializer.class)
    private LocalDateTime paymentTime; // 訂單支付時間
    private Integer state;              // 訂單狀態
}
```

SeckillOrderPK 類別就是主鍵類別了，程式如例 21-7 所示。

▼ 例 21-7 SeckillOrderPK.java

```
import lombok.*;

import java.io.Serializable;

@Data
@ToString
@NoArgsConstructor
@AllArgsConstructor
@EqualsAndHashCode
public class SeckillOrderPK implements Serializable {
    private static final long serialVersionUID = -6513255139439774184L;
    private Integer itemId;
    private String mobile;
}
```

21.7.2 DAO 介面

在 com.sun.ch21.persistence 套件下新建 repository 子套件，在該子套件下建立 SeckillItemRepository 和 SeckillOrderRepository 介面，這兩個介面均繼承自 JpaRepository 介面。在本專案中，不需要為這兩個介面增加任何額外的方法。

21.8 業務邏輯層（服務層）

在 com.sun.ch21 套件下新建 SeckillSevice 類別，在這個類別中實作業務邏輯方法。獲取所有限時搶購商品資訊，如果商品資訊在 Redis 中不存在，則快取到 Redis 中，程式如下所示：

```
/**
 * 獲取所有限時搶購商品，如果商品資訊在 Redis 中不存在，則在第一次從資料庫中獲取商品資訊時，將該資訊儲存到 Redis 中
 * @return 限時搶購商品列表
 */
public List<SeckillItem> getAllItem() {
    List<SeckillItem> items = redisTemplate.opsForHash().values(RedisConfig.ITEM_KEY);
    if(items == null || items.size() == 0) {
        items = seckillItemRepository.findAll();
        for(SeckillItem item : items) {
            redisTemplate.opsForHash().put(RedisConfig.ITEM_KEY, item.getId(), item);
        }
    }
    return items;
}
```

當使用者搶購商品時，要判斷使用者是否已經搶購過該商品，如果沒有搶購過，則傳回商品資訊；如果已經搶購過，則要根據訂單狀態透過拋出例外舉出對應的提示資訊。該部分業務邏輯的實作程式如下所示：

```
/**
 * 獲取限時搶購商品資訊。判斷使用者訂單是否已經存在，如果已經存在，則判斷訂單狀態；如果不存在，
則傳回使用者選擇的限時搶購商品
 * @param id 商品 ID
 * @param mobile 使用者手機號
 * @return 商品物件
 * @throws SeckillException
 */
public SeckillItem getItemById(Integer id, String mobile) throws SeckillException {
    SeckillOrderPK pk = new SeckillOrderPK(id, mobile);
    Optional<SeckillOrder> optionalOrder = seckillOrderRepository.findById(pk);
    if(!optionalOrder.isEmpty()) {
        SeckillOrder order = optionalOrder.get();

        if(order.getState() == 1) {  // 訂單已支付，重複限時搶購
            throw new RepeatSeckillException();
        }
        else if(order.getState() == 0){  // 已限時搶購，但還未支付
            throw new UnpaidException();
        } else {  // 訂單已經故障
            throw new OrderInvalidationException();
        }
    }

    SeckillItem item = (SeckillItem) redisTemplate.opsForHash().get(RedisConfig.ITEM_
KEY, id);
    if(item == null) {
        item = seckillItemRepository.getById(id);
    }

    return item;
}
```

為了便於區分限時搶購商品時的各種例外狀態，我們定義了自己的例外系統，透過拋出例外來提示 Web 層的控制器進行對應處理。這些例外的類別圖如圖 21-7 所示。

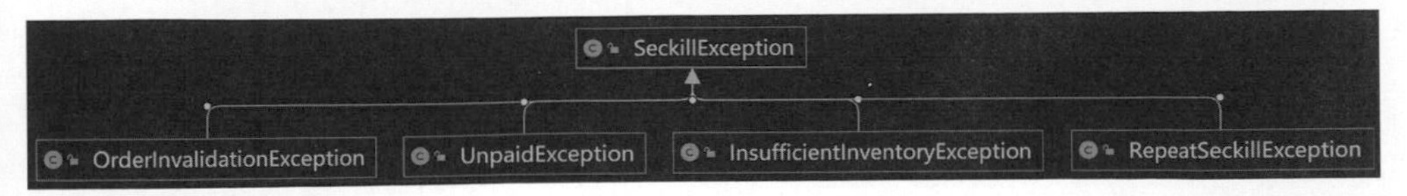

▲ 圖 21-7 例外的類別圖

在圖 21-7 中，從左往右分別表示訂單無效、訂單未支付、庫存不足、重複搶購等例外狀態。

當使用者限時搶購的時候，先判斷庫存是否充足，如果庫存充足，則儲存使用者的訂單，並遞減庫存，同時發送延遲訂單訊息，以便在使用者未在規定時間支付時取消訂單。這部分業務邏輯的實作程式如下所示：

```
/**
 * 執行限時搶購邏輯。
 * @param id 商品 ID
 * @param mobile 使用者手機號
 * @throws InsufficientInventoryException
 */
public void execSeckill(Integer id, String mobile) throws InsufficientInventoryException{
    SeckillItem item = (SeckillItem) redisTemplate.opsForHash().get(RedisConfig.ITEM_
KEY, id);
    Integer inventory =  item.getInventory();
    // 如果庫存不足，則拋出例外，交給 Web 層進行處理
    if(inventory <= 0) {
        throw new InsufficientInventoryException();
    }
    // 將庫存遞減 1
    item.setInventory(item.getInventory() - 1);
    redisTemplate.opsForHash().put(RedisConfig.ITEM_KEY, id, item);
    seckillItemRepository.save(item);

    // 儲存訂單
    SeckillOrder order = new SeckillOrder();
    order.setItemId(id);
    order.setMobile(mobile);
    order.setMoney(item.getSeckillPrice());
    order.setState(0);
```

```
    seckillOrderRepository.save(order);

    // 發送延遲訂單處理訊息
    orderSender.sendDelayMsg(new SeckillOrderPK(id, mobile));
}
```

延遲訊息的生產者與消費者是單獨放在一個套件中，在這裡我們將它們放到 com.sun.ch21.amqp 套件中。訊息生產者 OrderSender 類別的程式如例 21-8 所示。

▼ 例 21-8 OrderSender.java

```
package com.sun.ch21.amqp;

...

import static com.sun.ch21.config.DelayedRabbitConfig.DELAY_EXCHANGE_NAME;
import static com.sun.ch21.config.DelayedRabbitConfig.DELAY_QUEUE_NAME;

@Component
public class OrderSender {
    private Logger logger = LoggerFactory.getLogger(this.getClass());

    private static final Integer DELAY_TIME = 10 * 60 * 1000; // 延遲 10 分鐘
    @Autowired
    private AmqpTemplate rabbitTemplate;

    /**
     * 發送延遲訊息，客戶過期未支付，取消訂單
     * @param orderPK 限時搶購訂單主鍵
     */
    public void sendDelayMsg(SeckillOrderPK orderPK) {
        rabbitTemplate.convertAndSend(
                DELAY_EXCHANGE_NAME, DELAY_QUEUE_NAME, orderPK, message -> {
                    message.getMessageProperties()
                            .setDeliveryMode(MessageDeliveryMode.PERSISTENT);
                    // 指定訊息延遲的時長為 10 分鐘，以毫秒為單位
                    message.getMessageProperties().setDelay(DELAY_TIME);
```

```
                return message;
            });
        logger.info("當前時間是：" + new Date());
        logger.info(" [x] Sent '" + orderPK + "'");
    }
}
```

訊息消費者 OrderConsumer 類別的程式如例 21-9 所示。

▼ 例 21-9 OrderConsumer.java

```
package com.sun.ch21.amqp;

...

import static com.sun.ch21.config.DelayedRabbitConfig.DELAY_QUEUE_NAME;

@Component
public class OrderConsumer {
    private Logger logger = LoggerFactory.getLogger(this.getClass());

    @Autowired
    private SeckillOrderRepository seckillOrderRepository;
    @Autowired
    private SeckillItemRepository seckillItemRepository;
    @Autowired
    private RedisTemplate redisTemplate;

    @Transactional
    @RabbitListener(queues = DELAY_QUEUE_NAME, ackMode = "MANUAL")
    public void process(SeckillOrderPK orderPK, Message message, Channel channel)
throws IOException {
        SeckillOrder order = seckillOrderRepository.getById(orderPK);
        // 如果訂單未支付，則取消訂單，增加商品庫存
        if(order.getState() == 0) {
            logger.info("訂單 [%d] 支付逾時 %n", order.getItemId());
            logger.info("開始取消訂單 ......");

            // 將訂單設定為無效訂單
```

```
            order.setState(-1);
            seckillOrderRepository.save(order);
            // 恢復庫存
            SeckillItem item = (SeckillItem) redisTemplate.opsForHash().get(
                    RedisConfig.ITEM_KEY, orderPK.getItemId());
            item.setInventory(item.getInventory() + 1);
            redisTemplate.opsForHash().put(RedisConfig.ITEM_KEY, orderPK.getItemId(),
item);
            seckillItemRepository.save(item);
            logger.info(" 訂單取消完畢 ");
        }
        try {
            channel.basicAck(message.getMessageProperties(). getDeliveryTag(), false);
        }
        catch (Exception e) {
            channel.basicReject(message.getMessageProperties(). getDeliveryTag(),
false);
        }
    }
}
```

由於使用者支付涉及協力廠商金融機構的支付介面，所以並沒有實作，當使用者點擊「立即支付」按鈕時，我們只是簡單地將使用者訂單狀態設定為已支付，這部分業務邏輯的實作程式如下所示：

```
/**
 * 訂單支付。將訂單狀態設定為已支付
 * @param id 商品 ID
 * @param mobile 使用者手機號
 */
public void pay(Integer id, String mobile){
    SeckillOrder order = seckillOrderRepository.getById(new SeckillOrderPK(id,
mobile));
    int state = order.getState();
    if(state == 0) {  // 如果是未支付，則設定為已支付
        order.setState(1);
        seckillOrderRepository.save(order);
    } else if (state == -1) {  // 如果訂單已經故障，則拋出例外。
```

```
        throw new OrderInvalidationException();
    }
}
```

完整的程式請參看 SeckillSevice 類別。

21.9 展現層（Web 層）

21.9.1 控制器

控制器本身不包含任何業務邏輯，它只是負責接收使用者請求，並將使用者請求交給服務層進行處理，同時根據服務層傳回的結果準備對應的模型態資料，選擇合適的頁面發送響應給使用者。

在 com.sun.ch21 套件下新建 controller 子套件，在該子套件下新建 SeckillController 類別，程式如例 21-10 所示。

▼ 例 21-10 SeckillController.java

```
package com.sun.ch21.controller;

...

@Controller
@RequestMapping("/seckill")
public class SeckillController {
    @Autowired
    private SeckillSevice seckillSevice;

    @GetMapping("/list")
    public String getAllItem(Model model) {
        List<SeckillItem> items = seckillSevice.getAllItem();
        translateItemImgUrl(items);
        model.addAttribute("items", items);
        return "list";
    }
```

```
@RequestMapping("/{id}")
public String getItem(Model model, @PathVariable Integer id, String mobile) {
    if(id == null) {
        return "list";
    }
    try {
        SeckillItem item = seckillSevice.getItemById(id, mobile);
        List<SeckillItem> items = new ArrayList<>();
        items.add(item);
        translateItemImgUrl(items);
        model.addAttribute("item", item);
        model.addAttribute("mobile", mobile);
    } catch (RepeatSeckillException e) {
        model.addAttribute("error", " 您已經限時搶購過該商品！ ");
    } catch (UnpaidException e) {
        model.addAttribute("id", id);
        model.addAttribute("mobile", mobile);
        model.addAttribute("msg", " 您已經限時搶購過該商品，但還未支付！ ");
        return "pay";
    } catch(OrderInvalidationException e) {
        model.addAttribute("error", " 由於您未支付產品，訂單已經故障 ");
    }
    return "item";
}

@PostMapping("/exec")
public String execSeckill(Model model, Integer id, String mobile) {
    try {
        seckillSevice.execSeckill(id, mobile);
        model.addAttribute("id", id);
        model.addAttribute("mobile", mobile);
        model.addAttribute("msg", " 限時搶購成功，請在 10 分鐘內支付 ");

    } catch (InsufficientInventoryException e) {
        model.addAttribute("error", " 商品已經售完！ ");
    }
    return "pay";
}
```

```
    @GetMapping("/pay")
    @ResponseBody
    public String pay(Integer id, String mobile) {
        try {
            seckillSevice.pay(id, mobile);
            return " 支付成功 ";
        } catch (OrderInvalidationException e) {
            return " 您的訂單已經故障 ";
        }
    }

    /**
     * 對商品圖片的 URL 進行轉換
     * @param items 商品列表
     */
    private void translateItemImgUrl(List<SeckillItem> items){
        for(SeckillItem item : items) {
            item.setImgUrl(getServerInfo() + "/img/" + item.getImgUrl());
        }
    }
    /**
     * 得到後端程式的上下文路徑
     * @return 上下文路徑
     */
    private String getServerInfo(){
        ServletRequestAttributes attrs = (ServletRequestAttributes)
RequestContextHolder.getRequestAttributes();
        StringBuffer sb = new StringBuffer();
        HttpServletRequest request = attrs.getRequest();
        sb.append(request.getContextPath());
        return sb.toString();
    }
}
```

21.9.2 頁面

頁面採用 Thymeleaf 範本撰寫，存放在 resources/templates 目錄下，商品清單頁面 list.html 的程式如例 21-11 所示。

▼ 例 21-11 list.html

```
<!DOCTYPE html>
<html lang="zh" xmlns:th="http://www.thymeleaf.org">
<head>
    <meta charset="UTF-8">
    <title> 商品限時搶購 </title>
    <link rel="stylesheet" th:href="@{/css/seckill.css}"/>
    <link rel="stylesheet" th:href="@{/css/seckill_list.css}"/>

    <script type="text/javascript" th:src="@{/js/seckill_list.js}"></script>
</head>
<body>
<div class="items">
    <h3> 限時搶購商品列表 </h3>
    <div class="item" th:each="item : ${items}">
        <figure>
            <img th:src="${item.imgUrl}">
            <figcaption th:text="${item.title}"></figcaption>
        </figure>
        <div class="info">
            <p> 原價：<span class="price" th:text="${item.price}"></span></p>
            <p> 限時搶購價：<span class="seckillPrice" th:text="${item.seckillPrice}"></
span></p>
            <p> 庫存：<span class="inventory" th:text="${item.inventory}"></span></p>
            <p> 開始時間：<span class="startTime" th:text="${#temporals.format(item.
startTime, 'yyyy-MM-dd HH:mm:ss')}"></span></p>
            <p> 結束時間：<span class="endTime" th:text="${#temporals.format(item.
endTime, 'yyyy-MM-dd HH:mm:ss')}"></span></p>
        </div>
        <div class="buy">
            <a href="javascript:;" th:onclick="'confirmPhone(' + ${item.id} + ')'">
                <button th:if="${#temporals.createNow() < item.endTime}"> 立即搶購 </
button>
```

```
                <button th:if="${#temporals.createNow() >= item.endTime}" disabled>限
時搶購已經結束</button>
            </a>
        </div>
    </div>
</div>
<!-- 彈出訊息方塊，提示使用者輸入電話 -->
<div id="messageBox" class="messageBox" style="display: none">
    <h2>請輸入您的電話號碼：</h2>
    <form id="theForm" method="post" onsubmit="return beginSeckill();">
    <div class="mobile">
        <input id="mobile" type="text" name="mobile">
    </div>
    <div class="btn">
        <input class="ok" type="submit" value="確定">
        <button class="cancel" onclick="return handleCancel();">取消</button>
        <input id="itemId" type="hidden">
    </div>
    </form>
</div>
</body>
</html>
```

這裡要提醒讀者的是，Thymeleaf 的運算式實用物件 #dates 只支援對 java.util.Date 物件的處理，並不支援 Java 8 新增的日期和時間類型。要解決 Java 8 的日期和時間類型的處理，首先，需要在專案的 POM 檔案中增加如下的相依性項：

```
<dependency>
    <groupId>org.thymeleaf.extras</groupId>
    <artifactId>thymeleaf-extras-java8time</artifactId>
    <version>3.0.4.RELEASE</version>
</dependency>
```

然後，在頁面中使用 #temporals 物件對 Java 8 的日期和時間類型態資料進行處理，如例 21-11 程式中粗體顯示部分。

商品詳情頁面 item.html 的程式如例 21-12 所示。

▼ 例 21-12 item.html

```
<!DOCTYPE html>
<html lang="zh" xmlns:th="http://www.thymeleaf.org">
<head>
    <meta charset="UTF-8">
    <title>限時搶購商品</title>
    <link rel="stylesheet" th:href="@{/css/seckill.css}"/>
    <link rel="stylesheet" th:href="@{/css/seckill_item.css}"/>
    <script th:if="${item}" type="text/javascript" th:src="@{/js/seckill_ item.js}"></
script>
</head>
<body>
<div th:if="${error}">
    <h3 th:text="${error}"></h3>
</div>
<div class="item" th:if="${item}">
    <img th:src="${item.imgUrl}" />
    <div>
        <div class="itemInfo">
            <h3 th:text="${item.title}"></h3>
            <p>
                限時搶購價：<span class="seckillPrice" th:text="${item. seckillPrice}">
</span>
            </p>
            <p>
                原價：<span class="price" th:text="${item.price}"></span>
            </p>
            <p>
                剩餘庫存：<span class="inventory" th:text="${item.inventory}"> </span>
            </p>
        </div>
        <div class="endTime">
            <p id="countDown"></p>
        </div>
        <div class="beginSeckill">
            <form th:action="@{/seckill/exec}" method="post">
                <input type="hidden" name="id" th:value="${item.id}">
                <input type="hidden" name="mobile" th:value="${mobile}">
```

```
                <input type="submit" id="seckillBtn" class="seckillBtn" value="開始限
時搶購">
            </form>
        </div>
    </div>
    <script>
        window.onload = function() {
            countDown('[[${item.startTime}]]', '[[${item.endTime}]]');
        }
    </script>
</div>
</body>
</html>
```

頁面中用到的 CSS 檔案位於 resources/static/css 目錄下，用到的 JavaScript 檔案位於 resources/static/js 目錄下。

至此，商品限時搶購系統就介紹完畢了。

21.10 小結

本章實作了一個簡單的商品限時搶購系統，主要的業務邏輯都已經實作，不過這裡面還有很多細節可以完善，在實際專案中，也要根據具體情況做出對應的調整。

第 22 章

部署 Spring Boot 應用程式

專案開發完畢必然會牽涉到部署的問題，總不能在生產環境下，在 IDEA 中執行專案。Spring Boot 程式有兩種執行方式，一種是打包成 JAR 套件執行，另一種是打包成 WAR 檔案部署到 Web 伺服器或者應用伺服器上執行。

本章我們以第 21 章的專案程式為例，講解 JAR 套件的打包方式，以及將程式打包成 WAR 檔案並部署到 Tomcat 伺服器上。

22.1 JAR 套件的打包方式與執行

JAR 套件的打包方式很簡單，只需要在 Maven 視窗中（可透過選單【View】→【Tool Windows】→【Maven】開啟）展開 Lifecycle 節點，依次執行 clean（清除無效的檔案）和 package（打包）目標即可，如圖 22-1 和 22-2 所示。

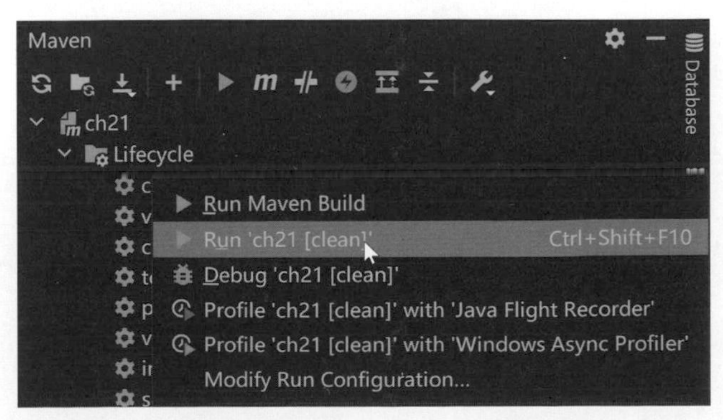

▲ 圖 22-1 執行 clean 目標

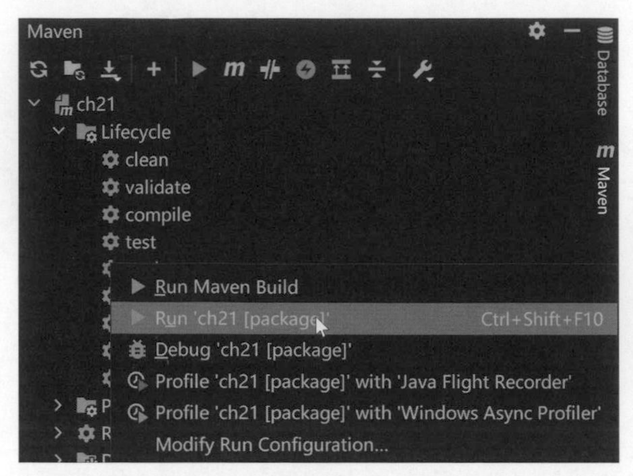

▲ 圖 22-2 執行 package 目標

打包完成後，在專案的 target 子目錄下會看到一個名為 ch21-0.0.1-SNAPSHOT.jar 的 JAR 檔案，在命令提示視窗下執行下面的命令來執行專案。

```
java -jar ch21-0.0.1-SNAPSHOT.jar
```

在部署時，可以根據作業系統平臺的不同，將上述命令封裝為 .bat 檔案（Windows 平臺）或者透過其他工具生成可執行的 JAR 檔案。

如果覺得生成的 JAR 檔案名稱太繁瑣，也可以在 POM 檔案中預先設定好打包後生成的檔案名稱。在 POM 檔案中找到 <build> 元素，為其增加 <finalName> 子元素，並透過該元素來指定生成的 JAR 檔案名稱，如下所示：

```
<build>
    <finalName>ch21</finalName>
    <plugins>
        ...
    </plugins>
<build>
```

再次打包，會生成 ch21.jar。

22.2 打包成 WAR 檔案並部署到 Tomcat 伺服器上

對於 WAR 檔案的打包，如果不注意，部署後就無法存取。

在 POM 檔案中增加 <packaging> 元素來指定打包生成 WAR 檔案，如下所示：

```
<project ...>
    <modelVersion>4.0.0</modelVersion>
    <parent>
        <groupId>org.springframework.boot</groupId>
        <artifactId>spring-boot-starter-parent</artifactId>
        <version>2.6.4</version>
        <relativePath/> <!-- lookup parent from repository -->
    </parent>
    <groupId>com.sun</groupId>
    <artifactId>ch21</artifactId>
    <version>0.0.1-SNAPSHOT</version>
    <packaging>war</packaging>
    <name>ch21</name>
    <description>ch21</description>
    ...
</project>
```

在 POM 檔案中增加 spring-boot-starter-tomcat 相依性，將其範圍設定為 provided，如下所示：

```
<dependency>
    <groupId>org.springframework.boot</groupId>
    <artifactId>spring-boot-starter-tomcat</artifactId>
    <scope>provided</scope>
</dependency>
```

如果現在開始打包，那麼得到的 WAR 檔案將不能被成功部署。我們知道，基於 Spring MVC 的 Web 應用程式透過前端控制器 DispatcherServlet 來進行請求的呼叫轉發，該 Servlet 需要在 web.xml 中或者透過 Java 設定程式進行宣告，而打包後的 WAR 檔案則沒有設定該 Servlet，因此部署後無法正常執行。

Spring Boot 舉出了一個 SpringBootServletInitializer 類別，該類別實作了 Spring 的 WebApplicationInitializer 介面，除了設定 Spring 的 DispatcherServlet 外，該類別還會在 Spring 應用程式上下文中查詢 Servlet、Filter 或 ServletContextInitializer 類型的 Bean，並將它們綁定到 Servlet 容器中。

下面我們讓啟動類別繼承 SpringBootServletInitializer 類別，並重寫 configure(SpringApplicationBuilder builder) 方法，程式如下所示：

```
@SpringBootApplication
public class Ch21Application extends SpringBootServletInitializer {
    @Override
    protected SpringApplicationBuilder configure(SpringApplicationBuilder builder) {
        // 呼叫 sources() 方法註冊一個設定類別
        return builder.sources(Ch21Application.class);
    }

    public static void main(String[] args) {
        SpringApplication.run(Ch21Application.class, args);
    }
}
```

將啟動類別註冊即可，因為啟動類別上有 @SpringBootApplication 註釋，可以掃描並發現其他的設定類別與元件。

接下來就可以按照圖 22-1 和圖 22-2 進行打包了，打包成功後會生成 ch21.war 檔案。但接下來的部署有個問題，那就是需要將該 WAR 檔案部署到與 Spring Boot 內建的 Tomcat 版本一致的 Tomcat 伺服器中，否則，即使部署成功，且能正常啟動 Tomcat 伺服器，但在存取時也會出現 404 錯誤。

在 Maven 視窗中展開 Dependencies 節點，找到我們剛設定的 spring-boot-starter-tomcat 相依性項並展開，就可以看到內建的 Tomcat 版本編號，如圖 22-3 所示。

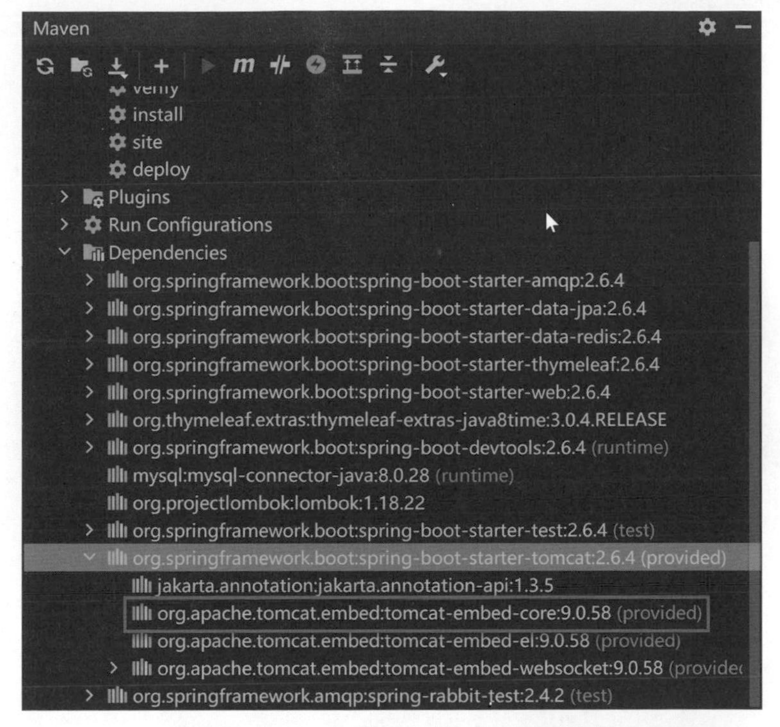

▲ 圖 22-3 查看內建的 Tomcat 版本

也就是說，我們需要將 ch21.war 部署到 Tomcat 9.0.x 的版本中。將 ch21.war 檔案直接放到 Tomcat 安裝目錄的 webapps 子目錄下，啟動 Tomcat，注意，存取時需要增加上下文路徑 /ch21：http://localhost:8080/ch21/seckill/list。

22.3 小結

本章主要介紹了 JAR 套件的打包方式，以及將程式打包成 WAR 檔案並部署到 Tomcat 伺服器上。當然還有其他的部署方式，如採用 Docker 部署 Spring Boot 應用程式，感興趣的讀者可自行查閱相關資料。

NOTE